电工电子实验实训教程

主编　张　妍　王　颖　李金懋
主审　刘兰波

哈爾濱工程大學出版社
Harbin Engineering University Press

内容简介

本书主要介绍了电工电子基础知识、电路基础训练、模拟电子技术基础训练、数字电子技术基础训练、维修电工基础训练，以及 Multisim 10 软件、Proteus 8 软件，包括基础性项目、验证性项目、设计性项目和综合性项目等内容，强调掌握基础理论知识的重要性。全书内容丰富，配合案例项目由浅入深，逐步提高读者的应用能力，每个项目均配有项目学习任务单、项目基础知识、预习思考题等内容，方便读者操作。

本书可作为高等院校电气类、电子类、自动化类等相关或相似专业的教材，也可作为高等职业院校、技术培训部门的教材，以及学习电子初级知识人员的参考用书。

图书在版编目(CIP)数据

电工电子实验实训教程/张妍，王颖，李金懋主编.
—哈尔滨：哈尔滨工程大学出版社，2017.8
ISBN 978-7-5661-1592-8

Ⅰ.①电… Ⅱ.①张… ②王… ③李… Ⅲ.①电工技术-实验-高等学校-教材②电子技术-实验-高等学校-教材 Ⅳ.①TM-33②TN-33

中国版本图书馆 CIP 数据核字(2017)第 184378 号

选题策划 卢尚坤
责任编辑 石 岭
封面设计 博鑫设计

出版发行 哈尔滨工程大学出版社
社　　址 哈尔滨市南岗区南通大街 145 号
邮政编码 150001
发行电话 0451-82519328
传　　真 0451-82519699
经　　销 新华书店
印　　刷 北京中石油彩色印刷有限责任公司
开　　本 787mm×1 092mm 1/16
印　　张 20.25
字　　数 445 千字
版　　次 2017 年 8 月第 1 版
印　　次 2017 年 8 月第 1 次印刷
定　　价 49.80 元
http://www.hrbeupress.com
E-mail:heupress@hrbeu.edu.cn

前　　言

黑龙江工业学院作为加入“应用技术大学(学院)联盟”的高校,对电类专业基础课进行了试点改革,本书以教育部提出的“培养高等应用技术类人才,促进地方本科高校转型发展”为目标,并根据教育部高等学校指导委员会制定的“专业规划和基本要求、学科发展和人才培养目标”编写而成。

本书是根据高等院校工科专科生、本科生的电路基础、模拟电子技术、数字电子技术等相关课程的实验教学与实践的基本要求,结合当前基础电子领域中的一些新技术和新方法编写而成的,以作为电路基础、模拟电子技术、数字电子技术、电工学等电子技术类课程的配套教材。电子技术类课程作为实践性很强的技术基础课,是高等院校电子类、电气类、自动化类及其他相近专业的必修课。实验与实践环节,能够帮助学生掌握电子技术方向的基本实验知识、实验方法及实践技能,提高学生对电子电路的综合认知能力、分析问题与解决问题的能力,培养学生在电子技术应用实践中的创新能力和严谨、踏实的工作作风。

本书主要包括常用实验仪器仪表的工作原理及使用说明、常用电子元器件的识别及主要参数、电路基础、模拟电子技术、数字电子技术的基础实验和综合设计,以及维修电工等内容,采用项目化方式编写,共分为七个单元模块,实验实现方式分为软件仿真和实物操作。单元一包括电工电子技术的一些基础知识,包括常用工具的使用方法、各种元器件的识别以及焊接方法;单元二为电路基础实验部分,设计了 8 个典型电路实验,供教学选用;单元三为模拟电子技术基础实验及综合设计部分,包括 8 个基础验证性实验和 2 个综合设计型实验,可为基础实验课和课程设计提供参考;单元四为数字电子技术实验部分,包括 9 个基础验证性实验和 1 个综合设计型实验;单元五介绍了 Multisim 仿真软件的使用及操作方法,并提供了 3 个仿真设计题目,培养学生计算机仿真设计能力;单元六介绍了 Proteus 仿真软件的使用及操作方法,提供了关于数字电路、模拟电路、单片机共 9 个仿真设计题目,培养学生仿真和电路分析的综合能力;单元七介绍了维修电工的基础操作,包括 8 项操作实验。

本书具有以下特点:

(1)教材的编写以教育部高等学校教学指导委员会制定的“专业规划和基本要求”为依据,以“培养服务于地方经济的应用型人才”为目标,系统整合教学改革成果,教材体系完善,结构完整,内容准确,理论阐述严谨。

(2)本书各项目均采用项目化教学形式,通过下达学习任务清单,指导学生完成相关实验内容,包括验证性实验和综合设计性实验。

(3)本书中电路基础、模拟电子技术、数字电子技术的基础、综合设计项目引入了仿真实验,实验操作分为仿真和实际操作两种类型,使学生在初步了解计算机辅助分析和设计方法的基础上,掌握常规操作性实验,扩大知识面。

(4)本书可作为普通本科高校、高职高专院校、民办高校、成人高校、电大等同类院校电气工程、电子技术、机电工程等专业的实验实训教材。

本书由黑龙江工业学院电信系的老师在总结多年实践经验下编写而成,张妍、王颖、李金懋负责全书的统稿、绘图及组织编写工作,其中单元四和单元六由张妍编写,单元二和单元七由李金懋编写,单元一、单元三和单元五由王颖编写,全书由刘兰波主审。

由于编者水平所限,书中难免存在缺点和不足之处,恳请使用本书的读者批评指正。

编　者

2017 年 7 月

目　　录

单元一　电工电子技术基础知识

项目1　电工常用工具的使用

1.1　项目学习任务单

电工常用工具的使用学习任务单,见表1-1。

表1-1　电工常用工具的使用学习任务单

<table>
<tr><td>单元一</td><td colspan="3">电工电子技术基础知识</td><td>总学时:6</td></tr>
<tr><td>项目1</td><td colspan="3">电工常用工具的使用</td><td>学时:2</td></tr>
<tr><td>工作目标</td><td colspan="4">学会使用电工常用工具</td></tr>
<tr><td>项目描述</td><td colspan="4">常用电工工具是指一般专业电工经常使用的工具,包括验电器、螺丝刀、电工用钳、电工刀、活动扳手、喷灯、电烙铁、登高工具等。对电气操作人员而言,能否熟悉和掌握电工工具的结构、性能、使用方法和规范操作,将直接影响工作效率、工作质量和人身安全</td></tr>
<tr><td colspan="5">学习目标</td></tr>
<tr><td colspan="2">知识</td><td colspan="2">能力</td><td>素质</td></tr>
<tr><td colspan="2">1. 掌握电工常用工具结构、原理及选用依据;
2. 了解各种电工常用工具的型号、规格及种类;
3. 掌握各种电工常用工具的使用方法及注意事项</td><td colspan="2">1. 熟练拆装各种电工常用工具;
2. 能够正确选用工具进行电气电路的安装;
3. 能够借助电工工具进行电路调试</td><td>1. 学习态度积极,有团队精神;
2. 能够借助于网络、课外书籍扩展知识面,具有自主学习的能力;
3. 动手操作过程严谨、细致,符合操作规范</td></tr>
<tr><td colspan="5">教学资源:本项目可以在有相关工具的实验室进行</td></tr>
<tr><td colspan="3">硬件条件:
常用电工工具</td><td colspan="2">学生已有基础(课前准备):
电路模型及电路元件相关知识;
常用电工工具的使用方法;
学习小组</td></tr>
</table>

1.2　项目基础知识

1. 验电器

按验电等级来分，验电器可分为高压验电器和低压验电器两类。低压验电器又称为低压验电笔，其主要用途是检验导线、电器是否带电，常用于检查接线是否正确、判断系统是否有故障和区分火线、零线或地线。当带电体和大地之间的电位差达到一定数值时，验电笔就会发光，检测的范围为 50 ~ 2 500 V。低压验电笔可以分为钢笔式、螺丝刀式两种，按照显示元件不同分为数显式和氖管发光指示式。

低压验电器正确的使用方法是用手指碰触笔尾金属体，测电笔顶部的金属体与被测物接触。注意应尽量使氖管窗口或液晶显示屏朝向自己，这样便于观察现象。当带电体和大地之间的电位差超过 50 V 时，低压验电器中的氖泡就会发光。测量电线极性时，氖管发光即为火线，氖管不亮即为零线或地线。

使用低压验电器的注意事项：首先要在有电的导体上检查电笔是否正常，确保可靠性。想要用手直接接触被测物体时，必须在氖管不发光，且防护措施充分时才可进行操作。避免在强光线下观察氖管，以免出现误判，威胁生命安全。验电笔的笔尖虽然类似螺丝刀，但不可当作螺丝刀使用，否则可能损坏验电器。低压验电器可以用于区分直流电和交流电，被测线路为交流电时，氖管内的两个极会一起发光；被测线路为直流电时，氖管内的两个极只有一个发光。如果在三相四线制电路中发生单相接地故障，验电笔测试中性线氖泡就会发亮；如果在三相三线制线路中，验电笔测试三根相线时，如果其中两相很亮，另一相不亮，那么不亮的一相有可能存在接地故障。低压验电器也可以判断电压的高低，氖泡越暗，电压越低；氖泡越亮，电压越高。

2. 螺丝刀

螺丝刀又称改锥、旋凿或起子，是安装、固定或拆卸元件时用来紧固或拆卸螺钉的常用电工工具。按刀口形状的不同，螺丝刀可分为“一”字形和“十”字形两种，如图 1 – 1 所示。螺丝刀是由刀柄和刀体两部分组成的，按手柄材质的不同，螺丝刀可分为有机玻璃柄、塑料柄和木柄三种。

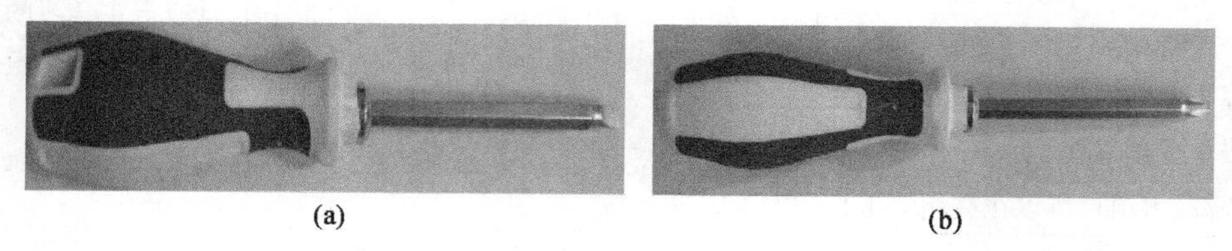

(a)　　　　(b)

图 1 – 1　螺丝刀

(a)一字形螺丝刀；(b)十字形螺丝刀

一字形螺丝刀用柄部以外的刀体长度来表示其规格，单位是 mm，电工常用的规格有 50 mm，75 mm，100 mm，125 mm，150 mm，300 mm 等。

在使用螺丝刀的时候，要严格按照螺钉的规格选用恰当的刀口，无论是以小代大还是以大代小都会损坏螺钉或电气元件。

使用螺丝刀的注意事项：在拆卸或紧固带电螺栓时，手不要触及螺丝刀的金属杆，以免发生触电事故。电工用螺丝刀要在金属杆上安装绝缘管，从而避免螺丝刀的金属杆触及带电体时手指碰触金属杆。

小号水晶一字形的改锥可满足实验室需要，其外观如图 1－2 所示。其主要功能是：在调整可变电阻时，使用一字改锥头左右旋转调节阻值；在拆卸集成电路芯片时，一字改锥头从左面插入芯片与面包板之间，向上轻用力撬动出部分空隙，然后再插入芯片的右边撬动，左右反复 1～2 次即可。如果使用两支同样的一字改锥，在芯片左右两端同时撬动也能够取下芯片，此操作过程要注意需要多次尝试才能掌握拆卸方法。

图 1－2　小号水晶一字形的改锥外形

3. 钢丝钳

钢丝钳的主要用途是剪切或夹持导线、金属丝、工件等。其规格较多，常用的有 150 mm，175 mm，200 mm。电工用钢丝钳柄部需套有耐压 500 V 以上的塑料绝缘套。尖嘴钳、剥线钳等也属于钢丝钳类。

钢丝钳如图 1－3 所示，其结构包括用来弯绞和钳夹线头或其他金属、非金属物体的钳口，用来旋动螺钉螺母的齿口，用来切断电线、削剥导线绝缘层的刀口，用来铡断钢丝、铁丝等硬度较大的金属丝的铡口，以及绝缘柄。

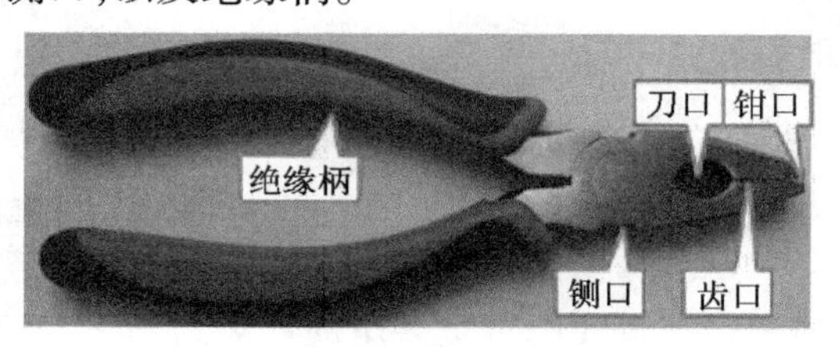

图 1－3　钢丝钳的结构

使用钢丝钳的注意事项：使用前，必须确定绝缘手柄的绝缘性能正常。使用时，禁止用刀口同时剪切相线和零线；禁止同时剪切两根相线。

尖嘴钳头部细，主要在空间狭小时使用，其外形如图 1－4 所示。其规格按全长可分为 130 mm，160 mm，180 mm 和 200 mm。钳头主要用来夹持较小的螺钉、垫圈、导线等，小刀口则用来剪断细小的导线、金属丝等。

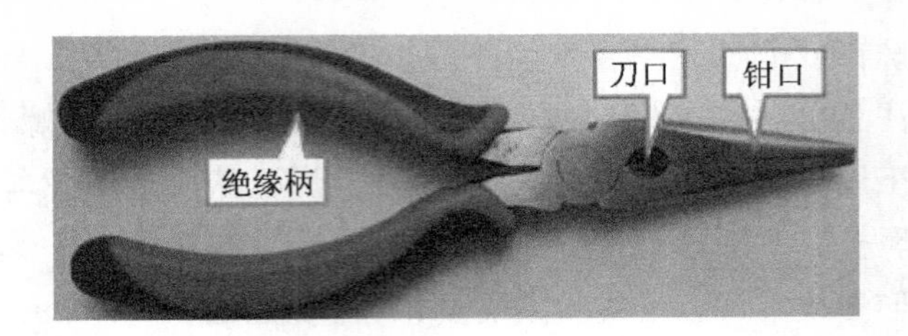

图1-4　尖嘴钳

4. 剥线钳

剥线钳主要用于剥削直径3 mm及以下的绝缘导线塑料或橡胶绝缘层,包括钳口和手柄两部分。其钳口部分有0.5~3 mm的多个直径切口,从而和不同规格的线芯的直径相匹配。剥线钳也套有绝缘套,其外形如图1-5所示。

在剥线的过程中,切口太大难以剥离绝缘层,切口太小则会切断线芯。因此,为了不损伤线芯,线头多放在稍微大于线芯的切口上剥离。在实验过程中建议使用鸭嘴形剥线钳,其外形如图1-6所示。

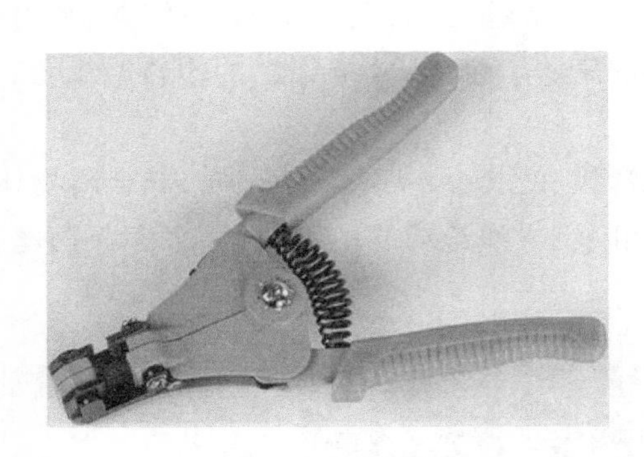

图1-5　剥线钳

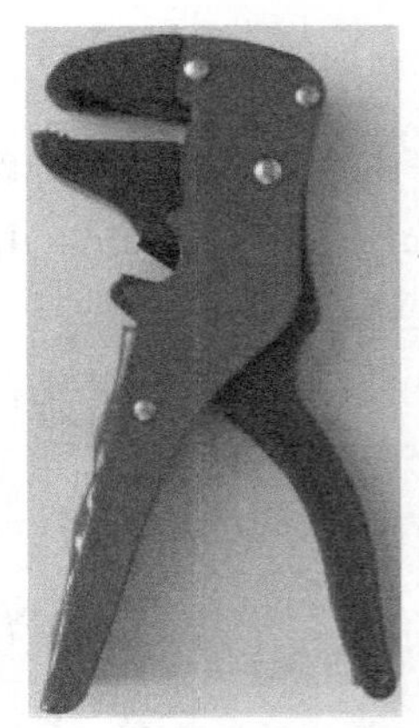

图1-6　鸭嘴形剥线钳

实验室通常使用单股铜线。操作时可以先用剪线刀口剪下导线,短距离连接通常使用3 cm,5 cm和8 cm长度的导线也适当剪一些。再用剥线刀口剥下导线外皮,在线头处留7~8 mm,剥线时可以一起剥3~5根线头,剥好的线即可用来做面包板实验。

5. 镊子

镊子主要用来夹持元件和导线。当元件与元件、元件与导线或者导线与导线间距较近且元件体积相对较小时,选择使用镊子夹取就非常方便。其常用外观如图1-7所示。常用的镊子多数是金属制成的,因此在使用前,要先断电,然后再安插或拔下元件、导线等。

6. 万用表

万用表的主要用途是元件检测和线路测试。在制作、装配电子仪器过程中，万用表是必不可少的工具之一。目前市场上的数字万用表采用数字化测量技术，多用贴片元件制成，稳定性强、性价比高、功能齐全、测量精确、取值方便。本教材使用的万用表是胜利仪器数字万用表，其外观如图 1－8 所示。

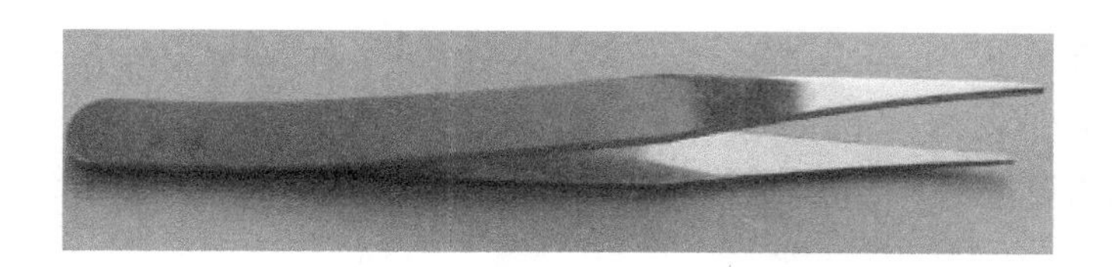

图 1－7　镊子

图 1－8　数字万用表

数字万用表面板上一般有液晶显示器、量程开关、输入插孔、HEF 插孔、电源开关。其工作原理为：通过功能选择开关把各种需要测量的元件的相关参数转换为直流电压信号，再将获得的直流电压通过 A/D 转换器转换为数字信号，最后通过液晶显示屏将处理过的测量数值显示出来。

前期准备工作　首先将黑色表笔插入“COM”口内，将红色表笔插入相应被测量的插口内；然后将转换开关旋转至被测种类区间内，并选择合适的量程（可以先对被测量器件进行估算，也可以从高量程向低量程逐级改变）；最后将电源开关拨至“ON”，即接通万用表电源。

直流电压测量　将红色表笔连接至 VΩHz℃ 插口中，黑色表笔插入“COM”端不变。将量程开关旋至测量直流电压区，并选择合适量程。把两个指针并联到被测电路中，测量结果就会显示在显示屏上。在测量过程中，可以不用考虑指针的正、负极性，当测量极性接反时，显示屏上会出现负号。

直流电流的测量　红色表笔选用 mAμA 插口，黑色表笔插入“COM”端不变。将量程开关旋至测量直流电流区，并选择合适的量程。把两个指针串联被测电路中，测量结果就会显示在显示屏上。

交流电压测量　表笔的连接方式与直流电压测量表笔的连接方式类似，开关旋至测试交流电压区 V～，选择合适的量程便可测量，方法同直流电压测量。

交流电流测量　表笔的连接方式与直流电流测量表笔连接方式类似，开关旋至测试交流电流区 A～，选择合适的量程便可测量，方法同直流电流测量。

电阻的测量　电阻测量时，红色表笔也要连接至 VΩHz℃ 插口中，黑色表笔插入“COM”

端不变。将量程开关旋至测量电阻区，并选择合适的量程。把两个指针并联到被测电路中便可测量，测量结果会显示在显示屏上。

数字万用表还具有测量二极管、三极管通断，保持数据等功能，后续课程涉及相关知识时将进行详细介绍。

使用数字万用表时应注意以下事项：

（1）数字万用表相邻两个挡位之间的距离较近，所以转换量程开关时要慢慢进行，切忌用力过猛。开关转换到位后，再轻轻地左右拨动，看挡位程度如何，从而确保量程开关接触良好。测量时，需等显示屏上的数值稳定后再读数。

（2）数字万用表使用时要避免误操作，切忌测量时转动量程开关，尤其在测量高电压、强电流的时候，防止产生电弧烧坏量程开关。

（3）测量过程中，假如显示屏只显示一个“半位”的读数 1，就说明被测数值超出所在量程范围，量程选得过小，需要调高一挡量程再进行测试。

（4）测量结束后，要及时关闭电源。如果长期不使用，要将电池取出，避免电池变质损坏仪表。

7. 面包板介绍

面包板适合初学电子技术的学生，是多用途的万能实验板，通过将小功率的常规电子元器件直接插入，搭接出多种实验电路，元器件可以反复插接、重复使用，因此便于电路调试、元件调换。

常见的国产面包板主要有 120 线、130 线等规格，进口面包板形式多种多样。选购时，进口的产品板材较精致、插接可靠、质量好，但价格较高；国产的板材价格相对便宜，购买时要选择颜色均匀、外观平整、四周边缘线有倒角处理的，120 线面包板的外观，如图 1－9 所示。

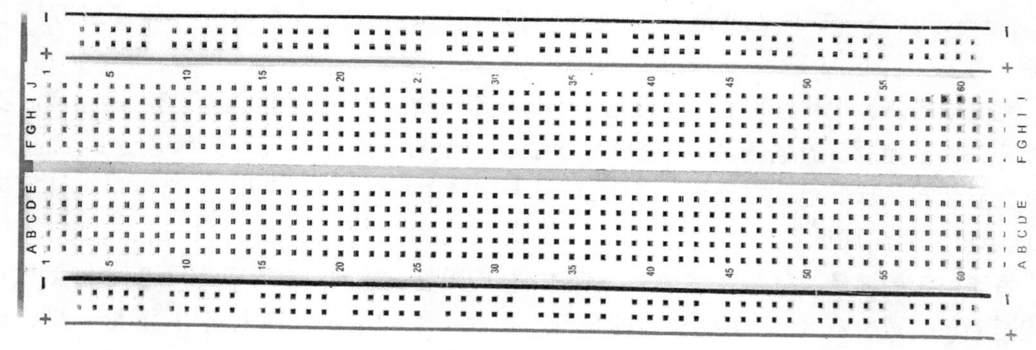

图 1－9　120 线面包板外观

如图 1－9 所示，左侧标有“A，B，C，D，E”的各孔在垂直方向上是连通的，水平方向上是不连通的。标有“F，G，H，I，J”的各孔在垂直方向上是连通的，水平方向上是不连通的。上半部分，每组 5 个孔，共 60 组；下半部分，每组 5 个孔，共 60 组。总共 120 组，所以叫 120 线面包极。X，Y 排通常分别定义为电源正极和负极。实际应用时，可以根据需要利用这些不连通的大组，安排元件位置，达到节省连线、简化安装、美观大方的目的。

为保证各组插孔不从底面脱出，面包板需要平放在桌上，确保底部不悬空。也可以安装一个木质、塑料、有机玻璃等绝缘材料的底板，用螺钉将实验板四角和底板固定，从而确保各组插孔不会脱出。

除以上介绍的工具外，还需准备一些其他的工具，如锉刀、刀片、斜口钳等，确保实验顺利进行。

1.3　项目实施

项目开始时，把考核评分表发给学生，在项目结束时，由组长负责统计成绩，最后将考核评分表上交给任课教师，考核评分表详见表 1－2。

考核成绩　考核的主要内容由知识问答考核和操作实施考核构成。两部分考核各占 50 分，考核总成绩为百分制。

考核内容　知识问答部分在考核之前由成员设计问答题，每个小组共同讨论决定 10 道考试题，每个学生抽取其中的 5 道进行回答，每题 10 分，把自评成绩、小组互评成绩的平均值记为每题的总分数。操作实施部分由任课教师出题，任课教师给出成绩。

表 1－2　考核评分表

<table>
<tr><td colspan="7">项目名称：</td></tr>
<tr><td colspan="2">班级：</td><td colspan="2">学号：</td><td colspan="2">组号：</td><td>姓名：</td></tr>
<tr><td>类别</td><td>序号</td><td>考核内容</td><td>分值</td><td>自评 50%</td><td>小组互评 50%</td><td>平均分数</td></tr>
<tr><td rowspan="6">知识问答
（50 分）</td><td>1</td><td>问题一</td><td>10 分</td><td></td><td></td><td></td></tr>
<tr><td>2</td><td>问题二</td><td>10 分</td><td></td><td></td><td></td></tr>
<tr><td>3</td><td>问题三</td><td>10 分</td><td></td><td></td><td></td></tr>
<tr><td>4</td><td>问题四</td><td>10 分</td><td></td><td></td><td></td></tr>
<tr><td>5</td><td>问题五</td><td>10 分</td><td></td><td></td><td></td></tr>
<tr><td colspan="2">知识考核合计</td><td>50 分</td><td></td><td></td><td></td></tr>
<tr><td rowspan="4">操作实施
（50 分）</td><td>序号</td><td>评分标准</td><td>分值</td><td colspan="3">各项分数</td></tr>
<tr><td>1</td><td>认真严谨
无失误</td><td>25 分</td><td colspan="3"></td></tr>
<tr><td>2</td><td>行为规范
遵守纪律</td><td>25 分</td><td colspan="3"></td></tr>
<tr><td colspan="2">项目实施考核合计</td><td>50 分</td><td colspan="3"></td></tr>
<tr><td colspan="3">总评成绩</td><td>100 分</td><td colspan="3"></td></tr>
</table>

项目2　常用元器件的识别与检测

2.1　项目学习任务单

常用元器件的识别与检测学习任务单,见表2-1。

表2-1　常用元器件的识别与检测学习任务单

<table>
<tr><td>单元一</td><td colspan="2">电工电子技术基础知识</td><td>总学时:6</td></tr>
<tr><td>项目2</td><td colspan="2">常用元器件的识别与检测</td><td>学　时:2</td></tr>
<tr><td>工作任务</td><td colspan="3">学习一些常用元器件的识别方法,学习如何利用仪表检测元器件</td></tr>
<tr><td>项目描述</td><td colspan="3">通过对一些常用元器件外观、特性等的学习,掌握基本元器件型号、特性、命名方法等内容,掌握基本的检测方法</td></tr>
<tr><td colspan="4">学习目标</td></tr>
<tr><td colspan="2">知识</td><td>能力</td><td>素质</td></tr>
<tr><td colspan="2">1. 常见元器件的种类及分类;
2. 常见元器件的参数识别;
3. 常见元器件的检测方法</td><td>1. 掌握常用元器件参数的识别方法;
2. 掌握常用元器件的检测方法;
3. 掌握常用元器件的使用方法</td><td>1. 学习中态度积极,有团队精神;
2. 能够借助于网络、课外书籍扩展知识面,具有自主学习的能力;
3. 动手操作过程严谨、细致,符合操作规范</td></tr>
<tr><td colspan="4">教学资源:本项目利用实验室现有元器件、万用表或者借助于网络进行实验</td></tr>
<tr><td colspan="2">硬件条件:
计算机;
电阻、电容、电感、二极管、三极管、集成元器件等;
数字万用表</td><td colspan="2">学生已有基础(课前准备):
万用表的使用技巧;
微型计算机使用的基本能力;
学习小组</td></tr>
</table>

2.2　项目基础知识

在电子电路中,若元器件所呈现的伏安特性关系为线性关系,这类电子元器件统称为线性元件;若元器件所呈现的伏安特性关系为非线性关系,这类电子元器件统称为非线性元件。常见的线性元件包括电阻、电容和电感等;常见的非线性元件包括二极管、三极管等。

1. 电阻

电学中将对电流有阻碍作用并且造成能量消耗的导体称为电阻,常用符号分为欧式和美式两种类型。常见电阻元件的图形符号如图2-1所示,其中上面为欧式符号,下面为美式符号。

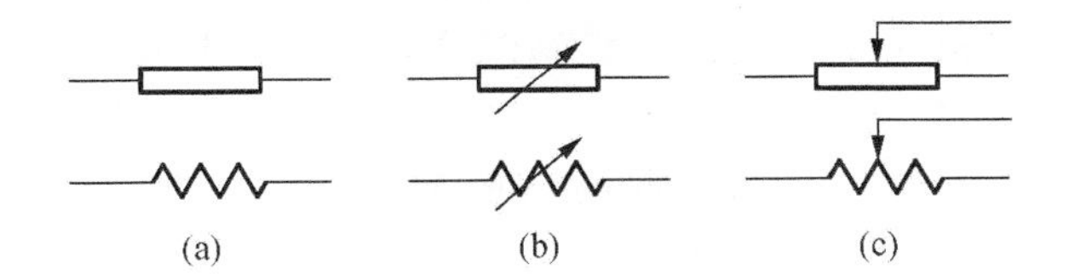

图 2－1　常见电阻元件的图形符号

(a)固定电阻器;(b)可变电阻器;(c)电位器

在电路中,电阻主要用于限流、分流、降压、分压、充当负载或与电容配合使用构建滤波器、进行阻抗匹配等,在数字电路中还可作上拉电阻和下拉电阻。

电阻有不同的分类方法,通常分为三大类:固定电阻、可调电阻(电位器)和特种电阻。在电子产品中,以固定电阻应用最多,固定电阻顾名思义是阻值无法调节的电阻;可调电阻又称电位器,通过改变连入电路中的电阻丝的长度来改变连入电路中的电阻;特种电阻又称敏感电阻,简单来说,特种电阻就是与普通电阻不一样的特别电阻,可分为热敏电阻、光敏电阻、压敏电阻、气敏电阻等。根据其对非电物理量敏感的性质,可用于组成检测不同物理量的传感器,特种电阻主要应用于自动检测和自动控制领域。

根据安装方式的不同,电阻可以分为插件式电阻和贴片式电阻。根据制作材料的不同,电阻可以分为薄膜类、合金类、合成类、敏感类四种类型。薄膜类电阻是指将一层碳膜、金属膜、金属氧化膜等材料沉积在玻璃或陶瓷基体上,从而形成的薄膜,其厚度通常在几微米以下。若将块状电阻采用合金拉制的方法制成合金线或碾压成合金箔,所制成的电阻为合金类电阻,其种类较多,根据用途不同可以分为通用型、高阻型和高压型等。常见电阻的实物图如图 2－2 所示。

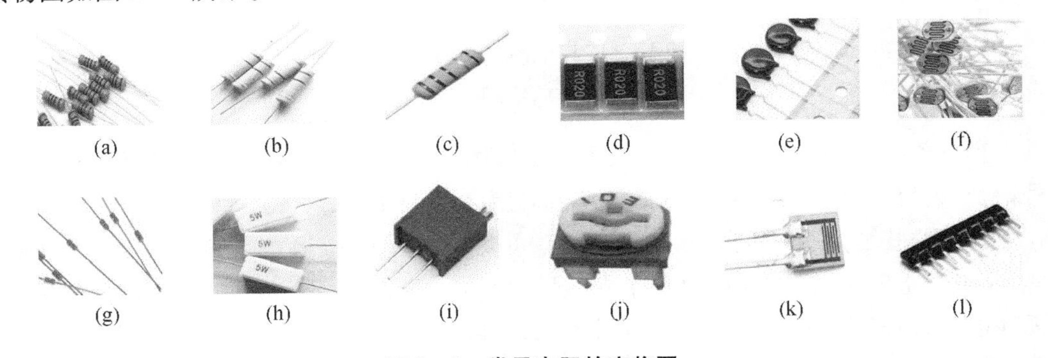

图 2－2　常见电阻的实物图

(a)金属膜电阻;(b)碳膜电阻;(c)线绕电阻;(d)贴片电阻;(e)压敏电阻;(f)光敏电阻;(g)热敏电阻;(h)水泥电阻;(i)电位器;(j)可调电阻;(k)湿敏电阻;(l)电阻排

由于电阻的种类繁多,其命名方式需采用不同的字母和数字来表示其材料、型号等。例如精密金属膜电阻器 RJ82,第一部分 R 代表主名称电阻器;第二部分 J 代表制作材料用的是金属膜;第三部分 8 代表性能是高压;第四部分 2 代表产品序号。多圈线绕电位器 WXG6:第一部分 W 代表主名称电位器;第二部分 X 代表制作材料用的是线绕;第三部分 G 代表性能是高功率;第四部分6代表产品序号。部分电阻类别的字母符号标志说明见表2－2。

表2－2　部分电阻类别的字母符号标志说明

<table>
<tr><td rowspan="7">名称部分</td><td rowspan="2">第一部分</td><td rowspan="2">主名称</td><td>字母</td><td colspan="5">R</td><td colspan="5">W</td></tr>
<tr><td>含义</td><td colspan="5">电阻器</td><td colspan="5">电位器</td></tr>
<tr><td rowspan="2">第二部分</td><td rowspan="2">制作材料</td><td>字母</td><td>C</td><td>J</td><td>H</td><td>T</td><td>X</td><td>Y</td><td>F</td><td>R</td><td>G</td><td>M</td></tr>
<tr><td>含义</td><td>沉积膜</td><td>金属膜</td><td>合成碳膜</td><td>碳膜</td><td>线绕</td><td>氧化膜</td><td>复合膜</td><td>热敏</td><td>光敏</td><td>压敏</td></tr>
<tr><td rowspan="2">第三部分</td><td rowspan="2">性质</td><td>字母</td><td>1</td><td>2</td><td>3</td><td>4</td><td>5</td><td>67</td><td>8</td><td>9</td><td>G</td><td>T</td></tr>
<tr><td>含义</td><td>普通</td><td>阻燃</td><td>超高频</td><td>高阻</td><td>高温</td><td>精密</td><td>高压</td><td>特殊</td><td>高功率</td><td>可调</td></tr>
<tr><td>第四部分</td><td colspan="12">数字1～9,表示同类产品中不同品种,用于区别电阻的外形尺寸及性能指标</td></tr>
</table>

2. 电容

电容一般是由中间夹有绝缘材料(介质)且靠得很近的两片金属片组成,是一种可储存电荷的容器。常见电容的图形符号如图2－3所示,图中上面为欧式符号,下面为美式符号。

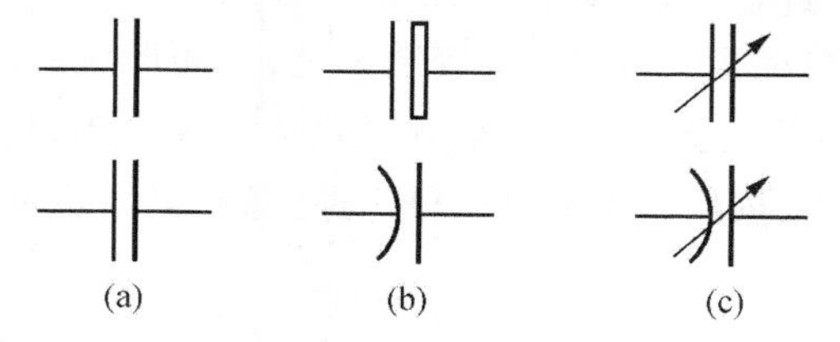

图2－3　常见电容的图形符号

(a)固定电容;(b)电解电容;(c)可变电容

电容具备“通交阻直”的功能,一般可广泛应用于模拟电子电路的旁路、中间级耦合与信号耦合,或与电阻、电感等器件组成滤波或调谐电路,进行功率补偿等。

电容若按其结构不同可以分为固定电容、可变电容两种;按极性不同,可以分为有极性电容、无极性电容两种;按介质材料不同,可以分为空气电容、液体电容、无机固体电容、有机固体电容、电解电容等;若按安装方式不同,可以分为插件电容、贴片电容。常见电容的外形图如图2－4所示。

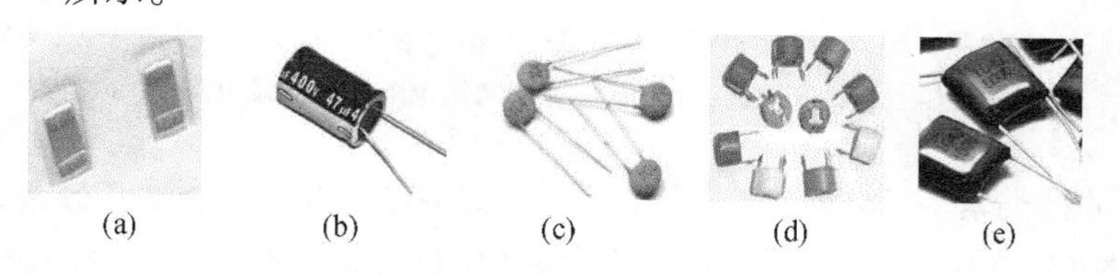

图2－4　常见电容的外形图

(a)贴片电容;(b)电解电容;(c)瓷片电容;(d)可调电容;(e)涤纶电容

通常国产电容的命名方式与电阻的命名方式类似，也是由四部分组成：第一部分用字母表示名称，电容器为 C；第二部分用字母表示材料；第三部分用数字或字母表示分类；第四部分用数字来表示同类产品中不同品种，以区别电容器的外形尺寸及性能指标。部分电容类别的字母符号标志说明见表 2－3。

表 2－3　部分电容类别的字母符号标志说明

<table>
<tr><td rowspan="9">名称部分</td><td rowspan="2">第一部分</td><td rowspan="2">名称</td><td>字母</td><td colspan="9">C</td></tr>
<tr><td>含义</td><td colspan="9">电容器</td></tr>
<tr><td rowspan="2">第二部分</td><td rowspan="2">制作材料</td><td>字母</td><td>A</td><td>C</td><td>D</td><td>G</td><td>T</td><td>I</td><td>N</td><td>BB</td><td>LS</td></tr>
<tr><td>含义</td><td>钽电解</td><td>高频瓷介</td><td>铝电解</td><td>合金电解</td><td>低频瓷介</td><td>玻璃釉</td><td>铌电解</td><td>聚丙烯</td><td>聚碳酸酯</td></tr>
<tr><td rowspan="4">第三部分</td><td rowspan="4">分类</td><td>数字或字母</td><td>1</td><td>2</td><td>4</td><td>5</td><td>6</td><td>7</td><td>T</td><td>8，Y</td><td>G</td></tr>
<tr><td>瓷介电容</td><td>圆形</td><td>管形</td><td>独石</td><td>穿心</td><td>支柱</td><td>—</td><td>叠片</td><td>高压</td><td>高功率型</td></tr>
<tr><td>云母电容</td><td>非密封</td><td>非密封</td><td>密封</td><td>—</td><td>—</td><td>—</td><td>叠片</td><td>高压</td><td>高功率型</td></tr>
<tr><td>电解电容</td><td>箔式</td><td>箔式</td><td>烧结粉/固体</td><td>—</td><td>—</td><td>无极性</td><td>叠片</td><td>高压</td><td>高功率型</td></tr>
<tr><td>第四部分</td><td colspan="11">数字 1～9，表示同类产品中不同品种，用于区别电容器的外形尺寸及性能指标</td></tr>
</table>

3. 电感

当导线内通过交流电流时，在导线的内部及其周围将会产生交变磁通，其磁通量与生产此磁通的电流之比称为电感。电路中常见电感元件的图形符号如图 2－5 所示。

图 2－5　常见电感元件的图形符号

(a)空心电感；(b)磁芯可调电感；(c)磁芯或铁芯电感；(d)可调电感

电感与电容的功能相反，其作用是“通直阻交”。若按照外形不同进行分类，电感器可以分为空心电感器、实心电感器两种；若按照工作频率的范围不同，电感器可以分为高频电感器、低频电感器；若按照封装形式的不同，电感器可以分为普通电感器、色环电感器、贴片电感器；按照电感量的大小不同，电感器可以分为固定电感器、可调电感器。常见电感的实物图如图 2－6 所示。

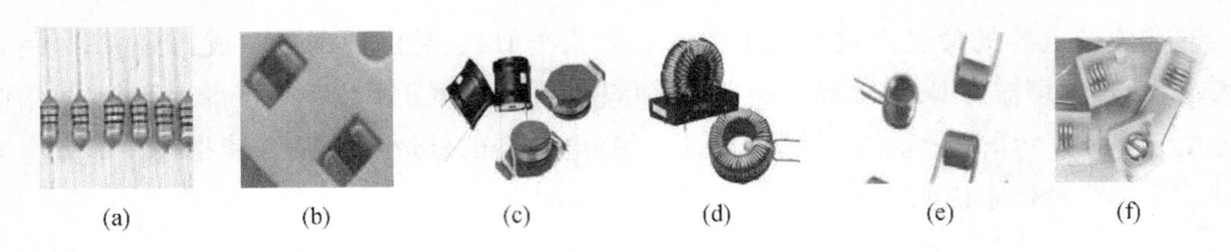

图 2－6　常见电感的实物图

(a)色环电感;(b)贴片电感;(c)工字形电感;(d)环形电感;(e)空心电感;(f)可调电感

一般情况下,电感线圈与变压器的命名有所差异,目前固定电感线圈的型号命名方法各生产厂家有所不同,尚无统一的标准,因此本书不做详细说明。

4. 二极管

半导体器件是指利用导电性能介于导体和绝缘体之间的材料所制成的电子器件。二极管、三极管是常用的半导体器件。

将 P 型半导体与 N 型半导体通过合适的工艺技术制作在同一半导体基片上,两种材料相接处的交界面形成的空间电荷区称为 PN 结。PN 结具有单向导电性,若将其用管壳封装好并引出两个电极引脚,就形成了一个半导体二极管。其中,P 区引出的电极称为阳极;N 区引出的电极称为阴极。

二极管的种类很多,按制作材料的不同,可以分为硅管和锗管两种类型;按结构的不同,可以分为点接触型、面接触型和硅平面型;按用途的不同,可以分为普通二极管、整流二极管、稳压二极管、发光二极管等。一般电子电路中,常用二极管的符号及结构如图 2－7 所示。图 2－7(a)中,二极管符号中的箭头表示正向电流的方向,左边实心箭头的符号是工程上常用的符号,右边的符号为新规定的符号。通常在二极管的管壳表面标有该符号,或者用色点、色圈来表示二极管两个电极的极性。常见二极管的实物图如图 2－8 所示。

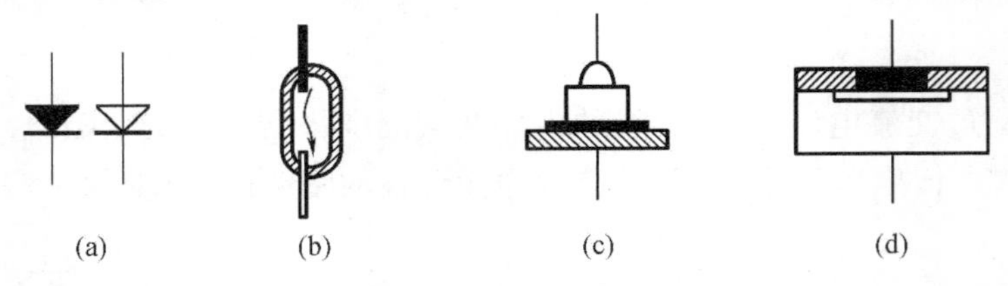

图 2－7　常用二极管的符号及结构

(a)符号;(b)点接触型;(c)面接触型;(d)硅平面型

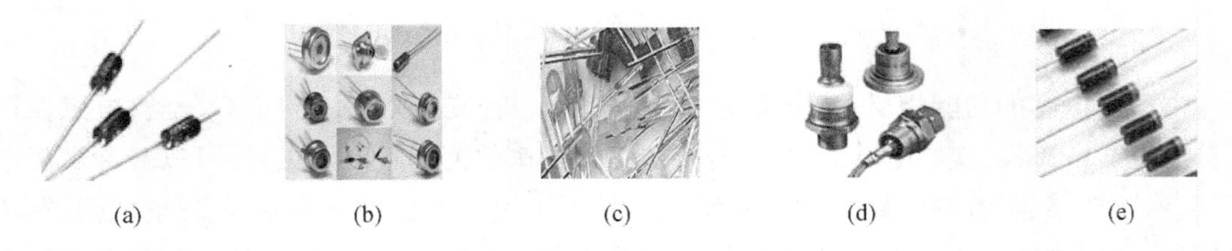

图 2－8　常见二极管的实物图

(a)稳压二极管;(b)光电二极管;(c)发光二极管;(d)大电流二极管;(e)整流二极管

点接触型二极管(通常为锗管)的结面积较小,因此结电容较小,允许通过的电流也小,适合用于高频电路的检波或小电流的整流,也可作为数字电路里的开关元件。面接触型二极管(通常为硅管)的结面积较大,因此结电容较大,允许通过的电流也大,适用于低频整流。硅平面型二极管,结面积大的可用于大功率整流,结面积小的则适于在脉冲数字电路中作开关管。

除了上述普通二极管外,还有一些特殊二极管,如稳压二极管、光电二极管、发光二极管等。

稳压二极管是一种特殊的面接触型半导体硅二极管,具有稳定电压的作用。与普通二极管相比,稳压二极管最大的特点在于其工作状态。在接正向电压时,稳压二极管正常导通;而接反向电压时,在一定范围内,稳压二极管则不会被击穿。即稳压二极管可工作在 PN 结的反向击穿状态,只要不超过稳压二极管的允许范围,PN 结就不会因过热而损坏,当外加反向电压撤去以后,稳压二极管可恢复到初始状态,所以稳压二极管具有良好的重复击穿特性。

稳压二极管在一定允许范围内被击穿后,其特性曲线非常陡直,虽然电流在很大范围内变化,但是电压变化量却很小,即呈现稳压的特性。利用这一恒压特性,稳压二极管可用于电子电路中的稳压。

光敏二极管也叫光电二极管。在它的管壳上开有一个玻璃窗口,用于接收光线。当光线通过窗口照射在它的 PN 结上时,便可生成成对的自由电子和空穴,使半导体中少数载流子的浓度提高。在一定的反向偏置电压作用下,这些载流子将会做漂移运动,从而产生漂移电流,使得反向电流增加。根据光敏二极管反向电流随光照强度的增加而线性增加的特点,可将其等效成一恒流源。当无光照时,光电二极管的伏安特性与普通二极管一样。

发光二极管简称 LED(Light Emitting Diode),是一种将电能直接转换成光能的半导体固体显示器件,其符号如图 2-9 所示。与普通二极管相似,发光二极管也是由一个 PN 结构成,具有单向导电性。当发光二极管正向导通后,便可发出红色、蓝色、绿色等各种特定颜色的光。发光的颜色取决于生产材料,不同半导体材料制造的发光二极管发出不同颜色的光,如磷砷化镓材料可发出红光或黄光,磷化镓材料可发出红光或绿光。封装 PN 结的透明塑料壳,一般外形有方形、矩形和圆形等。发光二极管的工作电压一般为 1.5 V ~ 2.0 V,工作电流一般为 10 mA ~ 20 mA。由于发光二极管所需的驱动电压低、工作电流小,体现出很强的抗振动性和抗冲击能力,同时兼具体积小、可靠性高、耗能低和寿命长等优点,常被广泛用于信号指示等电路中。

图 2-9　发光二极管的符号

目前,关于常用半导体器件的命名方式,各个国家有所不同。按照中华人民共和国国家标准,国产二极管的命名方式如图 2-10 所示,部分国产二极管的字母符号标志说明见表 2-4。

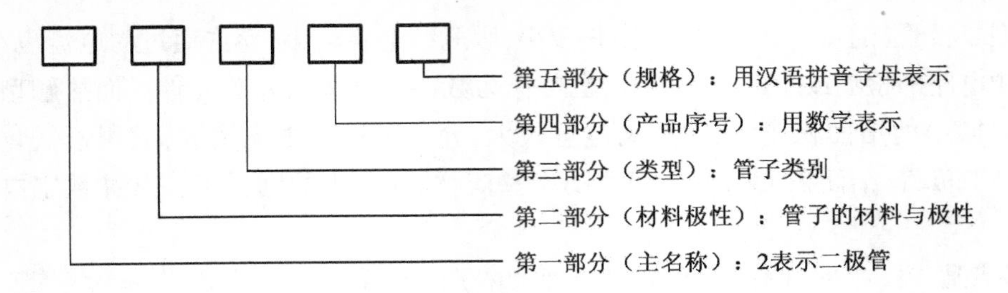

图 2－10　国产二极管的命名方式

表 2－4　部分国产二极管的字母符号标志说明

<table>
<tr><td rowspan="10">名称部分</td><td rowspan="2">第一部分</td><td rowspan="2">主名称</td><td>数字</td><td colspan="8">2(器件引脚数目)</td></tr>
<tr><td>含义</td><td colspan="8">二极管</td></tr>
<tr><td rowspan="2">第二部分</td><td rowspan="2">材料极性</td><td>字母</td><td colspan="2">A</td><td colspan="2">B</td><td colspan="2">C</td><td colspan="2">D</td></tr>
<tr><td>含义</td><td colspan="2">N 型锗材料</td><td colspan="2">P 型锗材料</td><td colspan="2">N 型硅材料</td><td colspan="2">P 型硅材料</td></tr>
<tr><td rowspan="2">第三部分</td><td rowspan="2">类型</td><td>字母</td><td>C</td><td>K</td><td>L</td><td>N</td><td>P</td><td>U</td><td>V</td><td>W</td></tr>
<tr><td>含义</td><td>参量管</td><td>开关管</td><td>整流堆</td><td>阻尼管</td><td>普通管</td><td>光电器件</td><td>微波管</td><td>稳压管</td></tr>
<tr><td rowspan="2">第四部分</td><td colspan="10" rowspan="2">用数字表示产品序号</td></tr>
<tr></tr>
<tr><td rowspan="2">第五部分</td><td colspan="10" rowspan="2">用汉语拼音字母表示规格</td></tr>
<tr></tr>
</table>

5. 三极管

半导体三极管是一种电流控制电流的三端器件，由于有两种载流子参与导电，也称双极型晶体管，是电子电路中最重要的一种器件。三极管由两个背靠背排列的 PN 结构成，根据 PN 结的组合结构可分为 NPN 型和 PNP 型两种，其符号如图 2－11 所示。两个 PN 结共用的电极称为三极管的基极（用字母 b 表示）；有箭头标示的电极为发射极（用字母 e 表示），箭头所指的方向用于强调电流的方向，箭头朝外的是 NPN 型三极管，而箭头朝内的是 PNP 型三极管；无标示的电极称为集电极（用字母 c 表示）。

图 2－11　三极管的符号

(a)NPN 型；(b)PNP 型

一般三极管是通过塑料或金属进行封装的，最基本的作用是放大。在有直流电源供能的情况下，三极管将电源的能量转换成信号的能量，从而将微弱的电信号转换成一定强度的信号；同时三极管在数字电路中还可作为开关使用，配合其他元件还可以构成振荡器。

三极管的种类很多,并且型号不同用途也各有不同。按照结构工艺分类,有 PNP 型和 NPN 型;按照制造材料分类,有锗管和硅管;按照工作频率分类,有低频管和高频管,一般低频管用于处理频率在 3 MHz 以下的电路中,高频管的工作频率可以达到几百兆赫兹,按照允许耗散的功率大小分类,有小功率管和大功率管,一般小功率管的额定功耗在 1 W 以下,而大功率管的额定功耗可达几十瓦以上。常见三极管的实物图如图 2－12 所示。

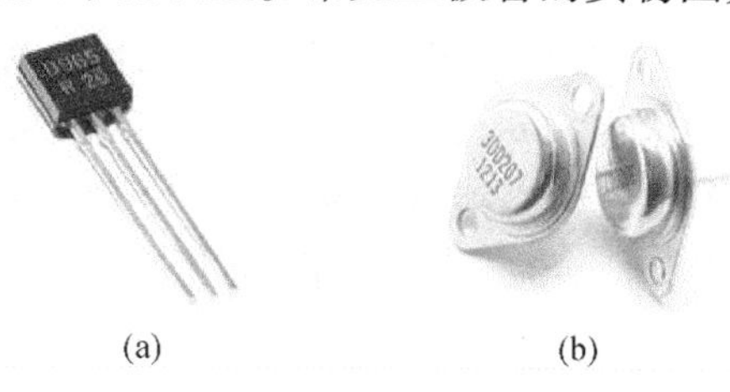

(a)　　　　　　(b)

图 2－12　常见三极管的实物图

(a)普通三极管;(b)大功率三极管

目前,按照中华人民共和国国家标准,国产三极管的命名方式如图 2－13 所示,部分国产三极管的字母符号标志说明见表 2－5。

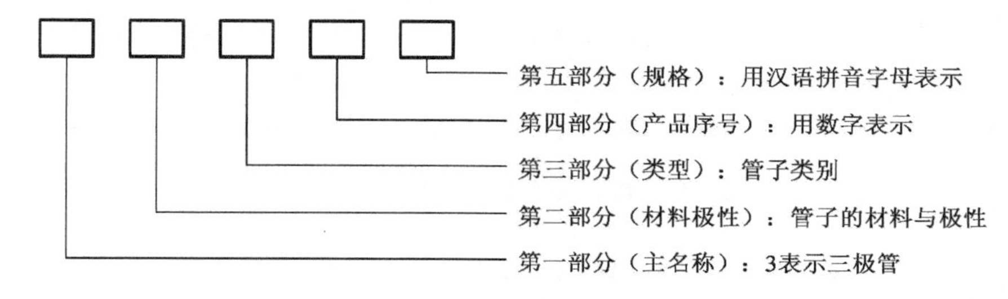

图 2－13　国产三极管的命名方式

表 2－5　部分国产三极管的字母符号标志说明

<table>
<tr><td rowspan="8">名称部分</td><td rowspan="2">第一部分</td><td rowspan="2">主名称</td><td>数字</td><td colspan="35">3(器件引脚数目)</td></tr>
<tr><td>含义</td><td colspan="35">三极管</td></tr>
<tr><td rowspan="2">第二部分</td><td rowspan="2">材料极性</td><td>字母</td><td colspan="7">A</td><td colspan="7">B</td><td colspan="7">C</td><td colspan="7">D</td><td colspan="7">E</td></tr>
<tr><td>含义</td><td colspan="7">PNP 型锗材料</td><td colspan="7">NPN 型锗材料</td><td colspan="7">PNP 型硅材料</td><td colspan="7">NPN 型硅材料</td><td colspan="7">化合物材料</td></tr>
<tr><td rowspan="2">第三部分</td><td rowspan="2">类型</td><td>字母</td><td colspan="5">A</td><td colspan="5">D</td><td colspan="5">G</td><td colspan="5">I</td><td colspan="5">K</td><td colspan="5">X</td><td colspan="5">CS</td></tr>
<tr><td>含义</td><td colspan="5">高频大功率管</td><td colspan="5">低频大功率管</td><td colspan="5">高频小功率管</td><td colspan="5">可控整流器</td><td colspan="5">开关管</td><td colspan="5">低频小功率管</td><td colspan="5">场效应器件</td></tr>
<tr><td>第四部分</td><td colspan="37">用数字表示产品序号</td></tr>
<tr><td>第五部分</td><td colspan="37">用汉语拼音字母表示规格</td></tr>
</table>

6. 半导体集成元器件

半导体集成元器件是将二极管、晶体管、电阻等各种有源或无源器件，按照一定的连接方式，集中制作在同一半导体晶片上，可完成多种功能的一种集成元器件。

集成元器件的种类很多，依据其功能的不同，可划分为模拟集成元器件和数字集成元器件两大类。模拟集成元器件一般可用在放大电路、运算电路、稳压电路中，用于产生、放大和处理各种模拟信号。数字集成元器件则主要用于逻辑电路中，如交通灯电路、抢答器电路等。按集成度来划分，集成电路可分为小规模、中规模、大规模及超大规模四种类型；按制作材料的不同，集成电路可分为晶体管和场效应管两种类型；按外形结构可分为圆型（金属外壳晶体管封装型，一般适合用于大功率）、扁平型（稳定性好，体积小）和双列直插型。

集成器件的名称由五部分组成，如图 2－14 所示，部分集成器件的字母符号标志说明见表 2－6。

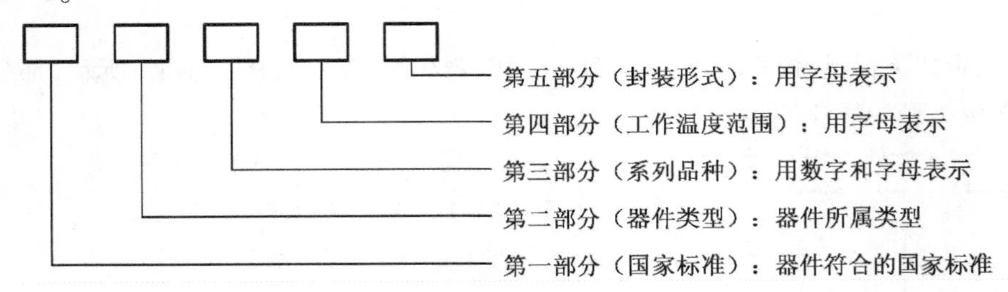

图 2－14　集成器件的命名方式

表 2－6　部分集成器件的字母符号标志说明

<table>
<tr><td rowspan="13">名称部分</td><td rowspan="2">第一部分</td><td rowspan="2">主名称</td><td>字母</td><td colspan="9">C</td></tr>
<tr><td>含义</td><td colspan="9">中国制造</td></tr>
<tr><td rowspan="2">第二部分</td><td rowspan="2">器件类型</td><td>字母</td><td>T</td><td>C</td><td>M</td><td>U</td><td>F</td><td>W</td><td>AD</td><td>DA</td><td>SC</td></tr>
<tr><td>含义</td><td>TTL 电路</td><td>CMOS 电路</td><td>存储器</td><td>微型机电路</td><td>线性放大器</td><td>稳压器</td><td>接口电路</td><td>A/D 转换器</td><td>D/A 转换器</td></tr>
<tr><td rowspan="3">第三部分</td><td rowspan="3">品种</td><td>TTL</td><td colspan="2">54/74×××</td><td colspan="2">54/74H×××</td><td colspan="2">54/74L×××</td><td colspan="2">54/74S×××</td><td>54/74LS×××</td></tr>
<tr><td>CMOS</td><td colspan="3">4000 系列</td><td colspan="3">54/74HC×××</td><td colspan="3">54/74HCT×××</td></tr>
<tr><td>说明</td><td colspan="9">(1)74:国际通用 74 系列(民用);(2)54:国际通用 54 系列(军用);(3)H:高速;(4)L:低速;(5) LS:低功耗;(6) C:仅在 74 系列出现;(7)M:仅在 54 系列出现</td></tr>
<tr><td rowspan="2">第四部分</td><td rowspan="2">工作温度范围</td><td>字母</td><td colspan="2">C</td><td colspan="2">G</td><td>L</td><td>E</td><td>R</td><td colspan="2">M</td></tr>
<tr><td>含义</td><td colspan="2">0～70 ℃</td><td colspan="2">－25～70 ℃</td><td>－25～85 ℃</td><td>－40～85 ℃</td><td>－55～85 ℃</td><td colspan="2">－55～125 ℃</td></tr>
<tr><td rowspan="2">第五部分</td><td rowspan="2">封装</td><td>字母</td><td colspan="2">B</td><td colspan="2">P</td><td colspan="2">S</td><td colspan="2">T</td><td>K</td></tr>
<tr><td>含义</td><td colspan="2">塑料扁平</td><td colspan="2">塑料双列直插</td><td colspan="2">塑料单列直插</td><td colspan="2">金属圆壳</td><td>金属菱形</td></tr>
</table>

2.3　项目实施

1. 电阻的识别与检测

电阻在电路中常用的参数标示方法有直标法、文字符号法和色标法。

直标法：将数字和文字符号直接标注在电阻体上的方法。

文字符号法：将电阻的标称值与允许偏差用数字和文字符号按一定规律组合标示在电阻体上。如 9R6J 表示该电阻标称值为 9.6 Ω，J 代表允许偏差为 ±5%。

色标法：使用最多的一种方法，一般普通的色环电阻器用 4 色环表示，精密电阻器用 5 色环表示，其中最后一环表示所允许的偏差范围，倒数第二环则表示所乘的倍数，前面的色环则代表有效数字。在识别一个色环电阻时，首先找出金色或银色靠近的一端，将其作为末端，然后从头开始读色环。

以某 5 色环电阻为例，如图 2－15 所示，从最左边的色环开始，颜色依次为棕色、紫色、绿色、金色、棕色，那么它的电阻值前三位有效值为 1,7,5，第四环是所乘的倍数（倍乘数）10^{-1}，第五环则代表其允许偏差为 ±1%，因此，该电阻的实际阻值为 17.5 Ω ±1%。

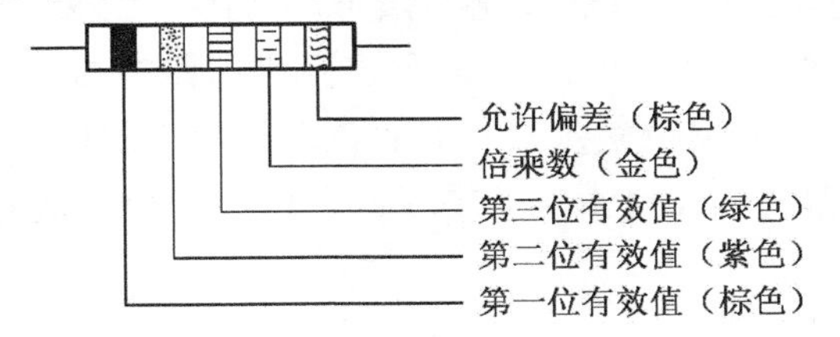

图 2－15　五色环电阻阻值识别

具体色环颜色所代表的数字或意义见表 2－7 和表 2－8。

表 2－7　色环颜色所代表的数字或意义（四环电阻）

颜色			无	银	金	黑	棕	红	橙	黄	绿	蓝	紫	灰	白
色环含义	第 1 环	有效值	—	—	—	0	1	2	3	4	5	6	7	8	9
	第 2 环	有效值	—	—	—	0	1	2	3	4	5	6	7	8	9
	第 3 环	倍乘数	—	10^{-2}	10^{-1}	10^0	10^1	10^2	10^3	10^4	10^5	10^6	10^7	10^8	10^9
	第 4 环	偏差/%	±20	±10	±5	—	—	—	—	—	—	—	—	—	—

表 2-8　色环颜色所代表的数字或意义(五环电阻)

颜色			无	银	金	黑	棕	红	橙	黄	绿	蓝	紫	灰	白
色环含义	第1环	有效值	—	—	—	0	1	2	3	4	5	6	7	8	9
	第2环	有效值	—	—	—	0	1	2	3	4	5	6	7	8	9
	第3环	有效值	—	—	—	0	1	2	3	4	5	6	7	8	9
	第4环	倍乘数		10^{-2}	10^{-1}	10^0	10^1	10^2	10^3	10^4	10^5	10^6	10^7	10^8	10^9
	第5环	偏差/%	±20	±10	±5	—	±1	±2	—	—	±0.5	±0.25	±0.1	±0.05	—

按照电阻类型的不同,电阻的基本检测方法可分为以下几种。

(1)单个电阻器的检测

在测实际电阻值时,将万用表的两表笔(不分正负,将电阻挡调至合适的量程)与电阻的两端引脚相接即可测出。

在测量电阻时,应先将量程调至大于被测电阻标称值且量程最小的电阻挡上。测试时,手不可触碰表笔和电阻的引脚,以免影响测量的准确度。另外,若所需测量的电阻值较小,为保证测量精度,必须将电阻从电路中断开,以免因电路中的其他元器件与两表笔形成回路而对测量产生影响,造成测量误差。一般的色环电阻的阻值可用色环标志来确定,但实际阻值往往存在较大偏差(±0.1%～±20%),所以在使用前最好用万用表测量出所用电阻的实际阻值。

(2)电位器的检测

电位器在使用前,首先应检查旋柄转动是否平滑,开关是否正常,可以通过手感或是声音进行判断。若转动无卡滞感,电位器内部接触点和电阻体摩擦的声音无金属摩擦声,说明电位器正常。用万用表检测时,可根据被测电位器阻值的大小调整好量程后按下述步骤进行检测:

第一步,用万用表的表笔接电位器两个引脚,若读数为电位器的标称阻值,且调整旋柄时显示数值不变,即表明这两个引脚为电位器的第一引脚与第三引脚。调换测量引脚,若万用表的示数无变化或阻值相差很多,则表明该电位器已损坏。

第二步,将万用表的表笔接在电位器的第一引脚和第二引脚(或第二引脚和第三引脚)上,将电位器旋柄按某一方向拧到底,然后反向旋转旋柄直至旋柄拧到底为止,在整个过程中注意观察万用表的示数。若示数始终逐渐增大或减小,变化平稳,则说明电位器正常;若万用表示数在电位器旋柄转动过程中有跳动现象,则表明电位器存在故障或者已损坏。

(3)一些特殊电阻的检测

常用的一些特殊功能电阻也可用万用表进行检测。

①压敏电阻的测量

将万用表的量程调至 R×1k 挡,然后用表笔接在压敏电阻两个引脚上,测量正、反向绝缘电阻。若均为无穷大则表示电阻正常;若所测电阻值很小,则说明压敏电阻已损坏。

②光敏电阻的测量

用一黑纸片将光敏电阻的透光窗口遮住，若万用表显示阻值接近无穷大，则说明光敏电阻性能良好；若此值很小或接近于零，说明光敏电阻已损坏。然后将一光源对准光敏电阻的透光窗口，若万用表示数有较大幅度的波动，阻值明显减小，则说明光敏电阻性能良好；否则说明光敏电阻已损坏，不可以使用。或者将光线对准透光窗口，将小黑纸片在光敏电阻的遮光窗上部晃动，观察万用表示数，若数值随黑纸片的晃动而发生浮动，则说明光敏电阻正常；否则说明光敏电阻已损坏。

2. 电容的识别与检测

电容在电路中常用的参数标示方法与电阻的标示方法相同，即直标法、文字符号法和色标法。一般瓷片电容等利用 3 个数字进行命名，如 104，10 为被乘数，数字 4 则代表 10 的 4 次方，即 $10 \times 10\ 000 \times 1\ \text{pF} = 0.1\ \mu\text{F}$；2n2J 表示该电容器标称值为 2.2 nF，即 2 200 pF，J 代表允许偏差为 ±5%，电容器容量的许可偏差标注字母及含义见表 2－9。

表 2－9　电容器容量的许可偏差标注字母及含义

电容器容量许可偏差标注						
字母	F	G	J	K	M	N
含义	1%	2%	5%	10%	20%	30%

在电子电路设计过程中，电解电容器的使用最为常见，其检测方法通常如下：

首先判别极性，将万用表的量程调至电阻挡上，先假设电容某端为正极，用黑表笔连接，红表笔则接另一端，测量其漏电阻阻值；将电容放电，调换表笔重新测量。在两次测量中，取漏电阻较大的一次，其黑表笔接正极，红表笔接负极。

若已知电容器极性，可直接检测其好坏。用黑表笔接电容器的正极，红表笔接电容器的负极，其数值会迅速发生变化，然后趋于稳定。待稳定后，若显示的电阻值大，则表示电容器良好；若示数无变化，则说明电容器已损坏。

小容量无极性电容器的测试：对于有电容挡的万用表，可以直接对电容进行测量；对于无电容挡的万用表，则可利用万用表的电阻挡来测量绝缘电阻。将万用表的电阻挡调至最大，如果电容已损坏，万用表示数应显示为 0，表示电容已被击穿；如果没有损坏，万用表的示数将从一个数值一直增加到无穷大。用此方法主要检查电容器的断路情况。

3. 电感的识别与检测

电感器常见的标示方法与电阻、电容的标示方法相同，即直标法、文字符号法和色标法。例如，标示为“330”的电感为 $33 \times 10^0 = 33\ \mu\text{H}$。

电感在使用前应先进行外观检测。首先查看线圈有无松散，引脚有无折断，线圈是否烧毁或外壳是否烧焦等，若有上述现象，则表明电感已损坏。然后可利用万用表的电阻挡测线圈的直流电阻。电感的直流电阻值一般很小，匝数多、线径细的线圈一般为几十欧；而对于有抽头的线圈，各引脚之间的阻值均很小，仅为几欧姆。若用万用表 R×1Ω 挡测线圈的直流电阻，阻值无穷大说明线圈（或与引出线间）已经开路损坏；阻值若比正常值小很多，则说明有局部短路；阻值为零，则说明线圈完全短路。

4. 二极管的检测方法

二极管的种类不同，检测方法也不同。二极管的识别很简单，小功率二极管的 N 极（负极），在二极管外表大多采用一种色圈标出来，有些二极管也用二极管专用符号来表示 P 极（正极）或 N 极（负极），也有采用符号标志“P”“N”来确定二极管极性的。

（1）普通二极管的检测

普通二极管通常包含检波二极管、整流二极管、阻尼二极管、开关二极管、续流二极管几种。这类二极管通常是由一个 PN 结组成的半导体器件，具有单向导电特性，因此，可通过万用表检测其正、反向电阻值，从而鉴别出二极管的电极，并判断二极管是否正常。

①极性的鉴别

将万用表调至电阻挡 R×100 挡或 R×1k 挡，用两个表笔分别接二极管的两个引脚，记录测出的结果后，再对调两表笔，重新进行测量，并记录结果。通过对比两次测量的结果，应为一次阻值较大（即反向电阻），另一次阻值较小（即正向电阻），取阻值较小的一次，其黑表笔所接的电极为二极管的正极，红表笔所接的电极为二极管的负极。

②导电性能的鉴别

另外，一般来说，锗材料二极管的正向电阻值为 1 kΩ 左右，反向电阻值为 300 kΩ 左右；硅材料二极管的正向电阻值为 5 kΩ 左右，反向电阻值为∞（无穷大）。若正向电阻显示的数值越小，反向电阻显示的数值越大，两者差异越悬殊，则说明二极管的单向导电特性越好。

③二极管好坏的鉴别

若在测量过程中，发现二极管的正、反向电阻值均接近 0 或阻值很小，则说明该二极管内部已被击穿，造成短路损坏或漏电损坏；若二极管的正、反向电阻均为无穷大，则说明该二极管已开路损坏。

（2）稳压二极管的检测

①极性的鉴别

从外观上来看，用金属封装的平面形部分对应的电极为正极，而负极的一端呈半圆形。采用塑封方式的稳压二极管通常会在管体靠近负极的一端印上彩色标记，而另一端为正极。若外观上无法判断稳压管的引脚极性，可利用万用表进行判别。测量的方法与普通二极管测量方法相同。

②性能好坏的鉴别

若测得稳压二极管的正、反向电阻均接近 0 或阻值很小，则说明该二极管内部已被击穿；若二极管的正、反向电阻均为无穷大，则说明该二极管已开路损坏。

(3)发光二极管的检测

①极性的鉴别

观察发光二极管塑料壳内两个金属片的大小,金属片较大的一端外接引脚为负极,金属片较小的一端外接引脚为正极。另外,一般引脚较长的一端为正极,引脚较短的一端为负极。

②性能好坏的判断

先把数字万用表调至二极管挡,然后将表笔接在发光二极管的两端,若万用表有示数,则表明红表笔接正极,黑表笔接负极,此时二极管会正常发光;若万用表无示数,则需将表笔对调重新测量,二极管发光则说明正常;若两次测量万用表均无示数,且二极管不亮,则说明二极管已损坏,不能使用。

(4)光敏二极管的检测

①电阻测量法

先将黑色或不透光的遮盖物遮盖光敏二极管的光信号接收窗口,确保接收器不受光。再将万用表表盘调至 R×1k 挡,用表笔挡测量光敏二极管的正、反向电阻值。在一般情况下,正向电阻值在 10 kΩ~20 kΩ,反向电阻值趋于无穷大。若测得正、反向电阻值均很小或均为无穷大,则说明该光敏二极管漏电或开路损坏。再将遮盖物撤离二极管,并将光敏二极管的光信号接收窗口对准光源处,观察万用表上正、反向电阻值的数值变化。正常情况下,正、反向电阻值均会减小。阻值变化越大,光敏二极管的灵敏度就越高。

②电压测量法

先将万用表表盘调至 1 V 直流电压挡,再用红表笔与黑表笔分别接光敏二极管的正极、负极。将光敏二极管的光信号接收窗口对准光源处,此时万用表应显示 0.2~0.4 V 的电压值(其电压与光照强度成正比)。

③电流测量法

先将万用表表盘调至 50 μA 或 500 μA 电流挡,再用红表笔与黑表笔分别接光敏二极管的正极、负极。将光敏二极管的光信号接收窗口对准光源处,此时万用表的示值随光照强度的增加而增大,从几微安至几百微安。

5. 三极管的检测方法

三极管在使用之前应先判别其管脚的排列顺序。查阅手册是一种方法,而另一种方法是通过数字万用表测量进行判别,具体的判断方法如下:

首先判断三极管的类型是 PNP 型还是 NPN 型。将数字万用表的量程调至电阻挡 R×1k(或 R×100)挡,将黑表笔接在三极管任一管脚上,用红表笔接另外两个管脚。若万用表的示值都很大,则说明黑表笔所接的电极为 PNP 型管的基极;如果万用表的示数都很小,则说明黑表笔所接的电极为 NPN 型的基极;若红表笔接其他两个引脚所显示出来的数值一个很大一个很小,则说明黑表笔所接的电极不是三极管的基极,需要将黑表笔换接其他引脚上,直至出现上述情况,找到三极管的基极,判断出管型为止。

然后判断其他两个电极。先假设一个管脚为集电极，另一个管脚为发射极，对于 NPN 型的三极管，将黑表笔接在假设的集电极上，红表笔接在假设的发射极上（对于 PNP 型管，万用表的红、黑表笔需对调过来），在保证不短接的情况下，将基极和假设的集电极用手指连接起来，记录万用表所显示的数值；然后将黑表笔和红表笔对调，仍旧在保证不短接的情况下，将基极和假设的集电极用手指连接起来，记录万用表所显示的数值。最后对比两次数据，测量值较小时，黑表笔所接的管脚即为三极管的集电极（对于 PNP 型管，则红表笔所接的管脚为集电极）。

除了上述方法以外，还可以利用数字万用表的二极管挡位测量三极管的好坏、类型和管脚名称。

（1）在判断三极管是否正常时，可利用万用表的二极管挡位分别测量三极管发射结、集电结的正、反偏是否正常（查看单向导电性），若正常则三极管没有问题；若不正常，则三极管已损坏。

（2）在判别时，三极管可以看作是一个背靠背的 PN 结，利用二极管的判断方法，通过单向导电性的测量找到公共正极或公共负极，即三极管的基极。若无法找到公共极，则说明三极管已损坏。对于 PNP 型管来说，公共极为负极；而对于 NPN 型管来说，公共极为正极。由此可推断出三极管的类型是 NPN 型还是 PNP 型。

（3）利用万用表的 HFE 挡位可对三极管的发射极和集电极进行判断。令万用表的挡位处于 HFE 挡，把三极管的基极插在对应位置中，然后将其他两个管脚分别插入另外两个位置中测量数据，再将这两个管脚对调重新测量数据，取两次数值较大的放置方法，即为每个管脚对应的正确名称。另外，当三极管正确插入测量管座中时，可直接显示出三极管的 β 值。

6. 半导体集成电路的检测方法

在使用集成电路之前，需先仔细识别并检查引脚，确认其各引脚的功能，正确放置集成电路，避免因错接而损坏器件。

如在实验过程中，发现实验结果不正确，可对集成电路的好坏进行检测。常用的检测方法有在线测量法、单独测量法和替换法。

在线测量法是利用电压、电流、电阻等测量方法，检验集成电路各引脚之间的电压值、电流值、电阻值是否正常，从而判断集成电路是否损坏。

单独测量法是指器件未接入电路之前进行测量，可通过测量各引脚之间的直流电阻值，与已知同型号正常的集成电路各引脚之间的直流电阻值进行对比，以确定其是否正常。

替换法是用已知完好的同型号、同规格集成电路来替代需要被测的集成电路，可以判断出该集成电路是否损坏。但在进行替换前需仔细检查电路连线，以免发生短路，造成集成芯片的再次损坏。

7. 项目考核

项目开始时，把考核评分表分发给学生，在项目结束时，由组长负责统计成绩，最后将考核评分表上交给任课教师。考核评分表详见表2-10。

考核成绩：考核的主要内容由知识问答考核、操作实施考核构成。两部分考核各占50分，考核总评成绩为百分制。

考核内容：知识问答部分在考核之前由成员设计问答题，每个小组共同讨论决定10道考试题，每个学生抽取其中的5道考试题进行回答，每题10分，由自评成绩、小组互评成绩的平均值记为每题的总分数。操作实施部分由任课教师出题，任课教师给出成绩。

表2-10　考核评分表

项目名称：						
班级：		学号：		组号：		姓名：
知识问答（50分）	序号	考核内容	分值	自评50%	小组互评50%	平均分数
	1	问题一	10分			
	2	问题二	10分			
	3	问题三	10分			
	4	问题四	10分			
	5	问题五	10分			
	知识考核合计		50分			
操作实施（50分）	序号	评分标准	分值	各项分数		
	1	认真严谨无失误	25分			
	2	行为规范遵守纪律	25分			
	项目实施考核合计		50分			
总评成绩			100分			

项目3　常用焊接工艺

3.1　项目学习任务单

常用焊接工艺学习任务单见表3-1。

表3-1　常用焊接工艺学习任务单

<table>
<tr><td>单元一</td><td colspan="2">电工电子技术基础知识</td><td>总学时:6</td></tr>
<tr><td>项目3</td><td colspan="2">常用焊接工艺</td><td>学　时:2</td></tr>
<tr><td>工作目标</td><td colspan="3">学会使用电烙铁工具</td></tr>
<tr><td>项目描述</td><td colspan="3">能够正确使用电烙铁进行电路焊接</td></tr>
<tr><td colspan="4">学习目标</td></tr>
<tr><td colspan="2">知识</td><td>能力</td><td>素质</td></tr>
<tr><td colspan="2">1. 电烙铁的工作原理;
2. 电烙铁的使用方法</td><td>1. 正确使用电烙铁焊接电路;
2. 正确进行拆焊</td><td>1. 学习中态度积极,有团队精神;
2. 能够借助于网络、课外书籍扩展知识面,具有自主学习的能力;
3. 动手操作过程严谨、细致,符合操作规范</td></tr>
<tr><td colspan="4">教学资源:本项目可以在有相关工具的实验室进行</td></tr>
<tr><td colspan="2">硬件条件:
电烙铁;
焊锡丝</td><td colspan="2">学生已有基础(课前准备):
常用电工工具的使用方法;
学习小组</td></tr>
</table>

3.2　项目基础知识

电烙铁如图3-1所示,其工作原理是接通电源后,电流使电阻丝迅速发热,热传递作用使电烙铁快速升温,直至达到焊接温度开始工作。

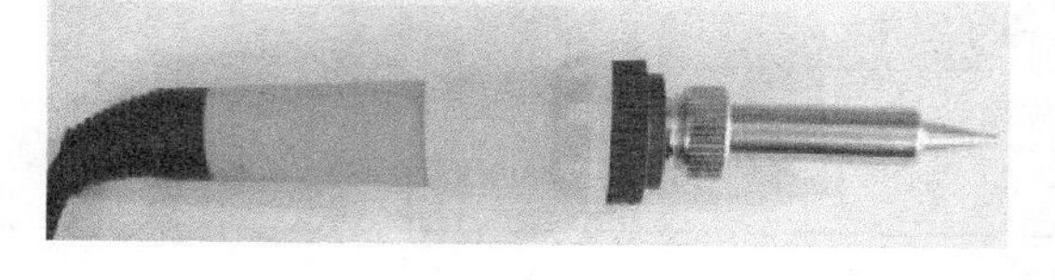

图3-1　电烙铁

判断电烙铁好坏的标准是:热量是否充足、温度是否稳定、耗电量多少、效率高低及耐用程度等。

常用的电烙铁分为内热式和外热式两大类。内热式电烙铁发热元件在烙铁头内部,发热效率相对较高;外热式电烙铁的烙铁头长短可以调节,烙铁头越短,烙铁头的温度越高。

3.3　项目实施

1. 电烙铁的选用

选用电烙铁时,烙铁头的形状应与被焊物面、焊点要求、元件密度相适应;考虑烙铁头接触焊点时温度下降的情况,烙铁头顶端温度应比焊锡熔点高30~80 ℃;电烙铁的热容量要能满足被焊件的要求；烙铁头的温度恢复时间（烙铁头接触焊点温度降低后，重新恢复到原有最高温度所需要的时间）要能满足被焊件的热要求。实验室中主要用电烙铁焊接较精密的元器件和小型元器件，通常用20 W左右的内热式电烙铁就可以满足要求。电烙铁热容量太小，温度下降快，焊锡不能充分熔化，焊锡表面发暗且无光泽，可能造成虚焊。电烙铁热容量太大，元器件和焊锡温度高，元器件导线绝缘层易被烧坏。

2. 焊接姿势及手法

焊接时操作者通常采用坐姿，工作台和座椅的高度要适当，挺胸端坐，操作者眼部与烙铁头的距离应不小于20 cm。

操作手法通常采用握笔式、正握式及反握式三种。

握笔法使用的烙铁头一般为直形的，适用于功率较小的电烙铁，常用于小型电子电器、印刷板电路的焊接；正握法使用的电烙铁比较大，且多为弯形烙铁头；反握法是一种相对稳定的握法，常用于大功率电烙铁对热容量较大的工件的焊接。

由于在焊丝的成分中，铅占一定比例，众所周知，铅是对人体有害的重金属，因此操作时应戴手套或操作后洗手，避免食入。

3. 电烙铁的焊接步骤

进行电烙铁焊接时，可以按照以下五步进行。

（1）准备阶段

将待焊件、电烙铁、烙铁架、焊锡丝放在工作台便于操作的地方，加热并清洁烙铁头工作面，搪锡，为即将进行的焊接过程作准备。

（2）加热被焊件

把加热好的烙铁头放在焊接点上，使焊点快速升温。

（3）熔化焊料

加热焊点温度到达工作温度时，立即将焊锡丝与被焊件的焊接面接触。焊锡丝应对着烙铁头的方向加入。需要注意的是，不要把焊锡丝直接接触到烙铁头上。

（4）移开焊锡丝

焊锡丝熔化适量后，应迅速移开焊锡丝。

（5）移开电烙铁

焊点形成后，焊剂尚未完全挥发前，要迅速将电烙铁移开。

4. 拆焊

在电器装配、维修中，往往需要将已经焊接的连线或元器件拆除，下面做简单介绍。

（1）拆焊工具

吸锡电烙铁是最为常用的拆焊工具之一。拆焊操作时，吸锡电烙铁头部先对焊点进行加热，待焊锡熔化后，按动吸锡电烙铁上的拆焊装置，锡液就可以从焊点上吸走。吸锡电烙铁因其具有拆焊效率高、不损伤元器件的特点而被广泛应用。

(2)焊接点的拆焊

针对钩焊、搭焊和插焊可以用电烙铁对焊点加热,使焊锡熔化,然后用尖嘴钳或镊子拆下元器件。网焊焊点连线缠绕牢固,拆卸相对困难,用电烙铁熔化焊锡的做法容易烫坏元器件或导线绝缘层,所以在拆除网焊焊点时,通常采取的方法是:在离焊点约 10 mm 处剪断欲拆焊元器件引线,然后再对网焊接头进行拆除,最后与新元件重新焊接。

5. 使用电烙铁的注意事项

(1)使用电烙铁前必须进行安全检查,如存在电源线破损现象,必须用绝缘胶带处理后,才能正常使用,避免触电事故的发生。

(2)新烙铁初次使用时,要先对烙铁头搪锡。具体操作步骤为:加热烙铁头到合适温度,用锉刀挫去氧化层,在焊锡上来回摩擦至焊锡均匀,即完成搪锡操作。

(3)使用中发现烙铁头出现氧化、沾染污物时,应及时擦去,保持烙铁头清洁,否则可能影响焊锡质量。烙铁工作一段时间后,还会出现因烙铁头老化不易上锡的情况,工作前应用锉刀去掉氧化层,重新搪锡再使用。

(4)电烙铁通电后,若没有执行焊接操作,应把电烙铁放置在特制的烙铁架上。烙铁架通常放置在工作台的右上角,放置时烙铁头不能超过工作台面,以免烫伤同学或物品。同时注意导线不要碰到烙铁头,烙铁烫坏绝缘可能引发短路。

6. 项目考核

项目开始时,把考核评分表分发给学生,在项目结束时,由组长负责统计成绩,最后将考核评分表上交给任课教师。考核评分表详见表 3 - 2。

考核成绩:考核的主要内容由知识问答考核、操作实施考核构成。两部分考核各占 50 分,考核总评成绩为百分制。

考核内容:知识问答部分在考核之前由成员设计问答题,每个小组共同讨论决定 10 道考试题,每个学生抽取其中的 5 道进行回答,每题 10 分,由自评成绩、小组互评成绩的平均值记为每题的总分数。操作实施部分由任课教师出题,任课教师给出成绩。

表 3 - 2　考核评分表

<table>
<tr><td colspan="8">项目名称:</td></tr>
<tr><td colspan="2">班级:</td><td colspan="2">学号:</td><td colspan="2">组号:</td><td colspan="2">姓名:</td></tr>
<tr><td rowspan="7">知识问答
(50 分)</td><td>序号</td><td>考核内容</td><td>分值</td><td>自评 50%</td><td>小组互评 50%</td><td colspan="2">平均分数</td></tr>
<tr><td>1</td><td>问题一</td><td>10 分</td><td></td><td></td><td colspan="2"></td></tr>
<tr><td>2</td><td>问题二</td><td>10 分</td><td></td><td></td><td colspan="2"></td></tr>
<tr><td>3</td><td>问题三</td><td>10 分</td><td></td><td></td><td colspan="2"></td></tr>
<tr><td>4</td><td>问题四</td><td>10 分</td><td></td><td></td><td colspan="2"></td></tr>
<tr><td>5</td><td>问题五</td><td>10 分</td><td></td><td></td><td colspan="2"></td></tr>
<tr><td colspan="2">知识考核合计</td><td>50 分</td><td></td><td></td><td colspan="2"></td></tr>
</table>

表 3－2(续)

	序号	评分标准	分值	各项分数
操作实施 （50 分）	1	认真严谨 无失误	25 分	
	2	行为规范 遵守纪律	25 分	
	项目实施考核合计		50 分	
总评成绩			100 分	

单元二　电路基础训练

项目4　基尔霍夫定律的验证(KCL、KVL)

4.1　项目学习任务单

基尔霍夫定律的验证学习任务单见表4－1。

表4－1　基尔霍夫定律的验证学习任务单

<table>
<tr><td>单元二</td><td colspan="2">电路基础训练</td><td>总学时:16</td></tr>
<tr><td>项目4</td><td colspan="2">基尔霍夫定律的验证(KCL、KVL)</td><td>学　时:2</td></tr>
<tr><td>工作目标</td><td colspan="3">验证基尔霍夫定律的正确性,加深对基尔霍夫定律的理解;学会测量各支路电流。</td></tr>
<tr><td>项目描述</td><td colspan="3">通过对基尔霍夫电流、电压定律的实验验证,对KCL、KVL有基本了解,并且可以区别运用;通过对基尔霍夫定律的讲解和验证,对电路分析的基本原则、步骤及方法有基本了解</td></tr>
<tr><td colspan="4">学习目标</td></tr>
<tr><td colspan="2">知识</td><td>能力</td><td>素质</td></tr>
<tr><td colspan="2">1. 基尔霍夫电流定律;
2. 基尔霍夫电压定律</td><td>1. 会在电路分析中合理使用KCL;
2. 会在电路分析中合理使用KVL;
3. 掌握实验操作的基本规范和步骤,掌握记录数据和分析数据的方法,掌握排除实验故障的能力</td><td>1. 学习中态度积极,有团队精神;
2. 能够借助于网络、课外书籍扩展知识面,具有自主学习的能力;
3. 动手操作过程严谨、细致,符合操作规范</td></tr>
<tr><td colspan="4">教学资源:本项目可以在Multisim软件中进行仿真操作,也可以在面包板或者相关的实验平台上操作,实施步骤相同</td></tr>
<tr><td colspan="2">硬件条件:
计算机或者面包板或者相关的实验平台;
电阻、电源、万用表;
导线若干</td><td colspan="2">学生已有基础(课前准备):
电路模型及电路元器件相关知识;
微型计算机使用的基本能力;
编程软件使用的基本能力;
学习小组</td></tr>
</table>

4.2　项目基础知识

基尔霍夫定律是电路的基本定律。基尔霍夫定律包括基尔霍夫电流定律(KCL)和电压定律(KVL)。

基尔霍夫电流定律指出:“在集总电路中,任何时候,对任一节点,所有流出节点的支路电流的代数和恒等于零”。此处,电流的“代数和”是根据电流流出节点或是流入节点判断的。若流出节点的电流前面取“ + ”号,则流入节点的电流前面取“ - ”;电流是流出节点还是流入节点,均根据电流的参考方向判断。

基尔霍夫电压定律指出:在集总电路中,任何时刻,沿任一回路,所有支路电压的代数和恒等于零。

测量某电路的各支路电流及每个元器件两端的电压,应能同时满足基尔霍夫电流定律和电压定律。即对电路中的任一个节点,都应满足 $\sum I = 0$;对电路中的任一个闭合回路,都应满足 $\sum U = 0$。

4.3　项目实施

基尔霍夫定律验证原理图如图 4 - 1 所示,仿真电路所需的元器件清单(Multisim 软件环境下)见表 4 - 2。

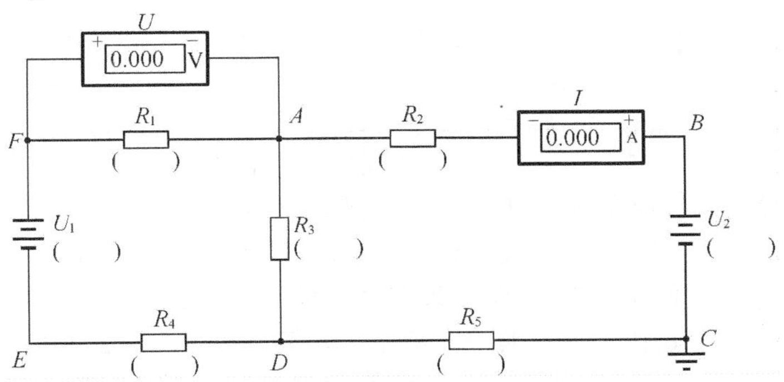

图 4 - 1　基尔霍夫定律验证原理图

表 4 - 2　基尔霍夫定律验证仿真电路 Multisim 10 所需的元器件清单

元件名称	所在元件库	所在组	型号参数
电阻	【Basic】	【Resistor】	R(自行设定)
直流电压源	【Sources】	【Power_sources】	【DC_POWER】(U_1,U_2 选取范围 0 ~ 30 V)
直流电压表	【Indicators】	【Voltmeter】	Voltmeter_H(水平),Voltmeter_V(竖直)
直流电流表	【Indicators】	【Ammeter】	Ammeter_H(水平),Ammeter_V(竖直)
地	【Sources】	【Power_sources】	GROUND

电路各元器件参数由读者自行设定并填写到图 4 - 1 中。采集各个支路的电流数据时,

可以把多个数字电流表串联到各个电路中；也可以把一个电流表分别串联至被测支路。测量出的支路电流值，填入电流数据采集表4－3中。需要注意，数字电流表在连接过程中要注意极性，否则可能出现负数，对数据分析造成影响。

表4－3　电流数据采集表

支路电流	I_{ABCD}/(mA/A)	I_{AFED}/(mA/A)	I_{AD}/(mA/A)
计算值			
测量值			
相对误差(实物操作)			

采集各个支路的电压数据时，可以把多个电压表并联到各个支路两端；也可以把一个电压表分别并联至被测支路两端。测量出的支路的电压值，填入电压数据采集表4－4中。需要注意，数字电压表在连接过程中也要注意极性，否则可能出现负数，对数据分析造成影响。另外，在实物操作过程中，U_1，U_2 也应为测量值，不可直接取用自身设定的电源值。

表4－4　电压数据采集表

支路电压	U_1/V	U_2/V	U_{FA}/V	U_{AB}/V	U_{AD}/V	U_{CD}/V	U_{DE}/V
计算值							
测量值							
相对误差(实物操作)							

借助实验平台或面包板完成该项实验时，需要注意以下事项。

(1)实验前，先设定各个支路和回路的电流正方向(学生自己设定并在图4－1中标出)。实验测量时，应先通过计算，推算出数字电压表、电流表的量程；没有计算时，应按照量程范围由大到小进行实验，直至选择量程合适。尽量避免量程选择不当而引起的报警。

(2)电流插头的基本结构和电流测量方法应有所了解，电流插头的红色端子和黑色端子应分别连接至数字毫安表的“＋，－”两端，使用方法类似于万用表表笔。

(3)在实验和仿真环境下，我们可以对实验电路进行故障设置。从多个方面验证基尔霍夫定律的使用条件和应用条件。

(4)理想电压源不得短路，实验过程也要防止两个稳压电源输出端发生短路。

(5)采用机械(指针式)电压表、电流表进行数据测量时，必须注意仪表的正负极连接，要尽量避免仪表指针反偏，一旦出现反偏现象，必须调换指针位置，重新进行测量，只有指针正偏，才可读取电压值和电流值。

(6)表4－3、表4－4中的相对误差数据采集仅在实物操作下填写，仿真实验可省略。

4.4　预习思考题

采用数字电压、电流表进行测量时，数据记录需要注意哪些问题？

4.5　实验报告要求

1. 根据实验过程中记录的实验数据,任选其中的一个或几个来验证基尔霍夫电流定律(KCL)的正确性。

2. 根据实验过程中记录的实验数据,任选其中的一个或几个闭合回路来验证基尔霍夫电压定律(KVL)的正确性。

3. 对比计算数据与测量数据之间的差异,分析误差产生的原因。

4. 书写心得体会及其他。

项目5　叠加定理的验证

5.1　项目学习任务单

叠加定理的验证学习任务单见表5-1。

表5-1　叠加定理的验证学习任务单

<table>
<tr><td>单元二</td><td colspan="2">电路基础训练</td><td>总学时:16</td></tr>
<tr><td>项目5</td><td colspan="2">叠加定理的验证</td><td>学　时:2</td></tr>
<tr><td>工作目标</td><td colspan="3">验证线性电路叠加原理的正确性,加深对线性电路的叠加性和齐次性的认识和理解</td></tr>
<tr><td>项目描述</td><td colspan="3">通过对叠加定理的验证,对叠加定理有基本的了解,并且可以区别运用;通过对叠加定理的讲解和验证,对电路分析的基本原则、步骤及方法有基本了解</td></tr>
<tr><td colspan="4">学习目标</td></tr>
<tr><td colspan="2">知识</td><td>能力</td><td>素质</td></tr>
<tr><td colspan="2">1. 叠加定理基础知识;
2. 电路分析基础知识</td><td>1. 会在电路分析中合理使用叠加定理;
2. 掌握实验操作的基本规范和步骤,掌握记录数据和分析数据的方法,掌握排除实验故障的能力</td><td>1. 学习中态度积极,有团队精神;
2. 能够借助于网络、课外书籍扩展知识面,具有自主学习的能力;
3. 动手操作过程严谨、细致,符合操作规范</td></tr>
<tr><td colspan="4">教学资源:本项目可以在Multisim软件中进行仿真操作,也可以在面包板或者相关的实验平台上操作,实施步骤相同</td></tr>
<tr><td colspan="3">硬件条件:
计算机或者面包板或者相关的实验平台;
电阻、二极管、电源、万用表;
导线若干</td><td>学生已有基础(课前准备):
电路模型及电路元器件相关知识;
微型计算机使用的基本能力;
编程软件使用的基本能力;
学习小组</td></tr>
</table>

5.2 项目基础知识

叠加原理描述的是原电路的响应等于相应分电路中分响应的和。应用叠加定理时需要注意:叠加定理只适用于线性电路,不适用非线性电路。分电路中,不作用的电压源应置零处理(用短路代替),不作用的电流源也应置零处理(用开路代替)。电路中其他元器件均保留。

5.3 项目实施

叠加定理验证原理图如图 5-1 所示,仿真电路所需的元器件清单(Multisim 10 软件环境下)见表 5-2。

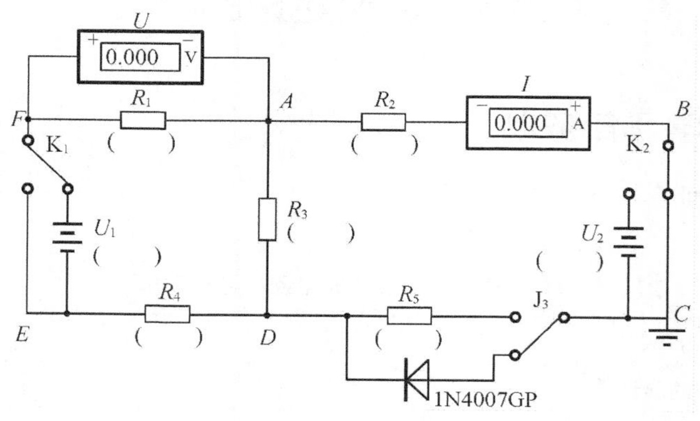

图 5-1 叠加定理验证原理图

表 5-2 叠加定理验证仿真电路 Multisim 10 所需的元器件清单

元件名称	所在元件库	所在组	型号参数
电阻	【Basic】	【Resistor】	R(自行设定)
直流电压源	【Sources】	【Power_sources】	【DC_POWER】(U_1,U_2 选取范围 0~30 V)
直流电压表	【Indicators】	【Voltmeter】	Voltmeter_H(水平),Voltmeter_V(竖直)
直流电流表	【Indicators】	【Ammeter】	Ammeter_H(水平),Ammeter_V(竖直)
开关	【Basic】	【Switch】	Spdt
二极管	【Diodes】	【Diode】	1N4007
地	【Sources】	【Power_sources】	GROUND

电路各元器件参数由读者自行设定,填写到图 5-1 中,并按照图 5-1 所示的电路结构连接电路(实物或仿真),另外 U_1,U_2 也可用直流电流源 I_1,I_2 替代进行实验。

(1)U_1 电源单独作用时,要把开关 K_1 接通右侧,K_2 打在短路侧,同图 5-1 的连接方式。U_2 电源单独作用时的连接方法与 U_1 电源单独作用时的连接方法类似,将开关 K_2 接通左侧,把开关 K_1 打在短路侧。在测量过程中更改直流电压表和毫安表的位置测量各支路电流及各电阻元器件两端的电压(也可在每条支路中都串联电流表,在各节点处并联电压表来获得数据),并将数据填写在表5-3中。

表5-3　叠加定理验证测量数据(线性电路)

测量内容 / 测量项	U_1 /V	U_2 /V	I_{ABCD} /mA	I_{AFED} /mA	I_{AD} /mA	U_{AB} /V	U_{CD} /V	U_{AD} /V	U_{DE} /V	U_{FA} /V
$U_1(I_1)$单独作用										
$U_2(I_2)$单独作用										
$U_1(I_1)$,$U_2(I_2)$共同作用										
$3U_2(I_2)$单独作用										

(2)U_1 和 U_2 同时作用时,要把开关 K_1 和开关 K_2 分别打到 U_1 和 U_2 侧,测量和记录数据,填入表5-3中。

(3)将 U_1 的数值调至原设定值的3倍,按照步骤1的方法测量相关数据并记录到表5-3中。

(4)将电阻 R_5 更换为二极管1N4007,重复上述步骤,重新测量数据填写在表5-4。

表5-4　叠加定理验证测量数据(非线性电路)

测量内容 / 测量项	U_1 /V	U_2 /V	I_{ABCD} /mA	I_{AFED} /mA	I_{AD} /mA	U_{AB} /V	U_{CD} /V	U_{AD} /V	U_{DE} /V	U_{FA} /V
$U_1(I_1)$单独作用										
$U_2(I_2)$单独作用										
$U_1(I_1)$,$U_2(I_2)$共同作用										
$3U_2(I_2)$单独作用										

(5)仿真过程中,还可以设置任意一个元器件为短路或开路故障,按照表5-3中的内容重新测量相关数据(所需要的表格学生自拟)。根据两次实验的数据对比结果,正确判断出故障位置,同时验证所设故障与推测故障是否相同,并分析原因。

借助实验平台或面包板完成该项实验时,需要注意以下事项:

①每次测量的时候要注意预先设定的参考方向,根据参考方向和测量结果共同确定所测数据的"+,-"号。更改电路后,某些量的变化范围可能很大,可以通过两个措施解决因仪表超出量程而造成的报警:一是对改后电路的相关参数重新进行计算,依照计算结果选择正确量程;二是采取由大量程到小量程逐级递减的方法。

②变换电路前,应先断电,待确认无误后再送电。

5.4 预习思考题

1. 采用叠加定理分析电路时,需要注意哪些问题? 实验过程中,想要获得单独电源作用时的相关数据,需要怎样操作?

2. 二极管是线性元器件吗? 实验中,如果用一个二极管来代替其中的一个电阻,叠加定理和齐次性还会成立吗,为什么?

5.5 实验报告要求

1. 根据所测实验数据,分析、比较、归纳、总结电路叠加定理和齐次定理的正确性、应用场合和使用条件。

2. 在计算电路中电阻消耗的功率时,能否应用叠加原理计算? 分析实验数据,给出你的结论。

3. 书写心得体会及其他。

项目6 戴维南定理和诺顿定理的验证

6.1 项目学习任务单

戴维南定理和诺顿定理的验证学习任务单见表6-1。

表6-1 戴维南定理和诺顿定理的验证学习任务单

单元二	电路基础训练		总学时:16
项目6	戴维南定理和诺顿定理的验证		学 时:2
工作目标	验证线性电路戴维南定理和诺顿定理的正确性,加深对线性电路的戴维南定理和诺顿定理的认识和理解		
项目描述	通过对戴维南定理和诺顿定理的验证,对戴维南定理和诺顿定理有基本了解,并且可以区别运用;通过对定理的讲解和验证,对电路分析的基本原则、步骤及方法有基本了解		
学习目标			
知识	能力	素质	
1. 戴维南定理基础知识; 2. 诺顿定理基础知识; 3. 有源二端网络基础知识	1. 会在电路分析中合理使用戴维南定理; 2. 会在电路分析中合理使用诺顿定理; 3. 掌握实验操作的基本规范和步骤,掌握记录数据和分析数据的方法,掌握排除实验故障的能力	1. 学习中态度积极,有团队精神; 2. 能够借助于网络、课外书籍扩展知识面,具有自主学习的能力; 3. 动手操作过程严谨、细致,符合操作规范	

表 6-1(续)

<table>
<tr><td colspan="2">教学资源:本项目可以在 Multisim 软件中进行仿真操作,也可以在面包板或者相关的实验平台上操作,实施步骤相同</td></tr>
<tr><td>硬件条件:
计算机、面包板或者相关的实验平台;
电阻、电源、万用表、滑动变阻丝;
导线若干</td><td>学生已有基础(课前准备):
电路模型及电路元器件相关知识;
微型计算机使用的基本能力;
编程软件使用的基本能力;
学习小组</td></tr>
</table>

6.2　项目基础知识

根据齐性定理可知,一个不含有独立电源、仅含有线性电阻和受控源的一端口网络可以由输入电阻或者等效电阻来等效。而戴维南定理和诺顿定理除可以等效上述网络外,还可以用于等效既含线性电阻、受控源又含独立源的一端口网络。

戴维南定理描述为:"任何一个含有独立电源、线性电阻和受控源的一端口网络,都可以等效为一个电压源与一个电阻的串联。此电路的电压源的电动势 U_S 等于一端口网络的开路电压 U_{OC},此电路的电阻 R_0 等于一端口网络中全部独立源置零(理想电压源处由短路代替,理想电流源处由开路代替)后的等效电阻。"

诺顿定理描述为:"任何一个含有独立电源、线性电阻和受控源的一端口网络,都可以等效为一个电流源与一个电阻的并联。此电路的电流源的电流 I_S 等于一端口网络的短路电流 I_{SC},此电路的电阻 R_0 等于一端口网络中全部独立源置零(理想电压源处由短路代替,理想电流源处由开路代替)后的等效电阻。"

戴维南定理、诺顿定理的等效电路都是针对含源一端口的外电路来说的,常把 U_{OC}(U_S)和 R_0 或者 I_{SC}(I_S)和 R_0 称为有源一端口网络的等效参数。

各等效参数的计算及测量方法如下:

1. 开路电压 U_{OC} 的测量方法

(1)若被测有源网络的等效电阻值较小时,直接用电压表测量电路不接负载(开路)时的端口电压,即为开路电压 U_{OC}。

(2)若被测有源网络的等效电阻值较大时,直接用电压表测量输出端口电压,电压表内阻与有源网络等效电阻的并联将会使电路中电流变大,从而造成较大的测量误差。因此,为提高测量的准确性,一般采用零示法来替代开路直接测量的方式。所谓零示法是将一个内阻较小的可调稳压电源与被测有源二端网络进行并联,把一个电压表串联到电路之中,如图 6-1 所示。调节稳压电源的电压值,当有源二端网络的开路电压与稳压电源的输出电压相等时,电压表指针的读数将为"0"。此时稳压电源的电压即为被测有源二端网络的开路电压。

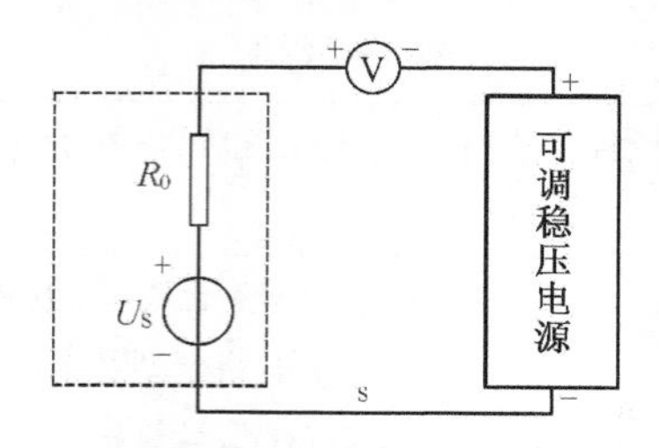

图6-1 零示法接线示意图

2. 短路电流 I_{SC} 的测量方法

直接将输出端短接,并用电流表测量其端口电流,即为短路电流 I_{SC}。

3. 等效电阻 R_0 的测量方法

常用的测量等效电阻的方法包括伏安特性法、半电压法和开路电压、短路电流法。下面仅介绍开路电压、短路电流法测量等效电阻。

首先按照上述内容,测量出被测有源二端网络的开路电压 U_{OC} 和短路电流 I_{SC},则等效电阻 R_0 的计算公式为

$$R_0 = \frac{U_{OC}}{I_{SC}}$$

注:此种方法只适用于二端网络电阻较大的情况,因为如果开路电压一定,而二端网络的等效电阻又很小时,输出端的短路电流会很大,容易使被测网络内部元器件烧坏。

6.3 项目实施

戴维南、诺顿定理验证原理图如图6-2所示,戴维南等效电路图如图6-3所示,诺顿等效电路图如图6-4所示,仿真电路所需的元器件清单(Multisim 10 软件环境下)见表6-2,其中各元器件参数均由读者自行设定,计算相关参数并填写至原理图中。

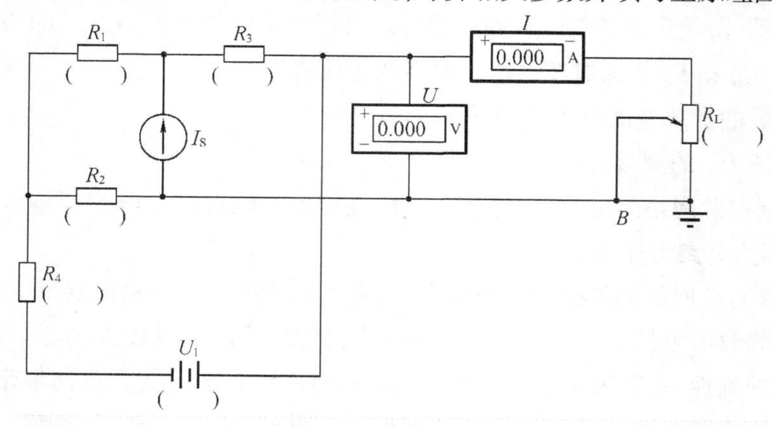

图6-2 戴维南、诺顿定理验证原理图

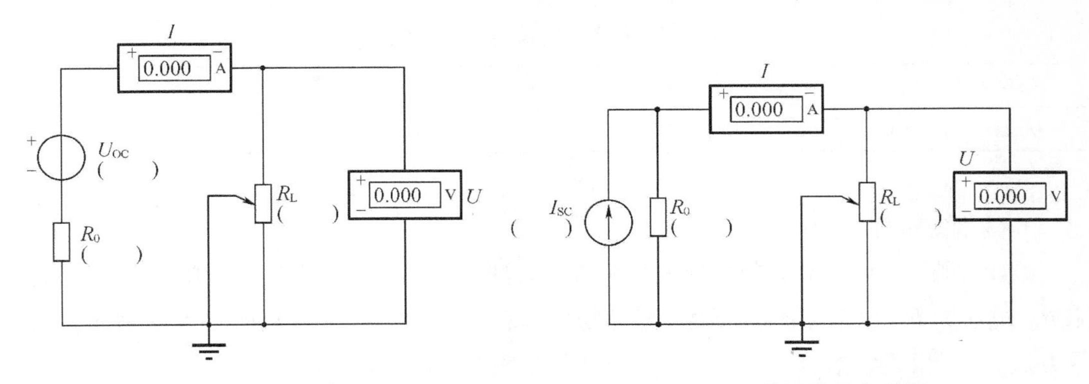

图 6-3　戴维南等效电路图　　　　**图 6-4　诺顿等效电路图**

表 6-2　戴维南、诺顿定理验证仿真电路 Multisim 10 所需的元器件清单

元件名称	所在元件库	所在组	型号参数
电阻	【Basic】	【Resistor】	R（自行设定）
电位器	【Basic】	【Potentiometer】	R_L（自行设定）
直流电压源	【Sources】	【Power_sources】	【DC_POWER】 （U_1 选取范围 0～30 V，U_{OC} 为测量或计算值）
直流电流源	【Sources】	【Signal_Current_Sources】	【DC_Current】 （I_S 选取范围 0～30 mA，I_{SC} 为测量或计算值）
直流电压表	【Indicators】	【Voltmeter】	Voltmeter_H（水平）、Voltmeter_V（竖直）
直流电流表	【Indicators】	【Ammeter】	Ammeter_H（水平）、Ammeter_V（竖直）
地	【Sources】	【Power_sources】	GROUND

1. 用开路电压、等效电阻法测量开路电压、短路电流及等效电阻

根据图 6-2，设置稳压电源 U_1 和恒流源 I_S 的值，按照开路电压、等效电阻的测量方法测量出戴维南等效电路的开路电压和诺顿等效电路的短路电流及两种定理下的等效电阻。

注意：通过数字电压表和数字电流表测量出开路电压 U_{OC} 和短路电流 I_{SC} 时，不要接入负载 R_L，用测量后的数据算出等效电阻 R_0 一并填入表 6-3 中。

表 6-3　无负载开路电压、短路电流及等效电阻

U_{OC}/V	I_{SC}/mA	$R_0=U_{OC}/I_{SC}/\Omega$

2. 负载实验

在电路中加入滑动变阻器 R_L，改变 R_L 的阻值，测量有源一端口网络的外特性曲线，填入表 6-4 中。

表 6－4　接负载开路电压、短路电流

U/V									
I/mA									

3. 戴维南定理的验证

取出步骤“1”中计算获得的等效电阻 R_0 值，测量获得的开路电压 U_{OC} 值，然后将等效电阻 R_0、电压为 U_{OC} 的电压源和滑动变阻器组成串联电路，如图 6－3 所示，仿照负载实验的测量方法，记录相关数据填入表 6－5 中，验证戴维南定理的正确性。

表 6－5　戴维南定理的验证

U/V									
I/mA									

4. 诺顿定理的验证

取出步骤“1”中计算获得的等效电阻 R_0 值，测量获得的短路电流 I_{SC} 值，然后将等效电阻 R_0、电流为 I_{SC} 的电流源和滑动变阻器组成并联电路，如图 6－4 所示，仿照负载实验的测量方法，记录相关数据填入表 6－6 中，验证诺顿定理的正确性。

表 6－6　诺顿定理的验证

U/V									
I/mA									

5. 尝试用多种方法测量被测网络的等效内阻 R_0 和开路电压 U_{OC}（数据表格自拟）

借助实验平台或面包板完成该项实验时，需要注意以下事项。

（1）每次更换电路时，要关掉电源，同时应注意电流表量程的更换，预先计算好电流，选择正确的电流量程进行测量。

（2）稳压源类似于电压源，在实际应用中不可以将电压源短接。

（3）用万用表测量等效电阻 R_0 时，被测网络中的独立源必须先置零，以免将万用表损坏。

（4）用零示法测量开路电压 U_{OC} 时，应先将稳压电源的输出设置在 U_{OC} 附近，再进行测量。

6.4　预习思考题

1. 试述应用戴维南定理进行解题时的步骤。应用过程中，有源二端网络内部的电压源和电流源该如何处理？

2. 简述有源二端网络开路电压和等效内阻的几种测试方法，并比较其优缺点。

6.5　实验报告

1. 根据实验数据分别绘制出特性曲线，验证戴维南定理和诺顿定理的正确性，同时分析产生误差的原因。

2. 分析实验数据，对比每种方法下测得和计算的开路电压 U_{OC} 与等效电阻 R_0，得出应用条件及误差产生的原因。

3. 书写心得体会及其他。

项目7　最大功率传输定理的验证

7.1　项目学习任务单

最大功率传输定理的验证学习任务单见表7－1。

表7－1　最大功率传输定理的验证学习任务单

单元二	电路基础训练		总学时:16
项目7	最大功率传输定理的验证		学　时:2
工作目标	掌握负载获得最大传输功率的条件，了解电源输出功率与效率的关系		
项目描述	通过对最大功率传输定理的验证，对最大功率传输定理有基本的了解，并且可以正确应用；通过对定理的讲解和验证，对电路分析的基本原则、步骤及方法有基本的了解		
学习目标			
知识	能力	素质	
1. 最大功率传输定理基础知识； 2. 电路分析基础知识	1. 会在电路分析中合理使用最大功率传输定理； 2. 掌握实验操作的基本规范和步骤，掌握记录数据和分析数据的方法，掌握排除实验故障的能力	1. 学习中态度积极，有团队精神； 2. 能够借助于网络、课外书籍扩展知识面，具有自主学习的能力； 3. 动手操作过程严谨、细致，符合操作规范	
教学资源：本项目可以在 Multisim 软件中进行仿真操作，也可以在面包板或者相关的实验平台上操作，实施步骤相同			
硬件条件： 计算机或者面包板或者相关的实验平台； 电阻、电源、万用表、滑动变阻器； 导线若干		学生已有基础（课前准备）： 电路模型及电路元器件相关知识； 微型计算机使用的基本能力； 编程软件使用的基本能力； 学习小组	

7.2 项目基础知识

对于一个有源线性一端口网络来说，当接不同的负载时，所输出的功率是不同的。而通常情况下，电子技术领域中非常注重讨论如何使负载从电路中获取的功率尽可能大。一个电源向负载输送电能的简化模型可以由图7-1表示，其中R_0代表电源内阻和连接线路电阻之和，R_L为可调电阻，代表不同大小的负载。则负载R_L上的功率P为

$$P = I^2 R_L = \left(\frac{U}{R_0 + R_L}\right)^2 R_L$$

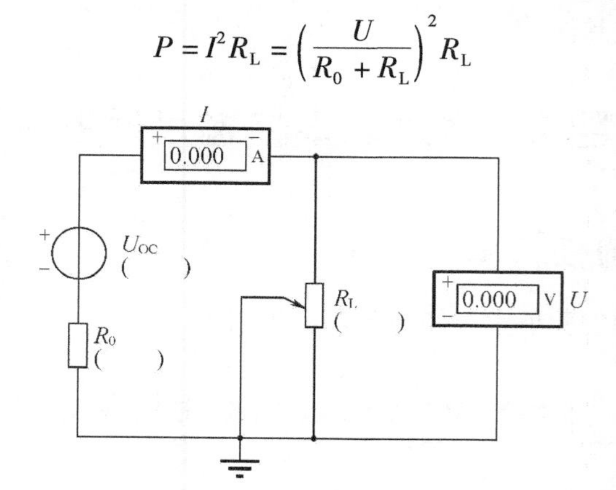

图7-1 最大功率传输定理验证原理图

从公式可以看出，当$R_L=0$或$R_L=\infty$时，电源输出给负载的功率均为零；当$0<R_L<\infty$时，随着R_L大小的变化，负载所获得的功率P也是不同的；将R_L作为自变量，根据数学求取极值的方法，可知当$R_L=R_0$时(即阻抗匹配)，负载可获得最大功率P_{max}，即

$$P_{max} = \left(\frac{U}{R_0 + R_L}\right)^2 R_L = \left(\frac{U}{2R_L}\right)^2 R_L = \frac{U^2}{4R_L}$$

值得注意的是，在电力系统中，若系统处于阻抗匹配状态下，即意味着负载和电源本身各要消耗总功率的一半，电源的利用效率仅为50%。因此，在电力系统中不会采用阻抗匹配的方式传输电能，理想状态是将全部功率传输给负载，提高电能的输送效率。

7.3 项目实施

最大功率传输定理验证原理图如图7-1所示，仿真电路所需的元器件清单(Multisim 10软件环境下)见项目6表6-2，各元器件参数均由读者自行设定，并填写至原理图中。

电压源的电动势U_S可在0~30 V内选取，等效内阻R_0可在10 ~500 Ω内选取，滑动变阻器R_L可在1 kΩ~5 kΩ内选取，任意选取两组值进行实验。调节滑动变阻器，记录下每种情况下的电阻值R_L，稳压电源的输出电压U_0，负载电压U_L，线路电流I，稳压电源输出功率P_0，负载功率P_L。实验前，可以预先计算出最大功率时的电阻值；实验时，在P_L最大值附近处多测几点，把测量后的数据填入表7-2中。注意：仿真过程中为保证实验现象准确，可以设定滑动变阻器每次调节时的变化度。

表 7－2　实验数据

<table>
<tr><th></th><th>R_L</th><th>U_O</th><th>U_L</th><th>I</th><th>P_O</th><th>P_L</th></tr>
<tr><td rowspan="7">U_S =
R_0 =</td><td></td><td></td><td></td><td></td><td></td><td></td></tr>
<tr><td></td><td></td><td></td><td></td><td></td><td></td></tr>
<tr><td></td><td></td><td></td><td></td><td></td><td></td></tr>
<tr><td></td><td></td><td></td><td></td><td></td><td></td></tr>
<tr><td></td><td></td><td></td><td></td><td></td><td></td></tr>
<tr><td>(　　)kΩ</td><td></td><td></td><td></td><td></td><td></td></tr>
<tr><td></td><td></td><td></td><td></td><td></td><td></td></tr>
<tr><td rowspan="7">U_S =
R_0 =</td><td></td><td></td><td></td><td></td><td></td><td></td></tr>
<tr><td></td><td></td><td></td><td></td><td></td><td></td></tr>
<tr><td></td><td></td><td></td><td></td><td></td><td></td></tr>
<tr><td></td><td></td><td></td><td></td><td></td><td></td></tr>
<tr><td></td><td></td><td></td><td></td><td></td><td></td></tr>
<tr><td>(　　)kΩ</td><td></td><td></td><td></td><td></td><td></td></tr>
<tr><td></td><td></td><td></td><td></td><td></td><td></td></tr>
</table>

借助实验平台或面包板完成该项实验时,需要注意以下事项:

(1)每次变换电路前,应先断电,待重新连接好电路后再正常供电。

(2)在 P_L 最大值附近应多测几点,调节幅度不要过大。

7.4　预习思考题

1. 虽然在匹配状态下,负载可以获得最大功率,但在电力系统进行电能传输时往往不这么做,为什么?

2. 影响最大功率传输的因素有哪些?

7.5　实验报告要求

1. 从理论推导和数据分析等多个方面分析负载获得最大功率的条件是什么?

2. 根据实验数据绘制出在两种不同内阻情况下 $I-R_L$、U_O-R_L、U_L-R_L、P_O-R_L、P_L-R_L 的关系曲线。

3. 书写心得体会及其他。

项目8　正弦交流电路的参数测定(RLC串联电路)

8.1　项目学习任务单

正弦交流电路的参数测定学习任务单见表8-1。

表8-1　正弦交流电路的参数测定学习任务单

<table>
<tr><td>单元二</td><td colspan="2">电路基础训练</td><td>总学时:16</td></tr>
<tr><td>项目8</td><td colspan="2">正弦交流电路的参数测定(RLC串联电路)</td><td>学　时:2</td></tr>
<tr><td>工作目标</td><td colspan="3">学会用交流电压表、交流电流表和功率表测量元器件的交流等效参数的方法,学会功率表的接法和使用</td></tr>
<tr><td>项目描述</td><td colspan="3">通过对正弦交流电路的参数测定,对交流电路中的基本参数有基本的了解,并且可以正确测量求解;通过对检测原理的讲解和验证,对电路分析的基本原则、步骤及方法有基本的了解</td></tr>
<tr><td colspan="4">学习目标</td></tr>
<tr><td colspan="2">知识</td><td>能力</td><td>素质</td></tr>
<tr><td colspan="2">1. 正弦交流电路基础知识;
2. 电路分析基础知识</td><td>1. 会借助实验仪器正确测量正弦交流电路的相关参数;
2. 掌握实验操作的基本规范和步骤,掌握记录数据和分析数据的方法,掌握排除实验故障的能力</td><td>1. 学习中态度积极,有团队精神;
2. 能够借助于网络、课外书籍扩展知识面,具有自主学习的能力;
3. 动手操作过程严谨、细致,符合操作规范</td></tr>
<tr><td colspan="4">教学资源:本项目可以在Multisim软件中进行仿真操作,也可以在面包板或者相关的实验平台上操作,实施步骤相同</td></tr>
<tr><td colspan="2">硬件条件:
计算机或者面包板或者相关的实验平台;
电阻、电容、电源、万用表;
导线若干</td><td colspan="2">学生已有基础(课前准备):
电路模型及电路元器件相关知识;
微型计算机使用的基本能力;
编程软件使用的基本能力;
学习小组</td></tr>
</table>

8.2　项目基础知识

1. 实验室中常用三表法来对交流电路中的参数进行测量

所谓三表法是指在正弦交流电路中,用交流电压表、交流电流表及功率表来测量元器件两端的电压U、流过该元器件的电流I和它所消耗的功率P,进而计算出要求得的相关参数的方法。

正弦交流电路中，常用到的基本公式见表 8－2。

表 8－2　常用基本公式

阻抗模	$\lvert Z\rvert=\frac{U}{I}$	功率因数	$\cos\varphi=\frac{P}{UI}$	感抗	$X_L=2\pi fL$
等效电阻	$R=\frac{P}{I^2}=\lvert Z\rvert\cos\varphi$	等效电抗	$X=\lvert Z\rvert\sin\varphi$	容抗	$X_C=\frac{1}{2\pi fC}$

2. 分辨阻抗性质的方法

分辨阻抗性质的方法通常分为两种：一是在被测元器件两端并联电容；二是将被测元器件与电容串联，其原理如下。

(1) 并联电容法

并联电容法的连接方式图和等效电路图如图 8－1 所示。实际应用时，把一个合适的电容并联在被测元器件两端，并用电流表实时关注电路总电流 I 的变化，如果发现电流表读数变大，则被测元器件为容性；如果发现电流表读数变小，则被测元件为感性。

由图 8－1(b) 可知，阻抗 Z 可以由电导 G 和电纳 B 来等效，并联电容器 C' 可以用电纳 B' 来等效。改变等效电纳 B' 可以绘制出电纳 B' 与总电流 I 的特性曲线，如图 8－2 所示。根据特性曲线判断负载性质为

$$C'<\left|\frac{2B}{\omega}\right|$$

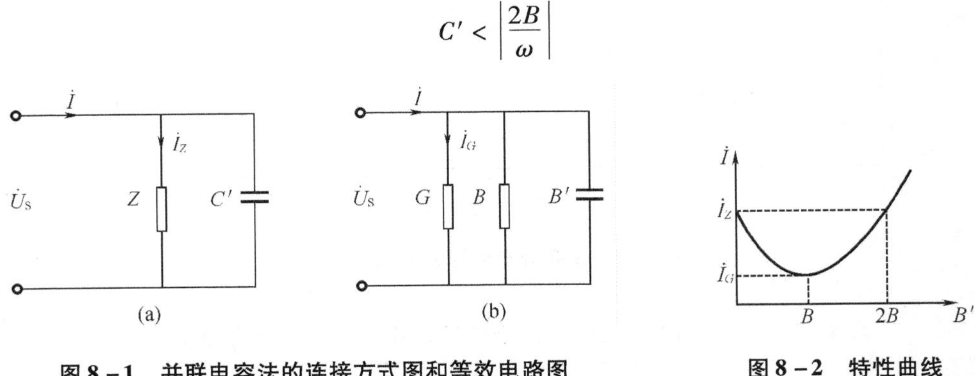

图 8－1　并联电容法的连接方式图和等效电路图

(a) 连接方式图；(b) 等效电路图

图 8－2　特性曲线

(2) 串联电容法

在被测元器件两端串联一个合适的电容时，如果发现并联在被测元器件两端的电压表读数下降，则被测元器件的性质为容性；如果发现并联在被测元器件两端的电压表读数上升，则被测元器件的性质为感性。判定条件为

$$\frac{1}{\omega C'}<\lvert 2X\rvert$$

式中　ω——角频率；

C'——串联电容；

X——被测元件的电抗值。

(3)相位关系法

在判断被测元件的负载性质时,还可以借助通过负载的电流 i 与其两端的电压 u 之间的相位关系来判断。若被测元件两端电压 u 超前于电流 i,则被测元件为容性;若被测元件两端电压 u 滞后于电流 i,则被测元件为感性。

3. 智能交流功率表

本项目需要用到智能交流功率表,这里简单介绍其连接方法:智能交流功率表有两个电压接线端、两个电流接线端,其中一个电压和电流端子标有同名端符号。使用时要把智能交流功率表的电压接线端与被测负载并联,电流接线端与被测负载串联,同时同名端要连接在一起。

8.3　项目实施

正弦交流电路的参数测定原理图如图 8－3 所示,仿真电路所需的元器件清单(Multisim 10 软件环境下)见表 8－3。

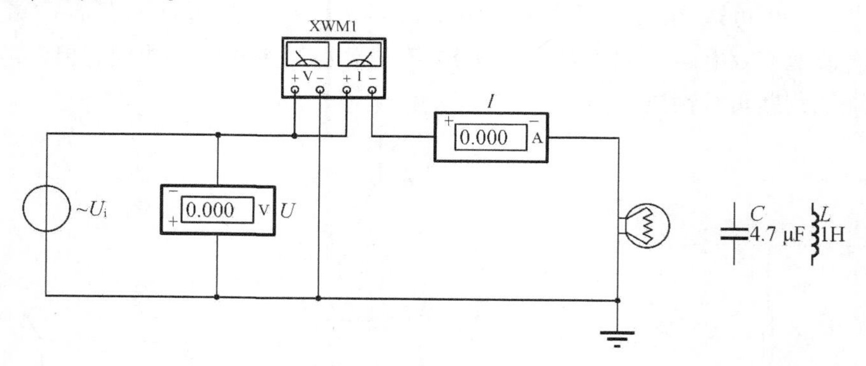

图 8－3　正弦交流电路的参数测定原理图

表 8－3　正弦交流仿真电路的参数测定 Multisim 10 所需的元器件清单

元件名称	所在元件库	所在组	型号参数
交流电压源	【Sources】	【Power_sources】	【AC_Power】220 V,50 Hz,0°
白炽灯	【Indicators】	【Virtual_Lamp】	【Lamp_Virtual 】220 V,25 W
交流电压表	【Indicators】	【Voltmeter】	Voltmeter_H(水平),Voltmeter_V(竖直)
交流电流表	【Indicators】	【Ammeter】	Ammeter_H(水平),Ammeter_V(竖直)
地	【Sources】	【Power_sources】	GROUND

电路中的 XWM1 为功率表,Ⓥ,Ⓐ元件分别是数字电压表和数字电流表,分别测量不

同负载下，L，C 串联、并联后的等效参数，并填入表 8-4 中。

表 8-4　正弦交流电路的参数

被测阻抗	测量值				计算值		电路等效参数		
	U/V	I/A	P/W	$\cos\varphi$	Z/Ω	$\cos\varphi$	R/Ω	L/mH	C/μF
白炽灯 R									
电感线圈 L									
电容器 C									
L 与 C 串联									
L 与 C 并联									

除去图中的功率表，采用串、并电容法判别负载性质，验证方法的正确性及使用条件，并填写表 8-5。

表 8-5　接不同性质负载时正弦交流电路的参数

被测元件	串 4.7μF 电容		并 4.7μF 电容	
	串前端电压/V	串后端电压/V	并前电流/A	并后电流/A
R(三只白炽灯)				
C(4.7 μF)				
L(1 H)				

借助实验平台或面包板完成该项实验时，需要注意以下事项。

(1)每次更换测量元件必须先断电，重新连接好的电路经指导教师检查后，才可接通电源。

(2)项目采用的交流供电电源为 220 V，实验前指导教师要检查学生是否穿绝缘鞋进入实验室。实验中，不可用手直接碰触通电线路的裸露部分，避免触电事故的发生，注意人身安全。

(3)采用自耦变压器作为供电电源时，电路接通后，调压位置应该位于零电位处。调节时，应从零缓慢调至所需电压。每次改变电路结构都应将旋柄慢慢调回零电位处，再断电源。实验期间一定要按照这一安全操作规程执行。

8.4　预习思考题

1. 正弦交流电路参数的测量方法是什么？

2. 简述判别负载性质的方法及其应用条件。

8.5 实验报告要求

1. 简述正弦交流电路中计算线路参数的基本方法。
2. 根据实验数据分析,验证判别负载性质方法的正确性。
3. 书写心得体会及其他。

项目9 单相交流电路的研究

9.1 项目学习任务单

单相交流电路的研究学习任务单,见表9-1。

表9-1 单相交流电路的研究学习任务单

单元二	电路基础训练		总学时:16
项目9	单相交流电路的研究		学 时:2
工作目标	研究正弦稳态交流电路中电压、电流相量之间的关系,掌握日光灯线路的接线,理解改善电路功率因数的意义并掌握其方法		
项目描述	通过对正弦交流电路的参数测定,掌握交流电路中电路定理的相量形式,了解照明电路的基本原理和基本结构,掌握电路分析的基本原则、步骤及方法		
学习目标			
知识	能力	素质	
1. 电路定理的相量形式; 2. RC串联电路中总电压与各分电压之间的关系; 3. 照明电路的工作原理及基本结构	1. 会借助实验仪器正确测量单相交流电路的研究的相关参数; 2. 掌握实验操作的基本规范和步骤,掌握记录数据和分析数据的方法,掌握排除实验故障的能力	1. 学习中态度积极,有团队精神; 2. 能够借助于网络、课外书籍扩展知识面,具有自主学习的能力; 3. 动手操作过程严谨、细致,符合操作规范	
教学资源:本项目可以在Multisim软件中进行仿真操作,也可以在相关的实验平台上操作,实施步骤相同			
硬件条件: 计算机或者相关的实验平台; 电阻、二极管、电源、万用表; 导线若干	学生已有基础(课前准备): 电路模型及电路元件相关知识; 学习小组		

9.2　项目基础知识

电路定律的相量形式是指用相量形式的电路方程描述电路的基本定理 KCL、KVL、VCR。将测量得到的各支路的电流值和各元件两端的电压值转化为相量形式，则应满足相量形式的基尔霍夫定律 $\sum \dot{I} = 0$ 和 $\sum \dot{U} = 0$。

RC 串联回路中，当激励为正弦稳态信号 U 时，因电流相同，U_C 电压相量始终要滞后 90°的相位差。因总电压不变，且 U_C 与 U_R 始终成一个直角形关系，所以可以把 U、U_C 与 U_R 三者之间的关系轨迹视为一个半圆。RC 串联回路的原理图如图 9－1 所示，U、U_C 与 U_R 三者关系如图 9－2 所示。由图可以看出，只要 R 值发生改变，功率因数角 φ 值就会发生改变，改变 R 值可以起到移相的作用。

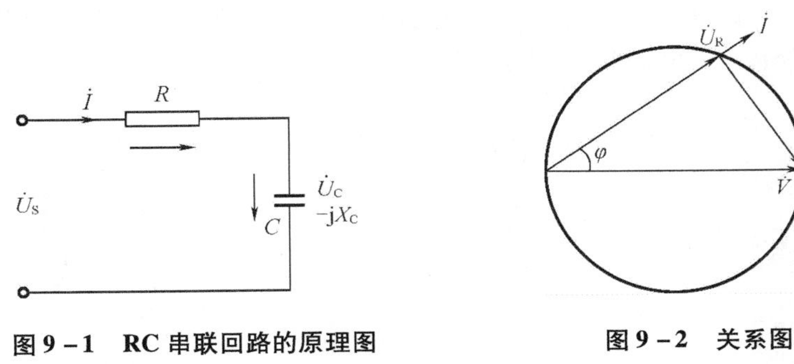

图 9－1　RC 串联回路的原理图　　　　图 9－2　关系图

日光灯线路的简易原理图如图 9－3 所示，A 代表的是日光灯管，L 代表的是镇流器，S 代表的是启辉器，C 代表的是补偿电容器（用于提高照明电路的功率因数）。

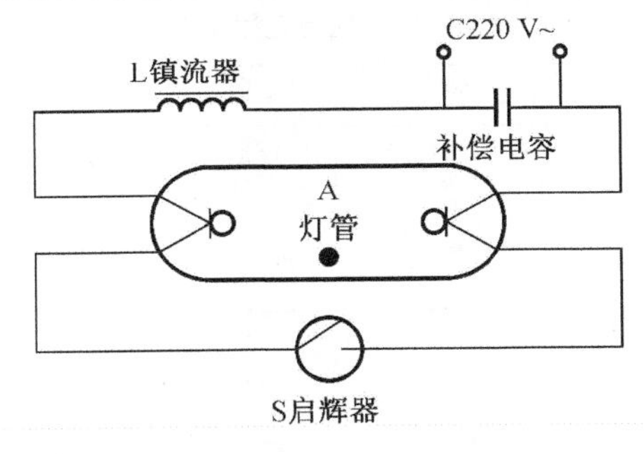

图 9－3　日光灯线路的简易原理图

9.3　项目实施

1. 验证电压三角形关系

单相交流电路的研究原理图如图 9－1 所示。该实验因为 Multisim 10 仿真软件的局限性不能进行仿真，但可以通过实物实验来完成本项目。实物操作中，供电电源设置为交流电 220 V，负载设置额定电压为 220 V、额定功率为 25 W 的白炽灯泡，电容器采用耐压为

500 V、容量为4.7 μF 的电容。按照图9－1方式进行连接,并测量相关数据,把所测数据填写到表9－2中。

表9－2 电压三角形参数

测量值			计算值		
U/V	U_R/V	U_C/V	U'($U'=\sqrt{U_R^2+U_C^2}$)	绝对误差	相对误差

2. 日光灯线路参数测量

实物操作时,一般采用的供电设备为自耦变压器,按照图9－4所示的原理图进行实物连接,缓慢调节自耦变压器的电压,当日光灯刚刚启辉点亮时,记录下此刻的相关数据,填写到表9－3中。记录完毕后,将日光灯电路的供电电压调至额定电压220 V,同样记录下此刻的相关数据,填写到表9－3中。

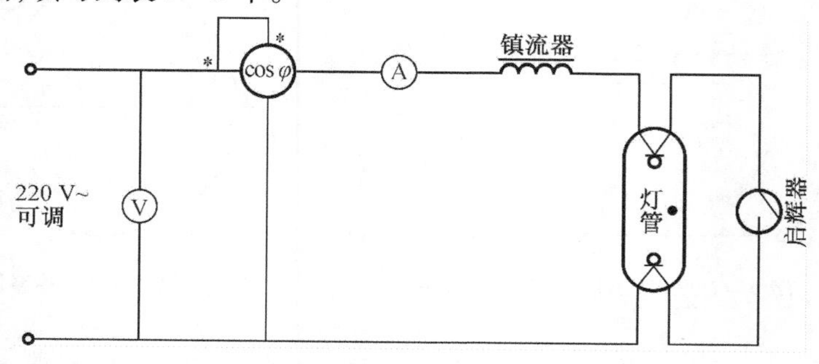

图9－4 日光灯测量原理图

表9－3 日光灯线路参数

测量数值							计算值	
测量状态	U/V	U_L/V	U_A/V	I/A	P/W	cos φ	R/Ω	cos φ
启辉值								
正常工作值								

3. 功率因数改善实验

按照如图9－5所示的原理图连接实物电路,调节仿真电压源的电压为220 V,分别记录下当并联电阻器为0 μF、1 μF、2.2 μF、4.7 μF时,功率表、电压表、电流表的读数,将所得数据填入表9－4中。

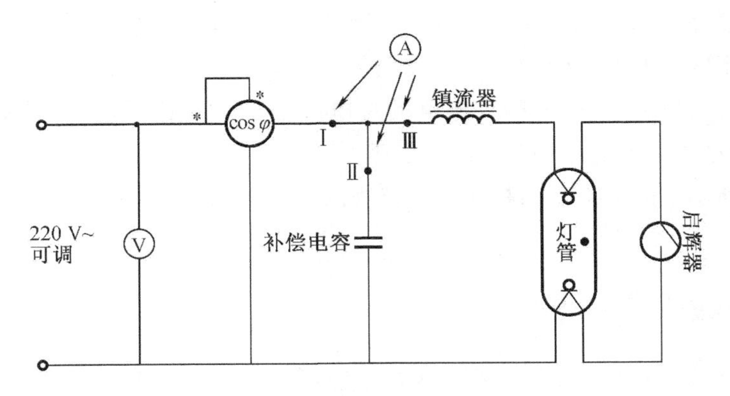

图 9－5　日光灯测量原理图（改变功率因数）

表 9－4　日光灯线路参数（改变功率因数）

电容值/μF	测量数值						计算值	
	I/A	I_L/A	I_C/A	U/V	P/W	$\cos\varphi$	I'/A	$\cos\varphi$
0								
1								
2.2								
4.7								

借助实验平台或面包板完成该项实验时，需要注意以下事项。

（1）此项目实验内容相对较多，需要频繁更改线路。在每次变换完电路后，应由指导教师检查，确认无误后方可接通实验台电源。调节自耦调压器时，应采用“稳中有升，循序渐进”的方式。特别是启辉实验时，一定做好输出，缓慢增大电源输出电压，日光灯刚启辉点亮就要立刻停止调节，记录下相应值。线路连接正确，而日光灯不能正常启辉的原因可能是启辉器接触不良。

（2）进行日光灯线路参数测量时，虽然输出电压已经固定到了 220V，调节时也要遵循自耦变压器调节原则。实验台往往配备的是机械电压表，如果电压调节速度过快，指针来不及旋转，可能出现瞬时过电压情况，有可能烧坏元器件。

（3）功率表有四个端口，其中两个为同名端，正常安装时要把同名端连接在一起。同时要注意电压、电流的极性，正确连接电路。在进行功率因数改善实验时，应断电进行变换电容器操作。

（4）本项目采用的是交流电 220V，操作不慎，可能发生触电事故，老师和学生要注意安全用电，确保人身安全。

9.4　预习思考题

1. 查阅相关材料，掌握日光灯的基本结构和启辉原理。

2. 日光灯点亮后，启辉器还有作用吗，为什么？如果启辉器损坏，该如何处理？

3. 提高功率因数的方法中，有一种补偿电容法，其操作方法是在负载两端并联电容器。并联电容器使电路增加了一条支路，电路的总电流必然会受到影响，试问总电流是增大还是减小，此时负载两端的电流和功率改变了吗？

4. 提高线路功率因数采用的是并联电容法，为什么不采用串联电容法？并联电容器是越大越好吗？

9.5 实验报告要求

1. 对相关数据进行计算，根据所得实验数据，绘制出电压、电流相量关系图，验证基尔霍夫定律相量形式的正确性，同时分析误差出现的原因。

2. 试述提高功率因数的意义和方法。

3. 书写心得体会及其他。

项目10 三相交流电路电压、电流的测量

10.1 项目学习任务单

表10-1 三相交流电路电压、电流的测量学习任务单

单元二	电路基础训练	总学时:16
项目10	三相交流电路电压、电流的测量	学　时:2
工作目标	掌握三相负载星形连接、三角形连接的方法，验证这两种接法下线，相电压及线、相电流之间的关系。充分理解三相四线供电系统中中线的作用	
项目描述	通过对三相电路的参数测定，对三相电路中的基本参数有基本的了解，并且可以正确测量求解；通过对电路的测量和性质验证，对电路分析的基本原则、步骤及方法有基本了解	
学习目标		
知识	能力	素质
1. 三相交流电路基础知识； 2. 电路分析基础知识	1. 会借助实验仪器正确测量三相电路的相关参数； 2. 掌握实验操作的基本规范和步骤，掌握记录数据和分析数据的方法，掌握排除实验故障的能力	1. 学习中态度积极，有团队精神； 2. 能够借助于网络、课外书籍扩展知识面，具有自主学习的能力； 3. 动手操作过程严谨、细致，符合操作规范
教学资源：本项目可以在 Multisim 软件中进行仿真操作，也可以在相关的实验平台上操作，实施步骤相同		

表 10－1(续)

硬件条件： 计算机或者相关的实验平台； 电阻，二极管，电源，万用表； 导线若干	学生已有基础(课前准备)： 电路模型及电路元器件相关知识； 微型计算机使用的基本能力； 编程软件使用的基本能力； 学习小组

10.2　项目基础知识

1. 三个阻抗连接成星形就构成星形负载(又称“Y”负载)；三个阻抗连接成三角形就构成三角形负载(又称“△”负载)。

对于对称星形负载，在连接时，线电压 U_L 是相电压 U_P 的$\sqrt{3}$倍。线电流 I_L 与相电流 I_P 相等，即 $U_L=\sqrt{3}U_P$，$I_L=I_P$。在这种情况下，因为负载对称，流过中线的电流 $I_0=0$，所以中线可以省去。通常把无中线的星形连接方式，即三相三线制电源供电，称为 Y 接法。

对于对称三角形负载，在连接时，线电流 I_L 是相电流 I_P 的$\sqrt{3}$倍。线电压 U_L 与相电压 U_P 相等，即 $I_L=\sqrt{3}I_P$，$U_L=U_P$。三角形负载不能引出中线。

2. 对于不对称三相负载，在星形连接时，必须采用 Y_0 接法，即三相四线制接法，典型电路如照明电路。采用此种接法时，要求中线必须牢固连接，且中线上不能添加保护装置，以确保三相不对称负载的每一相电压保持对称不变。若中线因故断开，三相负载电压不再对称，会导致负载重的那一相的相电压过低，使负载不能正常工作；而负载轻的那一相的相电压又过高，使负载损坏。三相照明负载必须无条件采用 Y_0 接法。

3. 对于不对称三相负载，在三角形连接时，虽然有 $I_L\neq\sqrt{3}I_P$，但每一项的线电压 U_L 对称且保持不变，故三相负载电压仍对称，不会影响各相负载正常工作。

10.3　项目实施

1. 三相负载星形连接(三相四线制供电)

实验接线及仿真原理图如图 10－1 所示，仿真电路所需的元器件清单(Multisim 10 软件环境下)如表 10－2 所示。

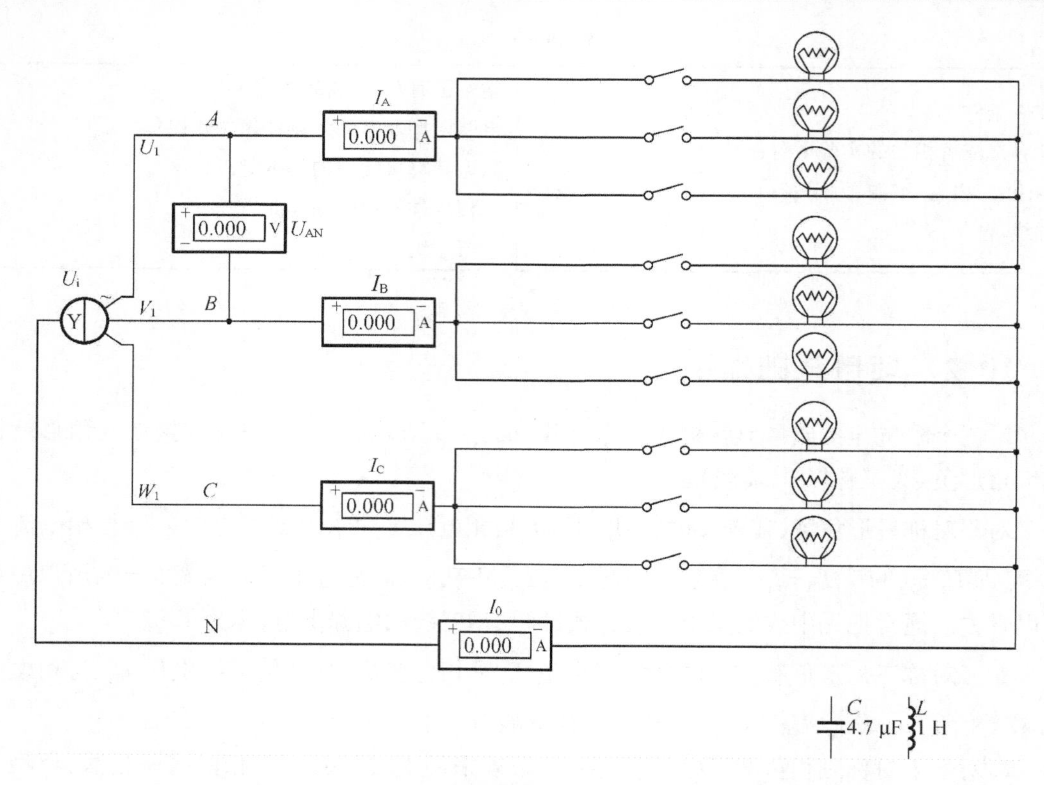

图 10－1　三相负载星形连接的测量原理图

表 10－2　三相负载星形连接 Multisim 10 仿真元器件清单

元件名称	所在元件库	所在组	型号参数
白炽灯	【Indicators】	【Virtual_Lamp】	【Lamp_Virtual】220 V、25 W
三相交流电源	【Sources】	【Power_sources】	【Three_Phase_Delta】
电容	【Basic】	【Capacitor】	$C=4.7\ \mu F$
电感	【Basic】	【Variable_Inductor】	$L=1$ H
交流电压表	【Indicators】	【Voltmeter】	Voltmeter_H(水平)、Voltmeter_V(竖直)
交流电流表	【Indicators】	【Ammeter】	Ammeter_H(水平)、Ammeter_V(竖直)
地	【Sources】	【Power_sources】	GROUND

按照 Multisim 10 仿真原理图查找仿真元器件，电压源设置为 220 V，50 Hz 交流电压源，负载为额定电压 220 V 的白炽灯泡。采用交流电压、电流表对电路参数（线电压、相电压、线电流、相电流、中线电流、电源与负载中点间的电压）进行测量，并填入表 10－3 中。实物操作实验过程中要时刻注意各相灯泡的亮暗变化及中线的作用。

表 10－3　三相负载星型连接的测量

Y 型连接	每相开灯盏数			线电流/A			线电压/V			相电压/V			中线电流	中点电压
	A	*B*	*C*	I_A	I_B	I_C	U_{AB}	U_{BC}	U_{CA}	U_{A0}	U_{B0}	U_{C0}	I_0/A	U_{N0}/V
有零线接平衡负载	3	3	3											
有零线接不平衡负载	1	2	3											
无零线接不平衡负载	1	2	3										—	
有零线接 *A* 相断开	0	1	3											
无零线接 *A* 相断开	0	1	3										—	
无零线接 A 相短路	—	1	3										—	

2. 负载三角形连接（三相三线制供电）

实验接线及仿真原理图如图 10－2 所示，仿真电路所需的元器件清单（Multisim 10 软件环境下）如表 10－2 所示。

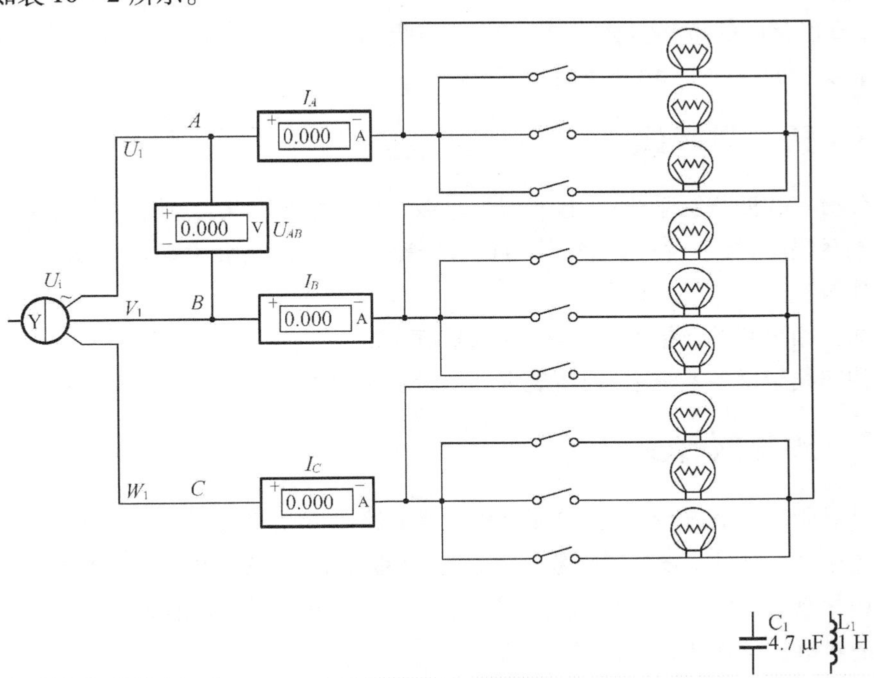

图 10－2　三相负载三角形连接的测量原理图

按照 Multisim 10 仿真原理图查找仿真元器件，三相负载为三角形接法。电压源设置为交流 220 V，50 Hz，负载为额定电压 220 V 的白炽灯泡。用交流电压、电流表测量此时的相关参数，并填入表 10－4 中。同样，实验过程中要注意灯泡的亮暗变化。

表 10－4　三相负载三角形连接的测量

△型连接	开灯盏数			线电压＝相电压/V			线电流/A			相电流/A		
	$A-B$ 相	$B-C$ 相	$C-A$ 相	U_{AB}	U_{BC}	U_{CA}	I_A	I_B	I_C	I_{AB}	I_{BC}	I_{CA}
接平衡负载	3	3	3									
接不平衡负载	1	2	3									

借助实验平台或面包板完成该项实验时，需要注意以下事项。

(1)该项目采用的供电装置为三相自耦调压器，在实验开始前，为确保实验过程中的安全性，自耦调压输出应为 0 V，即旋柄逆时针旋转到底。调节电压应缓慢，同时观察调压输出的电压表指针变化。每次连接好电路，应先自检，然后再由现场指导老师进行检查，未经老师批准不得擅自通电。

(2)实验中，每次更改线路后，必须严格遵守实验操作原则“先断电、再接线、后通电；先断电、再拆线、后整理”。

(3)作星形负载的短路实验时，须先断开中线，以免发生短路事故；作 Y 形连接缺相或不平衡负载实验时，所加线电压不宜过高。

10.4　预习思考题

1. 试分析三相四线制系统中，接不对称负载，某相负载开路或短路时会出现什么现象？三相三线制系统中，接不对称负载，某相负载开路或短路时又会出现什么现象？出现异同的原因是什么？

2. 选择三相负载的连接方式，与哪些因素有关？

3. 三相四线制供电系统中，为何规定其中线上不得安装保险丝和开关？

10.5　实验报告要求

1. 通过对所测数据进行分析，验证对称三相电路中存在的$\sqrt{3}$关系。

2. 有无中线情况下，分析实验数据和观察到的现象，总结三相四线制供电系统中中线的作用。用相量图分析不对称负载三角形连接时的相电流，并求出线电流，将所得结果与实验测得的线电流值作比较，分析比较结果。

3. 不对称负载连接成三角形时，负载能否正常工作？从完成的实验看能否证实这一结论？

4. 书写心得体会及其他。

项目 11　二端口网络参数的测定

11.1　项目学习任务单

表 11－1　二端口网络参数的测定学习任务单

<table>
<tr><td>单元二</td><td colspan="2">电路基础训练</td><td>总学时:16</td></tr>
<tr><td>项目 11</td><td colspan="2">二端口网络参数的测定</td><td>学　时:2</td></tr>
<tr><td>工作目标</td><td colspan="3">加深理解双口网络的基本理论,掌握直流双口网络传输参数的测量技术</td></tr>
<tr><td>项目描述</td><td colspan="3">通过对二端口网络参数的测定,加深对二端口网络相关知识的了解。通过对定律的讲解和验证,了解电路分析的基本原则、步骤及方法</td></tr>
<tr><td colspan="4">学习目标</td></tr>
<tr><td>知识</td><td>能力</td><td colspan="2">素质</td></tr>
<tr><td>1. 二端口网络基础知识;
2. 电路分析基础知识</td><td>1. 会在电路分析中合理二端口特性进行电路计算;
2. 掌握实验操作的基本规范和步骤,掌握记录数据和分析数据的方法,掌握排除实验故障的能力</td><td colspan="2">1. 学习中态度积极,有团队精神;
2. 能够借助于网络、课外书籍扩展知识面,具有自主学习的能力;
3. 动手操作过程严谨、细致,符合操作规范</td></tr>
<tr><td colspan="4">教学资源:本项目可以在 Multisim 软件中进行仿真操作,也可以在面包板或者相关的实验平台上操作,实施步骤相同</td></tr>
<tr><td colspan="2">硬件条件:
计算机、面包板或者相关的实验平台;
电阻、二极管、电源、万用表;
导线若干</td><td colspan="2">学生已有基础(课前准备):
电路模型及电路元器件相关知识;
微型计算机使用的基本能力;
编程软件使用的基本能力;
学习小组</td></tr>
</table>

11.2　项目基础知识

当一个电路与外部电路通过两个端口连接时称此电路为二端口网络。通常对于复杂电路,我们可将其看成一个装在黑匣子里的整体,仅需对其输入和输出端的电压、电流进行探讨,无源二端口网络原理图如图 11－1 所示。对于任一二端口网络,均具有输入端电压、输入端电流、输出端电压、输出端电流四个量,因此用于表述该网络端口电压、电流关系的常见参数有 Y 参数、H 参数、Z 参数和 T 参数。

图 11－1　无源二端口网络原理图

T 参数也称为传输参数，反映输入和输出之间的关系。二端口网络 T 参数的传输方程及各参数求解方法如表 11－2 所示：

表 11－2　二端口网络 T 参数的传输方程及各参数求解方法

欲求参数	求解方法	相关描述
U_1	$U_1=AU_2-BI_2$	
I_1	$I_1=CU_2-DI_2$	
A	$A=\frac{U_{1o}}{U_{2o}}$	令输出端口开路，即 $I_2=0$，为两个电压的比值。
B	$B=-\frac{U_{1s}}{I_{2s}}$	令输出端口短路，即 $U_2=0$，称为短路转移阻抗。
C	$C=\frac{I_{1o}}{U_{2o}}$	令输出端口开路，即 $I_2=0$，称为开路转移导纳。
D	$D=-\frac{I_{1s}}{I_{2s}}$	令输出端口短路，即 $U_2=0$，为两个电流的比值。

上述表达式中的 A、B、C、D 是二端口网络的传输参数，其构成的矩阵形式通常叫作 **T** 参数矩阵。测量参数的正确性可以用 $AD-BC=1$ 方程来验证，从方程可以看出四个量中只有三个相互独立。

二端口网络可以按多种方式进行连接，主要的连接方式有：级联（链联）、串联和并联。采用级联方式时，通常采用 T 参数方程。等效后的双口网络的传输参数亦可按照上述的方法获得。设两个级联的 **T** 矩阵分别为 **T'** 和 **T''**，矩阵 **T'** 的参数元素为 A_1、B_1、C_1、D_1，矩阵 **T''** 的参数元素为 A_2、B_2、C_2、D_2，设生效后的等效矩阵为 **T**，则等效后的 **T** 矩阵为

$$\boldsymbol{T}=\boldsymbol{T}'\boldsymbol{T}''=\begin{bmatrix}A' & B'\\ C' & D'\end{bmatrix}\begin{bmatrix}A'' & B''\\ C'' & D''\end{bmatrix}$$

11.3　项目实施

实验接线及仿真原理图如图 11－2 所示，仿真电路所需的元器件清单（Multisim 10 软件环境下）如表 11－3 所示。

表 11－3　二端口网络参数 Multisim 10 仿真元器件清单

元件名称	所在元件库	所在组	型号参数
电阻	【Basic】	【Resistor】	R(自行设定)
直流电压源	【Sources】	【Power_sources】	【DC_POWER】(U_{11},U_{21}选取范围 0～30 V)
直流电压表	【Indicators】	【Voltmeter】	Voltmeter_H(水平),Voltmeter_V(竖直)
直流电流表	【Indicators】	【Ammeter】	Ammeter_H(水平),Ammeter_V(竖直)
地	【Sources】	【Power_sources】	GROUND

按照二端口网络参数 Multisim 10 仿真元器件清单查找仿真元器件,并按照图 11－2 对各个节点、各个元器件进行编号。电路中各元器件参数由读者自行设定并填写到表 11－2 中。

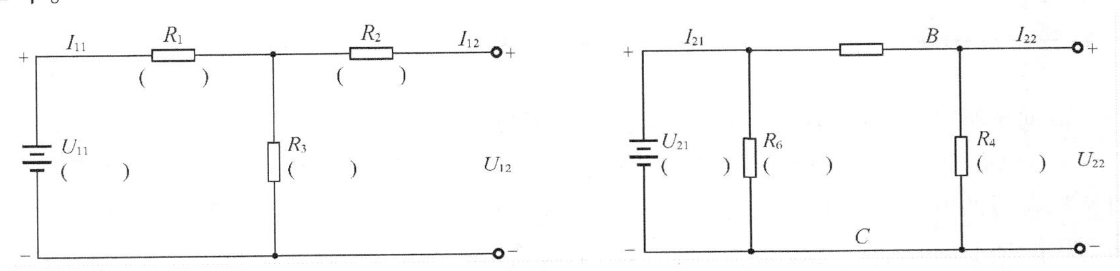

图 11－2　二端口网络参数原理图

1. 选择直流稳压电源,并把输出电压作为双口网络的能源输入。按照测量方法用数字电压表、电流表分别测量、计算两个双口网络的传输参数 A_1、B_1、C_1、D_1 和 A_2、B_2、C_2、D_2,并列出它们的传输方程,填入表 11－4 中。

表 11－4　两种二端口网络的测量

二端口网络Ⅰ	输出端开路 $I_{12}=0$	测量值			计算值	
		U_{110}/V	U_{120}/V	I_{110}/mA	A_1	B_1
	输出端短路 $U_{12}=0$	U_{11S}/V	I_{11S}/mA	I_{12S}/mA	C_1	D_1
二端口网络Ⅱ	输出端开路 $I_{22}=0$	测量值			计算值	
		U_{210}/V	U_{220}/V	I_{210}/mA	A_2	B_2
	输出端短路 $U_{22}=0$	U_{21S}/V	I_{21S}/mA	I_{22S}/mA	C_2	D_2

2. 采用级联方式将两个二端口网络连接,二端口网络Ⅰ的输出作为二端口网络Ⅱ的输入。采用数字电压表、电流表测量法和计算法分别求得级联后新的等效二端口网络的传输参数 A、B、C、D,并通过特性方程验证其正确性,比较等效后二端口网络的传输参数与原二端口网络传输参数的关系,完成表 11-5。

表 11-5　二端口网络的测量(级联)

<table>
<tr><td rowspan="3">输入端
加电压</td><td colspan="3">输出端开路 $I_2=0$</td><td colspan="3">输出端短路 $U_2=0$</td><td colspan="2">计算值</td></tr>
<tr><td>U_{10}/V</td><td>I_{10}/mA</td><td>R_{10}/kΩ</td><td>U_{1S}/V</td><td>I_{1S}/mA</td><td>R_{1S}/kΩ</td><td>A</td><td>B</td></tr>
<tr><td></td><td></td><td></td><td></td><td></td><td></td><td></td><td></td></tr>
<tr><td rowspan="3">输出端
加电压</td><td colspan="3">输入端开路 $I_1=0$</td><td colspan="3">输入端短路 $U_1=0$</td><td colspan="2">计算值</td></tr>
<tr><td>U_{20}/V</td><td>I_{20}/mA</td><td>R_{20}/kΩ</td><td>U_{2S}/V</td><td>I_{2S}/mA</td><td>R_{2S}/kΩ</td><td>C</td><td>D</td></tr>
<tr><td></td><td></td><td></td><td></td><td></td><td></td><td></td><td></td></tr>
</table>

借助实验平台或面包板完成该项实验时,需要注意以下事项。

(1)用电流插头插座测量电流时,应根据所给的电路参数预先估算出电流值,根据电流值选择合适的电流表量程,否则实验过程中可能出现因电流表选择过小而产生的报警。实际应用时还要注意电流表的极性,采用机械电流表进行测量时,如果极性错误,可能打偏电流表的指针。

(2)人工计算传输参数时,电压、电流应均取其正值,在书写二端口的 T 参数矩阵时,再着重注意式中电流 I_2 前面的负号。

11.4　预习思考题

1. 简述二端口网络的定义。
2. T 参数中 A、B、C、D 分别表示什么,有何物理意义?
3. 测定交流二端口网络时可否应用本实验中的方法?

11.5　实验报告要求

1. 正式实验前,应在老师的指导下完成实验预习报告。
2. 能够正确测量和计算出相关数据,并完成实验中出现的数据表格。根据表格内容列写出参数方程。
3. 验证级联后等效双口网络的传输参数与级联的两个双口网络传输参数之间的关系。
4. 通过实验,总结、归纳出二端口网络测试技术的方法。
5. 书写心得体会及其他。

单元三　模拟电子技术基础训练

项目 12　单管共射放大电路的测试

12.1　项目学习任务单

表 12－1　单管共射放大电路的测试学习任务单

<table>
<tr><td>单元三</td><td colspan="2">模拟电子技术基础训练</td><td>总学时:16 + 60</td></tr>
<tr><td>项目 12</td><td colspan="2">单管共射放大电路的测试</td><td>学　时:2</td></tr>
<tr><td>工作目标</td><td colspan="3">学习单管共射放大电路静态工作点的测试及调试方法
学习电压放大倍数测试方法
分析电路带负载的能力</td></tr>
<tr><td>项目描述</td><td colspan="3">通过对单管共射放大电路的静态、动态的测试及调试,进一步理解晶体管共射放大电路的工作原理,掌握其放大特点</td></tr>
<tr><td colspan="4">学习目标</td></tr>
<tr><td colspan="2">知识</td><td>能力</td><td>素质</td></tr>
<tr><td colspan="2">1. 静态工作点的调试;
2. 电压放大倍数的测试;
3. 静态工作点对电路的影响</td><td>1. 掌握共射放大电路基本分析方法;
2. 掌握共射放大电路基本测试方法;
3. 掌握实验操作的基本规范和步骤,掌握记录数据和分析数据的方法,掌握排除实验故障的能力</td><td>1. 学习中态度积极,有团队精神;
2. 能够借助于网络、课外书籍扩展知识面,具有自主学习的能力;
3. 动手操作过程严谨、细致,符合操作规范</td></tr>
<tr><td colspan="4">教学资源:本项目可以在 Multisim 软件中进行仿真操作,也可以在面包板或者相关的实验平台上操作,实施步骤相同</td></tr>
<tr><td colspan="2">硬件条件:
计算机、面包板或者相关的实验平台;
示波器;
数字万用表;
连接导线</td><td colspan="2">学生已有基础(课前准备):
电路模型及电路元器件相关知识;
微型计算机使用的基本能力;
编程软件使用的基本能力;
学习小组</td></tr>
</table>

12.2 项目基础知识

单管共射放大电路的测量和调试一般包括静态工作点的测量与调试、放大电路各项动态参数的测量与调试等。

测量静态工作点的目的是了解静态工作点选取是否合理。若工作点设置偏低易产生截止失真;偏高则易产生饱和失真。因此,对于线性放大电路,静态工作点是否合适,对放大器的性能和输出波形都产生很大影响。静态工作点如果设置不合理,放大后的输出信号将会产生严重失真。通常静态工作点可通过改变其基极连接的偏置电阻进行调整。

12.3 项目实施

实验接线及仿真原理图如图 12－1 所示,仿真电路所需的元器件清单(Multisim 10 软件环境下)如表 12－2 所示。

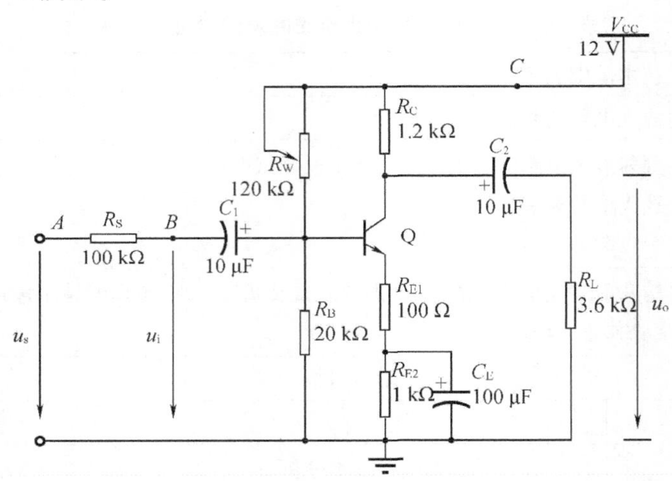

图 12－1　单管共射放大电路原理图

表 12－2　单管共射放大电路 Multisim 10 仿真元器件清单

元件名称	所在元件库	所在组	型号参数
三极管	【Transistors】	【BJT_NPN】	2N2222
电阻	【Basic】	【Resistor】	$R_S=10\ k\Omega, R_C=1.2\ k\Omega, R_B=20\ k\Omega$ $R_{E1}=100\ \Omega, R_{E2}=1\ k\Omega, R_L=3.6\ k\Omega$
电位器	【Basic】	【Potentiometer】	$R_W=120\ k\Omega$
电解电容	【Basic】	【Cap_electrolit】	$(A \sim F)$ －Spdt
电源	【Sources】	【Power_sources】	V_{CC}
地	【Sources】	【Power_sources】	GROUND

1. 测量并调试静态工作点

(1)令输入信号 $u_i=0$。

(2)根据图 12－1,在 C 点处串联一个直流毫安表,利用直流毫安表测量晶体管的集电极电流 I_C,调节偏置电阻 R_W,改变静态工作点,保证输出电压波形不会失真(可令集电极电流 $I_C=2.5$ mA～3 mA)。

(3)利用直流电压表测量晶体管各电极对地的电位 U_B,U_C 和 U_E,并将数据记录到表 12－3中。

表 12－3　静态工作点的测量

计算值			测量值			
U_{BE}/V	U_{CE}/V	I_C/mA	U_B/V	U_C/V	U_E/V	R_W/kΩ

2. 单管放大电路动态指标测试

(1)电压放大倍数 A_v 的测量

①在 I_C 大小合适的情况下,调节信号源,使其输出一个频率为 1 kHz、幅值为 10 mV 的正弦信号 u_s,并将该信号施加在放大电路的 B 点处。

②用示波器观察输出的电压波形 u_o,在波形不失真的条件下,用交流毫伏表测量出表 12－4 中各个值。

表 12－4　电压放大倍数 A_v 的测量

R_L/kΩ	u_o/V	A_v
∞		
1		
3.6		

(2)输入电阻 R_i 的测量

①用示波器观察输出的电压波形 u_o,在波形不失真的条件下,在图 12－1 中的 A 点处加入输入信号 u_s。

②用交流毫伏表测出 u_s 和 u_i 的值,并将结果记录到表 12－5 中。

表 12－5　输入电阻 R_i 的测量

u_s/V	u_i/V	R_i/kΩ

(3)输出电阻 R_o 的测量

①在不失真条件下,将输入信号 u_s 接入 A 点处。

②测出输出端不接负载 R_L 的输出电压 u_o 和接入负载 $R_L=3.6\text{k}\Omega$ 后的输出电压 u_L,将结果记录到表 12-6 中。

表 12-6 输出电阻 R_o 的测量

u_o/V	u_L/V	R_o/kΩ

3. 静态工作点对电压放大倍数的影响

(1)将输入信号 u_s 接入 A 点处。

(2)在不失真条件下,断开负载令 $R_L=\infty$,调节 u_s 和 R_W 的值,选取不同的静态工作点,测量 u_o 值(可令集电极电流 $I_C=2.5\text{ mA}\sim3.5\text{ mA}$,或根据输出波形自行设置合适的静态工作点),将数据填写至表 12-7 中,并计算出相应的 A_v 值。每次测量 I_C 时,需令 $u_s=0$。

表 12-7 静态工作点对电压放大倍数的影响

I_C/mA					
u_o/V					
A_v					

在用面包板或者实验平台完成验证实验时,应注意以下几点:

(1)测量静态工作点时,信号输入要求置零,即将放大器输入端与地短接。

(2)测量 R_W 时,必须将电源切断后进行测量。

(3)根据图 12-1 可得动态指标计算公式如下:

电压放大倍数 $$A_v=\frac{-\beta RL//RC}{r_{be}}$$

输入电阻 $$R_i=R_{b1}//R_{b2}//r_{be}$$

输出电阻 $$R_o=R_C$$

(4)输入电阻 R_i 测量值的计算方法:

$$R_i=\frac{u_i}{i_i}=\frac{u_i}{\frac{u_R}{R}}=\frac{u_i}{u_s-u_i}R$$

(5)输出电阻 R_o 测量值的计算方法:

$$R_o=\left(\frac{u_o}{u_L}-1\right)R_L$$

(6)注意万用表使用时交流与直流挡的切换及量程范围的选取,测量静态工作点相关数据时应使用直流挡,动态指标测试应使用交流挡。

12.4　预习思考题

为何要设置静态工作点？静态工作点受到哪些参数的影响？如何调节静态工作点？

12.5　实验报告要求

1. 报告应包括实验目的、实验内容、实验步骤等。

2. 简述该实验的原理,画出电路图。

3. 列出各测量的数据表格,进行计算,画出波形图,所测量的数据与理论值相比较,分析误差原理。

4. 分析调试过程中出现的问题。

5. 心得体会及其他。

项目13　射极跟随器

13.1　项目学习任务单

表13－1　射极跟随器测试学习任务单

<table>
<tr><td>单元三</td><td colspan="2">模拟电子技术基础训练</td><td>总学时:16＋60</td></tr>
<tr><td>项目13</td><td colspan="2">射极跟随器</td><td>学　时:2</td></tr>
<tr><td>工作目标</td><td colspan="3">学习射极跟随器的测量及调试方法,加深对放大电路各项参数测量方法的运用</td></tr>
<tr><td>项目描述</td><td colspan="3">通过对射极跟随器的静态、动态的测试及调试,进一步理解晶体管共集放大电路的工作原理,掌握其放大特点</td></tr>
<tr><td colspan="4">学习目标</td></tr>
<tr><td>知识</td><td colspan="2">能力</td><td>素质</td></tr>
<tr><td>1. 静态工作点的调试;
2. 电压放大倍数的测试;
3. 静态工作点对电路的影响</td><td colspan="2">1. 掌握射极跟随器的基本分析方法;
2. 掌握射极跟随器的基本测试方法;
3. 掌握实验操作的基本规范和步骤,掌握记录数据和分析数据的方法,掌握排除实验故障的能力</td><td>1. 学习中态度积极,有团队精神;
2. 能够借助于网络、课外书籍扩展知识面,具有自主学习的能力;
3. 动手操作过程严谨、细致,符合操作规范</td></tr>
<tr><td colspan="4">教学资源:本项目可以在Multisim软件中进行仿真操作,也可以在面包板或者相关的实验平台上操作,实施步骤相同</td></tr>
</table>

表 13－1(续)

硬件条件: 计算机、面包板或者相关的实验平台; 示波器; 数字万用表; 连接导线	学生已有基础(课前准备): 电路模型及电路元器件相关知识; 微型计算机使用的基本能力; 编程软件使用的基本能力; 学习小组

13.2 项目基础知识

将晶体管按照共集的方式进行连接,基极与集电极共地,基极输入信号,负载 R_L 接在发射极上,由于其输出电压与输入电压为同频率、同相位的两个正弦波信号,且比值小于 1,并且接近于 1,故又名射极跟随器。该放大电路输出电阻低,带负载能力强,由于具有电流放大作用,因此也具有功率放大的作用。通常在电流(功率)放大的场合,或是做阻抗变换方面得到广泛的应用。

13.3 项目实施

实验接线及仿真原理图如图 13－1 所示,仿真电路所需的元器件清单(Multisim 10 软件环境下)如表 13－2 所示。

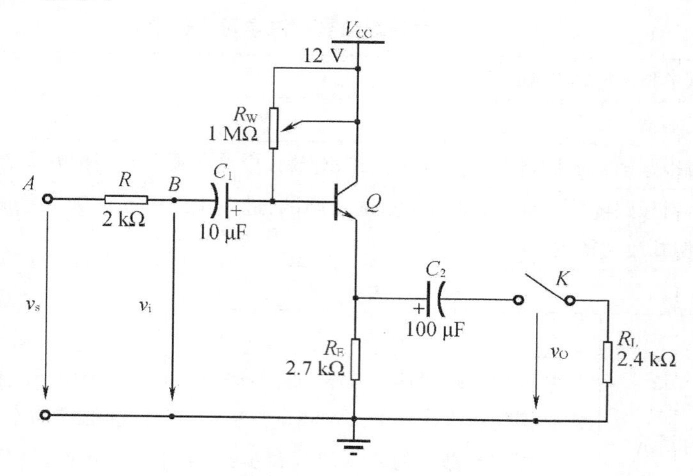

图 13－1　射极跟随器原理图

表 13－2　射极跟随器 Multisim 10 仿真元器件清单

元件名称	所在元件库	所在组	型号参数
三极管	【Transistors】	【BJT_NPN】	2N2222
电阻	【Basic】	【Resistor】	$R=2\ \text{k}\Omega, R_E=2.7\ \text{k}\Omega, R_L=2.4\ \text{k}\Omega$

表 13－2(续)

元件名称	所在元件库	所在组	型号参数
电位器	【Basic】	【Potentiometer】	$R_W = 1\ \mathrm{M\Omega}$
电解电容	【Basic】	【Cap_electrolit】	$C_1 = 10\ \mu\mathrm{F}, C_2 = 100\ \mu\mathrm{F}$
开关	【Basic】	【Switch】	DIPSW1
电源	【Sources】	【Power_sources】	V_{CC}
地	【Sources】	【Power_sources】	GROUND

1. 测量并调试静态工作点

(1)接通 +12V 直流电源,调节信号源,使其输出一个频率为 1 kHz 的正弦信号 u_s。

(2)在 B 点加入正弦信号 u_i,用示波器监视输出波形,试验调整 R_W 及信号源的输出幅度,直至得到一个最大不失真输出波形。

(3)令输入信号 $u_i = 0$,利用直流电压表测量晶体管各电极对地的电位 U_B、U_C 和 U_E,并将数据记录到表 13－3 中。

表 13－3　静态工作点的调试

U_B/V	U_C/V	U_E/V	I_E/mA

2. 射极跟随器动态指标测试

(1)测量电压放大倍数 A_v

1)保持 R_W 值不变,接入 2.4 kΩ 的负载 R_L。

2)在 B 点施加频率为 1 kHz 正弦信号 u_i,用示波器监视输出波形,试验调整信号源的输出幅度,直至得到一个最大不失真输出波形。

3)用交流毫伏表测出 u_s 和 u_i 的值,并将结果记录到表 13－4 中:

表 13－4　电压放大倍数 A_v 的测量

u_i/V	u_L/V	A_v

(2)测量输出电阻 R_o

1)在 B 点施加频率为 1 kHz 正弦信号 u_i。

2)在不失真的前提下,分别测量接入 2.4 kΩ 负载 R_L 时的输出电压 u_L 以及空载时输出

电压 u_o，填写表 13－5。

表 13－5　输出电阻 R_o 的测量

u_L/V	u_o/V	R_o/kΩ

（3）测量输入电阻 R_i

1）在 A 点施加频率为 1 kHz 正弦信号 u_s。

2）在不失真的前提下，用交流毫伏表测量 A、B 点对地的电位 u_s、u_i 值，填写表 13－6。

表 13－6　输入电阻 R_i 的测量

u_s/V	u_i/V	R_i/kΩ

3．跟随特性测试

（1）接入 1 kΩ 的负载 R_L。

（2）在不失真的条件下，在 B 点施加频率为 1 kHz 正弦信号 u_i，并逐渐增大其幅值，测量对应的 u_L 值，填写表 13－7。

表 13－7　跟随特性的测量

u_i/V					
u_L/V					

在用面包板或者实验平台完成验证实验时，应注意以下几点：

（1）射极跟随器的电压放大倍数接近于 1 而略小于 1，测量时注意两者的关系。

（2）在不失真条件下，射极跟随器输出电压 u_o 跟随输入电压 u_i 作线性变化的区域称为电压跟随范围。当超出该范围时，输出电压 u_o 将无法继续跟随输入电压 u_i 作线性变化，此时便发生了失真。通常为充分利用电压跟随范围，静态工作点应选在交流负载线中点。

13.4　预习思考题

射极跟随器的放大指标有什么特点？通过计算试分析其特性。

13.5　实验报告要求

1．报告应包括实验目的、实验内容、实验步骤等。

2. 简述该实验的原理，画出电路图。

3. 列出各测量的数据表格，进行计算，画出波形图，所测量的数据与理论值相比较，分析误差原理。

4. 分析在调试过程中出现的问题。

5. 心得体会及其他。

项目 14　带负反馈的两级放大电路

14.1　项目学习任务单

表 14－1　带负反馈的两级放大电路学习任务单

<table>
<tr><td>单元三</td><td colspan="2">模拟电子技术基础训练</td><td>总学时:16 + 60</td></tr>
<tr><td>项目 14</td><td colspan="2">带负反馈的两级放大电路</td><td>学　时:2</td></tr>
<tr><td>工作目标</td><td colspan="3">学习多级放大电路的结构以及各级之间的影响
学习多级放大电路静态工作点的设置方法及各项动态指标的测试方法
学习负反馈对放大电路性能的影响和改善</td></tr>
<tr><td>项目描述</td><td colspan="3">通过对带有负反馈的两级放大电路的静态、动态的测试及调试，进一步理解多级放大电路的工作原理，理解负反馈对放大电路的影响</td></tr>
<tr><td colspan="4">学习目标</td></tr>
<tr><td>知识</td><td>能力</td><td colspan="2">素质</td></tr>
<tr><td>1. 静态工作点的调试；
2. 电压放大倍数的测试；
3. 负反馈对放大电路的影响</td><td>1. 掌握共射放大电路基本分析方法；
2. 掌握共射放大电路基本测试方法；
3. 掌握实验操作的基本规范和步骤，掌握记录数据和分析数据的方法，掌握排除实验故障的能力</td><td colspan="2">1. 学习中态度积极，有团队精神；
2. 能够借助于网络、课外书籍扩展知识面，具有自主学习的能力；
3. 动手操作过程严谨、细致，符合操作规范</td></tr>
<tr><td colspan="4">教学资源：本项目可以在 Multisim 软件中进行仿真操作，也可以在面包板或者相关的实验平台上操作，实施步骤相同</td></tr>
<tr><td colspan="2">硬件条件：
计算机、面包板或者相关的实验平台；
示波器；
数字万用表；
连接导线</td><td colspan="2">学生已有基础（课前准备）：
电路模型及电路元器件相关知识；
微型计算机使用的基本能力；
编程软件使用的基本能力；
学习小组</td></tr>
</table>

14.2　项目基础知识

负反馈对于放大电路来说非常重要，通常在电子电路中有着十分广泛的应用。在放大电路中引入负反馈，虽然会降低放大电路的放大倍数，但是可从稳定放大倍数，改变输入、输出电阻，减小非线性失真和展宽通频带等几个方面大幅改善放大电路的动态指标。因此，实际的放大电路几乎都具有负反馈结构。

负反馈放大电路共有四种组态，包括电压串联，电压并联，电流串联，电流并联。本实验以电压串联负反馈为例，分析负反馈对放大电路各项性能指标的影响。

14.3　项目实施

实验接线及仿真原理图如图 14－1 所示，仿真电路所需的元器件清单（Multisim 10 软件环境下）如表 14－2 所示。

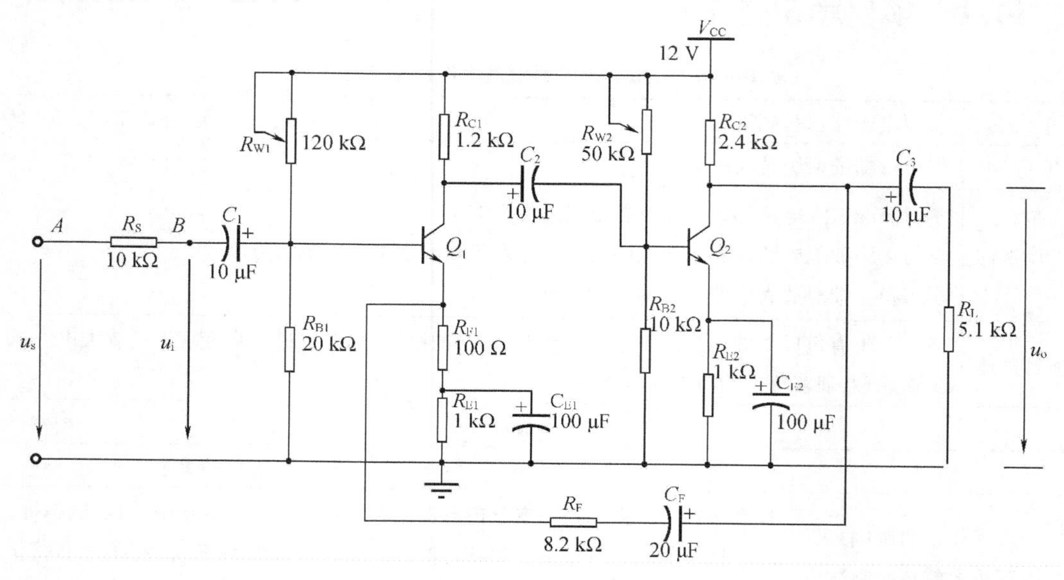

图 14－1　带有负反馈的两级放大电路原理图

表 14－2　两级放大电路 Multisim 10 仿真元器件清单

元件名称	所在元件库	所在组	型号参数
三极管	【Transistors】	【BJT_NPN】	2N2222
电阻	【Basic】	【Resistor】	$R_S=10\text{k}\Omega, R_{B1}=20\text{k}\Omega, R_{B2}=10\text{k}\Omega, R_{C1}=1.2\text{k}\Omega,$ $R_{C2}=2.4\text{k}\Omega, R_{E1}=1\text{k}\Omega, R_{E2}=1\text{k}\Omega, R_{F1}=100\Omega,$ $R_F=8.2\text{k}\Omega, R_L=5.1\text{k}\Omega$
电位器	【Basic】	【Potentiometer】	$R_{W1}=120\ \text{k}\Omega, R_{W2}=50\text{k}\Omega$
电解电容	【Basic】	【Cap_electrolit】	$C_1=10\mu\text{F}, C_2=10\mu\text{F}, C_3=10\mu\text{F},$ $C_{E1}=100\mu\text{F}, C_{E2}=100\mu\text{F}, C_F=20\mu\text{F}$
电源	【Sources】	【Power_sources】	V_{CC}
地	【Sources】	【Power_sources】	GROUND

1. 测量并调试静态工作点

(1)接入 +12V 直流电源 V_{CC}，令输入信号 $u_i=0$。

(2)用直流电压表分别测量放大电路两级的静态工作点，填写表 14－3。

表 14－3　静态工作点的测量

	U_B/V	U_C/V	U_E/V	I_C/mA
第 1 级				
第 2 级				

2. 两级放大电路的动态指标测试

(1)无反馈放大电路各项性能指标的测试

①断开 R_f，去除电路中的负反馈状态，并将 R_f 并联在 R_{F1} 和 R_L 上。

②调节信号源，使其输出一个频率为 1 kHz、幅值为 5 mV 的正弦信号 u_s。并将该信号施加在放大电路的输入端。

③用示波器观察输出的电压波形，在波形不失真的条件下，用交流毫伏表测量出表 14－4中的各个值，其中 u_o 为空载时的输出电压(断开负载电阻 R_L，注意 R_f 不要断开)。

表 14－4　无反馈放大电路各项性能指标的测量

无反馈两级放大电路	u_s/mV	u_i/mV	u_L/V	u_o/V	A_v	R_i/kΩ	R_o/kΩ

(2)有反馈放大电路各项性能指标的测试

①接入反馈电阻 R_f，即将电路恢复为图 14－1 所示的负反馈放大电路。

②令输入信号 u_s =5 mV，在波形不失真的条件下，用交流毫伏表测量出表 14－5 中的各个值。

表 14－5　有反馈放大电路各项性能指标的测量

负反馈放大电路	u_s/mV	u_i/mV	u_L/V	u_o/V	A_{vf}	R_{if}/kΩ	R_{of}/kΩ

在用面包板或者实验平台完成验证实验时，应注意以下问题：

无反馈两级放大电路并不是简单地断开反馈支路，还需将反馈支路存在的负载效应接入电路中，采用的方法为将 R_f 并联在 R_{F1}上，同时将 R_f 和 R_{F1} 并联在 R_L 上，如图 14－2 所示。

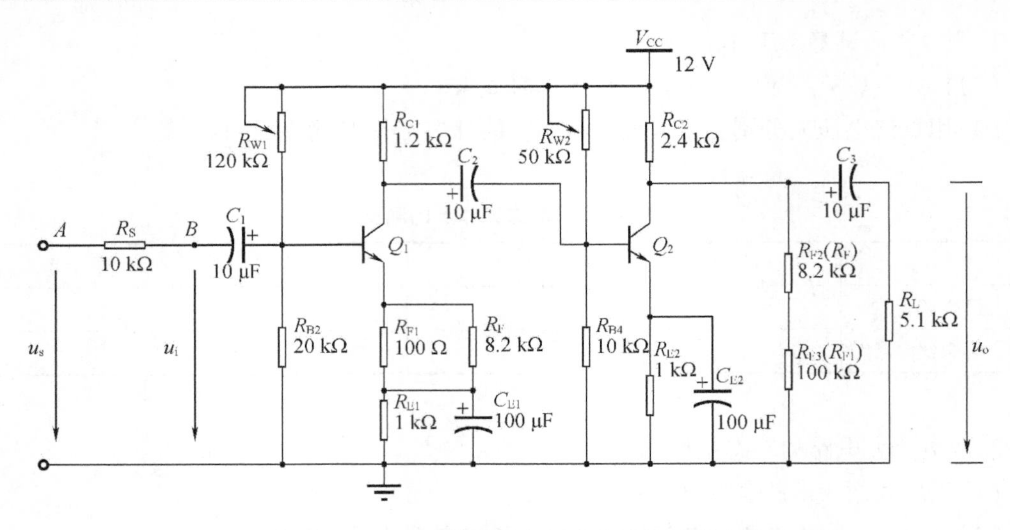

图 14－2　断开反馈的两级放大电路等效电路图

14.4　预习思考题

如何估算基本放大电路各项动态性能指标？接入负反馈的放大电路各项动态性能指标如何估算？

14.5　实验报告要求

1. 报告应包括实验目的、实验内容、实验步骤等。

2. 简述该实验的原理，画出电路图。

3. 列出各测量数据表格，进行计算，画出波形图，将所测量的数据与理论值相比较，分析误差原理。

4. 分析在调试过程中出现的问题。

5. 心得体会及其他。

项目 15　OTL 低频功率放大电路

15.1　项目学习任务单

表 15－1　OTL 低频功率放大电路学习任务单

单元三	模拟电子技术基础训练	总学时:16+60
项目 15	OTL 低频功率放大电路	学　时:2
工作目标	学习 OTL 功率放大电路的工作原理，学习其调试及各项性能指标测试的方法	
项目描述	通过对 OTL 功率放大电路的静态、动态的测试及调试，理解并掌握 OTL 功率放大电路的工作原理，掌握基本调试及测试方法	

表 15-1(续)

学习目标		
知识	能力	素质
1. OTL 功率放大电路的调试; 2. 各项动态性能指标的测试	1. 掌握共射放大电路基本分析方法; 2. 掌握共射放大电路基本测试方法; 3. 掌握实验操作的基本规范和步骤,掌握记录数据和分析数据的方法,掌握排除实验故障的能力	1. 学习中态度积极,有团队精神; 2. 能够借助于网络、课外书籍扩展知识面,具有自主学习的能力; 3. 动手操作过程严谨、细致,符合操作规范
教学资源:本项目可以在 Multisim 软件中进行仿真操作,也可以在面包板或者相关的实验平台上操作,实施步骤相同		
硬件条件: 计算机、面包板或者相关的实验平台; 示波器; 数字万用表; 连接导线	学生已有基础(课前准备): 电路模型及电路元器件相关知识; 微型计算机使用的基本能力; 编程软件使用的基本能力; 学习小组	

15.2　项目基础知识

功率放大电路是指在电源电压(直流)一定时,电路最大不失真输出电压可达到上限,即输出功率尽可能大,带负载能力强,通常可将其作为多级放大电路的输出级,直接驱动负载。另外,功率放大电路还要求效率尽可能高,静态时功放管的集电极电流近似为 0。

常见的功率放大电路有很多类型,包括变压器耦合功率放大电路、OTL 电路、OCL 电路等,其中变压器耦合乙类推挽功率放大电路采用单电源供电,电路中变压器较为笨重,且效率低,低频特性差;OTL 电路无变压器,结构简单,采用单电源供电,但电路中存在电容,所以低频特性差;OCL 电路无电容,采用双电源供电,效率高,低频特性好。

本项目针对互补推挽 OTL 电路进行实验。该功放电路通常由 Q_1、Q_2、Q_3 三个晶体管构成,其中 Q_1 管主要构成前置放大级,Q_2、Q_3 则是一对参数对称的 NPN 和 PNP 型晶体三极管,完成交替式工作。OTL 电路的主要性能指标如下。

1. 最大不失真输出功率 P_{om}

功率放大电路供给负载的功率称为输出功率,是一种交流功率,而最大输出功率是在电路参数已确定的情况下,负载上所能获得的最大交流功率,其表达式为

$$P_{om}=\frac{U_0^2}{R_L}$$

2. 转换效率 η

最大输出功率与电源损耗的平均功率之比称为转换效率。在理想情况下,由于 OTL 电路一般为乙类工作方式,其最大输出效率为 $\eta_{max}=78.5\%$。在实验过程中,可通过测量的方式计算实际转换效率,其表达式为

$$\eta = \frac{P_{om}}{P_{AV}} 100\%$$

$$P_{AV} = V_{CC} \cdot I_{DC}$$

式中 P_{AV}——直流电源供给的平均功率；

I_{DC}——电源供给的平均电流。

15.3 项目实施

OTL 功率放大电路原理图如图 15－1 所示，仿真电路所需的元器件清单（Multisim 10 软件环境下）如表 15－2 所示。

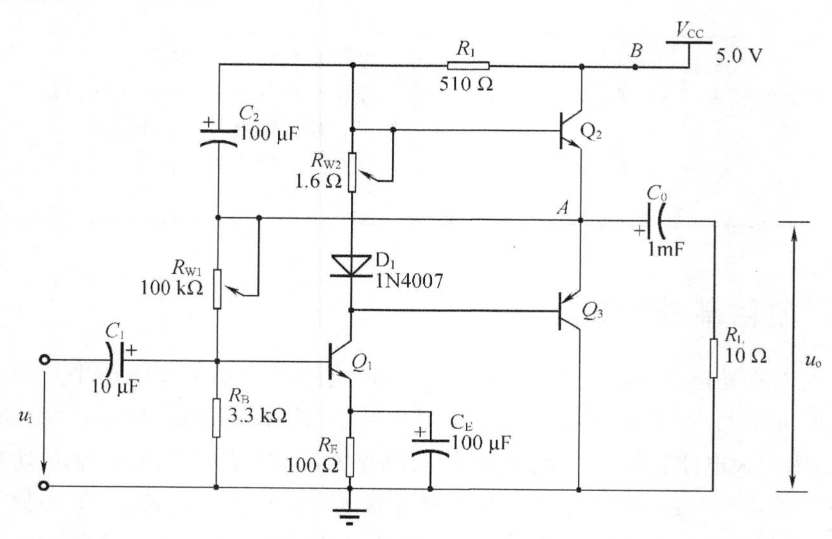

图 15－1 OTL 功率放大电路原理图

表 15－2 OTL 功率放大电路 Multisim 10 仿真元器件清单

元件名称	所在元件库	所在组	型号参数
三极管	【Transistors】	【BJT_NPN】	2N2222
三极管	【Transistors】	【BJT_PNP】	2N2907
二极管	【Diodes】	【Diode】	1N4007
电阻	【Basic】	【Resistor】	R_1 = 100 kΩ, R_B = 3.3 kΩ, R_E = 100 kΩ, R_L = 10 kΩ
电位器	【Basic】	【Potentiometer】	R_{W1} = 100 kΩ, R_{W2} = 1.6 kΩ
电解电容	【Basic】	【Cap_electrolit】	C_0 = 1 mF, C_1 = 10 μF, C_2 = 100 μF, C_E = 100 μF
电源	【Sources】	【Power_sources】	V_{CC}
地	【Sources】	【Power_sources】	GROUND

1. 测量并调试静态工作点

(1)令输入信号 $u_i=0$,并将直流毫安表串联于 B 点;

(2)将 R_{W2} 调至最小值,R_{W1} 置于中间位置;

(3)接入 +5V 直流电源,观察直流毫安表示数是否正常,无异常则继续实验;

(4)用直流电压表测量 A 点电位 V_A,调节 R_{W1},使 $V_A=\frac{1}{2}V_{CC}$;

(5)调整输出级静态电流(方法一):调节 R_{W2},使 Q_2、Q_3 管的集电极电流 $I_{C2}=I_{C3}=5\sim10$ mA,$V_A=2.5$ V,调好以后,用直流电压表测量各级静态工作点,填入表 15-3。

表 15-3　静态工作点的测量

$I_{C2}=I_{C3}=$　　mA	Q_1	Q_2	Q_3
V_B/V			
V_C/V			
V_E/V			

2. 最大输出功率 P_{om}

(1)调节信号源,使其输出一个频率为 1 kHz 的正弦信号 u_s,并将其施加在 OTL 功率放大电路的输入端,即 u_i;

(2)用示波器观察输出的电压波形 u_o,在波形不失真的条件下,逐渐增大 u_i,使输出电压达到最大不失真状态;

(3)用交流毫伏表测出负载 R_L 上的电压 u_{om};

(4)计算 $P_{om}=\frac{u_{om}^2}{R_L}$。

3. 效率 η 的测试

(1)输出电压达到最大不失真输出时,记录直流毫安表示数(直流电源提供的平均电流 I_{DC})。

(2)计算 $P_{AV}=V_{CC}I_{DC}$ 和 $\eta=\frac{P_{om}}{P_{AV}}$。

4. 输入灵敏度测试

输入灵敏度是指输出最大不失真功率时,输入信号 u_i 的值。令输出功率 $P_o=P_{om}$,用交流电压表测量出输入电压值 u_i。

5. 频率响应的测试

令输入信号 u_i 幅值不变,逐渐改变信号源频率 f,测出相应的输出电压 u_o,并计算出相应的 A_v 值,填入表 15-4。

表 15-4　频率响应的测量

u_i 幅值不变即 u_i = 　　mV								
f/Hz				1000				
u_o/V								
A_v								

6. 自举电路的作用

(1)去除自举电路,将 C_2 开路,R_1 短路,令 $P_o = P_{omax}$,测量 A_v($A_v = \frac{u_{om}}{u_i}$)。

(2)接入自举电路,令 $P_o = P_{omax}$,测量 A_v。

在用面包板或者实验平台完成验证实验时,应注意以下事项:

(1)在整个测试过程中,电路不应有自激现象。

(2)在做静态工作点的测试之前,需观察毫安表示数,同时用手触摸输出极管子,如出现电流过大,或管子明显升温等现象,应立即断开电源,检查原因,直至无异常后方可进行调试。

(3)调整输出级静态电流(方法二),动态调试法。先将 R_{W2} 调至0,接入 f = 1 kHz 的正弦信号 u_i,通过示波器观察,缓慢增大 R_{W2} 直至波形刚好不失真时停止,然后令 u_i = 0,此时直流毫安表读数即为输出级静态电流。通常数值应在 5 mA ~ 10 mA。

15.4　预习思考题

为何要引入自举电路,有什么作用?

15.5　实验报告要求

1. 报告应包括实验目的、实验内容、实验步骤等。
2. 简述该实验的原理,画出电路图。
3. 列出各测量的数据表格,进行计算,画出波形图,所测量的数据与理论值相比较,分析误差原理。
4. 分析在调试过程中出现的问题。
5. 心得体会及其他。

项目 16　差分放大电路

16.1　项目学习任务单

表 16 – 1　差分放大电路的测试学习任务单

单元三	模拟电子技术基础训练		总学时:16 + 60
项目 16	差分放大电路		学　时:2
工作目标	学习差分放大电路的功能及特点 学习差分放大电路各项性能指标的测试方法		
项目描述	通过对差分放大电路的静态、动态的测试及调试,加深对差分放大电路性能特点的了解,掌握其放大特点		
学习目标			
知识	能力	素质	
1. 静态工作点的调试; 2. 差模电压放大倍数的测试; 3. 共模电压放大倍数的测试	1. 掌握差分放大电路基本分析方法; 2. 掌握差分放大电路基本测试方法; 3. 掌握实验操作的基本规范和步骤,掌握记录数据和分析数据的方法,掌握排除实验故障的能力	1. 学习中态度积极,有团队精神; 2. 能够借助于网络、课外书籍扩展知识面,具有自主学习的能力; 3. 动手操作过程严谨、细致,符合操作规范	
教学资源:本项目可以在 Multisim 软件中进行仿真操作,也可以在面包板或者相关的实验平台上操作,实施步骤相同			
硬件条件: 计算机、面包板或者相关的实验平台; 示波器; 数字万用表; 连接导线	学生已有基础(课前准备): 电路模型及电路元器件相关知识; 微型计算机使用的基本能力; 编程软件使用的基本能力; 学习小组		

16.2　项目基础知识

典型差分放大电路一般是由两个元器件参数完全一致的基本共射放大电路组成的。两个放大电路中的三极管 Q_1、Q_2 可通过电路中的调零电阻调节静态工作点,当信号源为 0 时,输出电压 $u_o = 0$。R_E 为两个放大电路共用的发射极电阻,该电阻对于差模信号无负反馈作用,但对共模信号则有较强的负反馈作用。前者不影响电压放大倍数,后者则可有效抑制温漂,提高静态工作点的稳定性。具有恒流源的差分放大电路一般采用晶体管恒流源来代替发射极电阻 R_E,可进一步提高差动放大器抑制共模信号的能力。

图 16－1 为典型差分放大电路与恒流源放大电路相结合的总电路图，当开关接通左侧回路时，电路为典型结构；当开关接通右侧回路时，电路为恒流源结构。

1．计算静态工作点

（1）典型电路，令 $V_{B1}=V_{B2}\approx 0$，则有

$$I_E\approx\frac{|U_{EE}|-U_{BE}}{R_{E1}}$$

$$I_{C1}=I_{C2}=\frac{1}{2}I_E$$

（2）恒流源电路：

$$I_{C3}\approx I_{E3}\approx\frac{\frac{R_2}{R_1+R_2}(V_{CC}+|V_{EE}|)-U_{BE}}{R_{E2}}$$

$$I_{C1}=I_{C2}=\frac{1}{2}I_{C3}$$

2．差模放大倍数和共模放大倍数

当典型电路结构中的射极电阻 R_{E1} 足够大，或者采用恒流源电路结构时，差分放大电路的差模放大倍数 A_d 仅与输出端是单端输出还是双端输出有关。

单端输出时，左端和右端的差模放大倍数为

$$A_{d1}=\frac{\Delta u_{C1}}{\Delta u_i}=\frac{1}{2}A_d$$

$$A_{d2}=\frac{\Delta u_{C2}}{\Delta u_i}=-\frac{1}{2}A_d$$

双端输出时，假设 $R_{E1}=\infty$，R_W 位于中心，则差模放大倍数为

$$A_d=\frac{\Delta u_o}{\Delta u_i}=-\frac{\beta R_C}{R_B+r_{be}+\frac{1}{2}(1+\beta)R_W}$$

差分放大电路最大的作用是抑制共模信号，放大差模信号。当输入共模信号时，若电路为单端输出模式，则有

$$A_{C1}=A_{C2}=\frac{\Delta u_{C1}}{\Delta u_i}=\frac{-\beta R_C}{R_B+r_{be}+(1+\beta)\left(\frac{1}{2}R_W+2R_{E1}\right)}\approx-\frac{R_C}{2R_{E1}}$$

若电路为双端输出模式，在理想情况下，则有

$$A_C=\frac{\Delta u_o}{\Delta u_i}=0$$

而在实际电路中，由于器件参数的不一致性，差分放大电路不可能实现完全对称，因此共模放大倍数 A_C 也不会绝对等于零。

3．共模抑制比 *KCMR*

共模抑制比是为了描述差分放大电路性能所提出的一个参数，用于体现电路对于共模

信号的抑制能力和差模信号的放大能力，用于判断差分放大电路放大有用信号以及抑制器件零点漂移的综合能力，其表达式如下：

$$KCMR = \left| \frac{A_d}{A_c} \right|$$

16.3　项目实施

实验接线及仿真原理图如图 16－1 所示，仿真电路所需的元器件清单（Multisim 10 软件环境下）如表 16－2 所示。

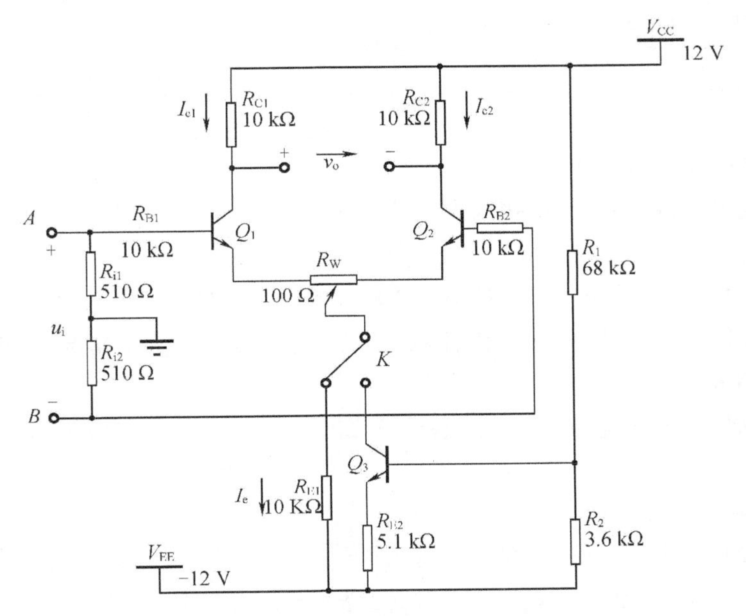

图 16－1　差分放大电路与恒流源放大电路相结合的总电路图

表 16－2　差分放大电路 Multisim 10 仿真元器件清单

元件名称	所在元件库	所在组	型号参数
三极管	【Transistors】	【BJT_NPN】	2N2222
电阻	【Basic】	【Resistor】	$R_1 = 68\ \text{k}\Omega, R_2 = 3.6\ \text{k}\Omega, R_{C1} = 10\ \text{k}\Omega, R_{C2} = 10\ \text{k}\Omega$，$R_{B1} = 10\ \text{k}\Omega, R_{B2} = 10\ \text{k}\Omega, R_{E1} = 10\ \text{k}\Omega$，$R_{E2} = 5.1\ \text{k}\Omega, R_{i1} = 510\ \Omega, R_{i2} = 510\ \Omega$
电位器	【Basic】	【Potentiometer】	$R_W = 100\ \Omega$
开关	【Basic】	【Switch】	Spdt
电源	【Sources】	【Power_sources】	V_{CC}, V_{EE}
地	【Sources】	【Power_sources】	GROUND

1. 测量并调试静态工作点

(1)将开关 K 接通左边,构成典型差分放大电路。

(2)断开信号源,将放大电路的输入端 A,B 与地短接。

(3)将 ±12V 直流电源接通,调节 R_W,用直流电压表测量输出电压 u_o,直至 $u_o=0$。

(4)用直流电压表测量晶体管 Q_1、Q_2 管各极的电位、R_{E1} 两端电压 U_{RE},填写表 16-3。

表 16-3 静态工作点的测量

测量值							计算值		
V_{C1}/V	V_{B1}/V	V_{E1}/V	V_{C2}/V	V_{B2}/V	V_{E2}/V	V_{RE1}/V	I_C/mA	I_B/mA	U_{CE}/V

2. 测量差模电压放大倍数

(1)断开直流电源,将信号源接入到差分放大电路的 A 端,令 B 端接地(构成单端输入结构)。

(2)调节信号源,使其输出一个频率为 2 kHz 的正弦信号 u_i,并将该信号调至为 0。

(3)接通 ±12 V 直流电源,用示波器观察输出波形,在不失真的情况下,逐渐增大 u_i,直至幅值达到 200 mV。

(4)用交流毫伏表测 u_i,u_{C1},u_{C2},观察三者之间的相位关系,以及 u_{RE} 随 u_i 的变化情况,填入表 16-3 中。

3. 测量共模电压放大倍数

(1)令放大电路的 A,B 两端短接,并将信号源接入 A 端与地之间构成共模输入结。

(2)接通 ±12 V 直流电源,调节信号源,使得 $u_i=1$ V,频率为 2 kHz。

(3)在输出电压不失真的条件下,测量 u_{C1},u_{C2},观察 u_i 与这两者之间的相位关系,以及 u_{RE} 随 u_i 的变化情况,填入表 16-4 中。

表 16-4 共模电压放大倍数的测量

典型差动放大电路	u_i	v_{C1}/V	v_{C2}/V	$A_{d1}=\frac{v_{C1}}{u_i}$	$A_d=\frac{u_o}{u_i}$	$A_{C1}=\frac{v_{C1}}{v_i}$	$A_C=\frac{u_o}{u_i}$	$KCMR=\left\|\frac{A_{d1}}{A_{C1}}\right\|$
单端输入	200 mV					—	—	
共模输入	1 V			—	—			

4. 具有恒流源的差动放大电路性能测试

(1)将开关 K 接通右边,构成具有恒流源的差分放大电路。

(2)重复操作 2,3 的内容,测试相应数据,填入表 16-5 中。

表 16－5　恒流源差动放大电路性能的测量

具有恒流源差分放大电路	u_i	v_{C1}/V	v_{C2}/V	$A_{d1}=\frac{u_{C1}}{u_i}$	$A_d=\frac{u_o}{u_i}$	$A_{C1}=\frac{u_{C1}}{u_i}$	$A_C=\frac{u_o}{u_i}$	$KCMR=\left\|\frac{A_{d1}}{A_{C1}}\right\|$
单端输入	200 mV					—	—	
共模输入	1 V			—	—			

在用面包板或者实验平台完成验证实验时，应注意以下几点：

(1)在调节放大电路零点时，调节要仔细，力求减小误差。

(2)使用示波器查看输出波形时，探针应接在集电极 C_1 或 C_2 与地之间。

(3)差分放大电路的输入信号还可采用直流信号，读者可自行设置。

16.4　预习思考题

典型差分放大电路中电阻 R_E 的作用是什么？具有恒流源的差分放大电路中，恒流源的作用是什么？

16.5　实验报告要求

1. 报告应包括实验目的、实验内容、实验步骤等。
2. 简述该实验的原理，画出电路图。
3. 列出各测量数据的表格，进行计算，画出波形图，所测量的数据与理论值相比较，分析误差原理。
4. 分析在调试过程中出现的问题。
5. 心得体会及其他。

项目 17　比例求和运算电路

17.1　项目学习任务单

表 17－1　比例求和运算电路学习任务单

单元三	模拟电子技术基础训练	总学时：16＋60
项目 17	比例求和运算电路	学　时：2
工作目标	学习由集成运放组成的比例、求和电路的特点及功能； 学会相应电路的测试与分析方法	
项目描述	通过对比例、求和电路的测试及调试，掌握集成运放的功能及用法	

表 17－1(续)

<table>
<tr><th colspan="3">学习目标</th></tr>
<tr><th>知识</th><th>能力</th><th>素质</th></tr>
<tr><td>1. 集成运放的结构及工作原理；
2. 比例电路的结构与分析；
3. 求和电路的结构与分析</td><td>1. 掌握集成运放的使用方法；
2. 掌握比例电路的测试方法；
3. 掌握求和电路的测试方法；
4. 掌握实验操作的基本规范和步骤，掌握记录数据和分析数据的方法，掌握排除实验故障的能力</td><td>1. 学习中态度积极，有团队精神；
2. 能够借助于网络、课外书籍扩展知识面，具有自主学习的能力；
3. 动手操作过程严谨、细致，符合操作规范</td></tr>
<tr><td colspan="3">教学资源：本项目可以在 Multisim 软件中进行仿真操作，也可以在面包板或者相关的实验平台上操作，实施步骤相同</td></tr>
<tr><td colspan="2">硬件条件：
计算机、面包板或者相关的实验平台；
示波器；
集成运放 LM741 或 UA741；
电阻器若干；
电位器 100 kΩ；
数字万用表；
连接导线</td><td>学生已有基础（课前准备）：
电路模型及电路元器件相关知识；
微型计算机使用的基本能力；
编程软件使用的基本能力；
学习小组</td></tr>
</table>

17.2 项目基础知识

运算电路是指利用集成运放使得输入电压完成比例、加减、乘除、积分、微分等基本运算的电路。

1. 比例运算电路

(1)反相比例运算

图 17－1 是一个典型的反相比例运算电路，输入电压 u_i 通过电阻 R_1 作用于集成运算放大器的反相输入端，其同相输入端则通过电阻 R_3 与地相连。输出端 u_o 通过 R_2 将输出信号反馈回集成运放的反相输入端。为保证集成运放输入级的对称性，需令 $R_3 = R_1 // R_2$。

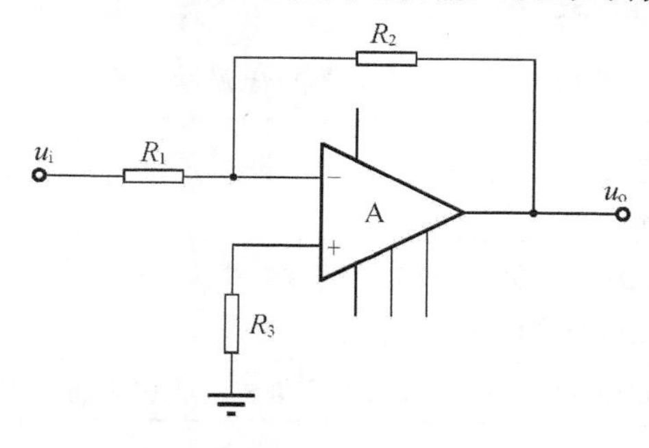

图 17－1　反相比例运算电路原理图

由虚短和虚断的概念可得

$$u_- \approx u_+ = 0$$

$$i_1 = i_2$$

$$\left.\begin{aligned} i_1 &= \frac{u_i - u_-}{R_1} = \frac{u_i}{R_1} \\ i_2 &= \frac{u_- - u_o}{R_2} = -\frac{u_o}{R_2} \end{aligned}\right\} \Rightarrow u_o = -\frac{R_2}{R_1}u_i, i_1 = \frac{u_i - u_-}{R_1} = \frac{u_i}{R_1}, i_2 = \frac{u_- - u_o}{R_2} = -\frac{u_o}{R_2}$$

其中 i_1 和 i_2 分别为流过 R_1、R_2 的电流，方向为从左向右。电压 u_o 与 u_i 成比例关系，其电压放大倍数 $A_v = -\frac{R_2}{R_1}$。

反相比例运算电路的输出电阻为 $R_{of} = 0$。

反相比例运算电路的输入电阻为 $R_{if} = R_1$。

(2)同相比例运算

图 17－2 是一个典型的同相比例运算电路，输入电压 u_i 通过电阻 R_3 作用于集成运放的同相输入端，其反相输入端 R_1 则通过电阻与地相连。输出端 u_o 通过 R_2 将输出信号反馈回集成运放的反相输入端。为保证集成运放输入级的对称性，仍需令 $R_3 = R_1 // R_2$。

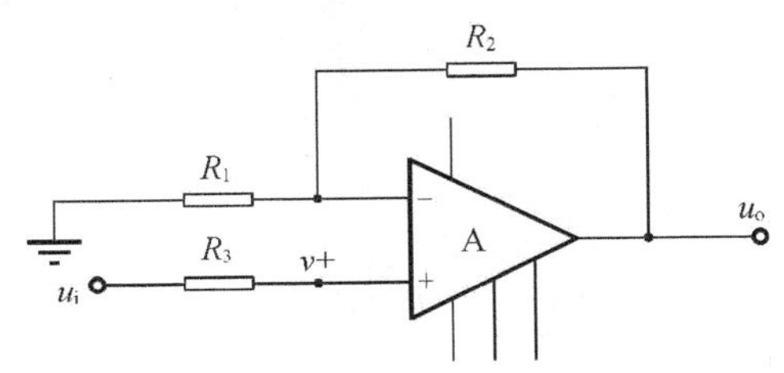

图 17－2　同相比例运算电路原理图

由虚短和虚断的概念可得

$$u_- \approx u_+ = u_i$$

$$i_1 = i_2$$

$$u_o = \left(1 + \frac{R_2}{R_1}\right)u_i$$

其中，i_1 和 i_2 分别为流过 R_1、R_2 的电流，方向为从右向左。电压 u_o 与 u_i 成比例关系，其电压放大倍数 $A_v = \left(1 + \frac{R_2}{R_1}\right)$。

同相比例运算电路输入电阻为 $R_{if} = \frac{u_i}{i_i} = \infty$。

输出电阻 $R_{of} = 0$。

上述比例运算电路的输入信号可以是直流信号也可以是交流信号。若为直流信号，则需加入调零电路；若为交流信号，则需在输入、输出端加隔直电容。

2. 求和运算电路

(1)反相加法运算电路

根据“虚短”“虚断”的概念 $u_- \approx u_+ = 0$,则有

$$\frac{u_{i1}}{R_1} + \frac{u_{i2}}{R_2} = -\frac{u_o}{R_3} = -\left(\frac{R_3}{R_1}u_{i1} + \frac{R_3}{R_2}u_{i2}\right)$$

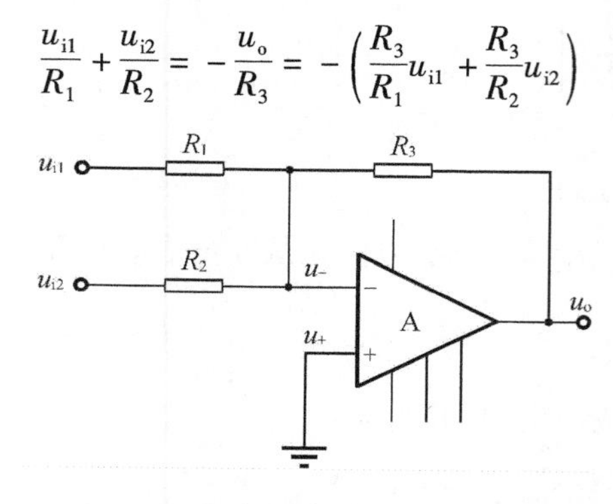

图 17－3　反相加法运算电路原理图

(2)减法运算电路

u_{i1}单独作用时

$$u_{o1} = -\frac{R_2}{R_1}u_{i1}$$

u_{i2}单独作用时

$$u_{o2} = \left(1 + \frac{R_2}{R_1}\right)\frac{R_4}{R_3 + R_4}u_{i2}$$

根据叠加定理可得

$$u_o = u_{o1} + u_{o2}$$

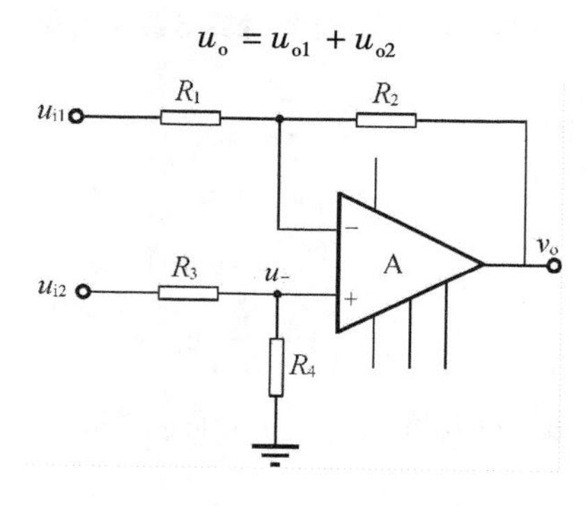

图 17－4　减法运算电路原理图

17.3　项目实施

实验接线及仿真原理图如图 17－5 所示,仿真电路所需的元器件清单(Multisim 10 软件环境下)如表 17－2 所示。

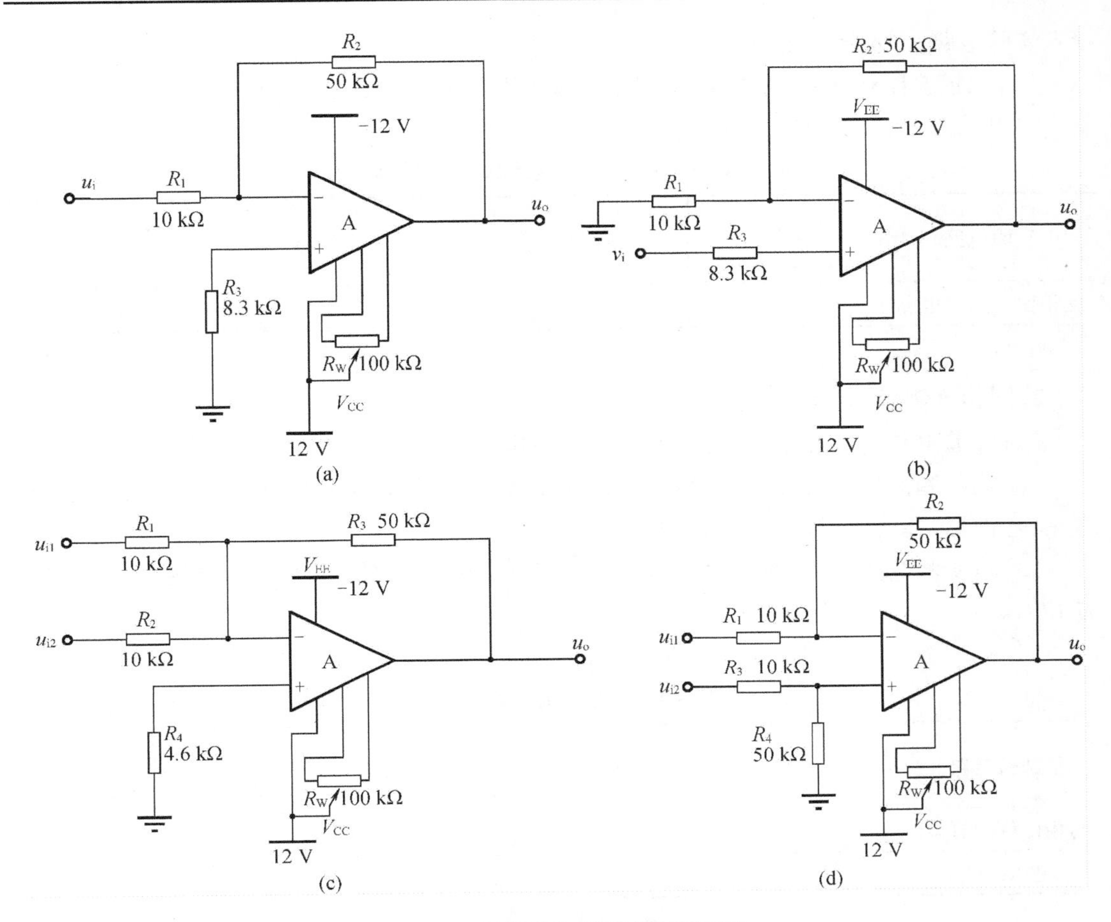

图 17－5　比例求和运算电路原理图

(a)反相比例运算电路;(b)同相比例运算电路;(c)反相加法运算电路图;(d)减法运算电路图

表 17－2　比例求和运算电路 Multisim 10 仿真元器件清单

元件名称	所在元件库	所在组	型号参数
集成运放	【Analog】	【Opamp】	741
电阻	【Basic】	【Resistor】	详见图 17－5
电位器	【Basic】	【Potentiometer】	R_W = 100 Ω
电源	【Sources】	【Power_sources】	V_{CC}, V_{EE}
地	【Sources】	【Power_sources】	GROUND

1. 反相比例运算电路

(1)实验电路连接好以后,接通 ±12 V 直流电源。

(2)令输入端接地,调节 R_W 进行电路调零和消振(使得输出电压为零)。

(3)调节信号源,使其输出一个频率为 100 Hz、幅值为 0.5 V 的正弦信号 u_i,将该信号接入实验电路，测量输出电压 u_o。

（4）用示波器观察 u_i、u_o 的波形，比较二者相位关系，填写表 17－3。

表 17－3　反相比例运算电路的测量

实验电路	u_i/V	u_o/V	u_i、u_o 波形	A_v	
				计算值	实测值
反相比例运算电路					

2. 同相比例运算电路

（1）实验电路连接好以后，接通 ±12 V 直流电源。

（2）调零和消振后，接入 $f=100$ Hz，$u_i=0.5$ V 的信号源，测量输出电压 u_o，用示波器观测 u_i、u_o 波形，并将结果填写表 17－4。

（3）将实验电路的 R_1 断开，即可得到一个电压跟随器电路，重复上述步骤，将数据填入表 17－4 中。

表 17－4　同相比例运算电路的测量

实验电路	u_i/V	u_o/V	u_i、u_o 波形	A_v	
				计算值	实测值
同相比例运算电路					
电压跟随器					

3. 反相加法运算电路

（1）实验电路连接好以后，进行调零和消振。

（2）输入信号为直流电源，按照表 17－5，用直流电压表测量数据，并将结果计入表格。

表 17－5　反相加法运算电路的测量

实验电路	直流输入电压 U_{i1}/V	直流输入电压 U_{i2}/V	直流输出电压 U_o/V	
			计算值	实测值
反相加法运算电路	0.4	0.2		
	－0.4	0.2		

4. 减法运算电路

（1）实验电路连接好以后，进行调零和消振。

（2）重复实验内容 3 的步骤，将数据填入表 17－6 中。

表 17－6　减法运算电路的测量

实验电路	直流输入电压 U_{i1}/V	直流输入电压 U_{i2}/V	直流输出电压 U_o/V	
			计算值	实测值
减法运算电路	0.3	0.2		
	－0.3	0.2		

在用面包板或者实验平台完成验证实验时，应注意以下事项。

（1）实验时必须仔细查看集成运放各管脚的位置，勿将正、负电源极性接反，同时输出端不可短路，否则将会损坏集成块。本实验采用的集成运放型号为 LM741，其管脚分布如图 17－6 所示。

（2）每次连接好实验电路之后，在测量数据之前，必须将电路进行调零和消振。

（3）注意信号源的输入为直流还是交流。

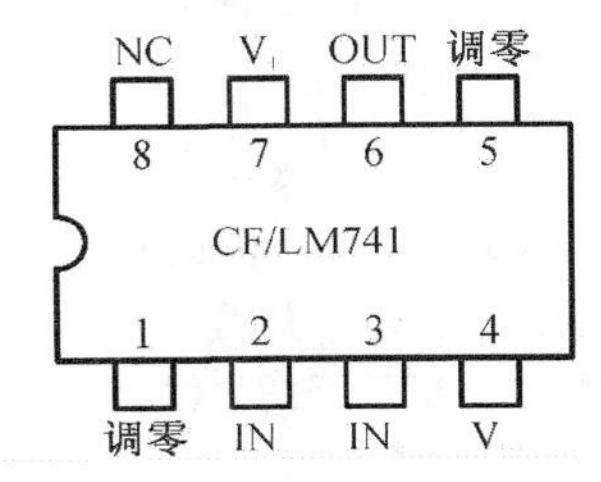

图 17－6　LM741 管脚分布图

17.4　预习思考题

集成运放的特点是什么？理想集成运放与实际运放的区别是什么？如果电路参数已知，如何计算各电路输出电压的理论值？

17.5　实验报告要求

1. 报告应包括实验目的、实验内容、实验步骤等。

2. 简述该实验的原理，画出电路图。

3. 列出各测量数据的表格，进行计算，画出波形图，所测量的数据与理论值相比较，分析误差原理。

4. 分析在调试过程中出现的问题。

5. 心得体会及其他。

项目18　电压比较器

18.1　项目学习任务单

表18－1　电压比较器学习任务单

<table>
<tr><td>单元三</td><td colspan="2">模拟电子技术基础训练</td><td>总学时:16＋60</td></tr>
<tr><td>项目18</td><td colspan="2">电压比较器</td><td>学　时:2</td></tr>
<tr><td>工作目标</td><td colspan="3">学习电压比较器的结构及特点
学习电压比较器电压传输特性的测试及分析方法</td></tr>
<tr><td>项目描述</td><td colspan="3">通过对电压比较器电压传输特性的分析及测试,熟练掌握电压比较器的结构、特点及应用方法</td></tr>
<tr><td colspan="4">学习目标</td></tr>
<tr><td>知识</td><td colspan="2">能力</td><td>素质</td></tr>
<tr><td>1. 电压比较器的结构;
2. 电压比较器电压传输特性的特点;
3. 电压比较器电压传输特性的测试</td><td colspan="2">1. 掌握电压比较器的基本结构;
2. 掌握电压比较器的基本测试方法;
3. 掌握实验操作的基本规范和步骤,掌握记录数据和分析数据的方法,掌握排除实验故障的能力</td><td>1. 学习中态度积极,有团队精神;
2. 能够借助于网络、课外书籍扩展知识面,具有自主学习的能力;
3. 动手操作过程严谨、细致,符合操作规范</td></tr>
<tr><td colspan="4">教学资源:本项目可以在Multisim软件中进行仿真操作,也可以在面包板或者相关的实验平台上操作,实施步骤相同</td></tr>
<tr><td colspan="2">硬件条件:
计算机、面包板或者相关的实验平台;
集成运放LM741或UA741;
稳压二极管2CW231;
二极管IN4148;
电阻器若干;
电位器100 kΩ;
示波器;
数字万用表;
连接导线</td><td colspan="2">学生已有基础(课前准备):
电路模型及电路元器件相关知识;
微型计算机使用的基本能力;
编程软件使用的基本能力;
学习小组</td></tr>
</table>

18.2　项目基础知识

电压比较器以集成运算放大电路为核心构建而成,可以实现对输入信号幅值检测及比较。比较器包含两个信号输入端,可将输入的两个电压进行比较,并依据比较结果输出只有高、低电平两种状态的二进制信号的矩形波。常见比较器电路有过零比较器、门限比较器、滞回比较器、窗口比较器和三态比较器等,通常可应用于模拟电路及数字电路的接入口，进行数字信号及模拟信号的比较，也可用于波形产生电路中。

18.3　项目实施

实验接线及仿真原理图如图 18－1 所示，仿真电路所需的元器件清单（Multisim 10 软件环境下）如表 18－2 所示。

表 18－2　四种电压比较器电路 Multisim 10 仿真元器件清单

元件名称	所在元件库	所在组	型号参数
集成运放	【Analog】	【Opamp】	741
电阻	【Basic】	【Resistor】	详见图 18－1
二极管	【Diodes】	【Diode】	1N4007
稳压二极管	【Diodes】	【Zener】	1N4735A
电源	【Sources】	【Power_sources】	V_{CC}、V_{EE}
地	【Sources】	【Power_sources】	GROUND

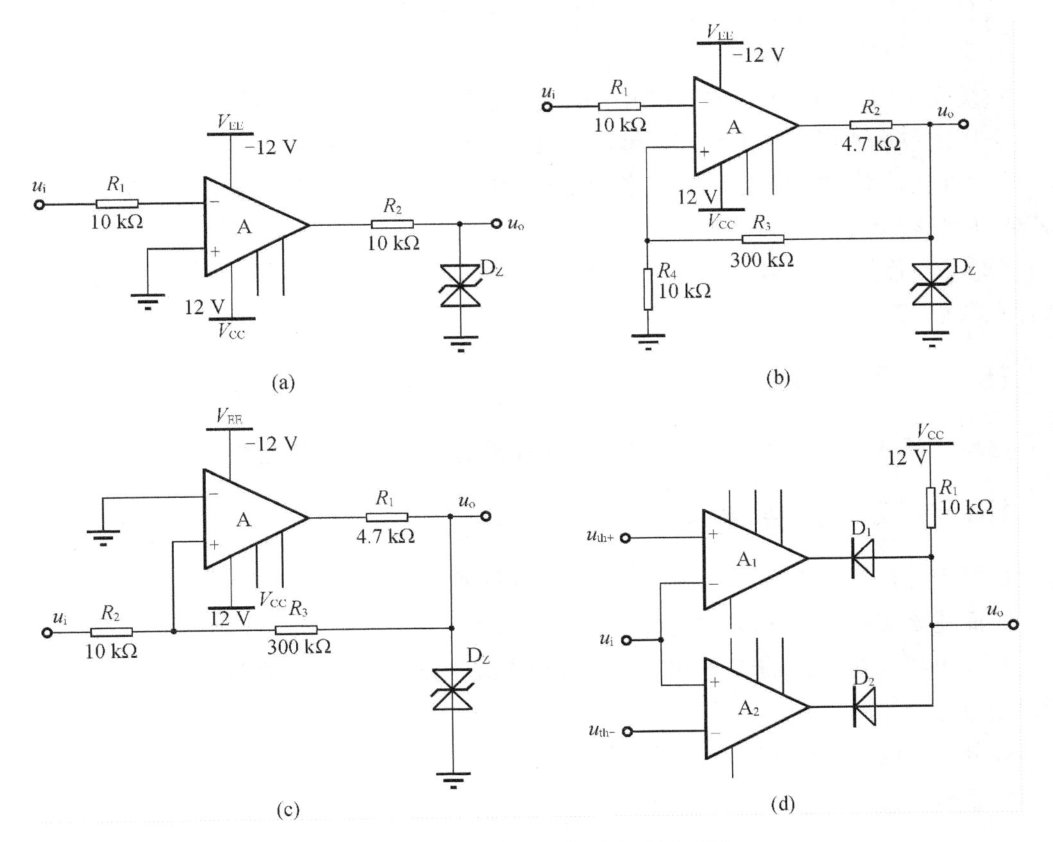

图 18－1　四种电压比较器电路原理图

（a）过零比较器；（b）反相滞回比较器；（c）同相滞回比较器；（d）窗口比较器

1. 过零比较器

(1) 连接实验电路,并接通 ±12 V 电源。

(2) 令输入端悬空,测量输出电压 u_o。

(3) 将一个频率为 1 kHz、幅值为 4 V 的正弦信号 u_i 接入电路,用示波器观察 u_i、u_o 的波形。

(4) 频率不变,改变输入信号的幅值,测量传输特性曲线。

2. 反相滞回比较器

(1) 连接实验电路,并接通 ±12 V 电源。

(2) 将输入电压设置为 0 ~ +5 V 可调的直流电源,通过示波器观察电压跃变时 u_i 的临界值(阈值电压),记录其数据,测量传输特性曲线。

(3) 将一个频率为 1 kHz、幅值为 4 V 的正弦信号 u_i 接入电路,用示波器观察 u_i、u_o 的波形。

(4) 改变电路参数,将电阻 R_3 改为 150 kΩ,重复上述实验,测定传输特性。

3. 同相滞回比较器

重复实验"2. 反相滞回比较器"中的内容,测量电压传输特性曲线。

4. 窗口比较器

重复实验"2. 反相滞回比较器"中的内容,测量电压传输特性曲线。

在用面包板或者实验平台完成验证实验时,应注意以下内容:

(1) 在实验时勿将集成运放正、负电源极性接反,同时保证输出端不可短路。集成运放 LM741 的管脚分布如图 17-6 所示。

(2) 每次连接好实验电路之后,在测量数据之前,必须将电路进行调零和消振,具体操作详见项目 17。

18.4 预习思考题

电压比较器的种类有哪些?每种电压比较器的电压传输特性曲线有什么特点?

18.5 实验报告要求

1. 报告应包括实验目的、实验内容、实验步骤等。

2. 简述该实验的原理,画出电路图。

3. 列出各测量数据的表格,进行计算,画出波形图,所测量的数据与理论值相比较,分析误差原理。

4. 分析在调试过程中出现的问题。

5. 心得体会及其他。

项目 19　RC 正弦波振荡电路

19.1　项目学习任务单

表 19－1　RC 正弦波振荡电路学习任务单

<table>
<tr><td>单元三</td><td colspan="2">模拟电子技术基础训练</td><td>总学时:16＋60</td></tr>
<tr><td>项目 19</td><td colspan="2">RC 正弦波振荡电路</td><td>学　时:2</td></tr>
<tr><td>工作目标</td><td colspan="3">学习 RC 振荡电路的组成及振荡条件
学习 RC 振荡电路的分析及测试方法</td></tr>
<tr><td>项目描述</td><td colspan="3">通过对 RC 振荡电路静态工作点、输出波形的测试及调试,进一步掌握 RC 正弦波振荡电路结构及工作特性</td></tr>
<tr><td colspan="4">学习目标</td></tr>
<tr><td colspan="2">知识</td><td>能力</td><td>素质</td></tr>
<tr><td colspan="2">1. 静态工作点的调试;
2. 正弦波形的调试;
3. 振荡频率的测试</td><td>1. 掌握 RC 振荡电路基本分析方法;
2. 掌握 RC 振荡电路基本测试方法;
3. 掌握实验操作的基本规范和步骤,掌握记录数据和分析数据的方法,掌握排除实验故障的能力</td><td>1. 学习中态度积极,有团队精神;
2. 能够借助于网络、课外书籍扩展知识面,具有自主学习的能力;
3. 动手操作过程严谨、细致,符合操作规范</td></tr>
<tr><td colspan="4">教学资源:本项目可以在 Multisim 软件中进行仿真操作,也可以在面包板或者相关的实验平台上操作,实施步骤相同</td></tr>
<tr><td colspan="2">硬件条件:
计算机、面包板或者相关的实验平台;
示波器;
数字万用表;
连接导线</td><td colspan="2">学生已有基础(课前准备):
电路模型及电路元器件相关知识;
微型计算机使用的基本能力;
编程软件使用的基本能力;
学习小组</td></tr>
</table>

19.2　项目基础知识

所谓的振荡电路就是在没有输入信号的情况下,能够依靠自身内部反馈作用,产生并维持一定频率和幅度波形的电路,通常由选频网络、放大电路、反馈网络、稳幅电路等构成。常见的正弦波振荡电路有 RC 振荡电路、LC 振荡电路、石英振荡电路,其中 RC 振荡电路的振荡频率反比于 RC 选频网络元件 RC 的乘积,可采用调整电阻阻值的方式来改变电路的振荡频率,可工作在低频段;LC 振荡电路的振荡频率则由选频网络——LC 振荡回路的谐振频率决定。工作频率降低时,要求增大振荡回路的电感量和电容量,而大电感量的电感和大容量的电容器体积大、笨重,因此 LC 振荡器不适用于低频,工作频率一般不应低于几百千赫兹;石英晶体振荡器则是将振荡电路中的选频网络的一部分用石英晶体进行替代,用于提高振荡器的频率稳定度。

振荡电路的种类及类型有很多,本项目采用 RC 桥式正弦波振荡电路(文氏电桥振荡电路),其实验原理详见综合设计——函数信号发生器。

19.3 项目实施

实验接线及仿真原理图如图 19-1 所示,仿真电路所需的元器件清单(Multisim 10 软件环境下)如表 19-2 所示。

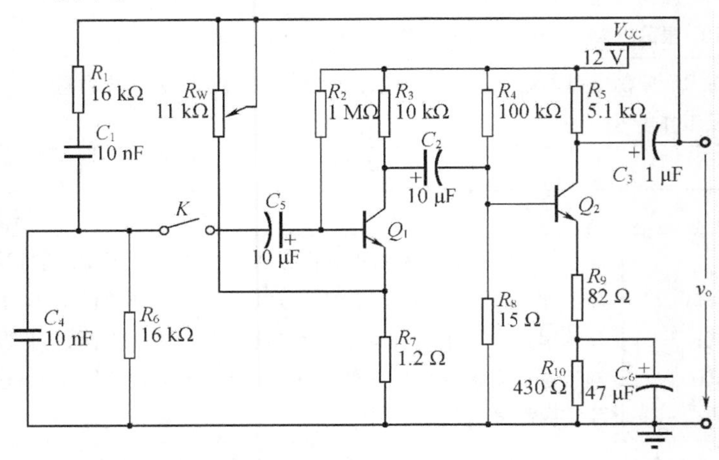

图 19-1　RC 正弦波振荡电路原理图

表 19-2　RC 正弦波振荡电路 Multisim 10 仿真元器件清单

元件名称	所在元件库	所在组	型号参数
三极管	【Transistors】	【BJT_NPN】	2N2222
电阻	【Basic】	【Resistor】	$R_1=16$ kΩ,$R_2=1$ MΩ,$R_3=10$ kΩ,$R_4=100$ kΩ,$R_5=5.1$ kΩ,$R_6=16$ kΩ,$R_7=1.2$ kΩ,$R_8=15$ kΩ,$R_9=82$ Ω,$R_{10}=430$ kΩ
电位器	【Basic】	【Potentiometer】	$R_W=11$ kΩ
电容	【Basic】	【Capacitor】	$C_1=10$ nF,$C_4=10$ nF
电解电容	【Basic】	【Cap_electrolit】	$C_2=10$ μF,$C_3=1$ μF,$C_5=10$ μF,$C_6=47$ μF
开关	【Basic】	【Switch】	DIPSW1
电源	【Sources】	【Power_sources】	V_{CC}
地	【Sources】	【Power_sources】	GROUND

1. 测量并调试静态工作点

(1)断开 RC 串并联网络,接通 +12 V 直流电源。

(2)用直流电压表测量放大电路的静态工作点,记录到表 19-3 中。

表 19-3　静态工作点的测量

	U_B/V	U_C/V	U_E/V	I_C/mA
Q_1				
Q_2				

2. 测量电压放大倍数 A_v

将信号源施加在放大电路的输入端,调节信号源,用示波器观察输出的电压波形 u_o,在波形不失真的条件下,测出 u_i 和 u_o 的值,并将结果记录到表 19-4 中。

表 19-4　电压放大倍数的测量

u_i/V	u_o/V	A_v

3. 获取正弦信号

(1)接通 RC 串并联网络,并使电路起振。

(2)在波形不失真的条件下,调节 R_f 以获得理想的正弦信号,记录波形及其参数。

4. 振荡频率

(1)利用示波器测量振荡频率,并与计算值进行比较。

(2)改变 RC 串并联网络中的电阻或电容值,观察振荡频率变化情况。

5. RC 串并联网络幅频特性

(1)断开 RC 串并联网络,设置一个幅度约为 3 V 的信号源。

(2)将信号源输出的正弦信号输入 RC 串并联网络,频率逐渐增大,直至 RC 串并联网络的输出达到最大值(约为 1 V)。

(3)用示波器观察输入、输出信号,记录此时信号的频率,并与计算值进行比较。

在用面包板或者实验平台完成验证实验时,应注意以下事项。

(1)振荡频率的计算公式

$$f_0 = \frac{1}{2\pi RC}$$

(2)起振条件为 $|\dot{A}| > 3$

19.4 预习思考题

如何用示波器来测量振荡电路的振荡频率?

19.5 实验报告要求

1. 报告应包括实验目的、实验内容、实验步骤等。

2. 简述该实验的原理,画出电路图。

3. 列出各测量的数据表格,进行计算,画出波形图,所测量的数据与理论值相比较,分析误差原理。

4. 分析在调试过程中出现的问题。

5. 心得体会及其他。

项目20 函数信号发生器的综合设计

20.1 项目学习任务单

表20-1 函数信号发生器综合设计学习任务单

<table>
<tr><td>单元三</td><td>模拟电子技术综合训练</td><td>总学时:16+60</td></tr>
<tr><td>项目20</td><td>函数信号发生器的综合设计</td><td>学 时:30</td></tr>
<tr><td>工作目标</td><td colspan="2">巩固和加深对产生各种函数信号发生器基本结构、工作原理的理解
通过查阅资料自行完成电路方案的分析、论证和比较,计算有关参数,选择合适的元器件,按设计任务的要求搭建电路
验证所选方案的可行性,完成设计任务,编写设计说明书</td></tr>
<tr><td>项目描述</td><td colspan="2">通过对函数信号发生器的设计,进一步理解信号发生的原理,掌握基本的信号发生电路结构及工作特点,掌握电子电路设计步骤、参数设置及调试方法</td></tr>
<tr><td colspan="3">学习目标</td></tr>
<tr><td>知识</td><td>能力</td><td>素质</td></tr>
<tr><td>1. 函数信号发生器的基本电路结构;
2. 函数信号发生器的基本工作原理;
3. 电路有关参数的计算及元器件的选取</td><td>1. 掌握电子电路的一般设计方法及步骤;
2. 掌握电路元器件选择的方法;
3. 掌握电子电路的测试与调试方法;
4. 掌握设计报告的撰写方法</td><td>1. 学习中态度积极,有团队精神;
2. 能够借助于网络、课外书籍扩展知识面,具有自主学习的能力;
3. 动手操作过程严谨、细致,符合操作规范</td></tr>
<tr><td colspan="3">教学资源:本项目可以在 Multisim 软件中进行仿真操作,也可以在面包板或者相关的实验平台上操作,实施步骤相同</td></tr>
</table>

表 20－1(续)

硬件条件： 计算机、面包板或者相关的实验平台； 示波器； 数字万用表； 连接导线	学生已有基础(课前准备)： 电路模型及电路元器件相关知识； 微型计算机使用的基本能力； 编程软件使用的基本能力； 学习小组

20.2　项目基础知识

函数信号发生器是一种常用的信号源电路，可以产生一定频率和幅值的波形信号，如正弦波、方波、三角波、锯齿波等，也称为波形发生器或振荡器，广泛应用于电子线路中。若按发生器输出信号的波形，信号发生器可分为正弦波发生器和非正弦波发生器两大类。函数信号发生器在设计时需在保持信号幅度稳定的同时保证其频率的稳定。

1. 正弦波振荡电路

振荡电路的种类及类型有很多，其中应用最广泛的 RC 桥式正弦波振荡电路(文氏电桥振荡电路)，如图 20－1 所示。

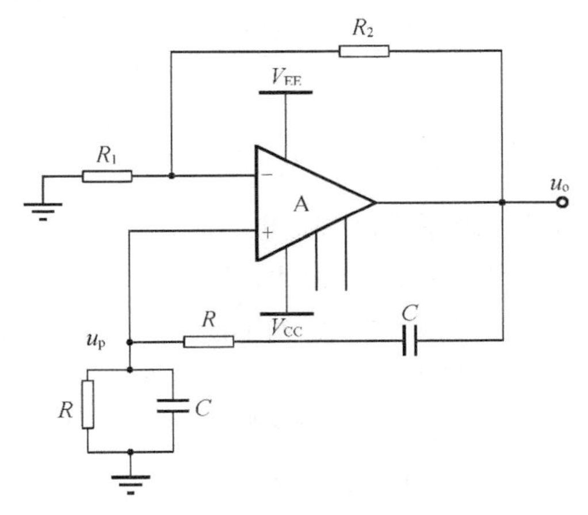

图 20－1　RC 正弦波振荡电路原理图

从图 20－1 可以看出，连接在集成运放反向输入端和输出端之间的电阻 R_1，R_2(R_f)，以及连接在集成运放同相输入端和输出端之间的 RC 串联网络、RC 并联网络各为一臂构成桥路，故称该电路为 RC 桥式正弦波振荡电路。其中 RC 串、并联电路构成正反馈网络，同时兼作选频网络，R_1，R_2 构成负反馈。

另外，为了提高电路输出电压的稳定性，利用二极管的动态特性，即电流增大时其动态电阻 r_d 减小、电流减小时其动态电阻 r_d 增大的特点，还可在 R_2(R_f)回路中串联由两个并联的二极管组成的非线性环节，以便稳定输出电压。同时为降低二极管的非线性影响，还可并入电阻 R_3，以改善输出波形，如图 20－2 所示。

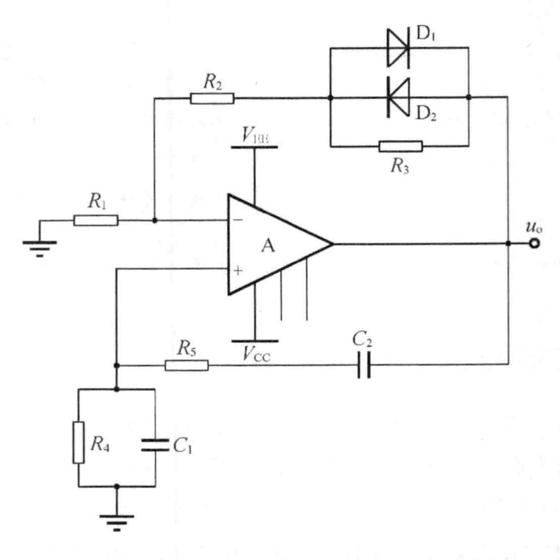

图 20－2　改进后的 RC 正弦波振荡电路

电路的振荡频率

$$f_0 = \frac{1}{2\pi RC}$$

起振的幅值条件

$$\frac{R_f}{R_1} \geqslant 2$$

式中，$R_f = R_2 + (R_3 /\!/ r_D)$，$r_D$ 为二极管正向导通电阻。

为方便电路起振并改善波形，可将电位器 R_W 串接在 R_2 之前，由 R_W 和 R_2 共同组成 R_f；调节电位器 R_W，可以改变电路的负反馈深度，如不能起振，则说明负反馈太强，应适当加大 R_f；如波形失真严重，则应适当减小 R_f。

如需改变电路的振荡频率，则可对选频网络的 R、C 进行调节，一般电容 C 可用作频率量程的切换，调节 R 作量程内的频率细调。

2. 矩形波产生电路

矩形波产生电路时以电压比较器为核心，把输出电压转换成高电平、低电平两种状态的双向限幅电路。

图 20－3 为一矩形波产生电路，它在滞回比较器的基础上，将电阻 R_f、电容 C 组成的积分电路连接在集成运放的输出端及反向输入端可以实现延迟、反馈的作用，通过 RC 积分电路的充放电完成输出电压幅值的自动转换。同时在输出端引入两个稳压管实现对输出电压的双向限幅作用。

假设输出电压在某一时刻为高电平，即 $u_o = u_Z$，则集成运放的同相输入端电压为 $u_+ = \frac{R_2}{R_1 + R_2} U_Z$，此时 u_o 通过 R 对电容 C 正向充电，u_c 随时间 t 的增长逐渐上升，趋于 $+u_Z$。当

u_c 低于 u_+，u_o 始终为 u_Z；当 u_c 继续上升直至其值略高于 u_+ 时，u_o 将从 $+u_Z$ 跳变到 $-u_Z$，同相输入端电压 u_+ 则变为 $u_+ = -\frac{R_2}{R_1+R_2}U_Z$。然后 u_0 通过 R 对电容 C 反向充电，u_c 随时间逐渐下降，趋于 $-v_Z$。当 u_c 高于 u_+ 时，u_o 始终为 $-u_Z$ 不变；当 u_c 继续下降直至其值略低于 u_+ 时，u_o 将从 $-u_Z$ 跳变到 $+u_Z$，同相输入端电压 u_+ 则变为 $u_+ = \frac{R_2}{R_1+R_2}U_Z$，此时电容又开始正向充电。如此往复循环，便可实现矩形波的输出。

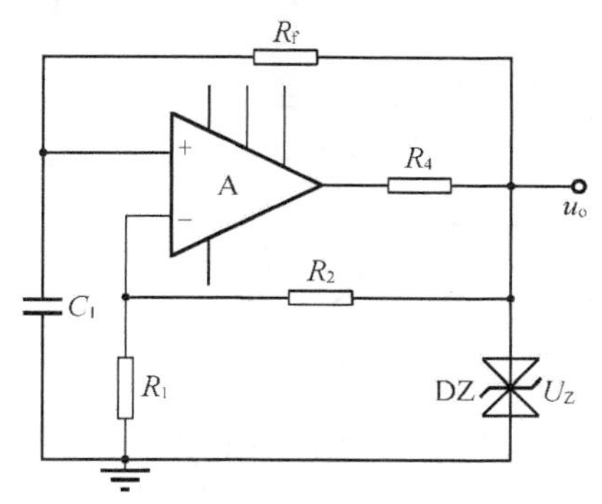

图 20－3　矩形波产生电路

电路振荡频率

$$T = 2R_f C\ln\left(1+\frac{2R_2}{R_1}\right)$$

方波输出幅值

$$U_{om} = \pm U_Z$$

调节电阻 R_1、R_2 可改变输出的幅值，调整电阻 R_1、R_2、R_f和电容 C 的数值可改变电路的振荡频率。

另外，矩形波的宽度与周期之比称为占空比，根据设计要求，如需改变输出电压的占空比，可利用二极管的单向导电性实现，如图 20－4 所示。

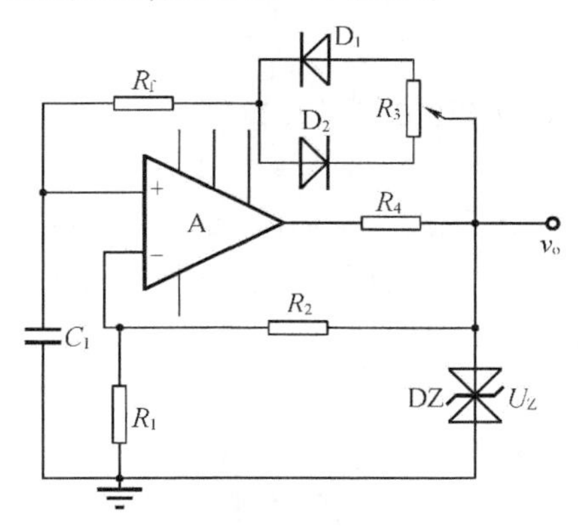

图 20－4　占空比可调的矩形波产生电路

其占空比为 $q=\dfrac{T_1}{T}=\dfrac{R_3'+R_f}{R_3+2R_f}$，其中 R_3' 是指可调电阻 R_3 串联在 D_1 支路中的部分。

3. 三角波发生器

如把滞回比较器和积分器首尾相接形成正反馈闭环系统，如图 20－5 所示，则比较器 A_1 输出的方波经积分器 A_2 积分可得到三角波，三角波又触发比较器自动翻转形成矩形波，这样即可构成矩形波、三角波发生器。

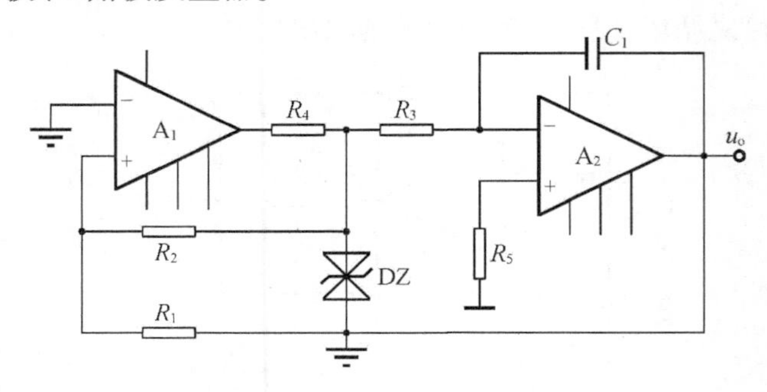

图 20－5　矩形波、三角波发生器

电路振荡频率

$$f_0=\frac{R_2}{4R_1R_3C}$$

矩形波幅值

$$U_{om}'=\pm U_Z$$

三角波幅值

$$U_{om}=\frac{R_1}{R_2}U_Z$$

调节电阻 R_1、R_2、R_3 的阻值和 C 的容量，可改变振荡频率，而调节 R_1 和 R_2 还可改变三角波的幅值。

20.3　项目实施

题目一：设计一个多波形的函数发生器（正弦波－矩形波－三角波）

1. 基础要求

（1）所设计的电路能够实现正弦波－矩形波－三角波波形的转换；

（2）正弦波的峰－峰值 $U_{PP}\geqslant 10$ V，矩形波峰－峰值 $U_{PP}\leqslant 15$ V，三角波峰－峰值 $U_{PP}\leqslant$ 9 V，且三种波形均连续可调。

2. 扩展要求

（1）矩形波、三角波占空比可调；

（2）输出频率范围在 300 Hz～2 kHz 之间连续可调。

题目二:设计一个多波形的函数发生器(矩形波－三角波－正弦波)

1.基础要求

(1)所设计的电路能够实现矩形波－三角波－正弦波波形的转换;

(2)矩形波幅值为10 V,三角波峰－峰值为20 V,正弦波幅值为±10 V,且三种波形均连续可调。

2.扩展要求

(1)矩形波、三角波占空比可调;

(2)输出频率范围在300 Hz～2 kHz之间连续可调。

题目三:设计一个多波形的函数发生器(正弦波－方波－锯齿波)

1.基础要求

(1)所设计的电路能够实现正弦波－矩形波－锯齿波波形的转换;

(2)正弦波幅值为±10 V,矩形波幅值为10 V,锯齿波峰－峰值为10 V,且三种波形均连续可调。

2.扩展要求

(1)矩形波、三角波占空比可调;

(2)输出频率范围在300 Hz～2 kHz之间连续可调。

项目21　直流稳压电源的综合设计

21.1　项目学习任务单

表21－1　直流稳压电源的综合设计学习任务单

<table>
<tr><td>单元三</td><td colspan="2">模拟电子技术综合训练</td><td>总学时:16＋60</td></tr>
<tr><td>项目21</td><td colspan="2">直流稳压电源的综合设计</td><td>学　时:30</td></tr>
<tr><td>工作目标</td><td colspan="3">巩固和加深对产生直流稳压电源的基本结构、工作原理的理解
通过查阅资料自行完成电路方案的分析、论证和比较,计算有关参数,选择合适的元器件,按设计任务的要求,搭建电路
验证所选方案的可行性,完成设计任务,编写设计说明书</td></tr>
<tr><td>项目描述</td><td colspan="3">通过对直流稳压电源的设计,进一步理解直流电源的基本电路组成、结构以及工作特点,掌握电子电路设计步骤、参数设置及调试方法</td></tr>
<tr><td colspan="4">学习目标</td></tr>
<tr><td colspan="2">知识</td><td>能力</td><td>素质</td></tr>
<tr><td colspan="2">1.直流稳压电源的基本电路结构;
2.直流稳压电源的基本工作原理;
3.电路有关参数的计算及元件的选取</td><td>1.掌握电子电路的一般设计方法及步骤;
2.掌握电路元器件选择的方法;
3.掌握电子电路的测试与调试方法;
4.掌握设计报告的撰写方法</td><td>1.学习中态度积极,有团队精神;
2.能够借助于网络、课外书籍扩展知识面,具有自主学习的能力;
3.动手操作过程严谨、细致,符合操作规范</td></tr>
</table>

表 21－1(续)

教学资源:本项目可以在 Multisim 软件中进行仿真操作,也可以在面包板或者相关的实验平台上操作,实施步骤相同	
硬件条件: 计算机、面包板或者相关的实验平台; 示波器; 数字万用表; 连接导线	学生已有基础(课前准备): 电路模型及电路元器件相关知识; 微型计算机使用的基本能力; 编程软件使用的基本能力; 学习小组

21.2 项目基础知识

当今社会人们极大地享受着电子设备带来的便利,但是任何电子设备都有一个共同的电路——电源电路。大到超级计算机、小到袖珍计算器,所有的电子设备都必须在电源电路的支持下才能正常工作。电源电路是一切电子设备的基础。电源技术融合了电气、电子、系统集成、控制理论、材料等诸多学科领域。随着计算机和通信技术发展而来的现代信息技术革命,给电工电子技术提供了广阔的发展空间,同时也给电源提出了更高的要求。提供稳定的直流电能的电源就是直流稳压电源。直流稳压电源在电源技术中占有十分重要的地位。

电子设备一般都需要直流电源供电。这些设备除了少数直接利用干电池和直流发电机外,大多数采用把交流电(市电)转变为直流电的直流稳压电源。

直流稳压电源由电源变压器、整流、滤波和稳压电路四部分组成,其原理框图如图 21－1 所示。电网供给的交流电压 U_1(220 V,50 Hz) 经电源变压器降压后,得到符合电路需要的交流电压 U_2,然后由整流电路变换成方向不变、大小随时间变化的脉动电压 U_3,再用滤波器滤去其交流分量,就可得到比较平直的直流电压 U_I。但这样的直流输出电压,还会随交流电网电压的波动或负载的变动而变化。在对直流供电要求较高的场合,还需要使用稳压电路,以保证输出更加稳定的直流电压 U_O。

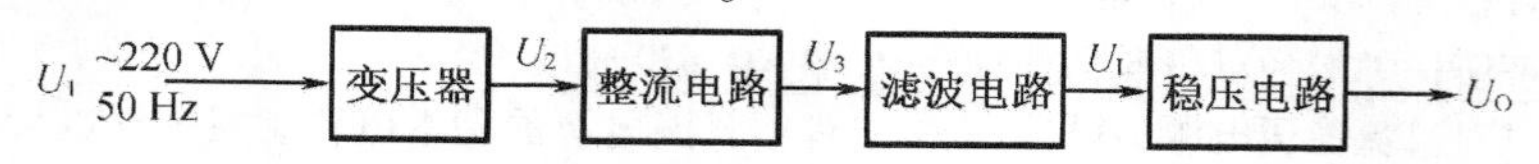

图 21－1 直流稳压电源框图

1. 变压器

变压器能够实现功率传输、电压变换、绝缘隔离等作用,利用变压器可将 220 V 的电网交流电压转换成幅值较低的电压,便于整流滤波电路工作。一般在满足稳压器正常需求的前提下,变压器副边电压 U_2 越小越好,但必须保证高于设计要求的输出电压 2～3 V。例如现要求设计一输出为 +12 V 的直流稳压电源,则需选取变压器的副边输出电压 U_2 = 15 V,其变比 $n = U_1/U_2 = 220/15 \approx 15$,从而选择合适的变压器。

2. 整流电路

利用二极管的单向导电性可将交流电转换成脉动的直流电，这种由二极管组成的电路称为整流电路。常见的整流电路包括单相半波、单相全波、单相桥式整流电路。其中，单相半波整流电路采用的元器件少，结构简单，但整流效率低，波形脉动大；全波整流电路整流效率高，波形脉动小，但对于整流二极管的参数要求；桥式整流电路能够克服半波整流的缺点，而且对整流二极管的要求不高，因此应用最为广泛的整流电路是单相桥式整流电路，如图 21－2 所示。

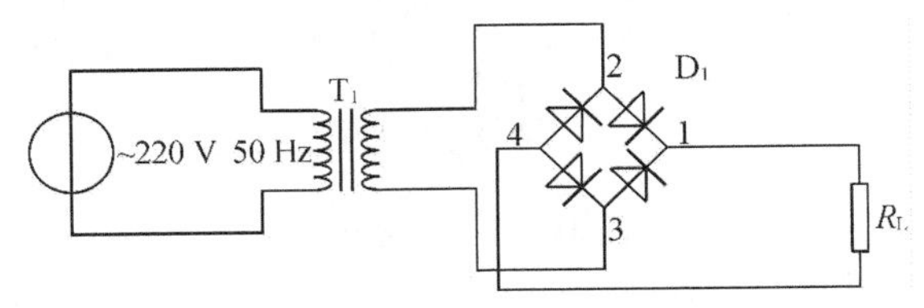

图 21－2　单相桥式整流电路

该电路主要由四个二极管构成，其构成目的是为了保证在变压器二次侧电压 U_2 的整个周期内，二极管按两组交替导通工作，使负载上的电压电流保持单极连续性。电路的输出电压及电流平均值为

$$U_{o(AV)} = \frac{1}{\pi}\int_0^{\pi} \sqrt{2}U_2 \sin \omega t \mathrm{d}(\omega t) \approx 0.9U_2$$

$$I_{o(AV)} = \frac{U_{o(AV)}}{R_L} \approx \frac{0.9U_2}{R_L}$$

由于在单相桥式整流电路中，每只二极管只在变压器副边电压的半个周期工作，因此二极管流过的平均电流只有输出电流的一半，即

$$I_{D(AV)} = \frac{I_{o(AV)}}{2} \approx \frac{0.45U_2}{R_L}$$

所承受的最大反向电压为

$$U_{Rmax} = \sqrt{2}U_2$$

一般为保护二极管不被损坏，在实际选择二极管时需使其最大整流电流值 I_{DF} 大于流过二极管的平均电流，最高反向电压也应大于电路中二极管实际承受最大反向电压，至少保证有 10% 的裕量：

$$I_{DF} \geqslant 1.1, I_{D(AV)} = \frac{1.1I_{o(AV)}}{2}, U_{Rmax} \geqslant 1.1\sqrt{2}U_2$$

如已知直流稳压电源的最大输出电流 $I_{omax} = 2$ A，则流过二极管的平均电流 $I_D = \frac{1}{2}I_{omax} = 1$ A，选择二极管的最大整流电流 I_{DF} 应为 1.1 A。

3. 滤波电路

经过整流电路以后，交流电虽已变成直流电，但其包含较大的交流分量，脉动性强，因此需要通过滤波电路去除其中的交流成分。

常见的滤波电路有电容滤波电路、电感滤波电路、电感电容滤波电路以及Π形滤波电路。其中电容滤波电路较为简单,且能得到较好的滤波效果,如图21-3所示。滤波的效果取决于时间常数R_LC,当C一定时,R_L越大,滤波后输出电压中的交流成分越小,平均值越大,波形越平滑;R_L越小,滤波后输出电压中的交流成分越大,平均值越小,波形越不平滑。

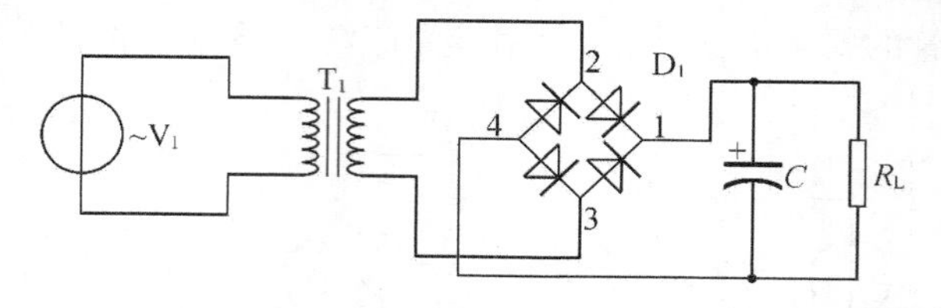

图21-3 滤波电路

电容容量一般选几十至几千微法的电解电容,其大小和耐压值可由下式进行估算:

$$R_LC=(3\sim5)T/2$$

$$U_{CM}=1.1\times\sqrt{2}V_2$$

4. 稳压电路

由于精密电子设备通常都需要稳定的电源电压,电源电压不稳定,将会引起直流放大器的零点漂移、测量精度降低等问题。因此,稳压电路的主要作用是改善电网电压波动、整流电路内阻电压随负载变化等造成输出电压不稳定的现象,获取稳定直流电压输出。

最简单的稳压电路可采用稳压管实现,如图21-4所示。

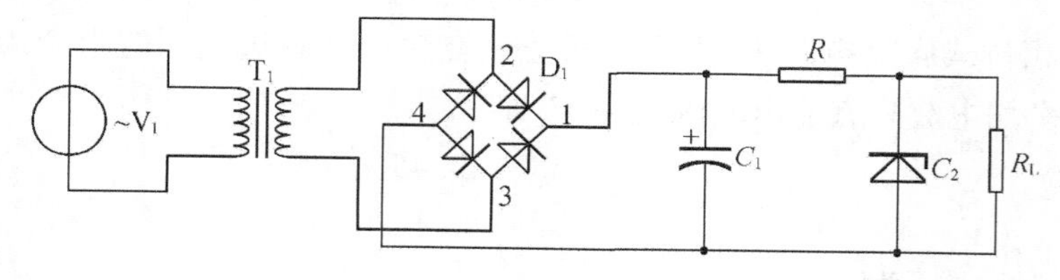

图21-4 稳压电路

当电网电压上升时,稳压电路的输入输出电压U_i、U_o会随之上升,但由于稳压管工作在稳压状态,$U_o(U_Z)$变化不大,而I_Z则会急剧增大,使得$I_R(I_R=I_{D_Z}+I_L)$随之急剧增大,同时U_R也会相应地急剧增大,而U_R的增大将会减小输出电压$U_o(U_I=U_R+U_o)$。当电网电压下降时,各电量的变化与上述过程相反。

除了稳压管实现稳压外,稳压电路还包括串联型稳压电路、集成稳压器等类型。图21-5是串联型稳压电路的组成框图,包括调整管、比较放大电路、保护电路、基准电压电路和取样电路5个部分。

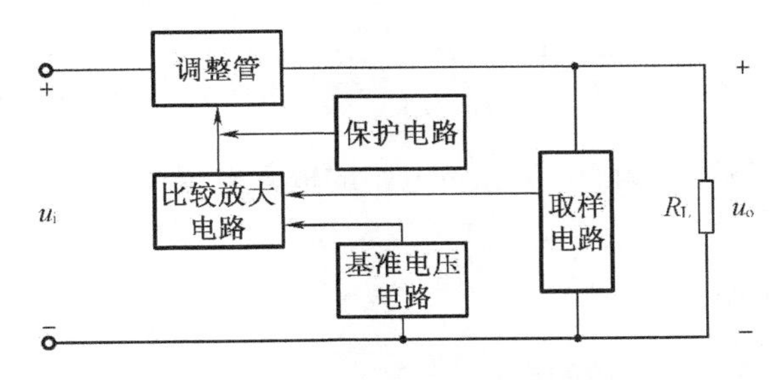

图 21－5　串联型稳压电路组成结构图

三端集成稳压器的电路符号如图 21－6 所示。

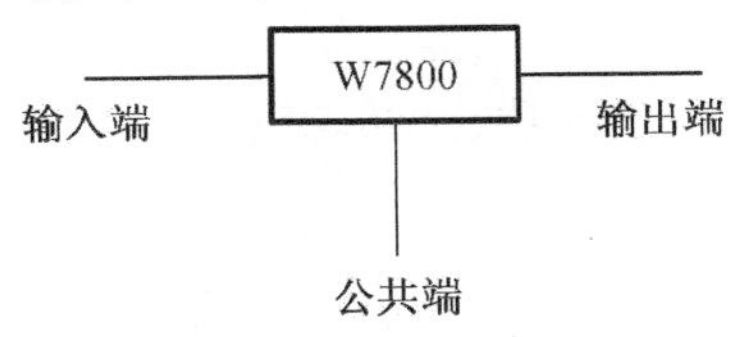

图 21－6　三端集成稳压器外形图及电路符号

通常稳压器名称中的 78 代表输出正压，79 代表输出负压，电压等级为 5 V，6 V，9 V，12 V，15 V，18 V，24 V，78××表示电流为 1.5 A，78M××表示电流为 0.5 A，78L××表示电流为 0.1 A。如 7805 表示输出电压 +5 V，输出电流 1.5 A；79M12 表示输出电压 －12 V，输出电流 0.5 A。其基本应用电路图如图 21－7 所示。

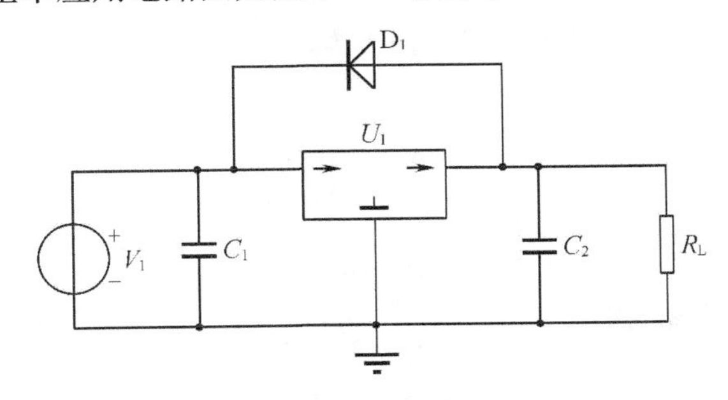

图 21－7　三端稳压器的基本应用电路图

电路输出电压和最大输出电流决定于三端稳压器，电容 C_1 的容量一般小于 1 μF，用于防止电路产生自激振荡，电容 C_2 则用于消除输出电压中的高频噪声，C_2 越大，输出电流越大，一般可取几微法到几十微法。但若输入端不慎断开，C_2 将会向稳压器放电，容易损坏稳压器，因此还需在稳压器的输入、输出端接入一个二极管，保护稳压器。

此外，对于任何稳压电路，可以采用稳压系数 S_r 来描述其稳压性能。当负载 R_L 一定时，稳压电路输出电压相对变化量与其输入电压相对变化量之比称为稳压系数。S_r 表明电网电压波动对于输出电压的影响，其值越小代表电路的稳压性能越好，其表达式如下：

$$S_r = \left.\frac{\Delta U_o/U_o}{\Delta U_i/U_i}\right|_{R_L(常数)} = \left.\frac{U_i}{U_o}\cdot\frac{\Delta U_o}{\Delta U_i}\right|_{R_L(常数)}$$

式中 $R_o = \left.\frac{\Delta U_o}{\Delta I_o}\right|_{U_i(常数)}$ 为输出电阻，U_i 为滤波电路的输入电压。

21.3 项目实施

题目一：±12 V 直流稳压电源的设计

1. 基础要求

(1)所设计的电路能够实现输出直流电压为 ±12 V；

(2)输出电流 $I_{om}\geqslant 500$ mA；

(3)电网电压波动为 10%，稳压系数 $S_r\leqslant 0.05$；

(4)具有过流保护。

2. 扩展要求

(1)带负载能力强；

(2)输出误差在 2% 以内。

题目二：0 ~ 12 V 连续可调直流稳压电源的设计

1. 基础要求

(1)所设计的电路能够实现输出可调的直流电压 0 ~ 12 V；

(2)输出电流 $I_{om}\geqslant 500$ mA；

(3)电网电压波动为 10%，稳压系数 $S_r\leqslant 0.05$；

(4)具有过流保护。

2. 扩展要求

(1)带负载能力强；

(2)输出误差在 2% 以内。

题目三：多路输出稳压电源

1. 基础要求

(1)所设计的电路能够实现输出电压 ±5 V、±12 V、±15 V 六种电压；

(2)各输出电压之间互不影响。

2. 扩展要求

(1)带负载能力强；

(2)输出误差在 5% 以内。

单元四　数字电子技术基础训练

项目22　TTL 与非门的参数测试

22.1　项目学习任务单

表 22－1　TTL 与非门的参数测试学习任务单

<table>
<tr><td>单元四</td><td colspan="2">数字电子技术基础训练</td><td>总学时:18＋30</td></tr>
<tr><td>项目22</td><td colspan="2">TTL 与非门的参数测试</td><td>学　时:2</td></tr>
<tr><td>工作目标</td><td colspan="3">掌握 TTL 与非门主要参数的测试方法
掌握 TTL 与非门电压传输特性的测试方法
熟悉集成块管脚排列特点</td></tr>
<tr><td>项目描述</td><td colspan="3">通过对 TTL 与非门 74LS00 的参数测试,了解 TTL 与非门的主要参数,并且了解各个主要参数的测试方法及步骤</td></tr>
<tr><td colspan="4">学习目标</td></tr>
<tr><td colspan="2">知识</td><td>能力</td><td>素质</td></tr>
<tr><td colspan="2">1. TTL 集成门电路的分类;
2. TTL 集成门电路的主要参数</td><td>1. 掌握 TTL 集成门电路主要参数的测试方法;
2. 掌握 TTL 集成门电路的使用规则;
3. 电路测量</td><td>1. 学习中态度积极,有团队精神;
2. 能够借助于网络、课外书籍扩展知识面,具有自主学习的能力;
3. 动手操作过程严谨、细致,符合操作规范</td></tr>
<tr><td colspan="4">教学资源:本项目可以在 Multisim 软件中进行仿真操作,也可以在面包板或者相关的实验平台上操作,实施步骤相同</td></tr>
<tr><td colspan="2">硬件条件:
计算机、面包板或者相关的实验平台;
双踪示波器;
数字万用表;
集成四 2 输入与非门 74LS00;
连接导线</td><td colspan="2">学生已有基础(课前准备):
门电路基础知识;
万用表的使用技巧;
微型计算机使用的基本能力;
学习小组</td></tr>
</table>

22.2 项目基础知识

数字信号是指在时间和数值上都不连续变化的信号,数字信号是离散的。典型的数字信号波形如图 22 - 1 所示。对数字信号进行传输、处理的电子线路称为数字电路,它主要是研究输入和输出信号之间的对应逻辑关系,其主要分析工具为逻辑代数,所以数字电路也叫做逻辑电路。

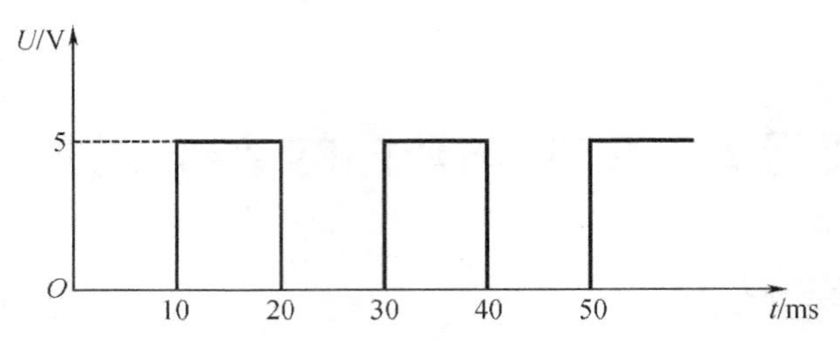

图 22 - 1 典型的数字信号波形

与模拟电路相比,数字电路具有以下几方面的特点:研究电路输入与输出信号间的因果关系,也称逻辑关系;用“0”和“1”两个数字符号分别表示数字信号的两个离散状态,反映在电路上通常是高电平和低电平,电路中的半导体元器件一般工作在开(导通)、关(截止)状态,对于半导体三极管,不是工作在截止状态就是工作在饱和状态;研究数字电路的主要任务是进行逻辑分析和设计,运用的数学工具是逻辑代数;高度集成化、工作可靠性高、抗干扰能力强、信息容易保存。

数字电路经常会用到“与门、或门、非门、与非门”等逻辑门电路。任何复杂的组合逻辑电路或者时序逻辑电路都可以用逻辑门电路通过适当的排列组合连接起来,因此逻辑门电路自身的特性参数将直接影响整个电路的稳定性和可靠性。

集成逻辑门电路包括 CMOS 集成门电路和 TTL 集成门电路,它们都有各自的优缺点。TTL 集成门电路是最简单、最基本的数字集成电路,具有种类多、工作速度快、抗静电能力强、输出幅度较大、不易损坏等优点,但集成度相对较低、功耗较大,一般广泛应用于中、小规模集成电路,尤其在实验室中被广泛使用。所以,掌握 TTL 集成门电路的工作原理,并能够熟练灵活地使用是学生们必备的基本技能之一。

TTL 门电路分为军用 54 系列和商用 74 系列,每个系列又由若干个子系列构成,详见 74LS 系列构成表 22 - 2 和 TTL 集成电路型号表 22 - 3。

表 22 - 2 74LS 系列构成表

序号	类型	系列
1	74 × ×	标准系列
2	74L × ×	低功耗系列

表 22－2(续)

序号	类型	系列
3	74H××	高速系列
4	74S××	肖特基系列
5	74LS××	低功耗肖特基系列
6	74AS××	先进的肖特基系列
7	74ALS××	先进的低功耗肖特基系列

表 22－3　TTL 集成电路型号表

序号	型号	名称	备注
1	74LS00(7400)	2 输入四与非门	Q=(AB)′
2	74LS01(7401)	2 输入四与非门(OC 门)	$Q=(AB)'$
3	74LS02(7402)	2 输入四与非门	$Q=(A+B)'$
4	74LS04(7404)	六反相器	$Q=A'$
5	74LS08(7408)	2 输入四与门	$Q=A\cdot B$
6	74LS10(7410)	3 输入三与非门	$Q=(A\cdot B\cdot C)'$
7	74LS11	3 输入三与门	$Q=A\cdot B\cdot C$
8	74LS20(7420)	4 输入双与非门	$Q=(A\cdot B\cdot C\cdot D)'$
9	74LS21	4 输入双与门	$Q=A\cdot B\cdot C\cdot D$
10	7425	4 输入双或非门(带选通端)	Q=(G·(A+B+C+D))′
11	74LS27(7427)	3 输入三或非门	$Q=(A+B+C)'$
12	74LS30(7430)	8 输入与非门	$Q=(A\cdot B\cdot C\cdot D\cdot E\cdot F\cdot G\cdot H)'$
13	74LS32(7432)	2 输入四或门	$Q=A+B$
14	74LS47(7447)	BCD－七段译码器/驱动器	输出低电平有效
15	74LS48(7448)	BCD－七段译码器/驱动器	内有升压电阻输出
16	74LS51(7451)	2－2,3－3 输入双与或非门	$Q=(AB+CD)'$,$Q=(ABC+DEF)'$
17	74LS73(7473)	双 JK 触发器	负沿触发,带清除端
18	74LS74(7474)	双 D 触发器	正沿触发,带预置、清除端
19	74LS75(7475)	4 位双稳锁存器	电源和地非标准
20	74LS83(7483)	4 位二进制全加器	快速进位
21	74LS86(7486)	2 输入四异或门	$Q=A\oplus B$
22	74LS90(7490)	二、五分频(十进制计数器)	电源和地非标准
23	74LS92(7492)	二、六分频(十二进制计数器)	电源和地非标准
24	74LS93(7493)	二、八分频(4 位二进制计数器)	电源和地非标准

表 22－3(续)

序号	型号	名称	备注
25	74LS112	双 JK 触发器	负沿触发,带预置、清除端
26	74LS121(74121)	单稳多谐振荡器	单个单隐,不可再重触发
27	74LS122(74122)	可再触发单稳多谐振荡器	单个单隐,可再重触发
28	74LS123(74123)	可再触发单双稳多谐振荡器	双单稳,可再重复触发
29	74LS125(74125)	四总线缓冲门(三态输出)	$Q=A$
30	74133	13 输入与非门	$Q=(ABCDEFGHIJKLM)'$
31	74LS138	3－8 线译码器	有效低输出
32	74LS139	2－4 线译码器	有效低输出
33	74LS145(74145)	BCD－十进制译码器/驱动器	有效低输出
34	74147	10 线十进制－4 线 BCD 优先编码器	低有效输入
35	74LS148(74148)	8－3 线八进制优先编码器	低有效输入
36	74LS151(74151)	8 选 1 数据选择器	原码、反码输出
37	74LS153(74153)	双 4 选 1 数据选择器	
38	74154	4－16 线译码器	有效低输出
39	74LS157(74157)	四 2 选 1 数据选择器	带选通端
40	74LS160(74160)	十进制同步 4 位计数器	直接清除
41	74LS161(74161)	二进制同步 4 位计数器	直接清除
42	74LS164(74164)	八位并行输出串行输入移位寄存器	异步清零
43	74LS168	十进制 4 位可逆同步计数器	动态进位输入
44	74LS174(74174)	六 D 触发器(单边输出)	公共直接清除端
45	74LS175(74175)	四 D 触发器(补码输出)	公共直接清除端
46	74LS183	双进位保存全加器	有进位输入/输出
47	74LS190(74190)	BCD 码同步计数器	可逆计数
48	74LS191(74191)	二进制计数器	可逆计数
49	74LS192(74192)	BCD 码同步双时钟计数器	可逆,带清除端
50	74LS193(74193)	二进制同步双时钟计数器	可逆,带清除端
51	74LS194(74194)	4 位双向移位寄存器	可左、右移位,预置数
52	74LS244	八缓冲器/线驱动接收器	三态输出
53	74LS247(74247)	BCD－七段译码器/驱动器	与共阳显示器配套
54	74LS248(74248)	BCD－七段译码器/驱动器	与共阴显示器配套
55	74LS273(74273)	八 D 触发器(公共时钟)	单边输出,上升沿触发
56	74LS290(74290)	十进制计数器(二、五分频)	标准电源和地,下降沿触发
57	74LS293(74293)	4 位二进制计数器(二、八分频)	标准电源和地,下降沿触发
58	74LS390(74390)	双十进制计数器(二、五进制或 BCD)	标准电源和地,下降沿触发

本书在数字电路实验部分多采用74LS系列TTL集成电路。工作电源电压为5 V±0.5 V,当电压值大于等于2.4 V时表示为逻辑高电平“1”,当电压值小于等于0.4 V时表示为逻辑低电平“0”。在使用集成芯片之前,要仔细辨别芯片的管脚排列顺序,并且确认电源端、地端、输入端、输出端和控制端等,实物接线不可接错,否则将有可能造成元器件的损坏。

本实验项目采用四2输入与非门TTL集成元件74LS00,即在一块集成块内含有4组互相独立的与非门,每个与非门有两个输入端,形状为双列直插式,其管脚排列图如图22-2所示。下面以74LS00为例介绍门电路的主要参数。

逻辑门电路如果按照时间特性不同,门电路参数可以分为动态参数和静态参数。动态参数是指逻辑状态转换过程中与时间有关的参数;静态参数是指电路处于稳定逻辑状态下的参数。

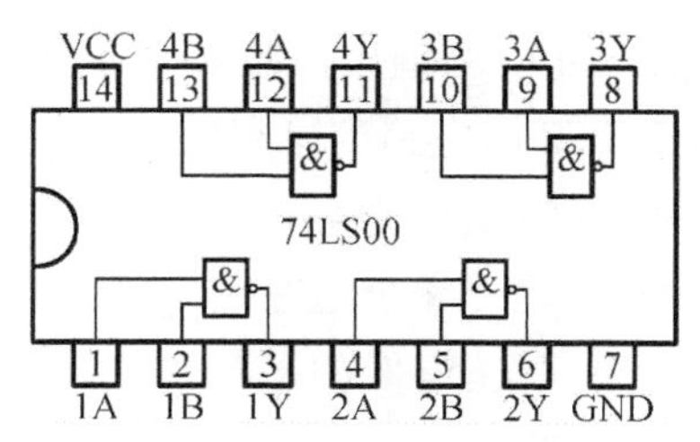

图22-2　74LS00管脚排列图

1.74LS00的逻辑功能

与非门的逻辑功能是:当输入端中有一个或一个以上是低电平时,输出端为高电平;只有当输入端全部为高电平时,输出端才是低电平(即有“0”得“1”,全“1”得“0”),逻辑表达式为$Y=(AB)'$。

2.TTL与非门的主要参数

(1)低电平输出电压U_{OL}:与非门的所有输入端都接高电平时的输出电压值。

(2)高电平输出电压U_{OH}:与非门有一个或者一个以上输入端接低电平时的输出电压值。

(3)低电平输出电源电流I_{CCL}:所有输入端悬空,输出端空载时,电源提供给元器件的电流。

(4)高电平输出电源电流I_{CCH}:输出端空载,每个门各有一个或一个以上的输入端接地,其余输入端引脚悬空,电源提供给元器件的电流。

(5)低电平输入电流I_{iL}:被测输入端接地,其余输入端悬空,输出端空载时,由被测输入端流出的电流值。在多级门电路中,I_{iL}相当于前级门输出低电平时,后级向前级门灌入的电流,因此它关系到前级门的灌电流负载能力,即直接影响前级门电路带负载的个数。

(6)高电平输入电流I_{iH}:被测输入端接高电平,其余输入端接地,输出端空载时,流入被测输入端的电流值。在多级门电路中,它相当于前级门输出高电平时,前级门的拉电流负载,其大小关系到前级门的拉电流负载能力。希望I_{iH}小些,且越小越好,故难以测量,一般免于测试。

(7)空载导通功耗 P_{ON}:输入全为高电平、输出为低电平,且不带负载时的功率损耗。

(8)空载截止功耗 P_{OFF}:输入全为低电平、输出为高电平,且不带负载时的功率损耗。

(9)扇出系数 N_O:电路正常工作时输出端最多能驱动同类门的数目,是衡量门电路负载能力的一个参数,TTL 与非门有两种不同性质的负载,即灌电流负载和拉电流负载,因此有两种扇出系数,即低电平扇出系数 N_{OL} 和高电平扇出系数 N_{OH}。通常 $I_{iH} < I_{iL}$,则 $N_{OH} > N_{OL}$,故常以 N_{OL} 作为门的扇出系数。

(10)电压传输特性:门的输出电压 U_o 随输入电压 U_i 而变化的曲线 $U_o = f(U_i)$,通过它可得出门电路的一些重要参数,如输出高电平 U_{OH}、输出低电平 U_{OL}、关门电平 U_{Off}、开门电平 U_{ON}、阈值电平 U_T 及抗干扰容限 U_{NL}、U_{NH} 等值。测试电路如图 22 - 8 所示,采用逐点测试法,即调节 R_W,逐点测得 U_i 及 U_o,然后绘成曲线。

(11)平均传输延迟时间 t_{pd}:与非门的输出波形相对于输入波形的时间延迟,是衡量门电路开关速度的重要参数。由于 TTL 门电路的延迟时间较小,直接测量时对信号发生器和示波器的性能要求较高,故一般采用测量由奇数个与非门组成的环形振荡器的振荡周期 T 来求得。一般情况下,低速组件的平均传输延迟时间 t_{pd} 在 40 ~ 60 ns 之间,中速组件的平均传输延迟时间 t_{pd} 在 15 ~ 40 ns 之间,高速组件的平均传输延迟时间 t_{pd} 在 8 ~ 15 ns 之间,超高速组件的平均传输延迟时间 t_{pd} 小于 8 ns。

3. TTL 集成电路使用规则

(1)正确接插集成块。

将集成块正面对准使用者,以凹口左边或者标志点为起始管脚 1,逆时针方向依次是 1,2,3,…,n 管脚。也可以查阅相关资料。

(2)正确接入电源。

TTL 电路对电源电压要求较严,首先电源极性不允许接错,其次电源电压 V_{CC} 只允许在 +5 V ± 10% 的范围内工作,即电源电压使用范围为 +4.5 V ~ +5.5 V,超过 5.5 V 将损坏元器件,低于 4.5 V 元器件的逻辑功能将不正常。

(3)闲置输入端处理方法。

悬空处理:相当于接入正逻辑“1”,仅仅对于一般小规模集成电路的数据输入端,实验时允许悬空处理,但容易受外界干扰,导致电路的逻辑功能不能正常使用。

不悬空处理:对于集成电路较多的复杂电路或者中规模以上的集成电路,要求所有控制输入端必须按逻辑要求接入电路,不允许做悬空处理。

(4)输出端处理。

集成电路的输出端不允许直接接 +5 V 电源或直接接地,否则将损坏集成电路,但有时为了使后级电路获得较高的电平,允许输出端通过电阻 R 接至电源。

22.3　项目实施

1. TTL 与非门的参数测试

下面对 74LS00 的逻辑功能、主要参数和特性曲线进行测试，以下实验操作，如果实验室条件具备，请在相关的实验平台上操作；如果实验室条件不具备，请在 Multisim 软件中操作，所需仿真元器件清单如表 22－4 所示。

表 22－4　74LS00 逻辑功能验证电路仿真元器件清单

元件名称	所在元件库	所在组	型号参数
与非门	【TTL】	【74LS_IC】	74LS00N
电阻	【Basic】	【Resistor】	R_1 =1 kΩ，R_2 =1 kΩ，R_3 =510 kΩ
显示灯	【Diodes】	【LED】	LED_1
开关	【Basic】	【Switch】	Spdt
电源	【Sources】	【Power_sources】	V_{CC}
地	【Sources】	【Power_sources】	GROUND

（1）验证 74LS00 的逻辑功能。

按照图 22－3 所示电路连接，将测试结果记录在表 22－5 中。

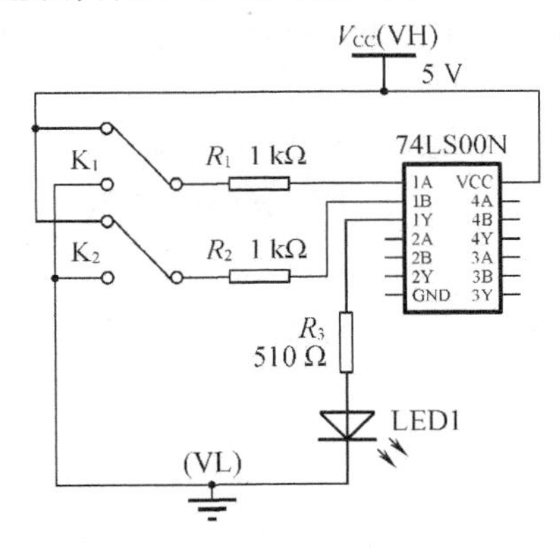

图 22－3　74LS00 逻辑功能验证 Multisim 10 仿真电路

（2）低电平输出电压 U_{OL}测试电路。

如图 22－4（a）所示，用万用表测量 U_{OL}的值，将结果填入表 22－6 中；高电平输出电压 U_{OH}的测试电路如图 22－4（b）所示，用万用表测量 U_{OH}的值，将结果填入表 22－6 中。

（3）低电平输出电源电流 I_{CCL}测试。

低电平输出电源电流 I_{CCL}测试电路如图 22－5（a）所示；高电平输出电源电流 I_{CCH}测试电路如图 22－5（b）所示。将测量的结果填入表 22－6 中。

（4）低电平输入电流 I_{iL}测试。

低电平输入电流 I_{iL}测试电路如图 22－5（c）所示；高电平输入电流 I_{iH}的测试电路如图

22－5(d)所示。将测量的结果填入表22－6中。

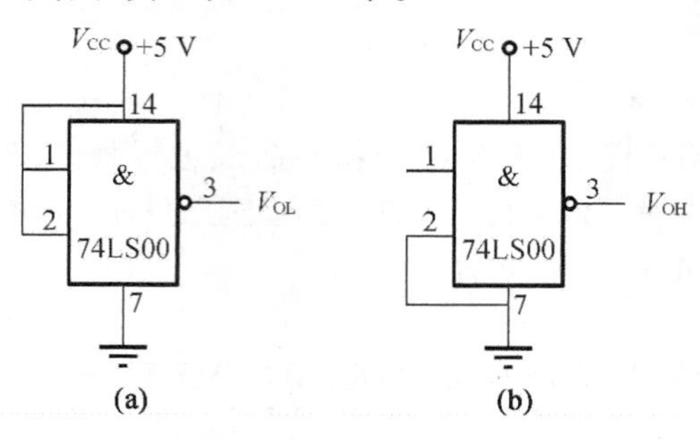

图22－4　U_{OH},U_{OL}测试电路

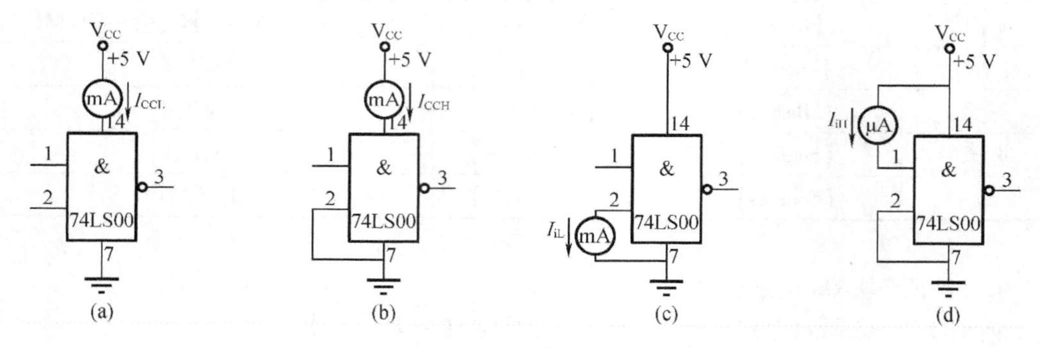

图22－5　74LS00静态参数测试电路图

(5)空载导通功耗P_{ON}和空载截止功耗P_{OFF}的测试。将测得的数据填入表22－6中。

P_{ON}的测试电路如图22－6(a)所示,直接读出电流表显示的直流电流数值I_{ON},带入公式$P_{ON}=V_{CC}\times I_{ON}$。

P_{OFF}的测试电路如图22－6(b)所示,直接读出电流表显示的直流电流数值I_{OFF},带入公式$P_{OFF}=V_{CC}\times I_{OFF}$。

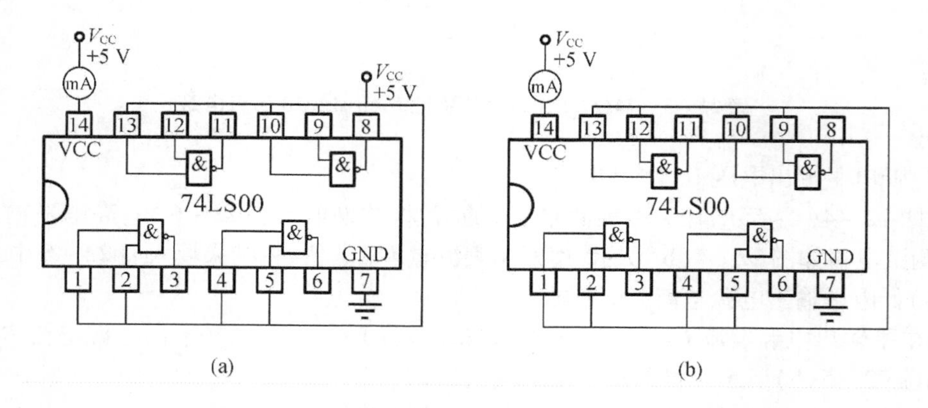

图22－6　空载导通功耗和截止功耗测试电路

（6）扇出系数 N_O 的测试。

N_O 的测试电路如图 22－7 所示，门的两个输入端全部悬空，输出端接灌电流负载 R_L，调节 R_L 使 I_{OL} 增大，U_{OL} 随之增高，当 $U_{OL}=0.4$ V 时，I_{OL} 就是允许灌入的最大负载电流，且 $N_O=\frac{I_{OL}}{I_{IL}}$，一般认为扇出系数大于 8 的与非门才是合格的。

（7）电压传输特性的测试。

按照图 22－8 连接电路，用万用表测量输入电压值和输出电压值，调节电位器 R_W，参照表 22－7 所给定的电压值，测出对应的输出电压值，填入表 22－7 中，也可以自行规定输入电压值，测出相应的输出电压值，并根据所测量的数据结果绘制出 74LS00 的电压传输特性曲线。

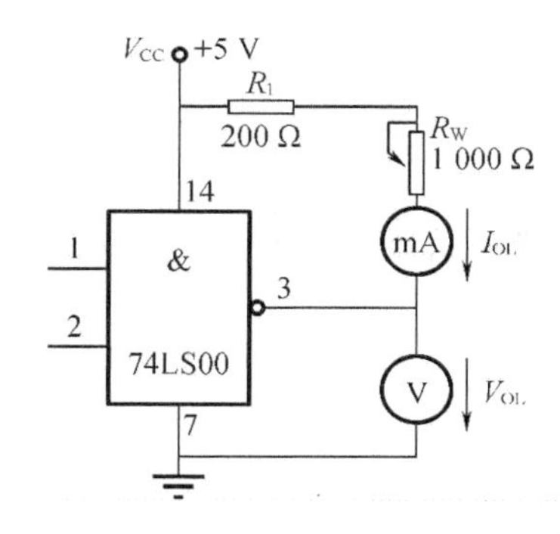

图 22－7　扇出系数测试电路

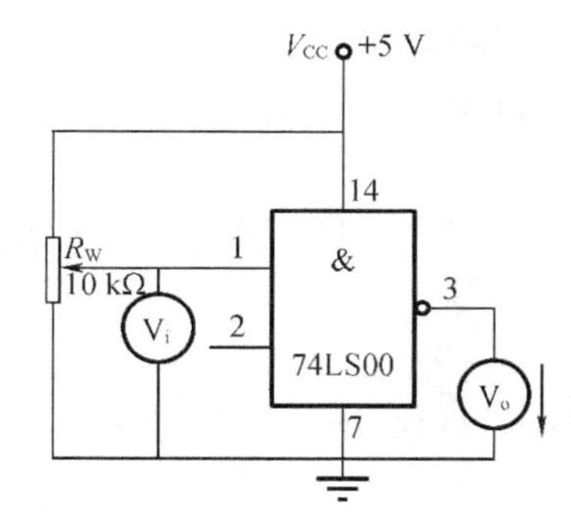

图 22－8　传输特性测试电路

2. TTL 集成电路测试数据处理

表 22－5　门电路测试表

1*A*		1*B*		1*Y*	
电压值	逻辑状态	电压值	逻辑状态	灯的状态	灯的逻辑状态
0V		0V			
0V		5V			
5V		0V			
5V		5V			

表 22－6　74LS00 参数测试表

测量项目	U_{OL}	U_{OH}	I_{CCL}	I_{CCH}	I_{iL}	I_{iH}	I_{ON}	I_{OFF}	P_{ON}	P_{OFF}	N_O
测量结果											

表 22－7　74LS00 电压传输特性测试表

U_i	0	0.3	0.7	1.0	1.2	1.5	1.8	2.0	2.5	3.5	…
U_o											

22.4 预习思考题

1. 复习 TTL 与非门各个参数的意义及测试方法。
2. 收集 TTL 集成电路在使用过程中的注意事项。

22.5 实验报告要求

1. 记录实验测量数据,认真填写表格,并对数据进行整理、比较。
2. 拓展项目:根据实验步骤对四输入双与非门 74LS20 进行测量,记录实验结果,并对数据进行整理、比较。
3. 心得体会及其他。

项目 23 CMOS 集成与非门的应用

23.1 项目学习任务单

表 23－1 CMOS 集成与非门的应用学习任务单

<table>
<tr><td>单元四</td><td colspan="2">数字电子技术基础训练</td><td>总学时:18＋30</td></tr>
<tr><td>项目 23</td><td colspan="2">CMOS 集成与非门的应用</td><td>学　时:2</td></tr>
<tr><td>工作目标</td><td colspan="3">掌握集成元器件管脚排列特点
掌握用 CMOS 与非门的使用方法</td></tr>
<tr><td>项目描述</td><td colspan="3">现由两个开关控制一个楼梯灯,两个开关都打开或者都关闭,楼梯灯不点亮、两个开关其中有一个开关处于打开状态,另一个开关处于关闭状态,楼梯灯被点亮,试用 CC4011 设计出相应的硬件电路图,完成此逻辑功能</td></tr>
<tr><td colspan="4">学习目标</td></tr>
<tr><td>知识</td><td>能力</td><td colspan="2">素质</td></tr>
<tr><td>1. CMOS 与非门的特点;
2. CMOS 门电路的管脚排列特点;
3. 电路图与实物直接的异同</td><td>1. 掌握 CMOS 与非门的使用;
2. 掌握 CMOS 集成门电路的使用规则;
3. 分析问题能力;
4. 动手操作能力</td><td colspan="2">1. 学习中态度积极,有团队精神;
2. 能够借助于网络、课外书籍扩展知识面,具有自主学习的能力;
3. 动手操作过程严谨、细致,符合操作规范</td></tr>
<tr><td colspan="4">教学资源:本项目可以在 Multisim 软件中进行仿真操作,也可以在面包板或者相关的实验平台上操作,实施步骤相同</td></tr>
</table>

表 23－1(续)

硬件条件： 计算机、面包板或者相关的实验平台； 集成四 2 输入与非门 CC4011； 50 Ω 电阻； 发光二极管； +5 V 直流电源； 逻辑电平； 导线若干	学生已有基础(课前准备)： CMOS 门电路的基础知识； 微型计算机使用的基本能力； 学习小组

23.2　项目基础知识

自 20 世纪 60 年代 CMOS 电路问世以来，随着 CMOS 制造工艺的不断改进，CMOS 电路性能得到了极大提高。20 世纪 80 年代，CMOS 电路在减小单元电路的功耗和缩短传输延迟时间方面取得了良好改进，目前已经生产出标准化、系列化的集成电路 4000 系列、HC/HCT 系列、AHC/AHCT 系列等，CMOS 集成电路已成为与 TTL 集成电路并驾齐驱的另一类集成电路，并且在大规模、超大规模集成电路应用中具有优越性。

表 23－2　CMOS 集成电路

序号	型号	名称	备注
1	CD4001(CC4001)	2 输入四或非门	$Q=(A+B)'$
2	CD4002(CC4002)	4 输入二或非门	$Q=(A+B+C+D)'$
3	CD4011(CC4011)	2 输入四与非门	$Q=(A\cdot B)'$
4	CD4015(CC4015)	串入－并出移位寄存器	双四位，公共 *CP* 端
5	CD4017(CC4017)	十进制计数/分配器	*CP* 上升沿移位，公共端清零
6	CD4043(CC4043)	RS 锁存锁存触发器	三态
7	CD4049(CC4049)	六反相型缓冲/变换器	接口电平，电平变换
8	CD4060(CC4060)	14 位二进制串行计数器/分频器	
9	CD4069(CC4069)	六反相器	$Q=A'$
10	CD4093(CC4093)	四个 2 输入端施密特触发器	
11	CD4518(CC4518)	BCD 码同步加计数器	上升沿或下降沿触发
12	MCI4500(5G14500)	工业控制单元 ICU	16 条指令，一位数据总线
13	MCI4512(5G14512)	可寻址 8 位数据选择器	一位机输入选择
14	MCI4516(5G14516)	可预置 4 位二进制可逆计数器	上升沿触发，一位机程序计数器
15	MCI4599(5G14599)	8 位可寻址双向锁存器	一位机输出及暂存

表 23 - 2(续)

序号	型号	名称	备注
16	555(NE555)	定时器电路	组成单稳、施密特、RS 触发器、振荡器等
17	ICM7555(CC7555)	定时器电路	组成单稳、施密特、RS 触发器、振荡器等
18	ADC0809	A/D 转换器	8 路模拟量输入
19	DAC0832	D/A 转换器	8 路数字量输入
20	CL002(CH283L)	CMOS - LED 组合电路	译码、驱动、显示
21	CL102(CH284L)	CMOS - LED 组合电路	计数、译码、驱动、显示

CMOS 集成电路具有制造工艺简单、集成度高、功耗低、抗干扰能力强、输出幅度大、扇出能力强、电源范围较宽、便于大规模集成等特点。在逻辑符号、逻辑关系和外管脚排列方法等方面都与 TTL 集成电路相同,但值得注意的是不同的 CMOS 集成块系列在电源电压使用范围上有所不同。

CMOS 集成电路使用时的注意事项如下:

(1)根据不同系列的 CMOS 集成电路,接入正确的电源电压,切记电源的极性不能接反。

(2)CMOS 门电路一般是由 MOS 管构成,特别注意如果多余的门或者输入端不使用的时候,不能做悬空处理,应根据不同的逻辑功能,分别与高电位或者低电位相连接,或者与某个输入端接到一起。

(3)不能在正常通电的情况下,任意插拔连接线或者集成块,防止瞬时电压过大损坏元器件。

(4)无论是单独使用 CMOS 集成电路还是 CMOS 集成电路与 TTL 集成电路混合使用时,输入信号电平应该在标准逻辑电平之内。

(5)带有 CMOS 集成电路的实验台不宜采用塑料、橡胶等绝缘良好的材料,以避免累积静电击穿元器件。

(6)焊接或者调试时,一定要保证相关元器件良好接地。

CMOS 集成门电路的使用步骤:

(1)根据题目要求进行分析,确定全部输入变量和输出变量,分析可能出现的所有情况,并且根据分析结果列写出准确的真值表。

(2)根据真值表,写出相应的输出逻辑函数表达式。

(3)用公式法或者卡诺图法对输出逻辑函数进行化简。

(4)根据已有集成门电路芯片的特点,将最简输出逻辑函数表达式转化为最简与或表达式、或非表达式、与非表达式、与或非表达式中的一种。然后根据输出逻辑函数表达式,画逻辑电路图。

(5)根据逻辑电路图在仿真软件或者相应实验平台搭建电路。

23.3　项目实施

根据实验项目描述的要求，假设两个开关分别为 A 和 B，楼梯灯为 Y，当开关打开时用“0”表示，开关闭合时用“1”表示，楼梯灯不亮用“0”表示，楼梯灯亮用“1”表示。列写出如表 23－3 所示的控制楼梯灯真值表。

表 23－3　控制楼梯灯真值表

输入		输出
A	B	Y
0	0	0
0	1	1
1	0	1
1	1	0

此项目中要求用 CC4011 完成，CC4011 是常用的 CMOS 四输入与非门集成元器件，内部含有 4 个与非门，功耗很小，图 23－1 给出了 CC4011 的逻辑功能和管脚顺序。

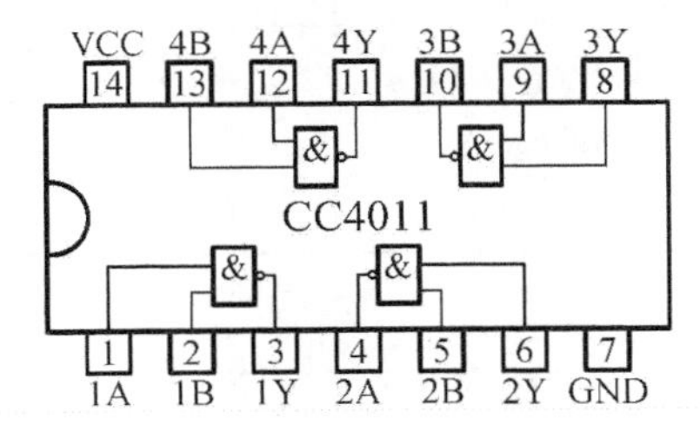

图 23－1　CC4011 的逻辑功能和管脚图

根据控制楼梯灯真值表写出逻辑函数表达式，并对表达式进行化简，同时根据 CC4011 的特点，表达式要用与非门实现。表达式如下：

$$
\begin{aligned}
Y &= A'B + AB' = ((A'B)'(AB')')' \\
&= ((A'B+0)'(AB'+0)')' \\
&= ((A'B+BB')'(AB'+AA')')' \\
&= ((B(A'+B'))'(A(B'+A'))')' \\
&= ((B(AB)')'(A(AB)')')'
\end{aligned}
$$

根据上面逻辑函数表达式连接硬件电路图，在 Multisim 10 软件环境下连接的仿真图如图 23－2 所示，所需元器件清单如表 23－4 所示。请自行连接设计实物硬件电路。

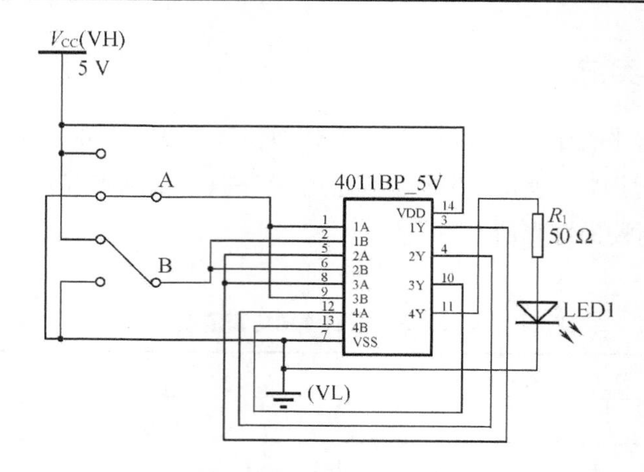

图 23－2 Multisim 仿真楼梯灯控制硬件电路图

表 23－4 楼梯灯控制电路 Multisim 10 仿真元器件清单

元件名称	所在元件库	所在组	型号参数
与非门	【CMOS】	【CMOS_5V_IC】	4011BP_5V
电阻	【Basic】	【Resistor】	R_1 =50Ω
显示灯	【Diodes】	【LED】	LED_1
开关	【Basic】	【Switch】	Spdt
电源	【Sources】	【Power_sources】	V_{CC}
地	【Sources】	【Power_sources】	GROUND

如果条件允许的情况下，请自行在实验平台上设计连接硬件实物电路。在实验平台的适当位置选定一个 14P 插座，按照集成块定位标记插好集成块 CC4011。输入端 A、B 接至逻辑电平输出插口，输出端接发光二极管，逐次改变输入变量 A、B 端的高低电平，验证逻辑功能，与表 23－3 进行比较，验证所设计的逻辑电路是否符合项目要求。

23.4 预习思考题

本项目是否只能用 CC4011 才能达到要求？是否还有其他芯片也能完成该功能？

23.5 实验报告要求

1. 根据实验项目，学会使用 CMOS 集成与非门器件。

2. 根据实验项目，思考 CMOS 集成与非门与 TTL 集成与非门异同之处。

3. 拓展项目：若本实验项目在 4 个不同的地方都配备独立开关控制同一个楼梯灯的亮灭。当一个开关动作后灯亮，则另一个开关动作后灯灭，要求用异或门实现，芯片自选。

4. 心得体会及其他。

项目 24　组合逻辑电路的设计及应用

24.1　项目学习任务单

表 24－1　组合逻辑电路的设计及应用学习任务单

<table>
<tr><td>单元四</td><td colspan="2">数字电子技术基础训练</td><td>总学时:18＋30</td></tr>
<tr><td>项目 24</td><td colspan="2">组合逻辑电路的设计及应用</td><td>学　时:2</td></tr>
<tr><td>工作目标</td><td colspan="3">掌握组合逻辑电路的设计方法和调试技巧
掌握标准与非门实现逻辑电路的变换及其技巧</td></tr>
<tr><td>项目描述</td><td colspan="3">某工厂有三台电动机 A、B、C,至少要有两台电动机正常运转才能满足工厂生产需求,相应的信号指示灯亮。试用四 2 输入 TTL 集成与非门 74LS00 和双 4 输入 TTL 集成与非门 74LS20 设计出满足要求的硬件电路</td></tr>
<tr><td colspan="4">学习目标</td></tr>
<tr><td colspan="1">知识</td><td colspan="2">能力</td><td>素质</td></tr>
<tr><td>1. 组合逻辑电路的设计步骤;
2. 表达式化简</td><td colspan="2">1. 分析题意能力:把所学情况考虑全面;
2. 正确表达逻辑信号;
3. 逻辑电路的正确使用</td><td>1. 学习中态度积极,有团队精神;
2. 能够借助于网络、课外书籍扩展知识面,具有自主学习的能力;
3. 动手操作过程严谨、细致,符合操作规范</td></tr>
<tr><td colspan="4">教学资源:本项目可以在 Multisim 软件中进行仿真操作,也可以在面包板或者相关的实验平台上操作,实施步骤相同</td></tr>
<tr><td colspan="2">硬件条件:
计算机、面包板或者相关的实验平台;
集成四 2 输入与非门 74LS00;
集成四 4 输入与非门 74LS20;
50 Ω 电阻;
发光二极管;
＋5 V 直流电源;
逻辑电平;
导线若干</td><td colspan="2">学生已有基础(课前准备):
卡诺图法化简;
公式法化简;
微型计算机使用的基本能力;
学习小组</td></tr>
</table>

24.2　项目基础知识

数字电路按照逻辑功能的不同特点可以分成两大类:一类是组合逻辑电路,另一类是时序逻辑电路。根据电路不同的功能、不同的复杂程度,不同的用途,组合电路中所需要的门电路个数不等。随着微电子技术的进步,集成电路越来越受到大众的喜爱,把不同数量的门电路集成在一小块介质上,组成一个整体,然后封装在一个管壳内,就组成了不同规模的集成电路。

小规模集成电路(SSI):只有十几个及以下门组成的集成电路,例如普通门电路等。

中规模集成电路(MSI):由几十个到一百个门组成的集成电路,例如编码器、译码器、数据选择器、计数器等。

大规模集成电路(LSI)和超大规模集成电路(VLSI):由一百个以上门或更多门组成的集成电路,例如CUP、存储器、可编程逻辑器等。

组合逻辑电路在任何时刻的输出信号,仅取决于该时刻各个输入信号的值,即 $t-1$ 时刻的输入信号对 t 时刻输出信号无影响。

组合逻辑电路的分析过程是首先根据逻辑图逐级写出函数表达式,然后对函数表达式进行化简、归纳、总结。

组合逻辑电路的设计步骤并不是固定不变的,可根据具体情况进行取舍。组合逻辑电路的设计过程一般可归纳如下:

(1)根据实际的逻辑要求分析问题,设定逻辑输入变量和输出变量,弄清输出变量与输入变量之间的逻辑关系。

(2)根据输入变量与输出变量之间的逻辑关系,列写出相应的真值表。

(3)根据真值表写出逻辑关系的输出表达式。如果逻辑函数输出表达式不是最简形式,可以采用公式法或者卡诺图法对表达式进行化简。

(4)根据表达式选择最佳的集成元器件,再次对表达式进行整理,使其与集成元器件相匹配,按照逻辑函数表达式要求画出逻辑图。同一逻辑函数可以采用不同的逻辑门电路来实现,比如非门、与或非门、或非门,等等,究竟使用哪种方案,要根据具体集成元器件的型号或者其他情况而定。

(5)进行实物连接。

24.3 项目实施

根据项目描述的要求,假设有三台电动机 A、B、C,信号指示灯为 Y,当电动机不正常运转时用“0”表示,电动机正常运转时用“1”表示,信号指示灯不亮用“0”表示,信号指示灯亮用“1”表示,列写出如表24-2所示的控制楼梯灯真值表。

表24-2　控制楼梯灯真值表

输入			输出
A	B	C	Y
0	0	0	0
0	0	1	0

表 24－2(续)

输入			输出
A	B	C	Y
0	1	0	0
0	1	1	1
1	0	0	0
1	0	1	1
1	1	0	1
1	1	1	1

此项目中要求用 74LS00 和 74LS20 完成,74LS00 功能介绍详见项目 22,74LS20 是常用的 TTL 双四输入与非门集成电路,内部含有 2 个与非门,图 24－1 给出了 74LS20 的逻辑功能和管脚顺序。

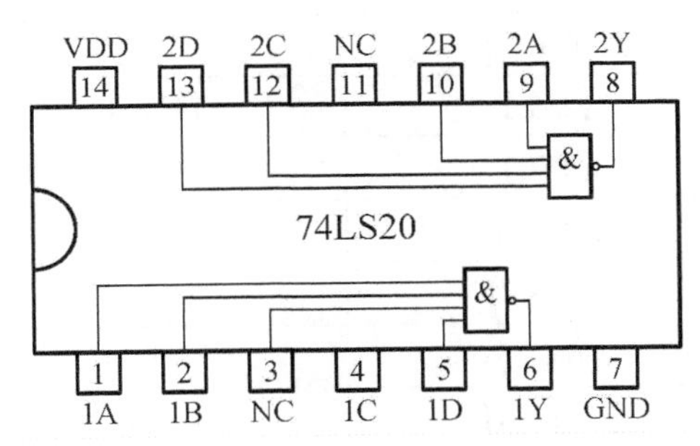

图 24－1　74LS20 的逻辑功能和管脚图

根据信号指示灯真值表写出逻辑函数表达式,并对表达式进行化简,同时根据 74LS00 和 74LS20 的特点,表达式要用与非门实现。表达式如下:

$$
\begin{aligned}
Y &= A'BC + AB'C + ABC' + ABC \\
&= A'BC + ABC + AB'C + ABC + ABC' + ABC \\
&= (A' + A)BC + A(B' + B)C + AB(C' + C) \\
&= BC + AC + AB \\
&= ((AB)'(AC)'(BC)')'
\end{aligned}
$$

根据上面逻辑函数表达式连接硬件电路图,在 Multisim 10 软件环境下连接的仿真电路如图 24－2 所示,所需元器件清单如表 24－3 所示。

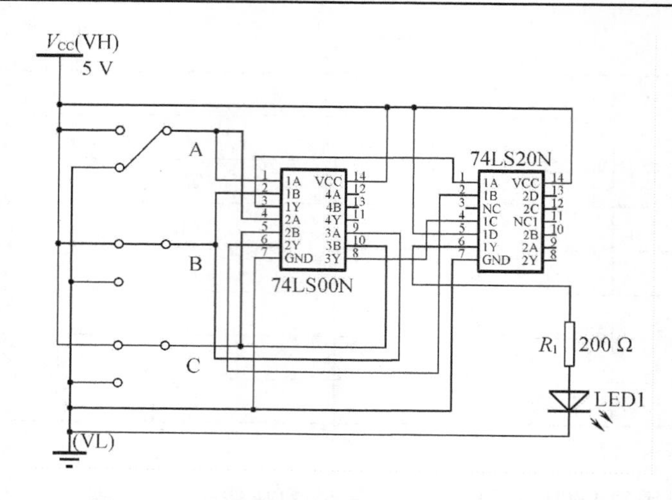

图 24－2　Multisim 仿真电动机工作硬件电路图

表 24－3　电动机工作电路 Multisim 10 仿真元器件清单

元件名称	所在元件库	所在组	型号参数
与非门	【TTL】	【74LS_IC】	74LS00N
与非门	【TTL】	【74LS_IC】	74LS20N
电阻	【Basic】	【Resistor】	$R_1=200\ \Omega$
显示灯	【Diodes】	【LED】	LED1
开关	【Basic】	【Switch】	Spdt
电源	【Sources】	【Power_sources】	V_{CC}
地	【Sources】	【Power_sources】	GROUND

如果条件允许的情况下，请自行在实验平台上设计连接硬件实物电路。在实验平台的适当位置选定两个 14P 插座，按照集成块定位标记插好集成块 74LS00 和 74LS20。输入端 A、B、C 接至逻辑电平输出插口，输出端接发光二极管，逐次改变输入变量 A、B、C 端的高低电平，验证逻辑功能，与表 24－2 进行比较，验证所设计的逻辑电路是否符合要求。

24.4　预习思考题

1. 本项目是否还有其他的连接方式？
2. 逻辑函数表达式的化简与什么有关系？

24.5　实验报告要求

1. 按照组合逻辑电路的设计步骤，在实验报告中依次列出真值表，函数逻辑表达式并化成相应的表达式，然后画出逻辑电路图。

2. 对所设计的电路进行测试，记录测试结果。

3. 拓展项目:试用与非门设计一个监测信号灯工作状态的逻辑电路。其条件是,信号灯由红(用 R 表示)、黄(用 Y 表示)、绿(用 G 表示)三种颜色灯组成,正常工作时只能是红、绿或黄加上绿当中的一种灯亮。而当出现其他五种灯亮状态时,电路发生故障,要求逻辑电路发出故障信号(故障信号由灯亮表示)。芯片自选。

4. 心得体会及其他。

项目 25　编码器与译码器

25.1　项目学习任务单

表 25－1　编码器与译码器学习任务单

<table>
<tr><td>单元四</td><td colspan="2">数字电子技术基础训练</td><td>总学时:18＋30</td></tr>
<tr><td>项目 25</td><td colspan="2">编码器与译码器</td><td>学　时:2</td></tr>
<tr><td>工作目标</td><td colspan="3">验证编码器与译码器的逻辑功能
熟悉集成编码器与译码器的测试方法及使用方法</td></tr>
<tr><td>项目描述</td><td colspan="3">8 线－3 线优先编码器功能测试
3 线－8 线译码器的功能测试
驱动数码管显示电路测试</td></tr>
<tr><td colspan="4">学习目标</td></tr>
<tr><td colspan="1">知识</td><td colspan="2">能力</td><td>素质</td></tr>
<tr><td>1. 编码器的基础知识;
2. 译码器的基础知识</td><td colspan="2">1. 74LS148 的正确使用;
2. 74LS138 的正确使用;
3. 正确理解逻辑功能表</td><td>1. 学习中态度积极,有团队精神;
2. 能够借助于网络、课外书籍扩展知识面,具有自主学习的能力;
3. 动手操作过程严谨、细致,符合操作规范</td></tr>
<tr><td colspan="4">教学资源:本项目可以在 Multisim 软件中进行仿真操作,也可以在面包板或者相关的实验平台上操作,实施步骤相同</td></tr>
<tr><td colspan="2">硬件条件:
计算机、面包板或者相关的实验平台;
74LS138、74LS148、74LS48;
共阴极数码管;
＋5 V 直流电源;
逻辑电平;
导线若干</td><td colspan="2">学生已有基础(课前准备):
逻辑器件的正确使用;
逻辑器件的管脚排列;
微型计算机使用的基本能力;
学习小组</td></tr>
</table>

25.2 项目基础知识

1. 编码器

在运动会中能看到运动员号码、日常生活中每个人都有自己的身份证号码，每个电话卡都配有一个手机号码……在数字系统中，常常将某些具有特定意义的字符、数字等输入信息编成若干位具有特定代码输出的过程称为编码。实现编码操作功能的逻辑电路称为编码器。

编码器分为普通编码器和优先编码器。普通编码器要求任意 t 时刻只允许有一个编码信号输入，否则输出将发生混乱；而优先编码器允许同时有两个或者两个以上的编码信号输入，但只对其中优先级最高的一个输入信号进行编码输出，因为设计优先编码器时已经将所有的输入信号按优先顺序排了队，当几个输入信号同时出现时，只识别优先级最高的输入信号。

编码器有若干个输入信号，无论是普通编码器还是优先编码器，在某一时刻只有一个输入信号按照一定的规律编成一组二进制代码输出，通常称为 n 线 $-$ m 线编码器，n 表示待编码对象的个数，m 表示输出编码的位数。例如 8 线 -3 线编码器代表有 8 个输入 3 位二进制码输出；16 线 -4 线编码器代表有 16 个输入 4 位二进制码输出；10 线 -4 线编码器代表有 10 个输入 4 位二进制码输出。

注意：编码器只对“有效”的输入信号进行编码，而所谓“有效”输入信号，可能是高电平“1”有效或者低电平“0”有效；输出的二进制代码，可能是原码或者是反码，需查阅相关元器件的说明。

(1)二进制编码器

一位二进制代码有“0”和“1”两种形式，可以表示两个信号，两位二进制代码有 00，01，10，11 四种形式，可以表示四个信号，n 位二进制代码有 2^n 种，可以表示 2^n 个信号。这种二进制编码在电路上很容易实现。例如要把 $I_0,I_1,I_2,I_3,I_4,I_5,I_6,I_7$ 八个输入信号编成对应的二进制代码输出，其编码过程如下。

第一步：确定二进制代码的位数。因为输入 8 个信号，输出是三位（$2^n=8,n=3$）二进制代码。这种编码器通常称为 8 -3 线编码器。

第二步：列写编码表。编码表是把待编码的 8 个信号和对应的二进制代码列成的表格。这种对应关系是人为的。用三位二进制代码表示八个信号的方案很多，表 25 -2 所列的是其中一种。

表 25 -2　三位二进制编码器的编码表

输入	输出		
	F_2	F_1	F_0
I_0	0	0	0
I_1	0	0	1
I_2	0	1	0

表 25 -2(续)

输入	输出		
	F_2	F_1	F_0
I_3	0	1	1
I_4	1	0	0
I_5	1	0	1
I_6	1	1	0
I_7	1	1	1

第三步:由编码表列写逻辑表达式,即

$$F_2 = I_4 + I_5 + I_6 + I_7 = (I'_4 \cdot I'_5 \cdot I'_6 \cdot I'_7)'$$

$$F_1 = I_2 + I_3 + I_6 + I_7 = (I'_2 \cdot I'_3 \cdot I'_6 \cdot I'_7)'$$

$$F_0 = I_1 + I_3 + I_6 + I_7 = (I'_1 \cdot I'_3 \cdot I'_6 \cdot I'_7)'$$

第四步,由逻辑式画出逻辑图。

(2)二 - 十进制编码器

人们习惯使用十进制数,但在电子计算机或者其他数控装置中常使用二进制数,这就要求在输入和输出数据时要进行十进制与二进制数的相互转换。将十进制的十个数码 0,1,2,3,4,5,6,7,8,9 分别用一个四位的二进制数来表示。它具有十进制的特点,又具有二进制的形式,称为二 - 十进制代码,简称 BCD 码。

第一步:确定二进制代码位数。因为输入十个数码,所以输出应是四位($2^n > 10$,取 $n = 4$)二进制代码。这种编码器通常称为 10 - 4 线编码器。

第二步:列编码表。四位二进制代码共有 0000 ~ 1111 共计 16 个状态,而表示十进制 0 ~ 9只需要十个状态表示,所用方案很多,最常用的方法是取前面十个四位二进制数0000 ~ 1001 表示 0 ~ 9 十个数码,后面六个状态舍去不用。由于 0000 ~ 1001 中每位二进制数的权(即基数 2 的幂次)分别为 $2^3, 2^2, 2^1, 2^0$,即 8421,所以这种 BCD 码又称为 8421 码。列编码表如表 25 -3 所示。

表 25 -3　8421 码编码真值表

输入	输出			
十进制数	F_4	F_3	F_2	F_1
0(I_0)	0	0	0	0
1(I_1)	0	0	0	1
2(I_2)	0	0	1	0
3(I_3)	0	0	1	1

表 25－3(续)

输入	输出			
十进制数	F_4	F_3	F_2	F_1
4(I_4)	0	1	0	0
5(I_5)	0	1	0	1
6(I_6)	0	1	1	0
7(I_7)	0	1	1	1
8(I_8)	1	0	0	0
9(I_9)	1	0	0	1

第三步:由编码写出逻辑表达式为

$$F_1 = I_1 + I_3 + I_5 + I_7 + I_9 = (I'_1 \cdot I'_3 \cdot I'_5 \cdot I'_7 \cdot I'_9)'$$

$$F_2 = I_2 + I_3 + I_6 + I_7 = (I'_2 \cdot I'_3 \cdot I'_6 \cdot I'_7)'$$

$$F_3 = I_4 + I_5 + I_6 + I_7 = (I'_4 \cdot I'_5 \cdot I'_6 \cdot I'_7)'$$

$$F_4 = I_8 + I_9 = (I'_8 \cdot I'_9)'$$

第四步:由逻辑式画出逻辑图如图 25－1 所示。该电路在所有按键都未按下时,输出也为 0000,和按下 I_0 时的输出相同。为了将两者加以区别,增加“或非”门 G_5 和“与非”门 G_6,通过 G_6 控制指示灯 H,利用指示灯的亮和灭作为使用与否的标志,当 H 灯亮,输出为 0000 表示 I_0 按下,H 灯不亮输出 0000 表示所有键未按下。其原理请读者自行分析。

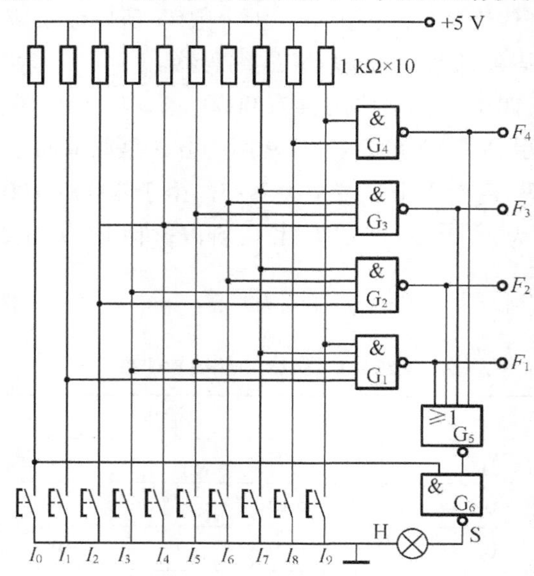

图 25－1　二－十进制编码图

2. 译码器

译码是编码的逆过程，就是将具有特定含义的一组二进制输入代码进行辨别，并“翻译”成对应的输出高、低电平信号或另外一个代码，或者说，译码器可以将输入二进制代码的状态“翻译”成脉冲或高电平或低电平的输出信号，并表示原来含义的电路。能实现译码功能的电路称为译码器。译码器也是一种多输入、多输出的组合逻辑电路。

译码器的种类虽然很多，但在工作原理和分析设计方法方面却大同小异，使用最广泛的有二进制译码器（如 2－4 线译码器 74LS139，3－8 线译码器 74LS138，4－16 线译码器等）、二－十进制译码器（如 BCD 码－十进制译码器 74LS145）和显示译码器（常用于驱动各种显示器件，如七段显示器等）。

3. 数字显示译码器

在一些智能数字化仪器、仪表中，为了监视系统的工作状态或者直接读取测量运算结果，都需要将数字量直接用十进制数字直观地显示出来，这就需要译码器翻译出特定的数字量去驱动数字显示元器件，具有这种功能的译码器称为显示译码器。因此数字显示电路是许多智能化设备不可缺少的组成部分，一般由显示译码器、显示元器件等部分组成。

显示译码器的作用就是将代表数字、文字和符号的代码转换为十进制码或特定的编码，用于驱动各种显示器件，并通过显示器件将译码器的状态显示出来。

数字显示元器件种类很多，常见的有半导体发光显示器 LED、液晶显示器 LCD 和等离子体显示板。LED 显示器分为发光二极管（又称 LED）和发光数码管（又称 LED 数码管）。将发光二极管组成七段数字图形和一个小数点封装在一起，就做成发光数码管，它是目前使用最广泛的既能显示 0～9 共 10 个数字还能显示部分英文字母的七段数码显示器件，也称为七段数码管，这些发光二极管采用共阴极接法和共阳极接法两种连接方式。TTL 或 CMOS 集成电路都能够直接驱动半导体数码管和液晶显示器。

目前，常用的译码器有 74LS47、74LS247、74LS48、74LS248 等。其中 74LS47 和 74LS247 输出低电平有效，用以驱动共阳极接法的数码管；74LS48 和 74LS248 输出高电平有效，用以驱动共阴极接法的数码管。

表 25－4 所列举的是 CT74LS247 型译码器的真值表。它有四个输入端 A_0、A_1、A_2、A_3 和七个输出端 $\overline{a}\sim\overline{g}$（低电平有效），输出端接数码管对应的七段。此外，还有三个输入控制端，其功能如下。

试灯输入端$\overline{LT}$用来检验数码管的七段是否正常工作。当$\overline{BI}$ =“1”，$\overline{LT}$ =“0”时，无论 A_0、A_1、A_2、A_3 为何状态，输出 $\overline{a}\sim\overline{g}$ 均为 0，数码管七段全亮，显示 8 字。

灭灯输入端$\overline{BI}$，当$\overline{BI}=0$ 时，无论其他输入信号为何状态，输出 $\overline{a}\sim\overline{g}$ 均为“1”，七段全灭，无显示。

灭 0 输入端$\overline{RBI}$，当$\overline{LT}=1$，$\overline{BI}=1$，$\overline{RBI}=0$，只有当 $A_3A_2A_1A_0=0000$ 时，输出 $\overline{a}\sim\overline{g}$ 均为“1”，不显示 0 字；这时，如$\overline{RBI}=1$，则译码器正常输出，显示 0。当 $A_3A_2A_1A_0$ 为其他组合时，

不论$\overline{RBI}$为“0”或“1”，译码器均可正常输出。此输入控制信号常用来消除无效的“0”。例如，可消除000.1前面两个0，则显示出0.1。

上述三个输入控制端均为低电平有效，在正常工作时均接高电平。

表25－4　CT74LS247型七段译码器的真值表

功能和	输入							输出							显示
十进制数	$(LT)'$	$(RBI)'$	$(BI)'$	A_3	A_2	A_1	A_0	a'	b'	c'	d'	e'	f'	g'	
试灯	0	×	1	×	×	×	×	0	0	0	0	0	0	0	8
灭灯	×	×	0	×	×	×	×	1	1	1	1	1	1	1	全灭
灭0	1	0	1	0	0	0	0	1	1	1	1	1	1	1	灭0
0	1	1	1	0	0	0	0	0	0	0	0	0	0	0	0
1	1	×	1	0	0	0	1	1	0	0	1	1	1	1	1
2	1	×	1	0	0	1	0	0	0	1	0	0	1	0	2
3	1	×	1	0	0	1	1	0	0	0	0	1	1	0	3
4	1	×	1	0	1	0	0	1	0	0	1	1	0	0	4
5	1	×	1	0	1	0	1	0	1	0	0	1	0	0	5
6	1	×	1	0	1	1	0	0	1	0	0	0	0	0	6
7	1	×	1	0	1	1	1	0	0	0	1	1	1	1	7
8	1	×	1	1	0	0	0	0	0	0	0	0	0	0	8
9	1	×	1	1	0	0	1	0	0	0	0	1	0	0	9

25.3　项目实施

1．8线－3线优先编码器功能测试

74148为8线－3线优先编码器，有8个编码输入端$I_0, I_1, \cdots, I_7$和3个编码输出端A_2，A_1，A_0。输出为8421码的反码，输入低电平有效。在逻辑关系上，I_7为最高位，且优先级最高。

8线－3线优先编码器功能测试在Multisim 10软件环境下连接的仿真电路如图25－2所示，所需器件清单如表25－5所示。

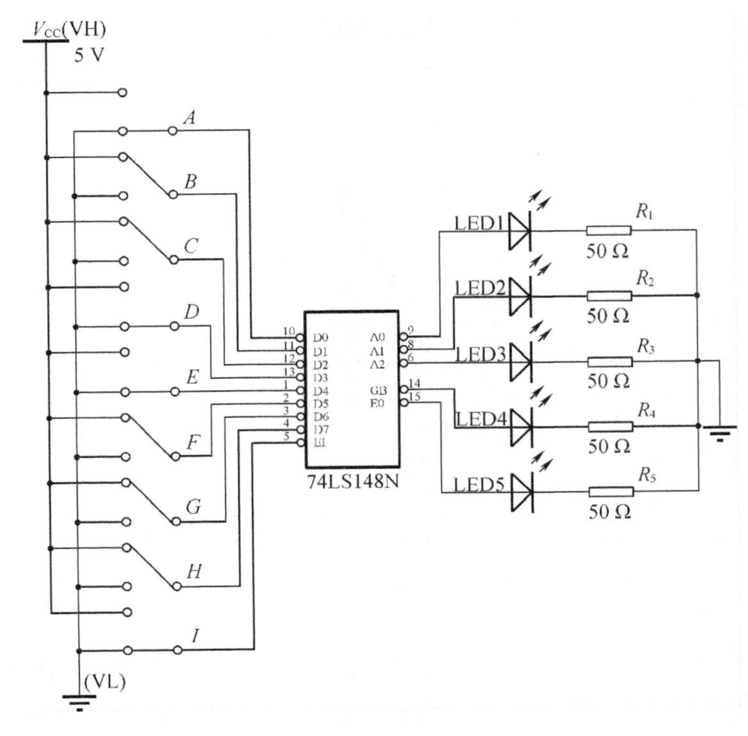

图 25－2　74LS148 功能测试电路

表 25－5　74LS148 功能测试电路 Multisim 10 仿真元器件清单

元件名称	所在元件库	所在组	型号参数
编码器	【TTL】	【74LS_IC】	74LS148N
电阻	【Basic】	【Resistor】	$R_1 \sim R_5 = 50\Omega$
显示灯	【Diodes】	【LED】	LED1 ~ LED5
开关	【Basic】	【Switch】	Spdt
电源	【Sources】	【Power_sources】	V_{CC}
地	【Sources】	【Power_sources】	GROUND

条件允许的情况下，请自行在实验平台上设计连接硬件实物电路。在实验平台的适当位置选定一个 16P 插座，按照集成块定位标记插好集成块 74LS148。输入端 A、B、C、D、E、F、G、H、I 接至逻辑电平输出插口，输出端接 5 个发光二极管，按照 74LS148 功能测试表 25－6 逐次改变输入变量 A、B、C、D、E、F、G、H、I 端的高低电平，认真记录实验数据，完成表 25－6 的 74LS148 功能测试真值表。

表 25－6　74LS148 功能测试真值表

输入									输出				
EI′	D0′	D1′	D2′	D3′	D4′	D5′	D6′	D7′	A2′	A1′	A0′	GS′	EO′
1	×	×	×	×	×	×	×	×					
0	×	×	×	×	×	×	×	0					
0	×	×	×	×	×	×	0	1					
0	×	×	×	×	×	0	1	1					
0	×	×	×	×	0	1	1	1					
0	×	×	×	0	1	1	1	1					
0	×	×	0	1	1	1	1	1					
0	×	0	1	1	1	1	1	1					
0	0	1	1	1	1	1	1	1					
0	1	1	1	1	1	1	1	1					

注：其中 EI′为选通输入端，GS′为选通输出端，EO′为扩展输出端。

2．3 线－8 线译码器的功能测试

一个 n 变量译码器的输出包含了 n 变量的所有最小项。例如 3－8 线译码器 74LS138 中 8 个输出包含了 3 个变量的全部最小项的译码。用 n 变量译码器加上与非门电路，就能获得任何形式的输入变量不大于 n 的组合逻辑电路。

74LS138 有 3 个附加的控制端 G1、G2A′和 G2B′。当 G1＝1、G2A′＋G2B′＝0 时，译码器处于工作状态，否则译码器被禁止，所有输出被封锁为高电平。A_2、A_1、A_0 为地址输入端，Y_7'～Y_0'为译码输出端。

3 线－8 线译码器的功能测试在 Multisim 10 软件环境下连接的仿真电路如图 25－3 所示，所需器件清单如表 25－7 所示。

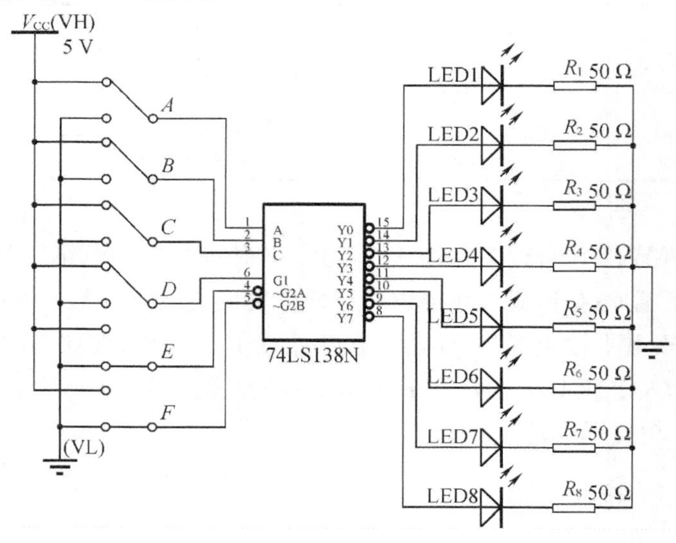

图 25－3　74LS138 功能测试电路

表 25－7　74LS138 功能测试电路 Multisim 10 仿真元器件清单

元件	所在元件库	所在组	参数
译码器	【TTL】	【74LS_IC】	74LS138N
电阻	【Basic】	【Resistor】	$R1 \sim R8$
显示灯	【Diodes】	【LED】	LED1～LED8
开关	【Basic】	【Switch】	$(A \sim F)$－Spdt
电源	【Sources】	【Power_sources】	V_{CC}
地	【Sources】	【Power_sources】	GROUND

如果条件允许的情况下，请自行在实验平台上设计连接硬件实物电路。在实验平台的适当位置选定一个 16P 插座，按照集成块定位标记插好集成块 74LS138。输入端 A、B、C、D、E、F 接至逻辑电平输出插口，输出端接 8 个发光二极管，按照 74LS138 功能测试表 25－8 逐次改变输入变量 A、B、C、D、E、F 端的高低电平，认真记录实验数据，完成表 25－8 的 74LS138 功能测试真值表。

表 25－8　74LS138 功能测试真值表

输入					输出							
G1	G2A′＋G2B′	A_2	A_1	A_0	$Y_0{}'$	$Y_1{}'$	$Y_2{}'$	$Y_3{}'$	$Y_4{}'$	$Y_5{}'$	$Y_6{}'$	$Y_7{}'$
1	0	0	0	0								
1	0	0	0	1								
1	0	0	1	0								
1	0	0	1	1								
1	0	1	0	0								
1	0	1	0	1								
1	0	1	1	0								
1	0	1	1	1								
0	×	×	×	×								
×	1	×	×	×								

3. 驱动数码管显示电路测试

74LS48 具有实现 7 段显示译码器的功能，其中 A，B，C，D 为 BCD 码输入端，OA，OB，OC，OD，OE，OF，OG 为输出端，高电平有效，可以直接驱动共阴极接法的半导体数码管。显示译码器将 BCD 代码译成数码管所需要的驱动信号，以便使数码管十进制数字显示出 BCD 代码所表示的数值。当输入端加入 0000，0001，0010，…，1001 时，输出 0，1，2，…，9 的显示代码，驱动数码管显示相应的数字。当输入为 1010，…，1111 时，显示特殊的字形。

74LS48 驱动数码管显示电路在 Multisim 10 软件环境下连接的仿真电路如图 25－4 所示，所需器件清单如表 25－9 所示。

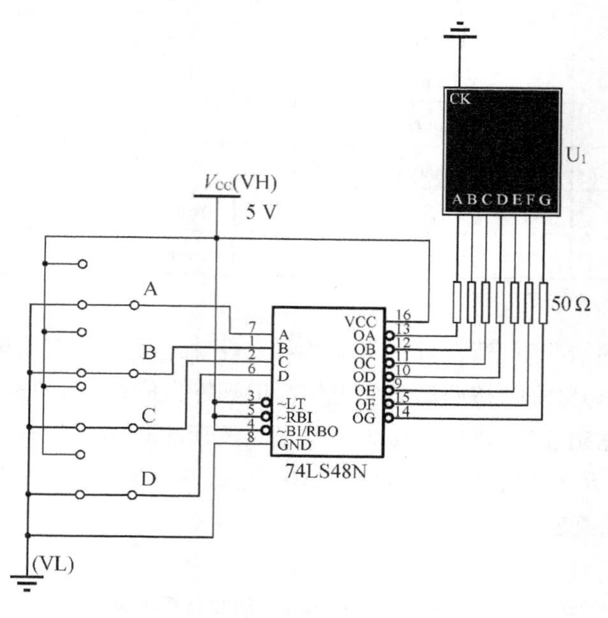

图 25－4　74LS48 驱动数码管显示电路

表 25－9　74LS48 驱动数码管显示电路 Multisim 10 仿真元器件清单

元件名称	所在元件库	所在组	型号参数
7 段显示译码器	【TTL】	【74LS_IC】	74LS48N
电阻	【Basic】	【Resistor】	$R=50\ \Omega$
显示器	【Indicators】	【Hex_display】	Seven_Seg_Com_K
开关	【Basic】	【Switch】	Spdt
电源	【Sources】	【Power_sources】	V_{CC}
地	【Sources】	【Power_sources】	GROUND

条件允许的情况下，请自行在实验平台上设计连接硬件实物电路。在实验平台的适当位置选定一个 16P 插座及数码管插座，按照集成块定位标记插好集成块 74LS48 和 1 个共阴极数码管。输入端 A、B、C、D 接至逻辑电平输出插口，输出端接数码管，按照 74LS48 功能测试表 25－10 逐次改变输入变量 A、B、C、D 端的高低电平，认真记录实验数据，完成表 25－10 的 74LS48 功能测试真值表。

表 25－10　74LS48 功能测试真值表

输入							数码管显示字符
LT′	RBI′	BI/RBO′	D	C	B	A	
1	1	1	0	0	0	0	
1	×	1	0	0	0	1	
1	×	1	0	0	1	0	
1	×	1	0	0	1	1	
1	×	1	0	1	0	0	
1	×	1	0	1	0	1	
1	×	1	0	1	1	0	
1	×	1	0	1	1	1	
1	×	1	1	0	0	0	
1	×	1	1	0	0	1	
1	×	1	1	0	1	0	
1	×	1	1	0	1	1	
1	×	1	1	1	0	0	
1	×	1	1	1	0	1	
1	×	1	1	1	1	0	
1	×	1	1	1	1	1	
×	×	0	×	×	×	×	
1	0	0	0	0	0	0	
0	×	1	×	×	×	×	

25.4　预习思考题

74LS138 输入使能端有哪些功能？74LS148 输入、输出使能端有什么功能？

25.5　实验报告要求

1. 拓展项目：怎样将 74LS138 扩展为 4－16 线译码器？

2. 拓展项目：请用 74LS138 实现 $F = A'B'C' + A'BC' + AB'C' + ABC$，并画出硬件接线图，列出测试真值表表格，认真填写相关数据。

3. 拓展项目：图 25－4 不接数码管，接入 7 个发光二极管，将表 25－10 进行补充，需含有输出端 OA，OB，OC，OD，OE，OF，OG，测出输入的情况下，输出端的数据。

4. 心得体会及其他。

项目 26　数据选择器

26.1　项目学习任务单

表 26－1　数据选择器学习任务单

<table>
<tr><td>单元四</td><td colspan="2">数字电子技术基础训练</td><td>总学时:18＋30</td></tr>
<tr><td>项目 26</td><td colspan="2">数据选择器</td><td>学　时:2</td></tr>
<tr><td>工作目标</td><td colspan="3">学会中规模集成数据选择器的逻辑功能的测试方法
学会使用中规模集成电路,用数据选择器设计组合逻辑电路的方法</td></tr>
<tr><td>项目描述</td><td colspan="3">用数据选择器实现 3 人表决电路</td></tr>
<tr><td colspan="4">学习目标</td></tr>
<tr><td colspan="2">知识</td><td>能力</td><td>素质</td></tr>
<tr><td colspan="2">1. 四选一数据选择器的基础知识;
2. 八选一数据选择器的基础知识</td><td>1. 74LS151 的正确使用;
2. 74LS153 的正确使用;
3. 正确理解逻辑功能表</td><td>1. 学习中态度积极,有团队精神;
2. 能够借助于网络、课外书籍扩展知识面,具有自主学习的能力;
3. 动手操作过程严谨、细致,符合操作规范</td></tr>
<tr><td colspan="4">教学资源:本项目可以在 Multisim 软件中进行仿真操作,也可以在面包板或者相关的实验平台上操作,实施步骤相同</td></tr>
<tr><td colspan="2">硬件条件:
计算机、面包板或者相关的实验平台;
74LS151,74LS153;
50 Ω 电阻;
发光二极管;
+5V 直流电源;
逻辑电平;
导线若干</td><td colspan="2">学生已有基础(课前准备):
数据选择器的正确选择;
数据选择器的正确使用;
微型计算机使用的基本能力;
学习小组</td></tr>
</table>

26.2　项目基础知识

数据选择器是常用的组合逻辑部件之一,能够根据给定的输入地址代码将某个指定的数据从一组输入数据中选择出来并送至输出端,即完成数据选择功能的逻辑电路,也称为多路开关或者多路调制器。

数据选择器由若干个输入使能端,若干个地址输入端 $A,B,C,\cdots$,可选择 $D_0 \sim D_n$ 个数据输入源，若干个输出端组成。在输入使能端有效的前提下，地址输入端加上适当的信号，就可以从多个数据输入源中将所需的数据信号选择出来，送到输出端。在使用的过程中，可以在地址输入端加上一组二进制编码程序的信号，使电路按要求输出一串信号。

在实验室中常用的数据选择器有八选一数据选择器和双四选一数据选择器。

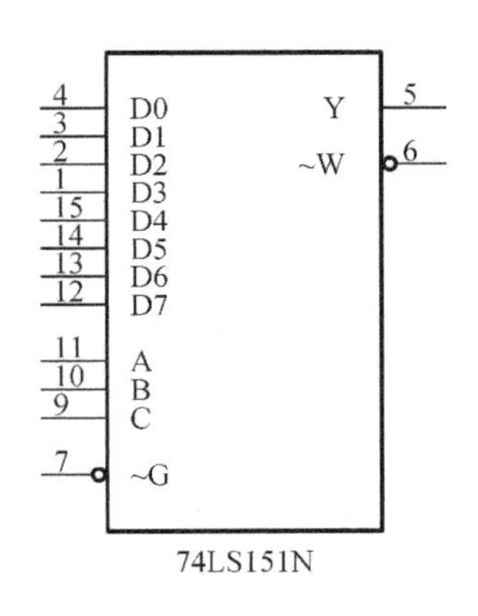

图 26－1　74LS151 管脚排列图

74LS153N

图 26－2　74LS153 管脚排列图

八选一数据选择器的典型芯片是 74LS151，管脚排列如图 26－1 所示，G′是输入使能端，D_0，D_1，D_2，D_3，D_4，D_5，D_6，D_7 是数据输入源端，A，B 和 C 是地址输入端，Y 和 W'是输出端。3 个地址输入端可以选择 8 个数据输入源，同相输出端 Y 和反相输出端 W'是两个互补的输出端，输入使能端 G'为低电平有效，逻辑功能表如表 26－2 所示。

表 26－2　74LS151 的逻辑功能表

输入				输出	
G′	C	B	A	Y	W′
1	×	×	×	0	1
0	0	0	0	D_0	D_0'
0	0	0	1	D_1	D_1'
0	0	1	0	D_2	D_2'
0	0	1	1	D_3	D_3'
0	1	0	0	D_4	D_4'
0	1	0	1	D_5	D_5'
0	1	1	0	D_6	D_6'
0	1	1	1	D_7	D_7'

双四选一数据选择器的典型芯片是 74LS153，包含两个完全相同的四选一数据选择器，管脚排列如图 26－2 所示，1G′和 2G′是输入使能端，C_0，C_1，C_2，C_3 是数据输入源端，A 和 B

是地址输入端，$1Y$ 和 $2Y$ 是输出端。74LS153 的两个数据选择器有公共的输入使能端和地址输入端，而数据输入源端和输出端却是各自独立的，通过给定不同的地址代码，可以从 4 个输入数据中选出所要的一个，并送至输出端，逻辑功能如表 26－3 所示，当 1G′＝2G′＝“1”时电路不工作，此时无论 A、B 处于何种状态，输出 $1Y$ 总为零，当 1G′＝2G′＝“0”时，电路正常工作，被选择的数据送到输出端。

表 26－3　74LS153 的逻辑功能表

输入							输出
选择输入		数据输入				选通输入	
B	A	C_0	C_1	C_2	C_3	G′	Y
L	L	L	×	×	×	L	L
×	×	×	×	×	×	H	L
L	L	H	×	×	×	L	H
L	H	×	L	×	×	L	L
L	H	×	H	×	×	L	H
H	L	×	×	L	×	L	L
H	L	×	×	H	×	L	H
H	H	×	×	×	L	L	L
H	H	×	×	×	H	L	H

数据选择器是一种通用性很强的中规模集成电路，不仅能传递数据，还能设计成数码比较器、并行码变为串行码以及组成函数发生器。数据选择器可以产生任意组合的逻辑函数，但要求逻辑函数式变换成最小项的表达形式。

26.3　项目实施

根据要求写出其逻辑表达式及最小项之和的形式。其中 A、B、C 代表三个人为输入变量，F 代表输出结果。多数通过的表达式为

$$F = A'BC + AB'C + ABC' + ABC \tag{26-1}$$

此三人表决电路可以采用八选一数据选择器实现，也可以采用四选一数据选择器实现。

方法一：用八选一数据选择器实现。下式为八选一数据选择器的逻辑式。

$$\begin{aligned} F =& (A'B'C')D0 + (A'B'C)D1 + (A'BC')D2 + (A'BC)D3 + \\ & (AB'C')D4 + (AB'C)D5 + (ABC')D6 + (ABC)D7 \end{aligned} \tag{26-2}$$

将 26－2 式与 26－1 式进行比较可知，$D_3 = D_5 = D_6 = D_7 = 1$，$D_0 = D_1 = D_2 = D_4 = 0$，则数据选择器的输出 F 即为 3 人表决电路的输出。

74LS151 组成的 3 人表决电路在 Multisim 10 软件环境下连接的仿真电路如图 26－3 所示，所需器件清单如表 26－4 所示。

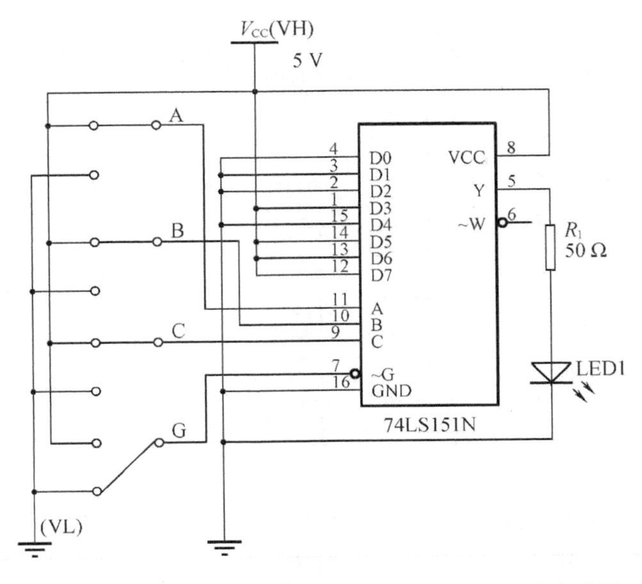

图 26－3　74LS151 组成的 3 人表决 Multisim 仿真电路图

表 26－4　74LS151 组成的 3 人表决电路 Multisim 10 仿真元器件清单

元件名称	所在元件库	所在组	型号参数
数据选择器	【TTL】	【74LS_IC】	74LS151N
电阻	【Basic】	【Resistor】	R_1 ＝50 Ω
显示灯	【Diodes】	【LED】	LED1
开关	【Basic】	【Switch】	Spdt
电源	【Sources】	【Power_sources】	V_{CC}
地	【Sources】	【Power_sources】	GROUND

如果条件允许的情况下，请自行在实验平台上设计连接硬件实物电路。在实验平台的适当位置选定一个 16P 插座，按照集成块定位标记插好集成块 74LS151。输入端 A、B、C、G 接至逻辑电平输出插口，输出端接发光二极管，按照 74LS151 组成的 3 人表决功能表 26－5 逐次改变输入变量 A、B、C、G 端的高低电平，认真记录实验数据，填入表 26－5 中。

表 26-5　74LS151 组成的 3 人表决功能表

输入								输出	
G		A		B		C		F	
电压值	逻辑电平	电压值	逻辑电平	电压值	逻辑电平	电压值	逻辑电平	电压值	逻辑电平
+5 V	1	0 V	0	0 V	0	0 V	0		
0 V	0	0 V	0	0 V	0	+5 V	1		
0 V	0	0 V	0	+5 V	1	0 V	0		
0 V	0	0 V	0	+5 V	1	+5 V	1		
0 V	0	+5 V	1	0 V	0	0 V	0		
0 V	0	+5 V	1	0 V	0	+5 V	1		
0 V	0	+5 V	1	+5 V	1	0 V	0		
0 V	0	+5 V	1	+5 V	1	+5 V	1		

方法二:用四选一数据选择器实现。将 3 人表决电路的逻辑式改写为

$$F=A'BC+AB'C+ABC'+ABC=A'B'(0)+A'B(C)+AB'(C)+AB \qquad (26-3)$$

四选一数据选择器的逻辑式为

$$F=A'B'(1C0)+A'B(1C1)+AB'(1C2)+AB(1C3) \qquad (26-4)$$

表达式 26-3 与 26-4 相比较,可知 $1C0=0$,$1C1=1C2=C$,$1C3=1$。

74LS153 组成的 3 人表决电路在 Multisim 10 软件环境下连接的仿真电路如图 26-4 所示,所需器件清单如表 26-6 所示。

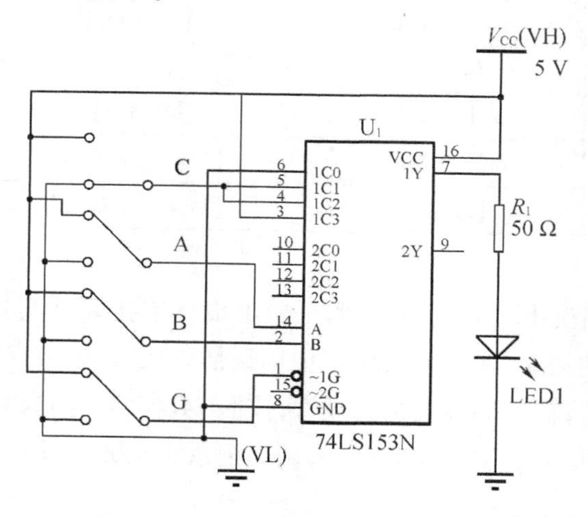

图 26-4　74LS153 组成的 3 人表决 Multisim 仿真电路图

表 26-6 74LS153 组成的 3 人表决电路 Multisim 10 仿真元器件清单

元件名称	所在元件库	所在组	型号参数
数据选择器	【TTL】	【74LS_IC】	74LS153N
电阻	【Basic】	【Resistor】	$R_1=50\Omega$
显示灯	【Diodes】	【LED】	LED_1
开关	【Basic】	【Switch】	Spdt
电源	【Sources】	【Power_sources】	V_{CC}
地	【Sources】	【Power_sources】	GROUND

如果条件允许的情况下，请自行在实验平台上设计连接硬件实物电路。在实验平台的适当位置选定一个 16P 插座，按照集成块定位标记插好集成块 74LS153。输入端 A、B、C、G 接至逻辑电平输出插口，输出端接发光二极管，按照 74LS153 组成的 3 人表决功能表 26-7 逐次改变输入变量 A、B、C、G 端的高低电平，认真记录实验数据并填入表 26-7 中。

表 26-7 74LS153 组成的 3 人表决功能表

输入								输出	
G		A		B		C		F	
电压值/V	逻辑电平	电压值/V	逻辑电平	电压值/V	逻辑电平	电压值/V	逻辑电平	电压值/V	逻辑电平
+5	1	0	0	0	0	0	0		
0	0	0	0	0	0	+5	1		
0	0	0	0	+5	1	0	0		
0	0	0	0	+5	1	+5	1		
0	0	+5	1	0	0	0	0		
0	0	+5	1	0	0	+5	1		
0	0	+5	1	+5	1	0	0		
0	0	+5	1	+5	1	+5	1		

26.4 预习思考题

1. 八选一数据选择器和双四选一数据选择器的功能是否相同？
2. 八选一数据选择器和双四选一数据选择器都有哪些集成芯片？

26.5 实验报告要求

1. 总结 74LS153 和 74LS151 的逻辑功能。
2. 对所设计的电路进行测试，记录测试结果。

3. 拓展项目：请分别用八选一数据选择器和双四选一数据选择器设计硬件电路，实现 $F = A'C + B' + AC'$，并画出接线图，列出测试表格，认真填写相关数据。

4. 心得体会及其他。

项目 27　触发器的应用设计

27.1 项目学习任务单

表 27－1　触发器的应用设计学习任务单

<table>
<tr><td>单元四</td><td colspan="2">数字电子技术基础训练</td><td>总学时：18＋30</td></tr>
<tr><td>项目 27</td><td colspan="2">触发器的应用设计</td><td>学　时：2</td></tr>
<tr><td>工作目标</td><td colspan="3">熟悉触发器的功能及使用方法
熟悉时序逻辑电路的分析方法
熟悉用触发器组成同步或者异步计数器的设计方法</td></tr>
<tr><td>项目描述</td><td colspan="3">由 JK 触发器组成的四位二进制同步加法计数器</td></tr>
<tr><td colspan="4">学习目标</td></tr>
<tr><td colspan="2">知识</td><td>能力</td><td>素质</td></tr>
<tr><td colspan="2">1. SR 触发器的基础知识；
2. D 触发器的基础知识；
3. JK 触发器的基础知识；
4. T 触发器的基础知识</td><td>1. 74LS112 的正确使用；
2. 正确理解逻辑功能表；
3. 触发器的设计；
4. 触发器的应用</td><td>1. 学习中态度积极，有团队精神；
2. 能够借助于网络、课外书籍扩展知识面，具有自主学习的能力；
3. 动手操作过程严谨、细致，符合操作规范</td></tr>
<tr><td colspan="4">教学资源：本项目可以在 Multisim 软件中进行仿真操作，也可以在面包板或者相关的实验平台上操作，实施步骤相同</td></tr>
<tr><td colspan="2">硬件条件：
计算机、面包板或者相关的实验平台；
74LS112、74LS08；
100 Ω 电阻；
发光二极管；
＋5 V 直流电源；
逻辑电平；
导线若干</td><td colspan="2">学生已有基础（课前准备）：
触发器的正确选择；
触发器的正确使用；
微型计算机使用的基本能力；
学习小组</td></tr>
</table>

27.2　项目基础知识

在数字系统中，不仅需要进行算术运算和逻辑运算的组合逻辑电路，还需要将数据和运算结果等信息保存起来具有记忆功能的时序逻辑电路。触发器是构成时序逻辑电路的基本单元，能够存储一位的二进制代码，有两个互补的输出端 Q 和 Q'，其 t 时刻的输出状态不仅与 t 时刻的输入有关，还与 $t-1$ 时刻的输出状态有关。按照存储数据原理的不同，触发器分为静态触发器和动态触发器两大类；按照电路结构的不同，触发器可以分为基本 RS 触发器、同步触发器、主从触发器和边沿触发器等；按照逻辑功能的不同，触发器也分为 RS 触发器、JK 触发器、D 触发器、T 触发器等。

1. SR 触发器

凡是时钟信号作用下逻辑功能符合表 27－2 特性表所规定的逻辑功能者，无论触发方式如何，均称为 SR 触发器。

表 27－2　SR 触发器的特性表

S	R	Q	$Q*$
0	0	0	0
0	0	1	1
0	1	0	0
0	1	1	0
1	0	0	1
1	0	1	1
1	1	0	不定
1	1	1	不定

2. D 触发器

最常见的触发方式是上升沿触发，可以有效地克服“空翻”现象。D 触发器的特征方程为 $Q^{n+1}=D$，逻辑功能符合表 27－3 特性表所规定的逻辑功能。D 触发器主要应用在组成计数器、锁存器、移位寄存器、产生同步单脉冲电路、分频电路等方面。

表 27－3　D 触发器的特性表

D	Q^n	Q^{n+1}	说明
0	0	0	输出状态与 D 端状态相同
0	1	0	
1	0	1	
1	1	1	

3. JK 触发器

JK 触发器也有边沿触发的，如 74LS112，触发器状态的更新发生在时钟脉冲的下降沿。

JK 触发器的特征方程为 $Q^{n+1} = JQ^{n'} + K'Q^{n}$，逻辑功能符合表 27－4 特性表。JK 触发器因为具有很强的抗干扰能力，功能更强等特点，主要应用在组成计算器、移位寄存器等。

表 27－4　JK 触发器的特性表

J	K	Q^{n}	Q^{n+1}	说明
0	0	0	0	输出状态不变
		1	1	
0	1	0	0	输出状态与 J 端状态相同
		1	0	
1	0	0	1	输出状态与 J 端状态相同
		1	1	
1	1	0	1	每输入一个脉冲输出状态改变一次
		1	0	

4. T 触发器

凡是时钟信号作用下逻辑功能符合表 27－5 特性表所规定的逻辑功能者，无论触发方式如何，均称为 T 触发器。

表 27－5　D 触发器的特性表

T	Q^{n}	Q^{n+1}
0	0	0
0	1	1
1	0	1
1	1	0

27.3　项目实施

74LS112 四位二进制同步加法计数器电路在 Multisim 10 软件环境下连接的仿真电路如图 27－1 所示，所需器件清单如表 27－6 所示。

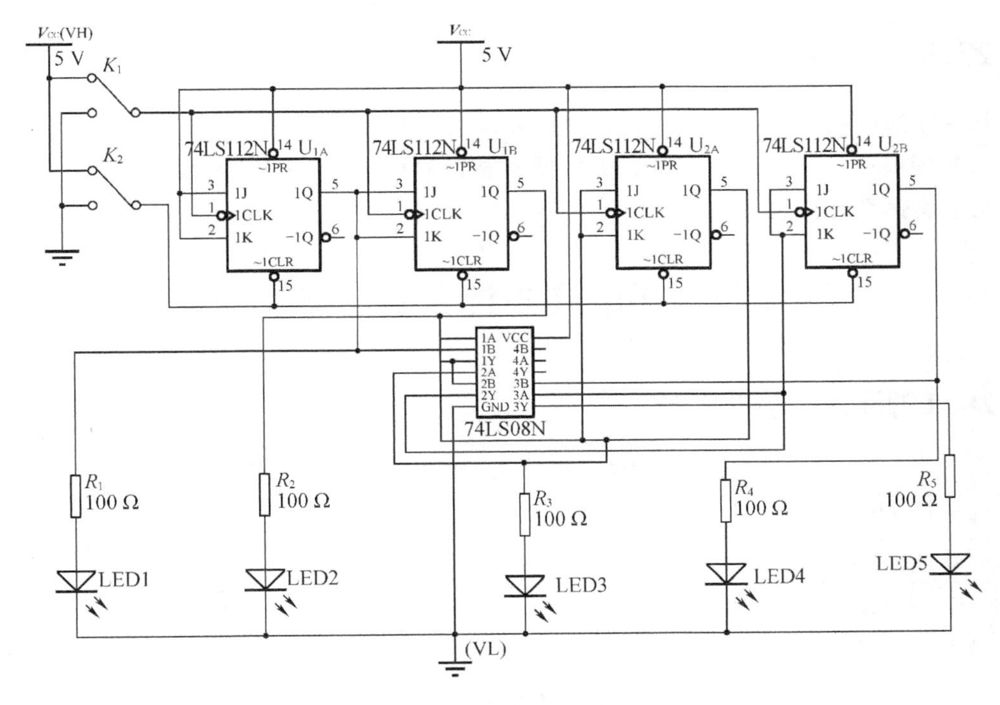

图 27－1　74LS112 四位二进制同步加法计数器

表 27－6　74LS112 四位二进制同步加法计数器 Multisim 10 仿真元器件清单

元件名称	所在元件库	所在组	型号参数
与门	【TTL】	【74LS_IC】	74LS08N
加法计数器	【TTL】	【74LS_IC】	74LS112N
电阻	【Basic】	【Resistor】	$R_1 \sim R_5 = 100\Omega$
显示灯	【Diodes】	【LED】	LED1 ~ LED5
开关	【Basic】	【Switch】	Spdt
电源	【Sources】	【Power_sources】	V_{CC}
地	【Sources】	【Power_sources】	GROUND

条件允许的情况下,请自行在实验平台上设计连接硬件实物电路。在实验平台的适当位置选定两个 16P 插座和一个 14P 插座,按照集成块定位标记插好集成块 74LS112 和 74LS08,然后按照图 27－1 连接电路。输入端 K_1,K_2 接至逻辑电平输出插口,或者 K_1 和 K_2 接入脉冲源,输出端接 5 个发光二极管,逐次改变输入变量的高低电平,观察实验现象,认真记录实验数据,形成总结。

27.4　预习思考题

触发器之间是否可以相互替换?

27.5 实验报告要求

1. 对本实验项目的结果进行分析总结,并写出工作原理。
2. 拓展项目:将本实验项目中的触发器换成 D 触发器,自己设计电路。
3. 心得体会及其他。

项目 28 集成同步计数器的应用设计

28.1 项目学习任务单

表 28－1 集成同步计数器的应用设计学习任务单

单元四	数字电子技术基础训练	总学时:18 +30
项目 28	集成同步计数器的应用设计	学 时:2
工作目标	熟悉计数器的功能及使用方法	
项目描述	用 74LS160 和门电路设计六进制计数器,并显示出数字 0 ~ 5	
学习目标		
知识	能力	素质
1. 逻辑方程式的基础知识; 2. 状态表的基础知识; 3. 状态图的基础知识; 4. 时序图的基础知识	1. 74LS160 的正确使用; 2. 时序逻辑电路的分析与设计; 3. 计数器的设计	1. 学习中态度积极,有团队精神; 2. 能够借助于网络、课外书籍扩展知识面,具有自主学习的能力; 3. 动手操作过程严谨、细致,符合操作规范
教学资源:本项目可以在 Multisim 软件中进行仿真操作,也可以在面包板或者相关的实验平台上操作,实施步骤相同		
硬件条件: 计算机、面包板或者相关的实验平台; 74LS160、74LS04、74LS20、74LS48; 共阴极数码管; +5 V 直流电源; 逻辑电平; 导线若干	学生已有基础(课前准备): 74LS160 的功能; 时序逻辑电路的分析方法; 微型计算机使用的基本能力; 学习小组	

28.2 项目基础知识

在数字电路中,能够记忆输入时钟脉冲个数,还能实现分频、定时、产生节拍脉冲和脉冲序列的电路称为计数器。计数器由触发器组合构成,是实现计数功能的时序逻辑器件,主要用于计数、分频和定时。计数器的种类很多,按照不同的时钟脉冲输入方式,可以分为同步计数器和异步计数器;按照计数数值不同的增减情况,可以分为加法计数器、减法计数器和可逆计数器;按照不同的计数进位制,可分为二进制计数器、十进制计数器和 *N* 进制计数器。

集成计数器的品种系列较多,目前 CMOS 集成计数器是用得最多、性能较好的,其次为 TTL 集成计数器。集成计数器,首先要了解工作原理,其次注意使用方法。在设计时序逻辑电路的过程中,如果使用小规模集成电路,所涉及的触发器和逻辑门电路的数目应尽可能少,并且触发器和逻辑门电路的输入端数目也应最少。典型产品的功能和应用如下。

74161:四位二进制加法计数器,同步 *CLK* 脉冲,异步(低电平)清零方式。

74HC161:四位二进制加法计数器,同步 *CLK* 脉冲,异步(低电平)清零方式。

74HCT161:四位二进制加法计数器,同步 *CLK* 脉冲,异步(低电平)清零方式。

74LS191:单时钟四位二进制可逆计数器,同步 *CLK* 脉冲。

74LS193:双时钟四位二进制可逆计数器,同步 *CLK* 脉冲,异步(高电平)清零方式。

74160:十进制加法计数器,同步 *CLK* 脉冲,异步(低电平)清零方式。

74LS163:四位二进制计数器,同步 *CLK* 脉冲,同步清零方式。

74LS190:单时钟十进制可逆计数器,同步 *CLK* 脉冲。

74LS293:双时钟四位二进制加法计数器,异步 *CLK* 脉冲,异步清零方式。

74LS290:二-五-十进制加法计数器,异步 *CLK* 脉冲,异步清零方式。

本次实验项目主要应用 74LS160 进行六进制计数器设计。74LS160 管脚如图 28-1 所示,逻辑功能见表 28-2。

RCO 是进位输出端,*ENP*,*ENT* 是计数控制端,*QA*、*QB*、*QC*、*QD* 是数据输出端,*CLK* 是时钟输入端,*CLR'*是异步清零端且低电平有效,*LOAD'*是同步并行置入控制端且低电平有效,*A*、*B*、*C*、*D* 是并行数据输入端。

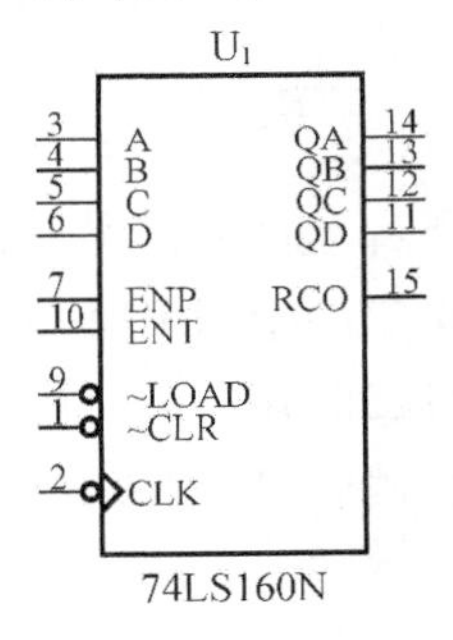

图 28-1　74LS160 管脚图

表 28-2　74LS160 逻辑功能

输入									输出			
CLR'	*LOAD'*	*ENP*	*ENT*	*CLK*	*A*	*B*	*C*	*D*	*QA*	*QB*	*QC*	*QD*
0	×	×	×	×	×	×	×	×	0	0	0	0
1	0	×	×	↑	d1	d2	d3	d4	d1	d2	d3	d4
1	1	1	1	↑	×	×	×	×	计数			
1	1	0	×	×	×	×	×	×	保持			
1	1	×	0	×	×	×	×	×	保持			

28.3 项目实施

同步计数器的特点是组成计时器各个触发器的时钟脉冲均来自同一个计数输入脉冲，当输入计数脉冲时，对各触发器的状态方程均有效，因此在分析同步计数器时，状态方程的时钟条件不必考虑。

74LS160 六进制计数器电路在 Multisim 10 软件环境下连接的仿真电路如图 28－2 所示，所需器件清单如表 28－3 所示。

表 28－3 74LS160 六进制计数器 Multisim 10 仿真元器件清单

元件名称	所在元件库	所在组	型号参数
计数器	【TTL】	【74LS_IC】	74LS160N
非门	【TTL】	【74LS_IC】	74LS04N
与非门	【TTL】	【74LS_IC】	74LS20N
7 段显示译码器	【TTL】	【74LS_IC】	74LS48N
显示器	【Indicators】	【Hex_display】	Seven_Seg_Com_K
电阻	【Basic】	【Resistor】	$R=50\ \Omega$
开关	【Basic】	【Switch】	Spdt
电源	【Sources】	【Power_sources】	V_{CC}
地	【Sources】	【Power_sources】	GROUND

如果条件允许的情况下，请自行在实验平台上设计连接硬件实物电路。在实验平台的适当位置选定两个 16P 插座和两个 14P 插座，按照集成块定位标记插好集成块 74LS160、74LS04、74LS20、74LS48。输入端 *K* 接至逻辑电平输出插口，或者 *CLK* 接入脉冲源，输出端接共阴极数码管，逐次改变输入变量的高低电平，认真记录实验数据填入表 28－4 中。

表 28－4 74LS160 六进制计数器功能表

计数脉冲	电路状态				显示数值
	QD	*QC*	*QB*	*QA*	
0					
1					
2					
3					
4					
5					
6					

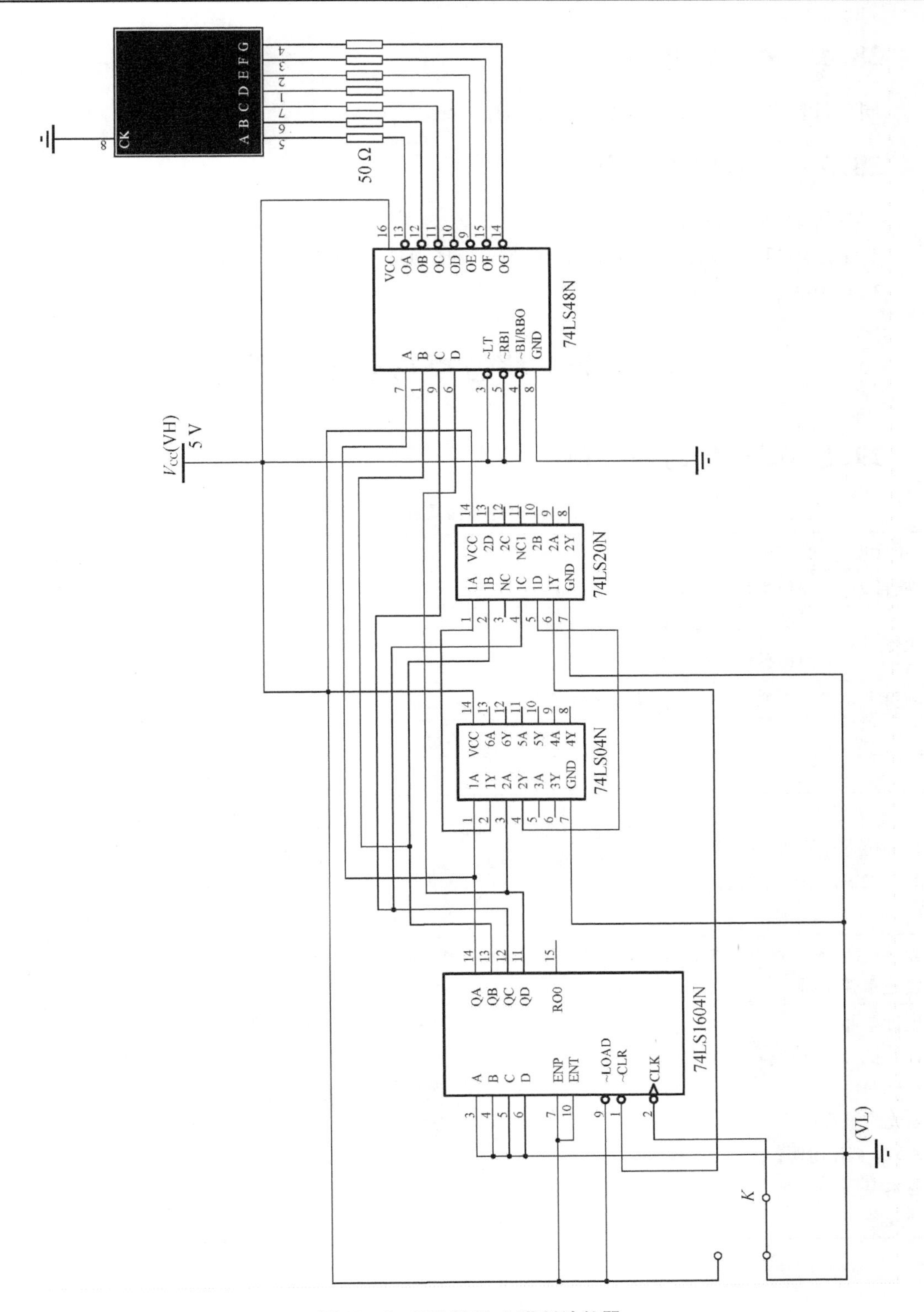

图 28－2　74LS160 六进制计数器

28.4 预习思考题

同步计数器与异步计数器之间的区别是什么？

28.5 实验报告要求

1. 分析本次实验项目的工作原理。
2. 拓展项目：用 74LS160 和门电路设计出 16 进制计数器，要求用数码管显示出来。
3. 心得体会及其他。

项目 29 移位寄存器及应用

29.1 项目学习任务单

表 29－1 移位寄存器及应用学习任务单

<table>
<tr><td>单元四</td><td colspan="2">数字电子技术基础训练</td><td>总学时：18＋30</td></tr>
<tr><td>项目 29</td><td colspan="2">移位寄存器及应用</td><td>学　时：2</td></tr>
<tr><td>工作目标</td><td colspan="3">熟悉时序逻辑电路的正确应用
熟悉移位寄存器的功能</td></tr>
<tr><td>项目描述</td><td colspan="3">用 74LS194 的逻辑功能测试及应用</td></tr>
<tr><td colspan="4">学习目标</td></tr>
<tr><td colspan="2">知识</td><td>能力</td><td>素质</td></tr>
<tr><td colspan="2">1. 移位寄存器的基础知识；
2. 正确识读逻辑功能表</td><td>1. 74LS194 的正确使用；
2. 时序逻辑电路的分析与设计</td><td>1. 学习中态度积极，有团队精神；
2. 能够借助于网络、课外书籍扩展知识面，具有自主学习的能力；
3. 动手操作过程严谨、细致，符合操作规范</td></tr>
<tr><td colspan="4">教学资源：本项目可以在 Multisim 软件中进行仿真操作，也可以在面包板或者相关的实验平台上操作，实施步骤相同</td></tr>
<tr><td colspan="2">硬件条件：
计算机、面包板或者相关的实验平台；
74LS194；
发光二极管；
＋5 V 直流电源；
逻辑电平；
导线若干</td><td colspan="2">学生已有基础（课前准备）：
时序逻辑电路的分析方法；
微型计算机使用的基本能力；
学习小组</td></tr>
</table>

29.2　项目基础知识

在数字系统中,用来存储代码或者数据的逻辑部件称为寄存器,主要由触发器构成。因为寄存器具有两个稳定状态“0”和“1”,所以一个触发器可以寄存 1 位二进制数码;那么要寄存 n 位二进制代码的寄存器,就应该具备 n 个触发器。

有时为了处理数据,不仅需要存储数据还需要将数据在控制信号的作用下进行移动,因此具有移位功能的寄存器被称为移位寄存器。寄存器和移位寄存器均是数字系统中的重要部件,主要应用在计算机、通信设备和其他智能化数字产品中,国产的 CMOS 和 TTL 中规模集成电路,为了扩展逻辑功能同时增加使用灵活性,有些元器件除了具有寄存、移位功能外,又附加了保持、异步清零等功能。

移位寄存器是由触发器构成的一种同步时序逻辑电路,每个触发器的输出端连接到下一级触发器的输入控制端,它不仅具有寄存数码的功能,还具有移位功能。所有触发器共用一个时钟脉冲,在时钟脉冲的作用下,移位寄存器中所存的代码逐位发生左移、右移或双向移位。移位寄存器按照代码输入、输出方式可以分为并行输入 - 并行输出、串行输入 - 串行输出、串行输入 - 并行输出、并行输入 - 串行输出。

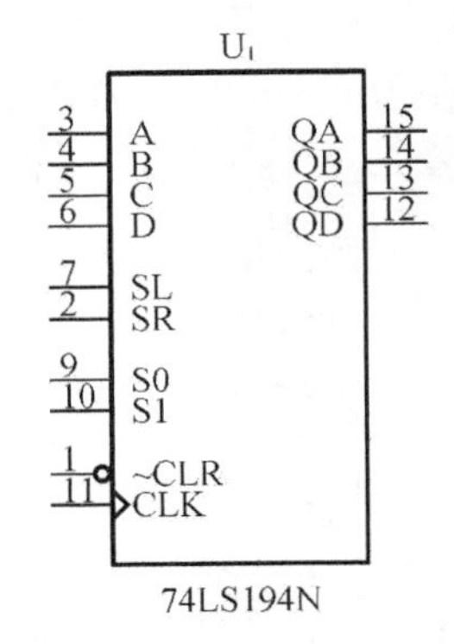

图 29 - 1　74LS194 管脚图

74LS194 是 TTL 型双向四位集成移位寄存器,具有向左移位、向右移位、保持数据、数据清零、并入并出和并入串出等功能。74LS194 管脚如图 29 - 1 所示,逻辑功能见表 29 - 2。

表 29 - 2　74LS194 逻辑功能表

输入										输出				
CLR'	*S1*	*S0*	*CLK*	*SL*	*SR*	*A*	*B*	*C*	*D*	*QA*	*QB*	*QC*	*QD*	功能
0	×	×	×	×	×	×	×	×	×	0	0	0	0	置零
1	0	0	×	×	×	×	×	×	×	*QA*	*QB*	*QC*	*QD*	保持
1	0	1	↑	×	1	×	×	×	×	1	*QA*	*QB*	*QC*	右移
1	0	1	↑	×	0	×	×	×	×	0	*QA*	*QB*	*QC*	
1	1	0	↑	1	×	×	×	×	×	*QB*	*QC*	*QD*	1	左移
1	1	0	↑	0	×	×	×	×	×	*QB*	*QC*	*QD*	*Q*	
1	1	1	↑	×	×	*A*	*B*	*C*	*D*	*A*	*B*	*C*	*D*	并行置入

图 29－1 中，*A*、*B*、*C*、*D* 为并行输入端，*SL* 是左移串行数据输入端，*SR* 是右移串行数据输入端；*CLR′* 为无条件清零端优先级别最高，*CLK* 为时钟脉冲输入端，*S*1，*S*0 为工作状态控制端，*QA*、*QB*、*QC*、*QD* 为并行输出端。

当 *CLR′* =0 时，输出清零；*CLR′* =1 时，寄存器工作。

当 *S*1 = *S*0 =0 时，输出保持不变。

当 *S*1 =0，*S*0 =1 时，数据从 *SR* 输入，在 *CLK* 脉冲作用下，实现右移（方向 *QD* 到 *QA*）。

当 *S*1 =1，*S*0 =0 时，数据从 *SL* 输入，在 *CLK* 脉冲作用下，实现左移（方向 *QA* 到 *QD*）。

当 *S*1 = *S*0 =1 时，为置数方式，对输出并行置数。

29.3 项目实施

1. 移位寄存器 74LS194 逻辑功能测试

在 Multisim 仿真软件中，可以按照图 29－2 进行电路连接，并测试 74LS194 逻辑功能是否与表 29－2 一致，所需器件清单如表 29－3 所示。

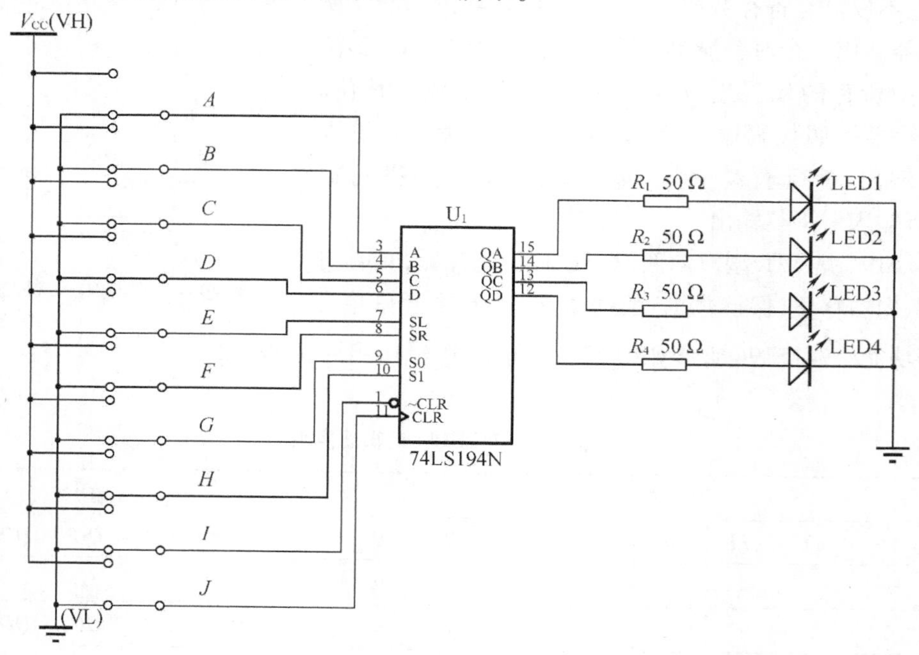

图 29－2　74LS194 逻辑功能测试电路图

表 29－3　74LS194 逻辑功能测试电路 Multisim 10 仿真元器件清单

元件名称	所在元件库	所在组	型号参数
移位寄存器	【TTL】	【74LS_IC】	74LS194N
电阻	【Basic】	【Resistor】	R_1 ~ R_4 =50Ω
显示灯	【Diodes】	【LED】	LED1 ~ LED4
开关	【Basic】	【Switch】	Spdt

表 29－3(续)

元件名称	所在元件库	所在组	型号参数
电源	【Sources】	【Power_sources】	V_{CC}
地	【Sources】	【Power_sources】	GROUND

如果条件允许的情况下，请自行在实验平台上设计连接硬件实物电路。在实验平台的适当位置选定一个 16P 插座，按照集成块定位标记插好集成块 74LS194，可以按照图 29－2 进行电路连接，将输入端 A、B、C、D、E、F、G、H、I、J 端口接入到逻辑电平输出插口，或者 J 端口 CLK 接入脉冲源，输出端接 4 个发光二极管，逐次改变输入变量的高低电平，认真记录实验数据，检测 74LS194 逻辑功能是否与表 29－2 一致。

2. 七位二进制数的串入并出

利用多片移位寄存器可以构成多位数据的串并转换电路，利用移位寄存器可以构成移位型计数器，自启动是通过反馈逻辑实现的。

七位二进制数的串入并出电路在 Multisim 10 软件环境下连接的仿真电路如图 29－3 所示，所需器件清单如表 29－4 所示。

表 29－4　七位二进制数的串入并出电路 Multisim 10 仿真元器件清单

元件名称	所在元件库	所在组	型号参数
移位寄存器	【TTL】	【74LS_IC】	74LS194N
非门	【TTL】	【74LS_IC】	74LS04N
电阻	【Basic】	【Resistor】	$R_1 \sim R_7 = 50\ \Omega$
显示灯	【Diodes】	【LED】	LED1 ~ LED7
开关	【Basic】	【Switch】	Spdt
电源	【Sources】	【Power_sources】	V_{CC}
地	【Sources】	【Power_sources】	GROUND

如果条件允许的情况下，请自行在实验平台上设计连接硬件实物电路。在实验平台的适当位置选定两个 16P 插座和一个 14P 插座，按照集成块定位标记插好集成块 74LS194、74LS04。输入端 A、B、C 接至逻辑电平输出插口，或者 CLK 接入脉冲源，输出端接 7 个发光二极管，当串入数据分别为 0000000，1111111 和 1011000 时，测试输出数据，并分析工作原理，将结果记入表 29－5 中。

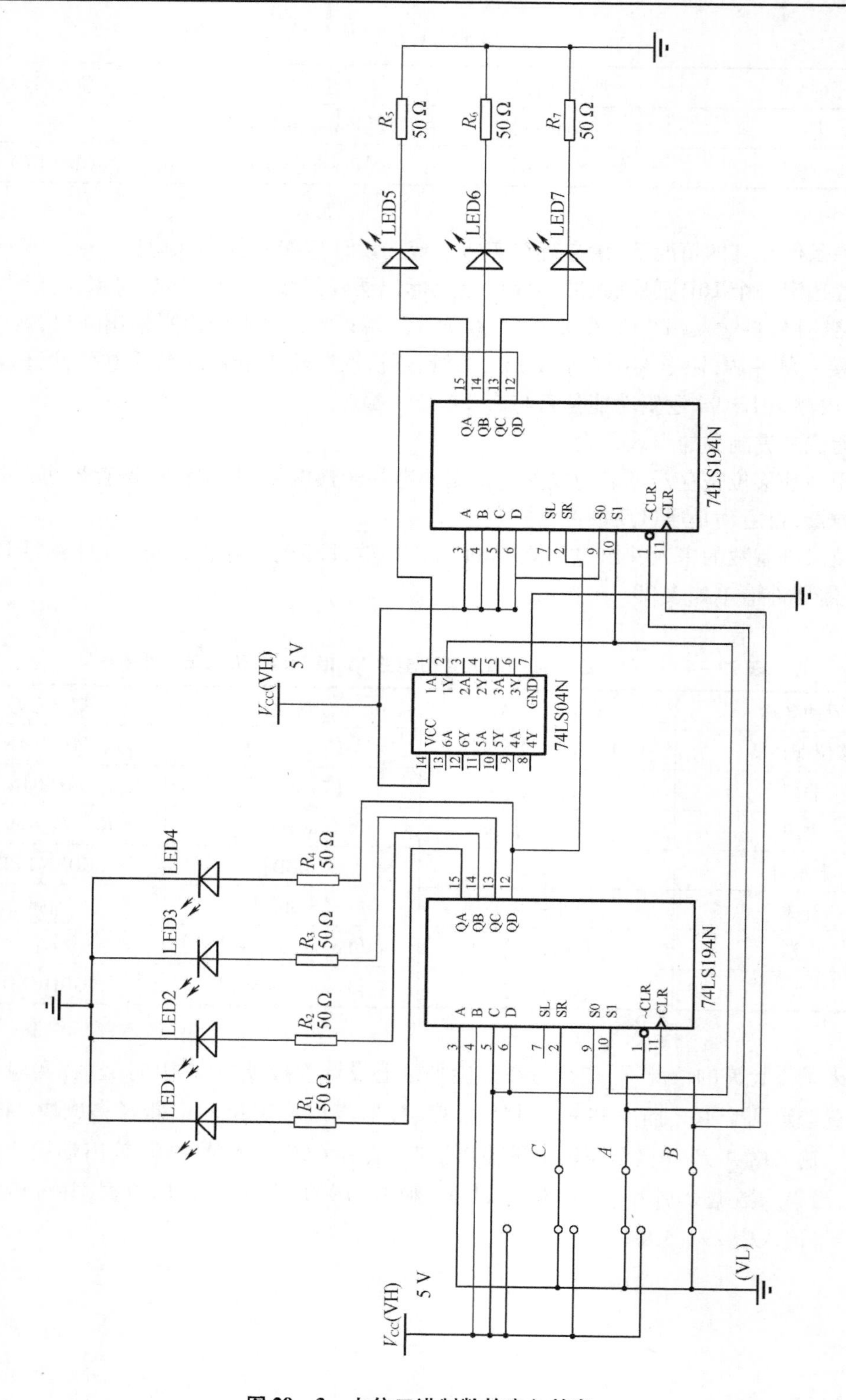

图 29－3　七位二进制数的串入并出

表 29 －5　七位二进制数的串入并出

输入数据	0000000	1111111	1011000
并出数据	$Q0\ Q1\ Q2\ Q3\ Q4\ Q5\ Q6$	$Q0\ Q1\ Q2\ Q3\ Q4\ Q5\ Q6$	$Q0\ Q1\ Q2\ Q3\ Q4\ Q5\ Q6$
清零			
CLK1			
CLK2			
CLK3			
CLK4			
CLK5			
CLK6			
CLK7			
CLK8			
CLK9			

29.4　预习思考题

1. 寄存器的功能？
2. 移位寄存器的特点？

29.5　实验报告要求

1. 对所设计的电路进行测试，记录测试结果，并分析图 29 －2 电路的工作原理。
2. 拓展项目：用两片 74LS194 设计 8 位双向移位寄存器。
3. 心得体会及其他。

项目30　555定时器应用

30.1 项目学习任务单

表30－1　555定时器应用学习任务单

<table>
<tr><td>单元四</td><td colspan="2">数字电子技术基础训练</td><td>总学时:18＋30</td></tr>
<tr><td>项目30</td><td colspan="2">555定时器应用</td><td>学　时:2</td></tr>
<tr><td>工作目标</td><td colspan="3">熟悉555定时器的功能及应用</td></tr>
<tr><td>项目描述</td><td colspan="3">门铃电路的设计</td></tr>
<tr><td colspan="4">学习目标</td></tr>
<tr><td colspan="2">知识</td><td>能力</td><td>素质</td></tr>
<tr><td colspan="2">1.555定时器的结构;
2.555定时器的典型应用电路</td><td>1.电路设计;
2.电路分析</td><td>1.学习中态度积极,有团队精神;
2.能够借助于网络、课外书籍扩展知识面,具有自主学习的能力;
3.动手操作过程严谨、细致,符合操作规范</td></tr>
<tr><td colspan="4">教学资源:本项目可以在Multisim软件中进行仿真操作,也可以在面包板或者相关的实验平台上操作,实施步骤相同</td></tr>
<tr><td colspan="2">硬件条件:
计算机、面包板或者相关的实验平台;
555定时器、按键;
普通二极管、电阻、电感;
瓷片电容、极性电容;
＋5 V直流电源;
蜂鸣器;
导线若干</td><td colspan="2">学生已有基础(课前准备):
555定时器的基础知识;
微型计算机使用的基本能力;
学习小组</td></tr>
</table>

30.2　项目基础知识

集成555定时器是一种应用非常广泛,将模拟电路和数字电路相结合的中规模集成元件,具有应用灵活、使用方便、可靠性强等特点外接少许阻容元器件便能构成单稳、多谐和施密特触发器,多用于信号的产生、变换、测量、控制、检测及智能化产品中。

自20世纪70年代初第一片集成定时器NE555问世以后,各电子元器件公司相继生产了自己的产品,虽然种类型号繁多,但一般都是双极型和CMOS型,并且双极型产品型号最后的三位多以555命名,具有较大的驱动能力,电源电压工作在5～16 V,最大负载电流可达 200 mA；CMOS 产品型号最后的四位数多以 7555 命名，具有低功耗、输入阻抗高等优点，电源电压工作在 3 ~ 18 V，最大负载电流可达 4 mA。无论是双极型还是 CMOS 型，它们的结构和工作原理基本相同。

555 定时器的内部一般由分压器、电压比较器、触发器、放电 BJTT 以及缓冲器等组成。

30.3　项目实施

电子门铃电路在 Multisim 10 软件环境下连接的仿真电路如图 30 – 1 所示，所需元器件清单如表 30 – 2 所示。R_2 的作用是给 C_1 充放电；通过 C_1 充放电控制 555 元器件端口 4 的电压，从而控制扬声器工作；通过 C_2 充放电控制 555，使它输出脉冲波；C_3 起到滤波作用，并且防止外界干扰；C_4 的作用是通交流隔直流。

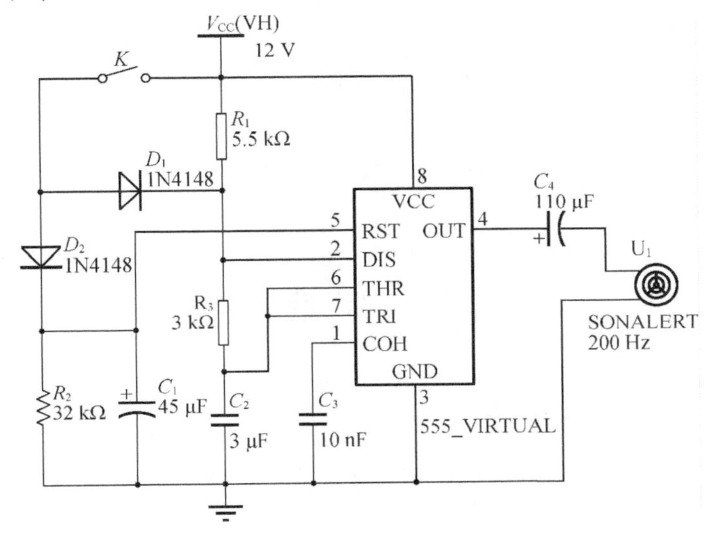

图 30 – 1　电子门铃电路

如果条件允许的情况下，请自行在实验平台上设计连接硬件实物电路，并分析工作原理。

表 30 – 2　电子门铃电路 Multisim 10 仿真元器件清单

元件名称	所在元件库	所在组	型号参数
555	【Mixed】	【Mixed_Virtual】	555_Virtual
二极管	【Diodes】	【Diode】	1N4148
电阻	【Basic】	【Resistor】	R_1 = 5.5 kΩ，R_2 = 32 kΩ，R_3 = 3 kΩ
电容	【Basic】	【Capacitor】	C_2 = 3 μF，C_3 = 10 μF
电解电容	【Basic】	【Cap_electrolit】	C_1 = 45 μF，C_4 = 110 μF
蜂鸣器	【Indicators】	【Buzzer】	Sonalert

表 30 - 2(续)

元件名称	所在元件库	所在组	型号参数
开关	【Basic】	【Switch】	Spdt
电源	【Sources】	【Power_sources】	V_{CC}
地	【Sources】	【Power_sources】	GROUND

30.4 预习思考题

555 定时器有哪些典型应用?

30.5 实验报告要求

1. 分析本次实验项目的工作原理,并计算出 K 按下前后 C_1 的充放电时间,最终确定门铃持续的时间。

2. 拓展项目:自己设计一个 555 门铃电路。

3. 心得体会及其他。

项目 31 综合设计

31.1 项目学习任务单

表 31 - 1 综合设计学习任务单

单元四	数字电子技术基础训练		总学时:18 + 30
项目 31	综合设计		学　时:30
工作目标	熟悉组合逻辑电路的分析与设计 熟悉时序逻辑电路的分析与设计		
项目描述	分析 5 个数字电子电路设计题目并正确连接实物,完成相应的项目		
学习目标			
知识	能力	素质	
1. 组合逻辑电路的分析与设计; 2. 时序逻辑电路的分析与设计	1. 正确识读器件的逻辑功能表; 2. 正确分析电路工作原理; 3. 合理选择元器件并设计电路	1. 学习中态度积极,有团队精神; 2. 能够借助于网络、课外书籍扩展知识面,具有自主学习的能力; 3. 动手操作过程严谨、细致,符合操作规范	
教学资源:本项目可以在 Multisim 软件中进行仿真操作,也可以在面包板或者相关的实验平台上操作,实施步骤相同			

表 31－1(续)

硬件条件：	学生已有基础(课前准备)：
计算机、面包板或者相关的实验平台； 组合逻辑器件； 时序逻辑器件； ＋5V 直流电源； 逻辑电平； 导线若干	组合逻辑器件的功能与使用； 时序逻辑器件的功能与使用； 微型计算机使用的基本能力； 学习小组

31.2　项目基础知识

伴随着数字电子技术的飞速发展，数字逻辑电路的重要性越来越显现出来，尤其是在控制领域、测量领域和通信领域中得到了广泛应用，因此数字逻辑电路的设计与应用已经成为在校大学生相关专业必须掌握的基本技能之一。在电类专业的教学过程中，数字逻辑电路的设计应用是一个重要的实践环节。

数字系统如果按照组成部分不同可以分为电源电路、输入电路、控制电路、输出电路、时钟电路和若干个子电路等。各部分都具有相对的独立性，控制电路是整个电路的核心部分。值得注意是并不是每一个数字系统都严格具有 6 个组成部分。

数字逻辑电路设计目标是制作出实物成品，步骤包括选择课题、电子电路设计、组装、调试和编写总结报告等内容。

1. 明确课题，分析要求，设计总体方案

首先根据设计任务书给定的技术指标和条件确定课题的具体任务，仔细分析设计要求，明确输入端与输出端之间的关系，以及过程中电路所要采取的电路方式，工作电压、电流参数的大小，查找相关参考文献、资料或者手册等，选择出电路设计的主要集成芯片和部分其他元器件，画出总体结构框图，必要时可以配文字说明，简明扼要地说明系统工作原理以及所要达到的主要性能指标。

2. 设计电路各个子模块

电路整体结构出来了，不代表整个电路设计完成，还需要把电路分成若干个子模块，针对各个子模块采取各个击破法进行具体设计，然后把各个子模块搭接在一起。在设计过程中肯定会出现各式各样的问题，要善于理论与实践相结合分析出问题的原因，找出解决问题的方法和途径，从而完善设计方案。

电路在设计的过程中要本着简单、操作灵活、可靠性高的原则，选用芯片时优先选用中、大规模集成电路。组合逻辑电路中的元器件可以使用各种逻辑门或其他中、小规模集成电路；时序逻辑电路中的元器件可以使用触发器和门电路或者中规模集成电路芯片。

3. 模拟仿真、组装调试电路

找一个熟悉的能模拟仿真数字电路的仿真软件，将设计的各个子模块搭接在一起。如果仿真软件完成了设计要求，接下来就可以进行实物组装，测试数据，并针对各项性能指标反复测试修改，直至完善，同时不要忘记工艺的重要性。

4. 编写总结报告

将电路设计的过程、心得体会以及今后在哪些方面值得注意的事项等进行总结，编写总结报告。在总结报告中要绘制出总体电路原理图，按照信号的流向采用左进右出，或上进下出的规律，合理布局各个子模块，并标出必要的说明文字。

31.3 项目实施

题目一：16 个彩灯控制电路。

1. 具体要求：首先彩灯依次由暗变亮，全部点亮后维持 20 s，然后全部熄灭维持 5 s，此后不断重复。

2. 元器件要求：寄存器或者计数器等。

题目二：数字电子钟。

1. 具体要求：晶振电路产生 1 Hz 标准秒信号，秒、分为 00 ~ 59 六十进制计数，时为 00 ~ 23 二十四进制计数，能够手动校正秒、分、时，并且具有整点报时功能。

2. 元器件要求：译码器等。

题目三：设计一个 4 人智力竞赛抢答电路。

1. 具体要求：每个抢答人操纵一个开关，以控制自己的一个指示灯，抢先按动开关者能使自己的指示灯亮起，并封锁其余 3 人的动作（即其余 3 人即使再按动开关也不再起作用），主持人可在最后按“主持人”开关使指示灯熄灭，并解除封锁。

2. 元器件要求：JK 触发器 74LS112 或 D 触发器 74LS74 等。

题目四：设计一个举重裁判逻辑电路。

1. 具体要求：在一个主裁判员和两个副裁判员当中，必须有包含主裁判员在内的两人以上认定试举重动作合格，并按动自己的按钮时，表示举重成功，其输出信号 $Z=$“1”。而且要求这个 $Z=$“1”的信号能一直保持下去，直到工作人员按动清除按钮为止。

2. 元器件要求：RS 触发器等。

题目五：出租车计价器控制电路。

1. 具体要求：出租车里都有数字显示的计价器，按下计价按钮后，出租车开始收费；里程显示 3 位数，精确到 1 km；预置起步里程为 10 km，起步价为 7 元；行车能按照里程收费，能用数据开关设置每千米单价；等候每十分钟增收一千米的费用；按下复位键后，所有数据清零。

2. 元器件要求：触发器、555 等。

31.4　预习思考题

1. 简述组合逻辑电路的分析与设计过程。
2. 简述时序逻辑电路的分析与设计过程。

31.5　实验报告要求

1. 正确设计硬件电路,写出分析过程及工作原理。
2. 心得体会及其他。

单元五　Multisim 10 软件仿真设计实训

项目 32　Multisim 10 软件基本操作

32.1　项目学习任务单

表 32 - 1　Multisim 10 软件基本操作学习任务单

<table>
<tr><td>单元五</td><td colspan="2">Multisim 10 软件仿真设计实训</td><td>总学时:30</td></tr>
<tr><td>项目 32</td><td colspan="2">Multisim 10 软件基本操作</td><td>学　时:8</td></tr>
<tr><td>工作目标</td><td colspan="3">能够掌握 Multisim 10 软件的安装过程
熟练操作 Multisim 10 软件中的各个工具栏及元器件库
能够操作 Multisim 10 软件中的仪器仪表</td></tr>
<tr><td>项目描述</td><td colspan="3">通过对软件基本操作的学习,完成电路图的绘制任务</td></tr>
<tr><td colspan="4">学习目标</td></tr>
<tr><td colspan="2">知识</td><td>能力</td><td>素质</td></tr>
<tr><td colspan="2">1. 电路原理基础知识;
2. 模拟电子技术基础知识;
3. 数字电子技术基础知识</td><td>1. 设计电路的能力;
2. 分析电路的能力;
3. 仪器仪表的正确使用</td><td>1. 学习中态度积极,有团队精神;
2. 能够借助于网络、课外书籍扩展知识面,具有自主学习的能力;
3. 动手操作过程严谨、细致,符合操作规范</td></tr>
<tr><td colspan="4">教学资源:本项目可以在 Multisim 软件中进行仿真操作</td></tr>
<tr><td colspan="2">硬件条件:
计算机;
Multisim 10 软件</td><td colspan="2">学生已有基础(课前准备):
微型计算机使用的基本能力</td></tr>
</table>

32.2　项目实施

1. 概述

NI Multisim 10 是美国国家仪器公司(NI,national instruments)推出的一款基于 PC 平台的电路仿真软件,是 EWB 5.0、Multisim 2001、Multisim 7、Multisim 8、Multisim 9 等版本的升级换代产品,该软件包含 Multisim(电路仿真设计的模块)、Ultiboard(PCB 设计部分)、Ultiroute(布线引擎)及 Commsim(通信模块)四个部分,具备完整的一体化设计环境。Multisim 10 具有直观易学的操作界面以及丰富齐全的元器件种类,且外观与国标基本一致,可以采用图形的方式来创建电路,支持各种电子电路如数字电子电路、模拟电子电路的设计,便于初学者快速上手;同时软件所使用的虚拟测试仪器与实际仪器非常相似,用户在使用过程中如同在实验室做实验一般,可快速分析、调整所设计的电路,从而完成从电路的仿真设计到实际电路板图生成的全过程。另外,Multisim 10 还可以将电路图、实验数据、曲线、元器件清单直接输出打印,且可打开 Multisim 7 等低版本软件下创建和保存的仿真电路,具有向下兼容的功能。

2. Multisim 10 界面介绍

双击桌面上的 Multisim 图标或者单击屏幕左下方的【开始】→【程序】→【National Instruments】→【Multisim】,出现如图 32 - 1 所示的界面,表明正在进入 Multisim 软件。

图 32 - 1　进入 Multisim 界面

Multisim 用户界面包括以下基本元素,如图 32 - 2 所示。

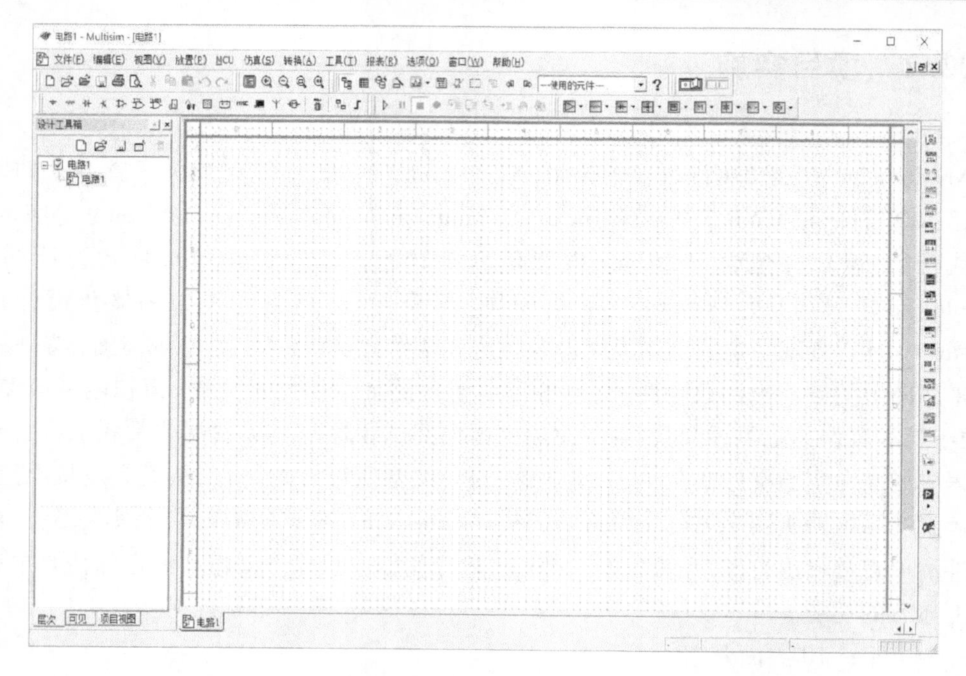

图 32－2　Multisim 用户界面

（1）Multisim 菜单栏

Multisim 菜单栏如图 32－3 所示，单击任一菜单命令后都将弹出其子菜单项。

文件(F)　编辑(E)　视图(V)　插入(I)　格式(O)　工具(T)　幻灯片放映(D)　窗口(W)　帮助(H)

图 32－3　Multisim 菜单栏

File（文件）：同常用的 office 办公软件操作界面类似，包括一般的文件功能，如新建原理图/项目、打开或关闭指定文件/项目、保存或另存文件，也可打印、浏览文档，查看近期历史设计或项目，以及退出 Multisim 软件等，详见表 32－2。

表 32－2　File（文件）命令

命令名称	所执行操作
New	新建文件
Open（Ctrl＋O）	打开一个已存的文件
Open Samples	打开已存的 Multisim 例子的文件
Close	关闭当前电路文件
Close All	关闭所有已打开的窗口
Save（Ctrl＋S）	保存当前文件
Save As	将当前文件另存为其他文件名

表 32－2(续)

命令名称	所执行操作
Save All	保存当前所有打开的文件
New Project	建立一个新的项目(仅在专业版出现,教育版中无此功能)
Open Project	打开原有的项目(仅在专业版出现,教育版中无此功能)
Save Project	保存当前项目(仅在专业版出现,教育版中无此功能)
Close Project	关闭当前的项目(仅在专业版出现,教育版中无此功能)
Version Control	版本控制(仅在专业版出现,教育版中无此功能)
Print (Ctrl + P)	打印电路工作区内的电路原理图
Print Preview	打印预览
Print Options	包括 Print Setup(打印设置)和 Print Instruments(打印电路工作区内仪表)命令
Recent Designs	选择打开最近打开过的文件
Recent Project	选择打开最近打开过的项目
Exit	退出并关闭 Multisim

Edit(编辑):包括撤销/恢复操作、剪切、复制、粘贴、选择、删除、旋转元器件、对图层赋值或设置,以及字体、格式、属性编辑等,共计 21 个命令,详见表 32－3。

表 32－3　Edit(编辑)菜单命令

命令名称	所执行操作
Undo(Crtl + Z)	取消前一次操作
Redo(Crtl + Z)	重复前一次操作
Cut(Crtl + X)	剪切所选择的元器件,放在剪贴板中
Copy(Crtl + C)	将所选择的元器件复制到剪贴板中
Paste(Ctri + V)	将剪切板中的元器件粘贴到指定的位置
Delete	删除所选择的元器件
Select All	选择电路中所有的元器件、导线和仪器仪表
Delete Multi—Page	删除多页电路文件中的某一页电路文件
Paste as Subcircuit	将剪贴板中子电路粘贴到指定的位置
Find (Ctrl + F)	查找电路原理图中的元器件
Graphic Annotation	图形注释选项
Order	改变电路图所示元器件和注释的叠放顺序
Assign to Layer	指定所选的图层为注释层
Layer Settings	图层设置

表 32 －3(续)

命令名称	所执行操作
Orientation	旋转方向选择。包括 Flip Horizontal(将所选择的元器件左右旋转)，FlipVertical(将所选择的元器件上下旋转)，90 Clockwise(将所选择的元器件顺时针旋转 90 度)，90 CounterCW(将所选择的元器件逆时针旋转 90 度)
Title Block Position	设置电路图标志栏位置
Edit Symbol/Title Block	编辑元器件符号/标题栏
Font	字体设置
Comment	表单编辑
Forms/Questions	表单编辑/编辑与电路有关的问题
Properties (Ctrl + M)	打开属性对话框

View(视图)：包括是否显示网格、设置格点间距、调整电路图大小及显示与隐藏等各种工具栏，详见表 32 －4。

表 32 －4　View(视图)菜单命令

命令名称	所执行操作
Full Screen	全屏显示电路窗口
Parent Sheet	显示子电路或分层电路的顶页
Zoom In (F8)	放大电路原理图
Zoom Out (F9)	缩小电路原理图
Zoom Area (F10)	放大所选电路图的区域
Zoom Fit to Page(F7)	放大到合适的页面
Zoom to Magnification(F11)	按比例放大到合适的页面
Zoom Selection (F12)	放大选择
Show Grid	显示栅格
Show Border	显示电路的边界
Show Page Bounds	显示页边界
Ruler Bars	显示标尺栏
Status Bar	显示状态栏
Design Toolbox	显示设计工具栏
Spreadsheet View	显示数据表格栏
Circuit DescriptionBox (Ctrl + D)	显示或关闭电路描述工具箱
Tooblars	显示或关闭工具箱

表 32－4(续)

命令名称	所执行操作
Show Comment/Probe	显示或关闭注释/探针显示
Grapher	显示或者关闭仿真结果的图表

Place(放置):包括在电路工作窗口内放置元件、连接点、总线和文字,以及子电路的创建和替换等,详见表 32－5。

表 32－5　Place(放置)菜单命令

命令名称	所执行操作
Component (Ctrl + W)	放置元器件
Junction(Ctrl + J)	放置节点
WireCtrl + Q)	放置导线
Bus(Ctrl + U)	放置总线
Coonectors	放置输入/输出端口连接器
New Hierarchical Block	放置一个新的层次电路模块
Replace by Hierarchical Block	用层次电路模块替换所选电路模块
Hierarchical Block from file...	来自文件的层次模块
New Subcircuit(Ctrl + B)	创建子电路
Replace by Subcircuit	子电路替换所选电路
Multi－Page	产生多层电路
Merge Bus	合并总线
Bus Vector Connect	总线矢量连接
Comment	放置提示注释
Text(Ctrl + T)	放置文本
Graphics	放置图形
Title Block	放置工程的标题栏

MCU(微控制器):该菜单为 MCU 的调试操作命令。NI Multisim MCU 是 NI 公司增添的微控制器单元联合仿真功能,可以对单片机进行仿真与分析,用户借助其直接在 SPICE 建模的电路中加入一个可使用汇编语言或 C 语言进行编程的微控制器,详见表 32－6。

表 32 -6　MCU(微控制器)菜单命令

命令名称	所执行操作
No MCU Component Found	没有创建 MCU 器件
Debug View Format	调试视图格式
MCU Window...	微控制器窗口
Show Line Numbers	显示线路数目
Pause	暂停
Setp into	单步步入
Setp over	单步步过
Setp out	离开
Run to cursor	运行到指针
Toggle breakpoint	设置断点
Remove all breakpionts	删除所有的断点

Simulate(仿真):包括开始、暂停、停止仿真,选择仪器仪表/分析方法、进行交互式仿真/数字仿真设置,选择仿真分析法、启动后处理器,以及仿真设置的导入/保存,和一起数据清除等命令,详见表 32 -7。

表 32 -7　Simulate(仿真)菜单命令

命令名称	所执行操作
Run(F5)	开始仿真
Pause(F6)	暂停仿真
Stop	停止仿真
Instruments	选择仪器仪表
Interactive Simulation Settings...	交互式仿真设置
Digital Simulation Settings...	数字仿真设置
Analysis	对当前电路进行各种分析
Postprocessor	对电路分析启动后处理器
Simulation Error Log/Audit Trail	仿真误差记录/查询索引
XSpice Command Line Interface	XSpice 命令界面
Load Simulation Settings...	导入仿真设置
Save Simulation Settings...	保存仿真设置
Auto Fault Option	自动设置电路故障选择
VHDL Simulation	运行 VHDL 仿真

表 32－7(续)

命令名称	所执行操作
Dynamic Probe Properties	动态探针属性
Reverse Probe Direction	探针极性反向
Clear Instrument Date	清除仪器数据
Use Tolerances	允许误差

Transfer(转换):包括将绘制的原理图传送到 Ultiboard 9/10、PCB,以及网络表导出等命令,详见表 32－8。

表 32－8　Transfer(转换)菜单命令

命令名称	所执行操作
Transfer to Ultiboard 10	将电路图传送到 Ultiboard 10
Transfer to Ultiboard 9 or earlier	将电路图传送到 Ultiboard 9 或者其他早期版本
Export to PCB Layout	输出 PCB 设计图
Forward Annontate to Ultiboard 10	创建 Ultiboard 10 注释文件
Forward Annontate to 9 or earlie	创建 Ultiboard 9 或者其他早期版本注释文件
Backannotate for Ultiboard	修改 Ultiboard 注释文件
Highlight Selection in Ultiboard	加亮所选择的 Ultiboard
Export Netlist	输出网表

Tools(工具):包括元件/电路编辑器,元件替换、重命名/编号、更新,电气规则检查等编辑或管理命令,详见表 32－9。

表 32－9　Tools(工具)菜单命令

命令名称	所执行操作
Component Wizard	创建元件向导
Database	数据库对元件库进行管理、保存、转换和合并
Variant Manager	变量管理器
Set Active Variant	设置动态变量
Circuit Wizards	电路编辑器为 555 定时器、滤波器、运算放大器和 BJT 共射电路提供设计向导
Rename/Renumber Components	元件重新命名/编号
Replace Components.......	元件替换
Updata Circuit Components.....	更新电路元件

表 32－9(续)

命令名称	所执行操作
Updata HB/SC Symbols	更新层次电路和子电路模块
Electrical Rules Check	电气规则检验
Clear ERC Marker	清除电气规则检查标记
Toggle NC Marker	对电路未连接点或者删除标识
Symbol Editor...	符号编辑器
Title Block Editor...	标题栏编辑器
Description Box Editor...	电路描述编辑器
Edit Labels...	编辑标签
Capture Screen Area	电路图截图

Reports(报告):包括材料清单、元件、网络表、参照表、统计、剩余门电路报告等,详见表32－10。

表 32－10　Reports(报告)菜单命令

命令名称	所执行操作
Bill of Materials	产生当前电路图的元件清单
Component Detail Report	产生特定元件在数据库中的详细信息报告
Netlist Report	产生元件连接信息的网络表文件报告
Cross Reference Report	产生当前电路窗口的所有元件的详细参数表报告
Schematic Statistics	产生电路图的统计信息报告
Spare Gates Report	产生电路中剩余门的报告

Option(选项):包括设计环境参数、工作台界面、用户界面的设置等,详见表32－11。

表 32－11　Option(选项)菜单命令

命令名称	所执行操作
Global Preferences...	全部参数设置
Sheet Properties	电路或子电路的参数设置
Customize User Interface...	用户界面设置

Windows(窗口):包括建立/关闭新窗口、窗口叠层、平铺、选择等命令,详见表32－12。

表 32－12　Windows(窗口)菜单命令

命令名称	所执行操作
New Window	建立新窗口
Close	关闭当前窗口
Close All	关闭所有窗口
Cascade	窗口层叠
Tile Horizontal	窗口水平方向重排
Tile Vertical	窗口垂直方向重排
1 circuit	电路 1
Window...	显示所有窗口列表,并选择激活窗口

Help(帮助):包括版权信息、软件说明和在线技术帮助等,详见表 32－13。

表 32－13　Help(帮助)菜单命令

命令名称	所执行操作
Multisim Help	帮助主题目录
Component Reference	元件帮助主题索引
Release Notes	版本注释
Check For Updates...	检查软件更新
File Information...	当前电路图的文件信息
Parents...	专利权
About Multisim...	有关 Multisim10 的说明

(2)Multisim 工具栏

multisim 常用工具栏如图 32－4 所示,工具栏各图标名称及功能说明如下。

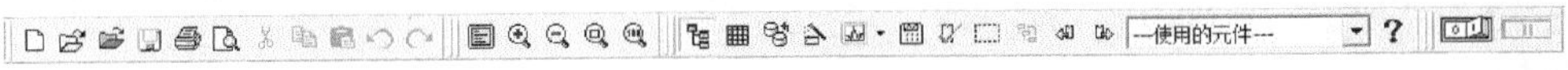

---使用的元件--- ?

图 32－4　Multisim 工具栏

新建:建立一个新的文件,准备生成新电路。

打开:打开一个已存在的电路文件,包含 Multisim 10 文件(＊.ms10)、Multisim 旧版本文件(＊.ms9,＊.ms8,＊.ms7,＊.msm)、EWB 文件(＊.ewb)、Multisim 10 工程文件(＊.mp10)、Multisim 旧版本工程文件(＊.mp9,＊.mp8,＊.mp7)等。

打开设计范例:打开 Multisim 给出的示范例子。

存盘:保存当前正在设计的电路文件。

打印:打印所需要的电路文件。

打印预览:预览整个电路图的打印效果。

剪切:选中所需的电路内容后,可剪切至剪贴板。

复制:选中所需的电路内容后,可复制至剪贴板。

粘贴:将之前选中复制的电路内容从剪贴板粘贴到指定位置。

撤销:撤销上一步操作。

重做:恢复上一步操作。

全屏:将当前电路显示切换成全屏模式。

放大:将当前电路图放大一定比例。

缩小:将当前电路图缩小一定比例。

放大面积:放大选中的电路部分。

适当放大:根据页面将电路放大至合适大小。

设计工具箱的显示或隐藏:显示或隐藏设计工具箱

电子表格工具栏的显示或隐藏:显示或隐藏电子表格工具栏

数据库管理:元器件数据库管理。

创建元件:利用向导创建元件。

记录仪/分析仪表:电路分析方法选择。

后处理器:对仿真结果进一步操作。

电气规则校验:校验电气规则,快速检查所设计的电路是否存在错误。

捕捉屏幕范围:自动捕捉并复制电路,以位图的形式复制到系统剪贴板。

转到父图纸:可以完成子电路与父电路之间的切换。

? 帮助:快速打开帮助。

运行:电路仿真运行、停止、暂停。

(3) Multisim 常用元件库分类

multisim 常用元件库分类如图 32 – 5 所示,工具栏各图标名称及功能说明如下。

图 32 – 5 常用元件库

放置信号源:单击按钮可以打开包含多种类型信号源的元件库,可以用于放置各种系列的信号源,如常见的直流信号源、交流信号源、信号电压源、信号电流源、受控信号源等。

放置基础元件：单击按钮可以打开包含基本虚拟器件的元件库，如各种电阻器、电容器、电感器、连接器、开关、变压器等。

放置二极管：单击按钮可以打开包含多种类型二极管的元件库，如普通二极管、发光二极管、稳压管、二极管整流桥、肖特基二极管、单向晶体闸流管、双向二极管开关、双向晶体闸流管、变压二极管等。

放置晶体管：单击按钮可以打开包含多种类型晶体管的元件库，如 NPN/PNP 型晶体管、达林顿管阵列、带阻 NPN/PNP 晶体管、N/P 沟道耗尽/增强型场效应管、N/P 沟道 MOS 功率管等。

放置模拟元件：单击按钮可以打开包含多种类型模拟集成器件的元件库，如运算放大器、诺顿运算放大器、比较器、宽带运放、特殊功能运放等。

放置 TTL 门电路：单击按钮可以打开包含多种类型 TTL 系列门电路的元件库，如 74STD 系列、74S 系列、74LS 系列、74F 系列、74ALS 系列、74AS 系列。

放置 CMOS 门电路：单击按钮可以打开包含多种类型 CMOS 系列门电路的元件库，如 CMOS_5V 系列、74HC_2V 系列、CMOS_10V 系列、74HC_4V 系列、CMOS_15V 系列、74HC_6V 系列、TinyLogic_2V 系列、TinyLogic_3V 系列、TinyLogic_4V 系列、TinyLogic_5V 系列、TinyLogic_6V 系列等。

放置杂项数字电路：单击按钮可以打开包含微处理器、现场可编程器件、可编程逻辑电路的元件库、存储器、发射器、接收器等各种杂项数字电路的元件库。

放置(混合)杂项元件：单击按钮可以打开包含 555 定时器、AD/DA 转换器、模拟开关等其他杂项器件的元件库。

放置指示器：单击按钮可以打开包含电压表、电流表、探测器、蜂鸣器、灯泡、显示器等指示器的元件库。

放置电力器件：单击按钮可以打开包含保险丝、三端稳压器、隔离电源等器件的元件库。

放置(其他)杂项元件：单击按钮可以打开包含晶振、熔丝管、脉宽调制控制器、降压/升压变换器、网络等器件的元件库。

放置高级外围设备元件：单击按钮可以打开包含数字键盘、LCD 显示器等器件的元件库。

放置射频元件：单击按钮可以打开包含多种类型射频器件的元件库，如射频电容器、射频电感器、射频 NPN/PNP 晶体管、射频 N/P 沟道耗尽型/增强场效应管、射频隧道二极管、射频传输线等。

放置机电元件：单击按钮可以打开包含检测开关、瞬时开关、接触器、定时接触器、线圈和继电器、线性变压器、保护装置、输出设备等器件的元件库。

放置微控制器元件：单击按钮可以打开包含 51 系列、PIC 系列、ROM、RAM 存储器等器件的元件库。

(4) Multisim 仪器仪表库

Multisim 具有丰富的仪器库，包含常见的数字万用表、函数发生器、瓦特表、双踪示波器、四踪示波器、波特图示仪、频率计、字信号发生器、逻辑分析仪、逻辑转换器、IV 分析仪、失真分析仪、频谱分析仪、网络分析仪、安捷伦(Agilent)信号发生器、安捷伦万用表、安捷伦示波器、泰克示波器、测量探针、LabView 测试仪、电流探针。仪器仪表库的菜单如图 32－6 所示。

图 32－6　仪器仪表库

3. Multisim 仪器仪表使用

(1) 数字万用表(multimeter)

Multisim 所提供的数字万用表与实际万用表相比非常类似，外观及操作使用简单，如图 32－7(a)所示。万用表具有正极和负极两个引线端，可以用来测量电路中某一元器件两端的交流或直流电压、电阻或流经某一支路的电流等，可以显示出交流或直流的电流 A、电压 V、电阻 Ω 和分贝值 db，量程可以自动切换。另外点击设置选项，弹出图 32－7(b)万用表设置(Multimeter Settings)对话框，根据实际需要可对万用表进行电气、显示设置等，设置完成后单击确定(Accept)按钮即可。

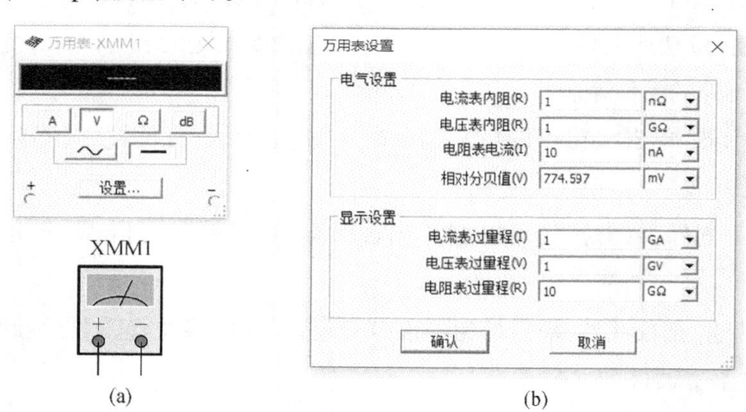

(a)　　　　(b)

图 32－7　数字万用表

(a)仿真图外观；(b)参数设置对话框

(2) 函数发生器(function generator)

Multisim 所提供的函数发生器可以产生正弦波、三角波和矩形波三种波形，其信号频率可调范围为 1 Hz～999 MHz。信号发生器有负极、正极和公共端三个引线端口，其幅值、占空比等可在设置界面中设置，如图 32－8 所示。

(3)功率表(或瓦特表 wattmeter)

Multisim 所提供的功率表可以用来测量电路的直流、交流功率。功率表具有四个引线端口:电压正极和负极、电流正极和负极,如图 32 - 9 所示,使用时将电压表并联、电流表串联在所需测量的电路支路中即可。

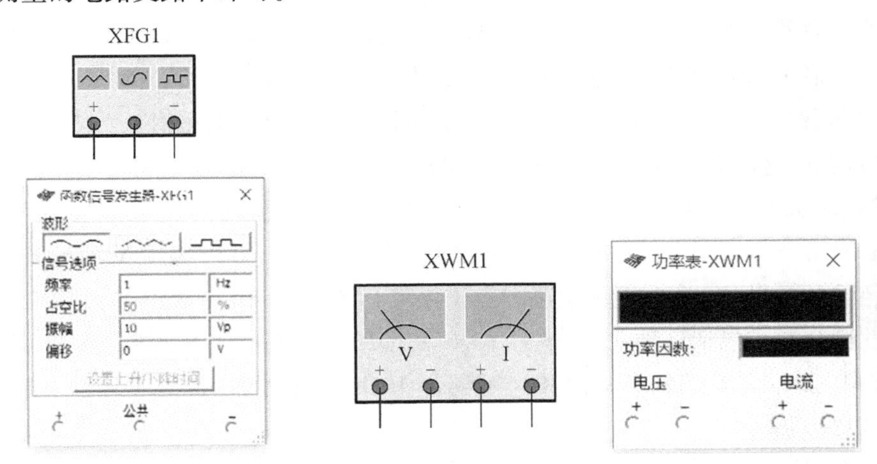

图 32 - 8　函数发生器

图 32 - 9　功率表

(4)双踪示波器(oscilloscope)

Multisim 所提供的双踪示波器从外形到操作与实际的示波器基本一致,如图 32 - 10 所示,该示波器具有 A、B 两个通道四个引线端,以及外触发端 T 和接地端 G 两个引线端。可以同时观察两路信号的直流或交流波形,波形显示可通过时间轴比例、X 位置、对应的通道比例、Y 位置等进行调整,便于被测信号的观测和分析,时间基准调节范围在纳秒(ns) ~ 秒(s)之间。

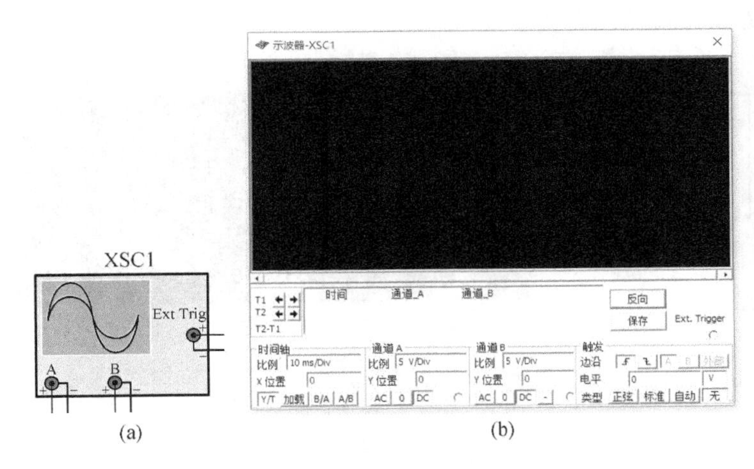

图 32 - 10　双踪示波器

(a)仿真模型示意图;(b)参数设置对话框

示波器的控制面板分为四个部分：

①时间轴(time base)

比例(Scale)：用于设置显示波形的X轴(时间)量程。

X位置(X position)：用于设置X轴的起始位置。

另外示波器设置界面还给出了四种显示方式的设置，包括Y/T(表示X轴显示为波形时间)，Y轴显示为波形的电压值、加载(表示X轴显示为波形时间，Y轴显示为通道A和通道B的电压叠加之和)、A/B或B/A(表示X轴和Y轴均显示电压值)。

②通道A、通道B(Channel A、Channel B)

比例(Scale)：用于设置通道A(或通道B)Y轴电压量程。

Y轴位置(Y position)：用于设置Y轴的起始位置，当Y=0时表示Y轴与X轴相交的原点位于显示中心，当Y>0时表示Y轴原点位置向上移，当Y<0时表示Y轴原点位置向下移。

触发耦合方式包括三种：交流耦合AC(只显示被测电路中的交流分量)、直流耦合DC(显示被测电路中的交直流分量之和)、零耦合0(在Y轴设置的原点处显示一条直线)。

③触发(Tigger)

触发方式用于X轴触发信号、触发电平及边沿等的设置，包括边沿设置(Edge)(用于被测信号起始边沿的设置，先显示上升沿或先显示下降沿)、电平设置(Level)(用于触发信号电平的设置，当触发信号达到设定值时开始扫描)。

触发信号选择方式有三种，包括单次扫描(触发信号来到后开始一次扫描)、常态扫描(若无触发信号则没有扫描线)、自动扫描(无论是否有触发信号扫描线均存在)。

(5)四踪示波器(4 channel oscilloscope)

除了双踪示波器以外，Multisim还提供了四踪示波器，如图32-11所示，最多可以同时显示A、B、C、D四条波形，通过通道控制器旋钮可以切换通道，调整相应的参数，其余使用操作方法与双踪示波器的一致。

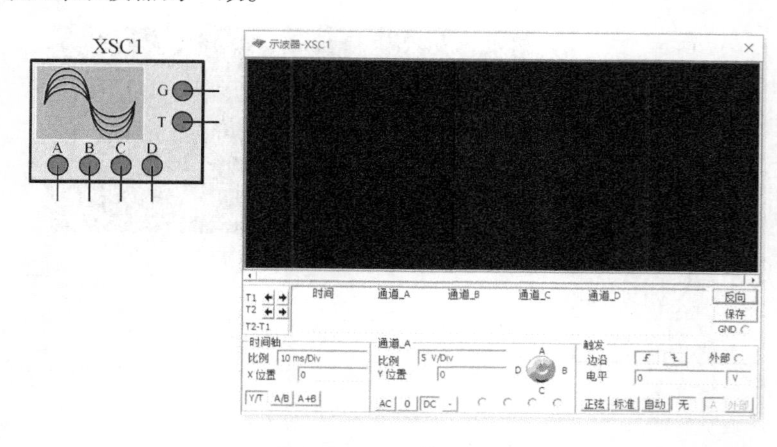

图32-11　四踪示波器

(a)仿真模型示意图；(b)参数设置对话框

(6)波特图示仪(bode plotter)

波特图示仪可用于各阶电路或滤波电路的频率特性的测量,能够显示观察电路的频率响应。波特图示仪包含两组(四个)引线端,一组是电路的输入信号,一般要求输入交流信号,另一组是电路的输出信号,如图 32 - 12 所示。

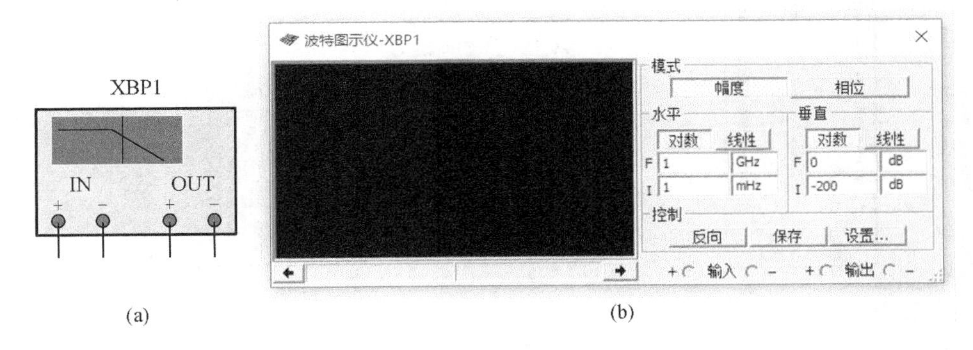

(a)　　　　(b)

图 32 - 12　波特图示仪

(a)仿真模型示意图;(b)参数设置对话框

频率响应曲线的坐标、有关参数等可以通过波特图示仪控制设置界面上的幅值(Magnitude)、相位(Phase)的选择、水平(Horizontal)、垂直(Vertical)等选项进行设置、调整。

(7)频率计(frequency couter)

频率计用于被测信号频率、周期、相位的测量,脉冲信号的上升沿和下降沿,如图 32 - 13 所示,输入信号的幅值等相关参数可通过灵敏度(Sensitivity)、触发电平(Trigger Level)进行调整。

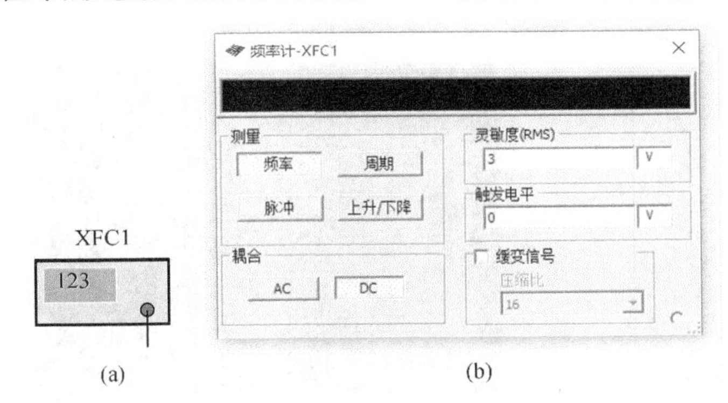

(a)　　　　(b)

图 32 - 13　频率计

(a)仿真模型示意图;(b)参数设置对话框

(8)字信号发生器(word generator)

字信号发生器是一个能够产生 32 位同步逻辑信号的仪器,适用于数字电路的各种测试实验。字信号发生器共有 32 个输出端子,每一个端子都可以用作数字电路的输入信号。另外发生器还有 R 和 T 两个引线端,其中 R 作为备用信号端,T 作为外触发输入端。通过字信号发生器的设置界面可对控制方式(Controls)、显示方式(Display)、触发方式(Trigger)、频率(Frequency)等参数进行设置,如图 32-14 所示。

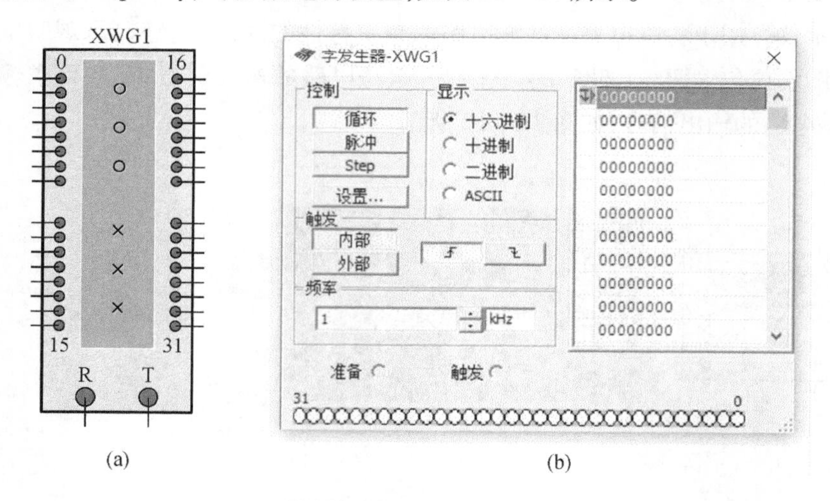

图 32-14　字信号发生器

(a)仿真模型示意图;(b)参数设置对话框

(9)逻辑分析仪(logic analyzer)

Multisim 提供的逻辑分析仪主要用于采集数字逻辑信号并进行时序分析,能够同时记录并显示 16 路逻辑信号。逻辑分析仪包括 1~F 16 个引线端以及 C(外接时钟输入端)、Q(时钟控制输入端)、T(触发控制输入端)3 个端子,如图 32-15 所示。测试过程中,可通过时钟、触发两个设置模块对参数进行设置。

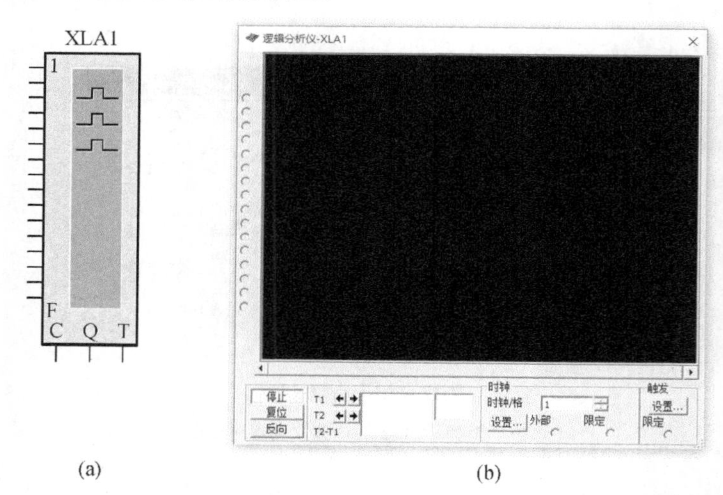

图 32-15　逻辑分析仪

(a)仿真模型示意图;(b)参数设置对话框

(10)逻辑转换器(logic converter)

逻辑转换器是 Multisim 所特有的一种虚拟仪表，用于将数字逻辑电路、真值表、逻辑表达式进行相互转换，如图 32－16 所示，该仪表具有 8 路信号输入端和 1 路信号输出端，能够实现逻辑电路转换为真值表、真值表转换为逻辑表达式、真值表转换为最简逻辑表达式、逻辑表达式转换为真值表、逻辑表达式转换为逻辑电路、逻辑表达式转换为与非门电路六种功能。

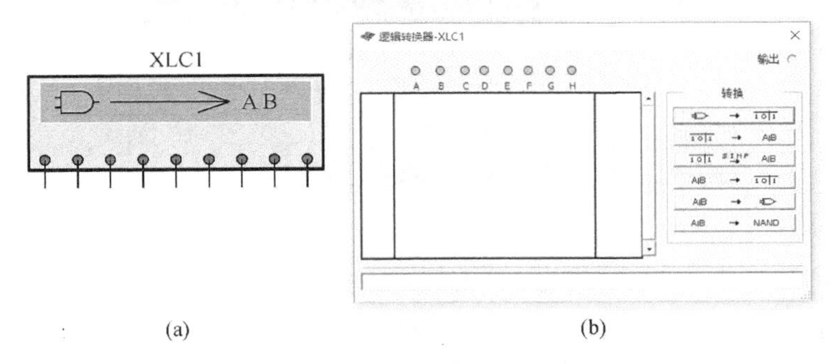

(a)　　(b)

图 32－16　逻辑转换器

(a)仿真模型示意图；(b)参数设置对话框

(11) IV 分析仪(IV analyzer)

IV 分析仪相当于实际的晶体管图示仪，有三个引线端，可与晶体管连接，用于晶体管的伏安特性分析，如二极管、NPN/PNP 晶体管、场效应管等。在使用时需要先将晶体管从电路中断开，然后才能够进行测量。通过设置面板可对测量器件类型、电流范围、电压范围等进行选择、调整，如图 32－17 所示。

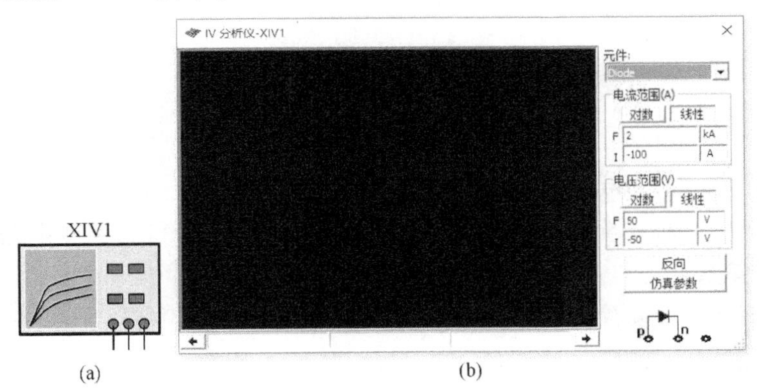

(a)　　(b)

图 32－17　IV 分析仪

(a)仿真模型示意图；(b)参数设置对话框

(12)失真分析仪(distortion analyzer)

失真分析仪有一个引线端子，可用于测量电路信号失真的程度，在设置面板上可观察到测量失真度的相关数据。另外通过设置面板还可以对频率分辨率、总谐波失真或噪声比进行设置、选择等，如图 32－18 所示。

(13)频谱分析仪(spectrum analyzer)

频谱分析仪可用于分析信号的频域特性，其设置面板包括量程控制、频率、振幅等参数的设置选项，如图 32－19 所示。

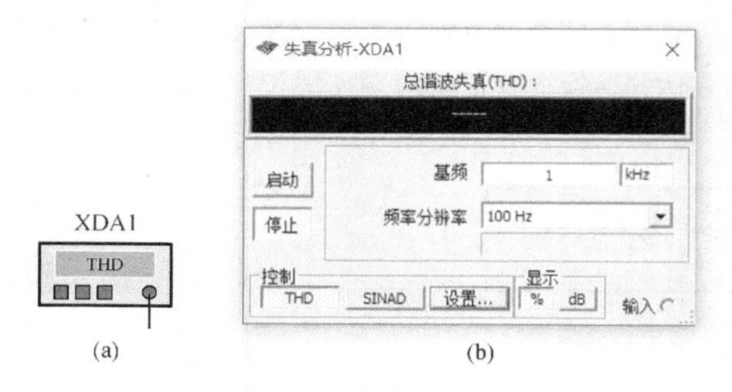

(a)　　(b)

图 32－18　失真分析仪

(a)仿真模型示意图；(b)参数设置对话框

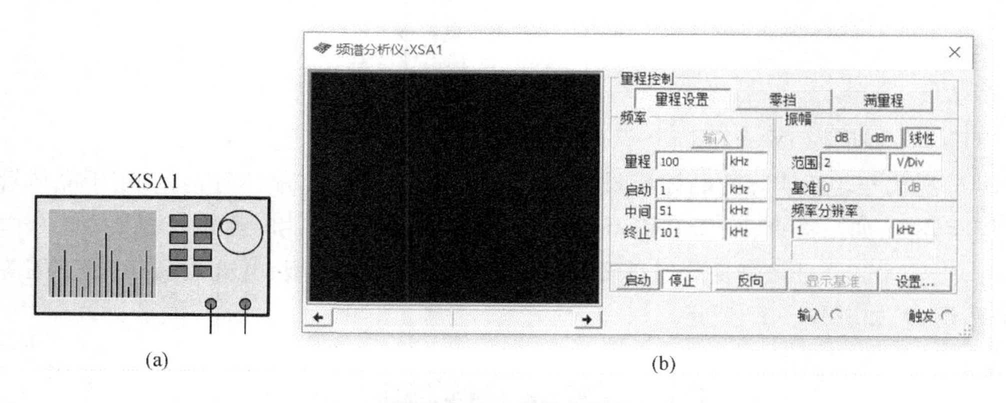

(a)　　(b)

图 32－19　频谱分析仪

(a)仿真模型示意图；(b)参数设置对话框

(14)网络分析仪(network analyzer)

网络分析仪可针对双端口网络的特性进行分析测量，可以得到被测电路的 S 参数，并计算出 H、Y、Z 参数。

如图 32－20 所示，设置面板的模式模块可对测量模式、射频特性、匹配网络设计进行设置；图标模块主要用于选择要分析的参数如 S、H、Y 或者 Z 参数，模式则可选择 Smith(史密斯模式)、Mag/Ph(增益/相位频率响应、波特图)、Polar(极化图)、Re/Im(实部/虚部)；Trace 用来选择需要显示的参数；函数模块主要用于数据显示窗口的三种显示方式，包括 Re/Im 直角坐标模式、Mag/Ph(Degs)极坐标模式、dB Mag/Ph(Deg)分贝极坐标模式。

(15)安捷伦函数发生器

Multisim 中提供的安捷伦系列虚拟仪表无论是操作面板还是方式，都与实际仪表完全一致。安捷伦函数发生器的型号为 33120A，是一款具有高性能 15 MHz 的信号发生器。安捷伦函数发生器有两个连接端，上引线端是信号输出端，下引线端是接地端，如图 32－21 所示。单击图(b)最左侧的 Power 按钮，即可按照要求输出信号。

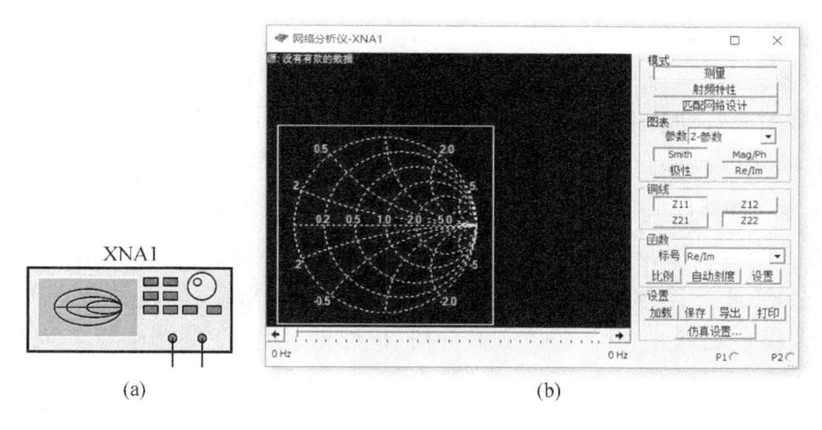

(a)　　(b)

图 32－20　网络分析仪

(a)仿真模型示意图;(b)参数设置对话框

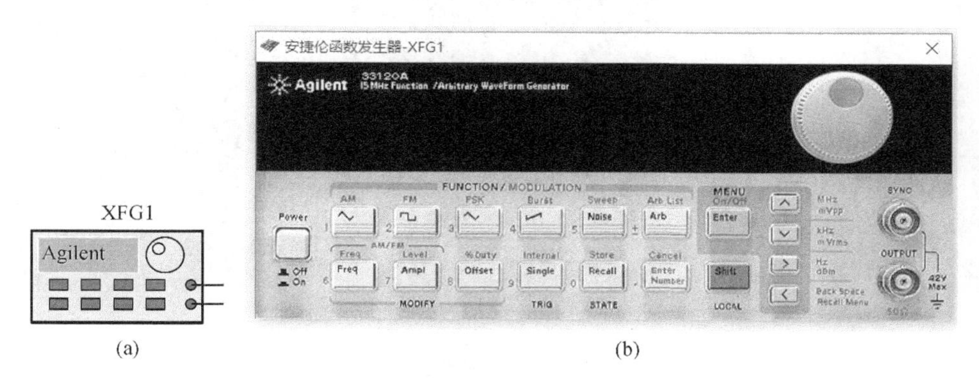

(a)　　(b)

图 32－21　安捷伦函数发生器

(a)仿真模型示意图;(b)参数设置对话框

(16)安捷伦万用表

安捷伦万用表的型号为 34401A,是一款具有高性能的 6 位半的数字万用表,具有五个引线端,可以实现对直流、交流、电压、电流、电阻、频率等各种电类参数的测量,如图 32－22 所示。

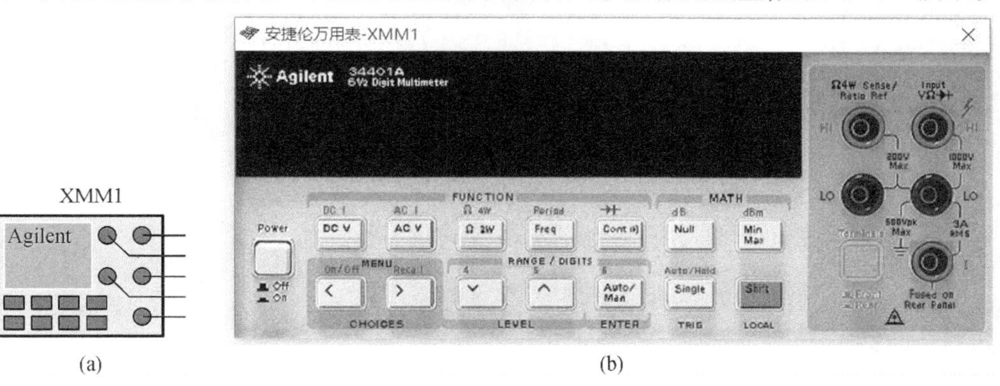

(a)　　(b)

图 32－22　安捷伦万用表

(a)仿真模型示意图;(b)参数设置对话框

(17)安捷伦示波器

安捷伦示波器的型号是54622D,是一款具有16个逻辑通道、2个模拟通道、100 MHz的带宽示波器,可用于各种波形的测量,如图32-23所示。

除了上述基本仪表外,Multisim 10还提供了泰克示波器、测量探针等虚拟仪表,以及常见扫描分析方法,启动【仿真】→【分析】命令,或按▒钮,即可拉出如图32-24所示的菜单,其中包括18个分析命令。从上至下依次为:直流工作点分析、交流分析、瞬态分析、傅里叶分析、噪声分析、噪声图形分析、失真度分析、直流扫描分析、灵敏度分析、参数扫描分析、温度扫描分析、极点和零点分析、传输函数分析、最坏情况分析、蒙特卡罗分析、铜箔宽度分析、批处理分析、用户自定义分析。

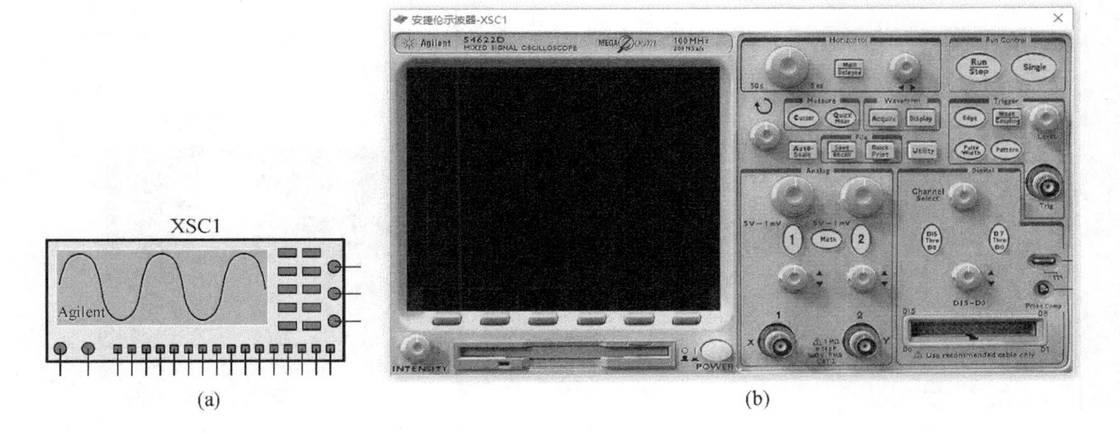

图32-23　安捷伦示波器

(a)仿真模型示意图;(b)参数设置对话框

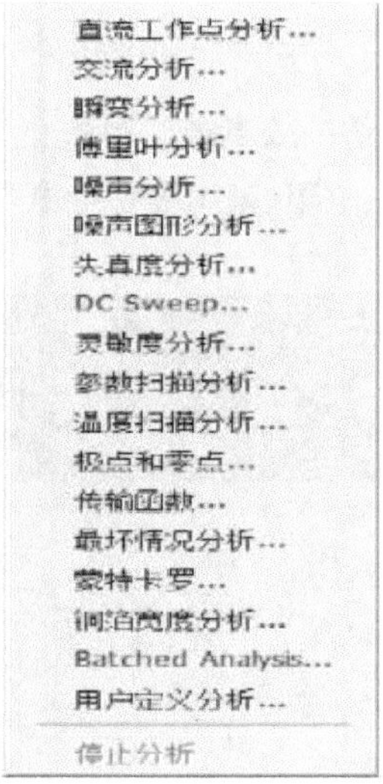

直流工作点分析…
交流分析…
瞬变分析…
傅里叶分析…
噪声分析…
噪声图形分析…
失真度分析…
DC Sweep…
灵敏度分析…
参数扫描分析…
温度扫描分析…
极点和零点…
传输函数…
最坏情况分析…
蒙特卡罗…
铜箔宽度分析…
Batched Analysis…
用户定义分析…
停止分析

图32-24　分析次菜单

下面举例介绍模拟电路分析中常用的几种分析方法。

(1)静态工作点分析(DC operating point)

该分析是模拟放大电路中最常见的分析方法,可用于放大电路直流通路静态工作点相关参数的测量和分析。在分析过程中,软件会自动将电路中原有的交流分量设置为0,将电容断开、电感和交流电源短路,仅保存电路中的直流分量。分析得到的结果可用于瞬态分析、交流分析和参数扫描分析等。

(2)交流分析(AC analysis)

交流分析可对放大电路小信号模型幅频、相频的频率特性进行分析。在分析过程中,软件会自动将电路的输入信号设置为正弦波信号,然后进行分析。

(3)瞬态分析

瞬态分析可用于电路的时域响应分析,所得到的结果是以电路中指定变量与时间的函数关系呈现的。在分析过程中,软件会将直流电源设置为常量,交流电源按时间函数进行输出,电容和电感采用储能模型。

4. Multisim 基本操作

(1)新建文件和保存方式

运行 Multisim 10,软件会自动打开一个新的空白电路文件,点击保存便可按照自己需要命名并保存电路文件。也可以通过菜单中的【文件】→【新建】或者单击工具栏中□“新建”图标来创建电路。

如需保存文件,可通过菜单中的【文件】→【保存】或用快捷键 Ctrl + S 或单击工具栏中的 “保存”图标,对当前文件进行保存。如果所保存的电路为一个新的电路,执行保存操作时会弹出一个保存文件的对话框,可以对当前电路文件的保存路径、文件名进行修改。

(2)工作环境设置

①编辑图纸标题栏

点击菜单中【放置】→【标题模块】可打开一个标题栏文件选择对话框,如图 32 - 25 所示,Multisim 10 自带 10 种可选的标题栏文件,用户也可自行绘制。标题栏可用于显示所设计当前电路图的名称、设计者姓名、图纸大小、图号、功能特点描述、绘制日期等信息。

②电路图选项的设置

通过菜单中【选项】→【工作界面设置】,可对用户编辑环境的一些选项进行设置修改,用于改变电路图的显示方式,如图 32 - 26 所示。表单属性对话框中包含电路、工作区、配线、字体、PCB、可见 6 个选项卡。

电路选项卡可用于电路各种参数、标签、标识的显示/隐藏,如网络名字、元件的标签、数值等等。另外还可以利用颜色模块对工作界面的背景、元件、导线颜色进行调整。

工作区选项卡如图 32 - 27 所示,用于对图纸方向、边框、网格、大小等设置。

图 32－25　标题栏文件选择对话框

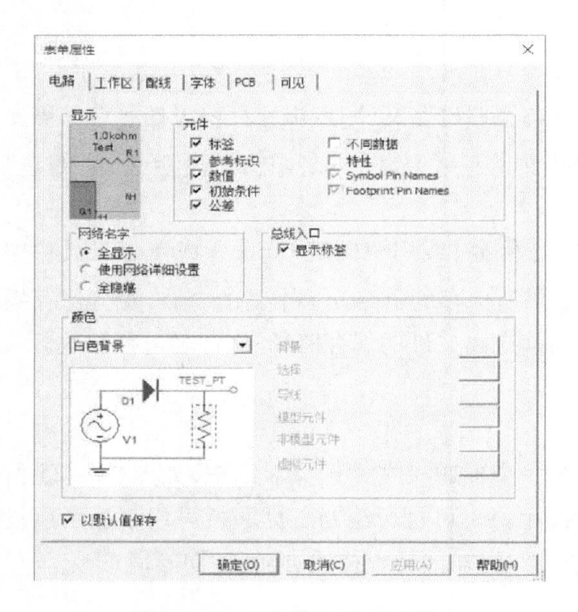

图 32－26　电路图选项设置

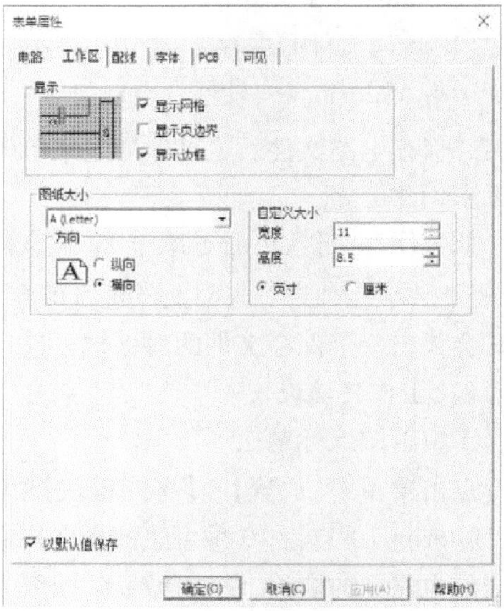

图 32－27　工作区选项卡设置

配线选项卡如图 32－28 所示，用于设置导线、总线的线宽以及总线模式的选择等。

字体选项卡如图 32－29 所示，用于字形的选择、字体大小以及应用范围等设置。

图 32－29 中的 PCB、可见选项卡可对 PCB 板接地、铜层编号、固定层等内容进行设置。

为了便于广大用户绘制电路，Multisim 10 还提供了元件放置方式、符号标准等内容的设置，如图 32－30 所示。点击菜单中【选项】→【国际标准】，选择所弹出的对话框中的元器件选项卡便可进行修改。ANSL 代表采用美国标准元器件符号，DIN 代表采用欧洲标准元器件符号。另外在该界面中还可选择相移方向、设置数值仿真状态等。

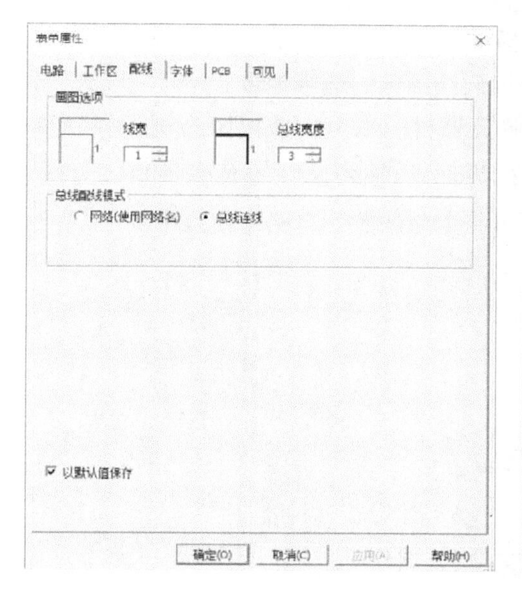

图 32－28　配线选项卡设置

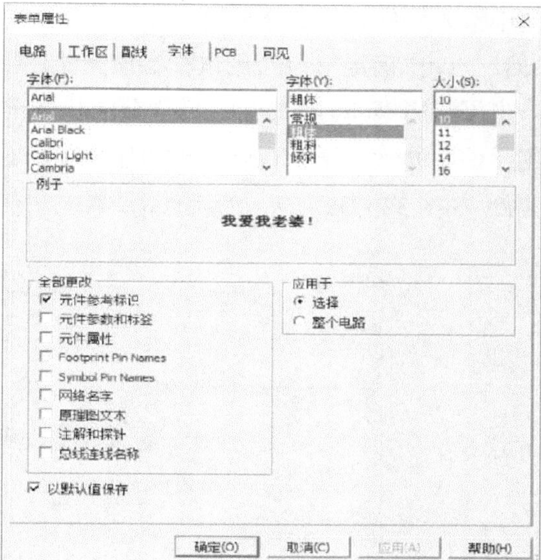

图 32－29　字体选项卡设置

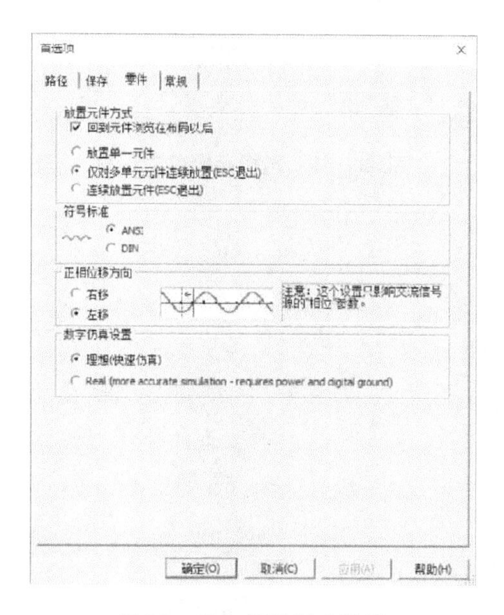

图 32－30　符号标准设置

（3）放置元器件

待编辑工作环境设置好以后，用户便可进行电路图的绘制。绘制的第一步是先将所需的元器件放置到图纸界面上。

①元器件的选用

选用元器件时，可以用鼠标单击菜单栏中的【放置】→【元器件】，便可打开元器件库，弹出图 32－31 所示的界面。该界面左侧的组合系列可用于选择所需的元器件，也可在元件查找框中输入元件名称直接查找元件。然后从选择的元器件库对话框中，用鼠标点击该元器件，然后点击“确定”即可，用鼠标将该元器件拖拽到绘图区的适当地方。

也可利用 Multisim 常用元件库分类快速选择元器件。以 100 Ω 电阻为例，用鼠标单击常用元件库的“放置基础元件”图标，在弹出的界面中，输入元件的大小“100”，选择第 2 个元件，如图 32－32 所示，然后点击“确定”，便可将电阻放置到电路工作区中。

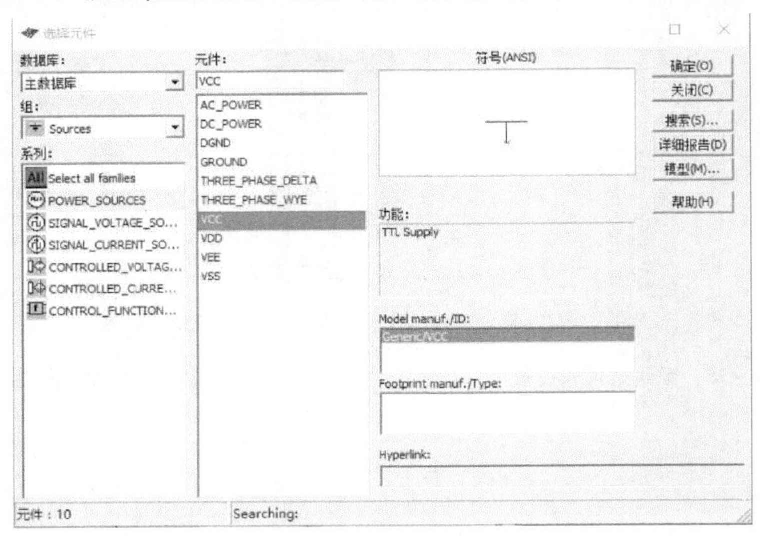

图 32－31　选择元器件对话框

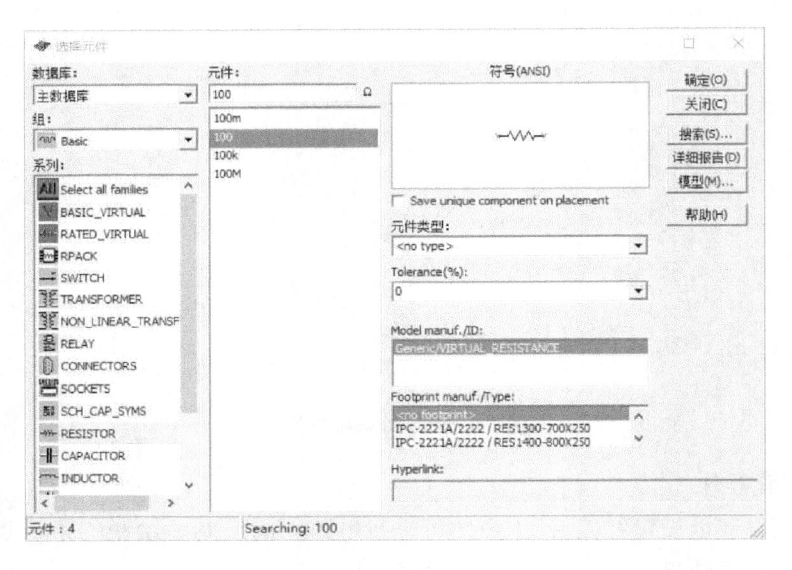

图 32－32　选择电阻设置

②选择元器件

在电路的绘制过程中，常需要选择元器件或部分电路，以便进行移动、旋转、删除、设置参数等操作。利用鼠标左键单击单个元器件,其四周将会出现虚框,表示该元件已被选择,此时便可对元件进行操作。如果需要对多个元件或部分电路进行选择,则在空白处点击鼠标左键,并拖拽出一个矩形区域将这些器件或电路全部包括进去,便可以同时选择所需的多个元件或电路。如要取消选择状态,只需单击电路工作区的任意空白部分即可。

③元器件的移动

用鼠标左键点击(不松开)需要移动的元件或部分电路,拖拽到指定位置即可。元器件被移动后,与其相连接的导线就会自动重新排列。将元器件选择后,点击方向键可细微调整位置。

④元器件的旋转与翻转

单击菜单中【编辑】→【器件水平翻转】,便可将所选择的元器件左右翻转;单击菜单中【编辑】→【器件垂直翻转】便可将所选择的器件上下翻转;单击菜单中【编辑】→【90 度顺时针旋转】可将所选器件顺时针旋转 90 度;单击菜单中【编辑】→【90 度逆时针旋转】可将所选器件逆时针旋转 90 度。使用快捷键 Ctrl 也可以快速实现器件的旋转操作。

⑤元器件的复制、删除

单击菜单中【编辑】后,还可以选择【剪切】、【复制】、【粘贴】、【删除】等命令,实现对元器件的剪切、复制、粘贴、删除等操作。

⑥元器件标签、编号、数值、模型参数的设置

元器件放置好后,双击器件便可弹出元器件特性的对话框,以 100 Ω 的电阻为例,如图 32－33 所示该界面中可对器件的标签、显示、参数、故障、引脚、变量等内容进行修改。

图 32－33 元器件属性设置

(4)导线的操作

元器件放置后,需对元器件进行连线。

①导线的连接

若想用导线将两个元器件连接在一起,首先将鼠标放在一个元器件的端点使其出现一个小圆点,点击鼠标左键并拖曳出一根导线,移动鼠标,使导线指向另一个元器件的端点同时出现小圆点,再次点击鼠标左键,则导线连接完成。

连接完成后,导线将自动选择合适的走向,不会使导线与其他元器件或仪器发生交叉。

②导线的删除与改动

将鼠标放在要删除的导线上,单击鼠标右键,在出现的菜单栏中鼠标左键单击【删除】选项,完成导线的删除操作。也可以拖曳移开的导线连至另一个接点,实现导线的改动。

③改变导线的颜色

在复杂的电路中,为了防止连错元器件或导线,可以将导线设置成不同的颜色加以区分。要改变导线的颜色,用鼠标指向该导线,点击右键出现菜单,选择【改变颜色】选项,出现颜色选择框,然后选择合适的颜色即可。

④在导线中插入元器件

将元器件按照一定方向直接拖曳放置在导线上,然后释放即可将元器件插入在电路中。

⑤从电路删除元器件

选中该元器件,按下菜单栏中的【编辑】→【删除】,或者点击右键出现菜单,选择【删除】即可。

⑥“连接点”的使用

“连接点”是一个小圆点。点击【放置】→【节点】可以放置节点。一个“连接点”最多可以连接来自四个方向的导线。可以直接将“连接点”插入连线中,将原本不能直接连接的两个导线连接起来。

⑦节点编号

在连接电路时,Multisim 10 自动为每个节点分配一个编号。是否显示节点编号可通过【选项】→【表单属性】对话框中的【电路】→【网络名称】选项进行设置,可以选择是否显示连接线的编号。

项目33　叠加定理验证仿真

33.1　项目学习任务单

表33－1　叠加定理验证仿真学习任务单

单元五	Multisim 10 软件仿真设计实训	总学时:30
项目33	叠加定理验证仿真	学　时:6
工作目标	能够熟练操作 Multisim 10 软件 能够熟练运用 Multisim 10 软件绘制出电路硬件仿真原理图	
项目描述	通过软件的仿真,验证叠加定理	

表 33-1(续)

学习目标		
知识	能力	素质
1. 电路原理基础知识; 2. Multisim 10 软件基本操作	1. 设计电路的能力; 2. 分析电路的能力; 3. 仪器仪表的正确使用	1. 学习中态度积极,有团队精神; 2. 能够借助于网络、课外书籍扩展知识面,具有自主学习的能力; 3. 动手操作过程严谨、细致,符合操作规范
教学资源:本项目可以在 Multisim 软件中进行仿真操作,也可以在面包板或者相关的实验平台上操作,实施步骤相同		
硬件条件: 计算机; Multisim 10 软件	学生已有基础(课前准备): 微型计算机使用的基本能力	

33.3　项目实施

第 1 步:创建一个新的设计文件。

首先打开 Multisim 软件,选择【文件】→【新建】菜单项,新建一个名为"XM1"的原理图,并将新建的设计保存在 F 盘根目录下。

第 2 步:设置工作环境。

选择【选项】→【工作界面设置】菜单项,在电路选项卡中将网络名字设置为"全隐藏",在工作区选项卡中将图纸大小设置为 A4 纸型,方向设置为"横向",其他选项使用系统默认设置。

第 3 步:绘制电路图,叠加定理验证电路需要的元器件如表 33-2 所示。把表中所有元器件从对象选择区中放置到原理图编辑区中合适的位置。

表 33-2　叠加定理验证电路元器件清单

元件名称	所在元件库	所在组	型号参数
电阻	【Basic】	【Resistor】	$R_1=50\ \Omega$,$R_2=50\ \Omega$,$R_3=50\ \Omega$
直流电压源	【Sources】	【Power_sources】	【DC_POWER】-【$U_1=12$ V,$U_2=12$ V】
直流电压表	【Indicators】	【Voltmeter】	Voltmeter_H
开关	【Basic】	【Switch】	Spdt
地	【Sources】	【Power_sources】	GROUND

第 4 步:电路图绘制完成以后便可进行仿真。点击仿真按钮,可通过数字电压表对电路中电压值进行观察,如图 33-1 所示。也可用万用表来代替数字电压表进行测量,读者可自行替换。

第 5 步:也可以通过添加探针的方式测量电路中的电流及电压值,如图 33-2 所示。

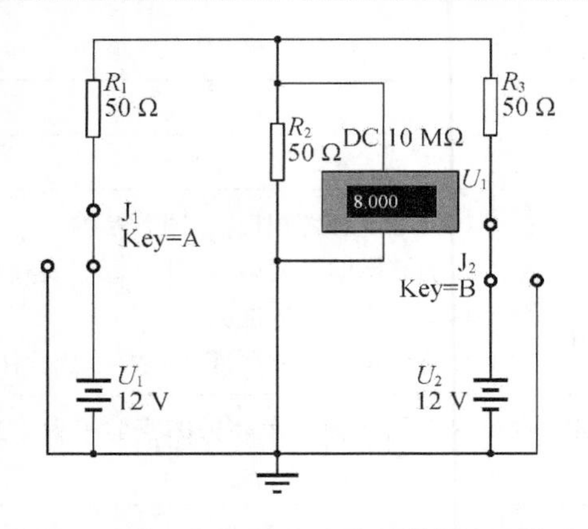

图 33－1　添加数字电压表的叠加定理仿真

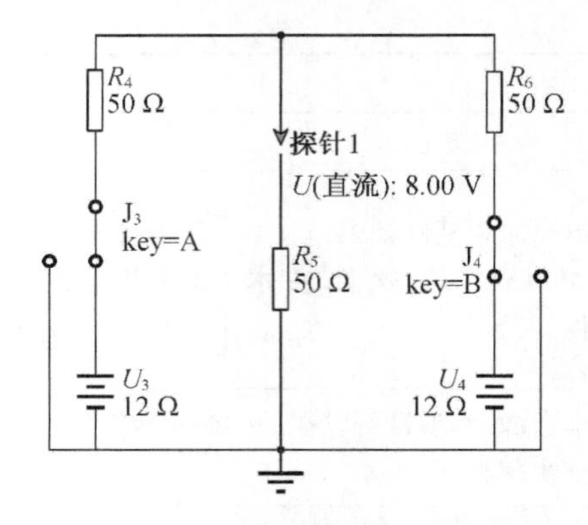

图 33－2　添加探针的叠加定理仿真

第 6 步:仿真现象。调换开关的位置,完成两个电压源同时工作的情况,或者其中只有一个电压源工作的情况,将电压表数据记录到表 33－3,是否符合叠加定理,电压表的示数是否和模拟分析图表中探针的值相同。成功后,再换组数据试一试。

表 33－3　叠加定理验证数据

U_1 电压源/V	U_2 电压源/V	电压表的值	是否符合叠加定理
10	0		
0	15		
10	15		

项目 34　NPN 型晶体管共射放大电路仿真

34.1　项目学习任务单

表 34－1　NPN 型晶体管共射放大电路仿真学习任务单

单元五	Multisim 10 软件仿真设计实训	总学时:30
项目 34	NPN 型晶体管共射放大电路仿真	学　时:8
工作目标	能够熟练操作 Multisim 10 软件 能够熟练运用 Multisim 10 软件绘制出模拟电路原理图	
项目描述	通过软件的仿真,熟练绘制模拟电路原理图	

表 34－1(续)

学习目标		
知识	能力	素质
1. 模拟电子技术基础知识； 2. Multisim 10 软件基本操作	1. 设计电路的能力； 2. 分析电路的能力； 3. 仪器仪表的正确使用	1. 学习中态度积极，有团队精神； 2. 能够借助于网络、课外书籍扩展知识面，具有自主学习的能力； 3. 动手操作过程严谨、细致，符合操作规范
教学资源：本项目可以在 Multisim 软件中进行仿真操作，也可以在面包板或者相关的实验平台上操作，实施步骤相同		
硬件条件： 计算机； Multisim 10 软件	学生已有基础(课前准备)： 微型计算机使用的基本能力	

34.2 项目实施

第 1 步：创建一个新的设计文件。

首先打开 Multisim 软件，选择【文件】→【新建】菜单项，新建一个名为"XM2"的原理图，并将新建的设计保存在 F 盘根目录下。

第 2 步：设置工作环境。

选择【选项】→【工作界面设置】菜单项，在电路选项卡中将网络名字设置为"全隐藏"，在工作区选项卡中将图纸大小设置为 A4 纸型，方向设置为"横向"，其他选项使用系统默认设置。

第 3 步：绘制电路图，叠加定理验证电路需要的元器件如表 34－2 所示。把表中所有元器件从对象选择区中放置到原理图编辑区中合适的位置。

表 34－2 NPN 型晶体管共射放大电路元器件清单

元件名称	所在元件库	所在组	型号参数
三极管	【Transistors】	【BJT_NPN】	2N2222A
电阻	【Basic】	【Resistor】	$R_1=5\ \text{k}\Omega$，$R_2=5.1\ \text{k}\Omega$，$R_3=12\ \text{k}\Omega$，$R_4=20\ \text{k}\Omega$，$R_5=50\ \text{k}\Omega$，$R_6=100\ \Omega$
电容	【Basic】	【Capacitor】	$C_1=10\ \mu\text{F}$，$C_2=10\ \mu\text{F}$，$C_3=30\ \mu\text{F}$
直流电压源	【Sources】	【Power_sources】	【DC_POWER】－【$V_1=12$ V】
地	【Sources】	【Power_sources】	GROUND

第 4 步:基本电路图绘制完成后,添加信号发生器以及示波器,如图 34 - 1 所示。

单击 Multisim 仪器仪表库菜单中的图标,放置函数信号发生器。双击发生器,将信号设置为振幅 10mV、占空比为 50%、频率为 1kHz、偏移为 0 的正弦波波形,如图 34 - 2 所示:

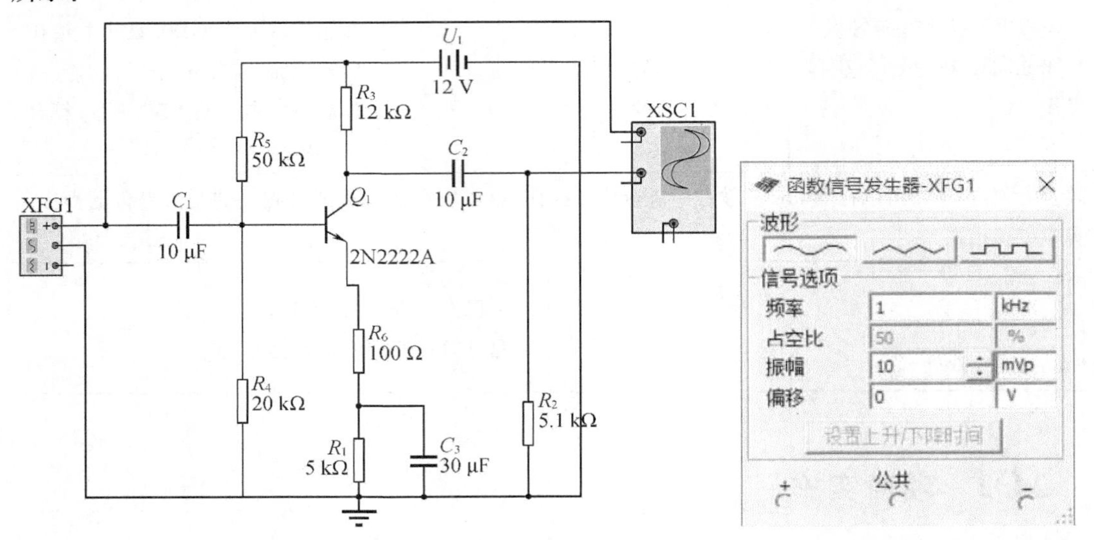

图 34 - 1　NPN 型三极管电路原理图　　　　图 34 - 2　信号发生器面板

单击 Multisim 10 仪器仪表库菜单中的图标,放置双踪示波器,连接在电路的输入端口和输出端口上,然后单击运行观察仿真现象,如图 34 - 3 所示。

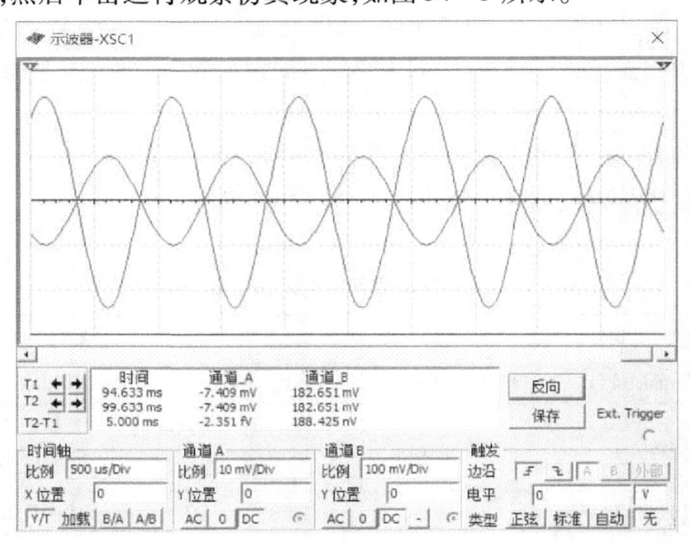

图 34 - 3　双踪示波器面板

项目 35　芯片 74LS00 的逻辑功能测试

35.1　项目学习任务单

表 35－1　芯片 74LS00 的逻辑功能测试仿真学习任务单

<table>
<tr><td>单元五</td><td colspan="2">Multisim 10 软件仿真设计实训</td><td>总学时:30</td></tr>
<tr><td>项目 35</td><td colspan="2">芯片 74LS00 的逻辑功能测试</td><td>学　时:8</td></tr>
<tr><td>工作目标</td><td colspan="3">能够熟练操作 Multisim 10 软件
能够熟练运用 Multisim 10 软件绘制出数字电路原理图</td></tr>
<tr><td>项目描述</td><td colspan="3">通过软件的仿真,熟练绘制数字电路原理图</td></tr>
<tr><td colspan="4">学习目标</td></tr>
<tr><td colspan="2">知识</td><td>能力</td><td>素质</td></tr>
<tr><td colspan="2">1. 数字电子技术基础知识;
2. Multisim 10 软件基本操作</td><td>1. 设计电路的能力;
2. 分析电路的能力;
3. 仪器仪表的正确使用</td><td>1. 学习中态度积极,有团队精神;
2. 能够借助于网络、课外书籍扩展知识面,具有自主学习的能力;
3. 动手操作过程严谨、细致,符合操作规范</td></tr>
<tr><td colspan="4">教学资源:本项目可以在 Multisim 软件中进行仿真操作,也可以在面包板或者相关的实验平台上操作,实施步骤相同</td></tr>
<tr><td colspan="2">硬件条件:
计算机;
Multisim 10 软件</td><td colspan="2">学生已有基础(课前准备):
微型计算机使用的基本能力</td></tr>
</table>

35.2　项目实施

第 1 步:创建一个新的设计文件。

首先打开 Multisim 软件,选择【文件】→【新建】菜单项,新建一个名为“XM3”的原理图,并将新建的设计保存在 F 盘根目录下。

第 2 步:设置工作环境。

选择【选项】→【工作界面设置】菜单项,在电路选项卡中将网络名字设置为“全隐藏”,在工作区选项卡中将图纸大小设置为 A4 纸型,方向设置为“横向”,其他选项使用系统默认设置。

第 3 步:绘制电路图,测试电路需要用数字信号发生器以及逻辑分析仪进行测试(74LS00N 位于【TTL】→【74LS_IC】中),把所需的元器件从对象选择区中放置到原理图编辑区中合适的位置，如图 35 －1 所示。

第 4 步：设置字信号发生器，将控制方式设置为循环、加计数模式，频率为 1 kHz，显示为二进制，逻辑分析仪频率设置为 1 kHz。

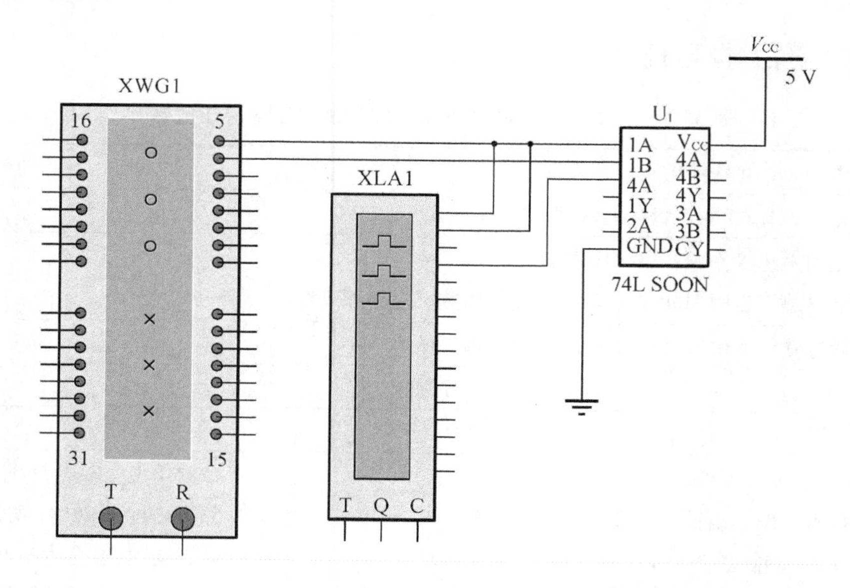

图 35 －1　芯片 74LS00 的逻辑功能测试原理图

第 5 步：仿真运行。单击运行按钮，并双击逻辑分析仪，将会出现相应的波形界面，如图 35 －2 所示。将波形显示的数据与 74LS00 的功能表进行对比，查看是否符合逻辑。

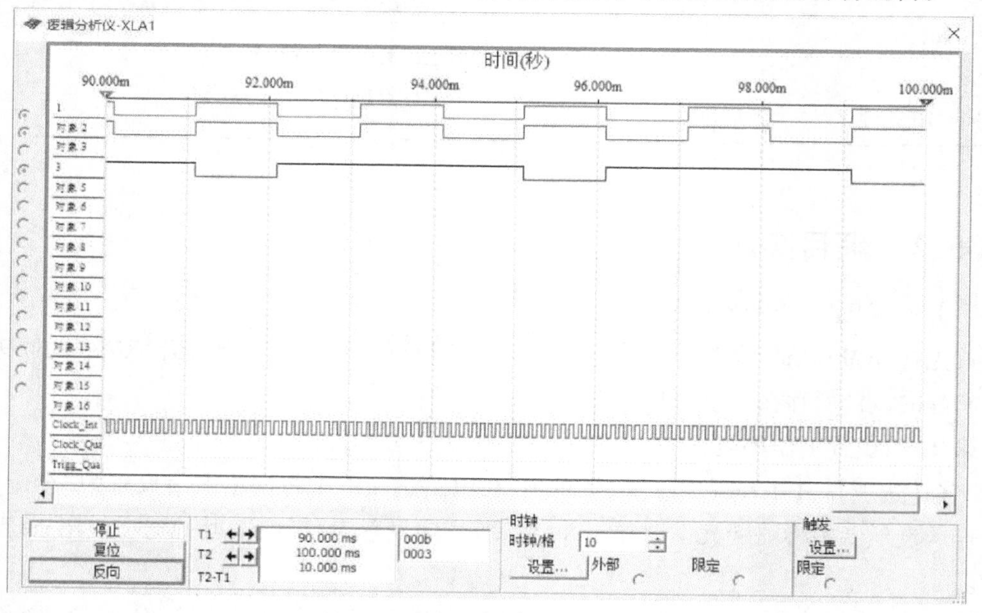

图 35 －2　逻辑分析仪仿真效果

单元六　Proteus 8 软件仿真设计实训

项目 36　Proteus 8 软件基本操作

36.1　项目学习任务单

表 36－1　Proteus 8 基本操作学习任务单

<table>
<tr><td>单元六</td><td>Proteus 8 软件仿真设计实训</td><td>总学时:60</td></tr>
<tr><td>项目 36</td><td>Proteus 8 软件基本操作</td><td>学　时:6</td></tr>
<tr><td>工作目标</td><td colspan="2">能够掌握 Proteus 8 软件的安装过程
熟练操作 Proteus 8 软件中的各个工具栏及元器件库
能够操作 Proteus 8 软件中的仪器仪表</td></tr>
<tr><td>项目描述</td><td colspan="2">通过对软件基本操作的学习,完成电路图的绘制任务</td></tr>
<tr><td colspan="3">学习目标</td></tr>
<tr><td>知识</td><td>能力</td><td>素质</td></tr>
<tr><td>1. 电路原理基础知识;
2. 模拟电子技术基础知识;
3. 数字电子技术基础知识;
4. 单片机原理基础知识</td><td>1. 设计电路的能力;
2. 分析电路的能力;
3. 仪器仪表的正确使用</td><td>1. 学习中态度积极,有团队精神;
2. 能够借助于网络、课外书籍扩展知识面,具有自主学习的能力;
3. 动手操作过程严谨、细致,符合操作规范</td></tr>
<tr><td colspan="3">教学资源:本项目可以在 Multisim 软件中进行仿真操作,也可以在面包板或者相关的实验平台上操作,实施步骤相同</td></tr>
<tr><td colspan="2">硬件条件:
计算机;
Proteus 8 软件</td><td>学生已有基础(课前准备):
C 语言程序设计;
微型计算机使用的基本能力</td></tr>
</table>

36.2 项目实施

1. Proteus 软件简介

Proteus 软件是由英国 Labcenter Electronics 公司开发的 EDA 工具软件,能完成原理图设计、电路分析与仿真、单片机代码调试与仿真和 PCB 设计以及自动布线来实现一个完整的电子设计过程。1989 年 Proteus 软件产生,Labcenter Electronics 公司与相关的第三方软件公司共同开发了众多的模拟电子电路和数字电子电路中常用的 SPICE 模型以及各种动态元器件、微处理器系列和编译器系列等软件,随着时间的推移,软件版本和元器件数据库不断更新,极大地方便了电子电路的开发人员、电子爱好者、从事单片机教学的老师、大中专院校的学生,所以被广泛使用。

在 7. X 版本的基础上,英国 Labcenter Electronics 公司对 Proteus 进行了重大改进,2013 年 2 月隆重推出了 Proteus 8.0 版本。Proteus 8.0 版本的特点:界面更加人性化;文件统一在一个工程下,工程用一个共同数据库 Common Database;将 7. X 版本中分立的电路原理图输入及仿真 ISIS 软件模块和 PCB 布线与制作 ARES 软件模块集成在同一个应用框架里。

Proteus 软件在 Windows 操作系统中运行的特点如下:

(1)具有强大的原理图绘制功能。

(2)提供软件调试功能。在硬件仿真系统中具有全速、单步、设置断点等调试功能,同时可以观察各个变量、寄存器等的当前状态,软件仿真系统中同样具有这些功能;同时支持第三方软件编译和调试环境的功能,如 Keil C51 μVision3 等软件。

(3)支持单片机系统的仿真。目前支持的单片机类型有 8051 系列、AVR 系列、PIC 12 系列、PIC 16 系列、PIC 18 系列、Z 80 系列、HC 11 系列,以及各种外围芯片。

(4)实现了单片机仿真和 SPICE 电路仿真相结合,具有模拟电路仿真、数字电路仿真、单片机及其外围电路组成的系统仿真、RS 232 动态仿真、I^2C 调试器、SPI 调试器、键盘和 LCD 系统仿真的功能,有各种虚拟仪器,如示波器、逻辑分析仪、信号发生器等。

(5)具有 32 位数据库、元器件自动布置、撤销和重试的自动布线、功能超强的 PCB 设计系统。

(6)能够很好地完成“项目方案设计—原理图设计—仿真调试—PCB 布板—样品产生”整套项目的设计过程,缩短研发周期,降低成本。

2. Proteus 8 软件安装过程

步骤 1:将图 36 - 1 所示的 Proteus 8 安装压缩包进行解压。

图 36 - 1 Proteus 8 安装压缩包界面

步骤 2:打开解压缩后的文件夹,如图 36 －2 所示的界面。

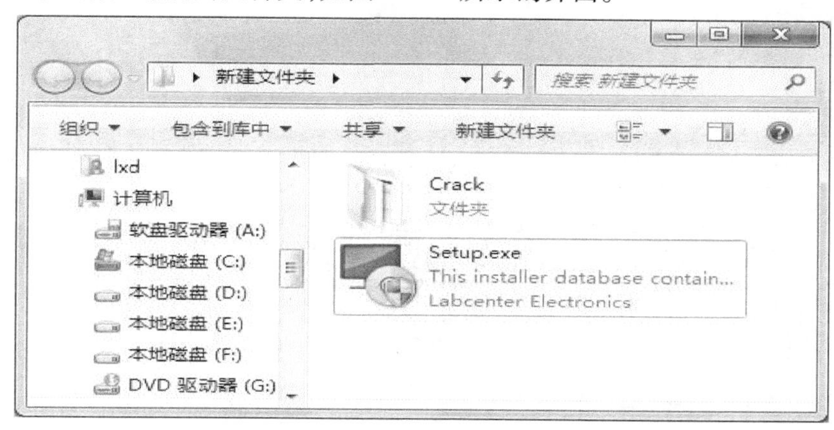

图 36 －2　安装包解压后文件界面

步骤 3:打开图 36 －2 所示界面中的 Setup. exe 文件,同意程序对计算机进行更改后,进入图 36 －3 所示的欢迎安装向导界面。

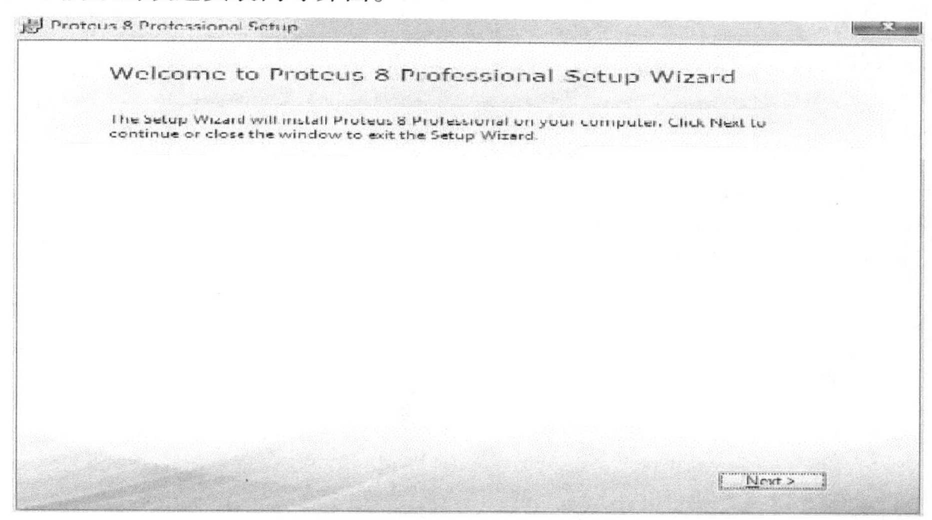

图 36 －3　欢迎安装向导界面

步骤 4:点击图 36 －3 所示界面中的“Next”进入安装协议界面,如图 36 －4 所示。

步骤 5:选择图 36 －4 所示界面中的 I accept the terms of this agreement(我接受协议中的所有条款),点击“Next”,进入图 36 －5 所示的安装方式界面。

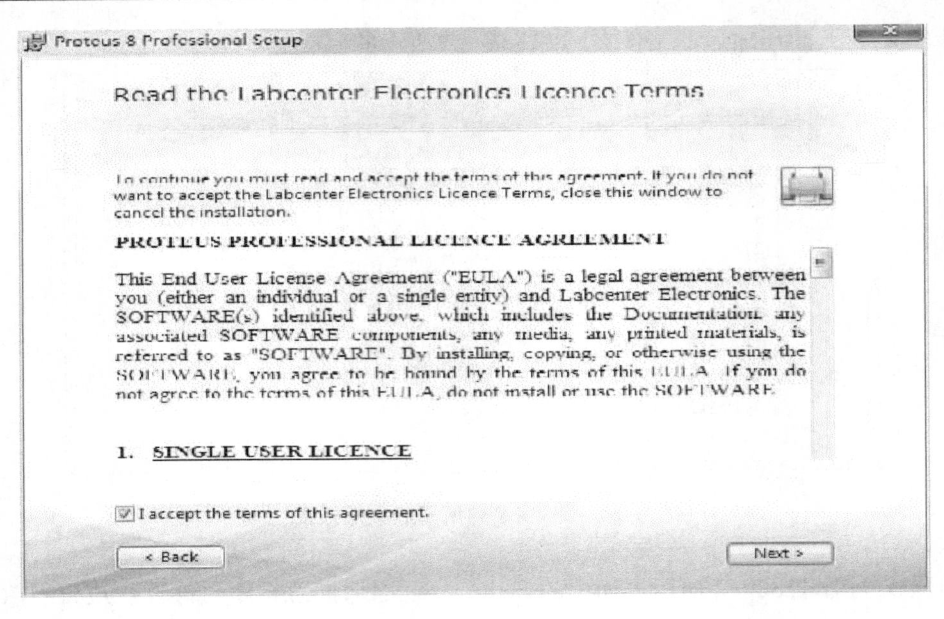

图 36－4 安装协议界面

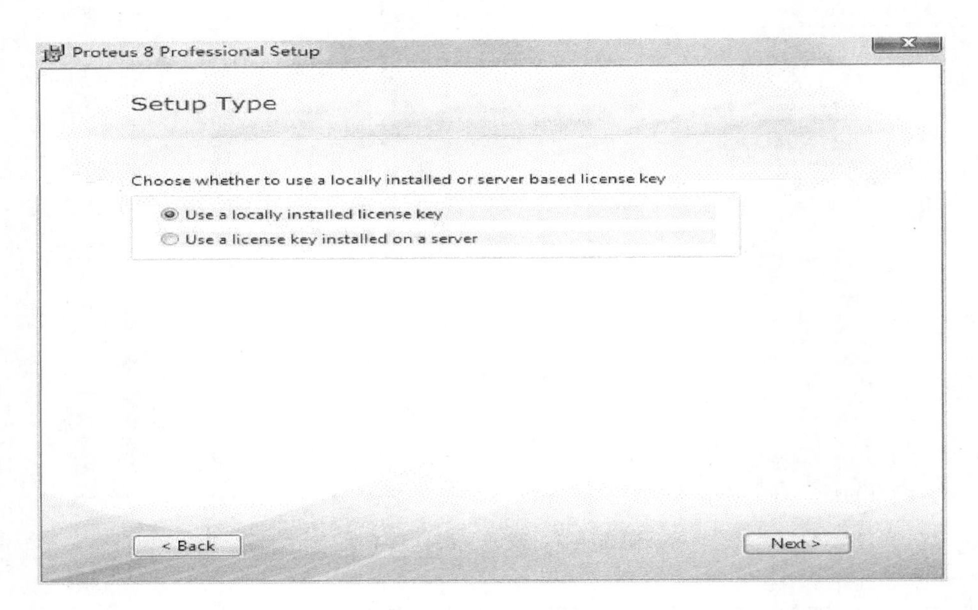

图 36－5 安装方式界面

步骤 6:选择图 36－5 所示界面中的 Use a locally installed license key(使用一个本地安装的许可密钥),点击“Next”,进入如图 36－6 所示的未找到许可证密钥文件界面。

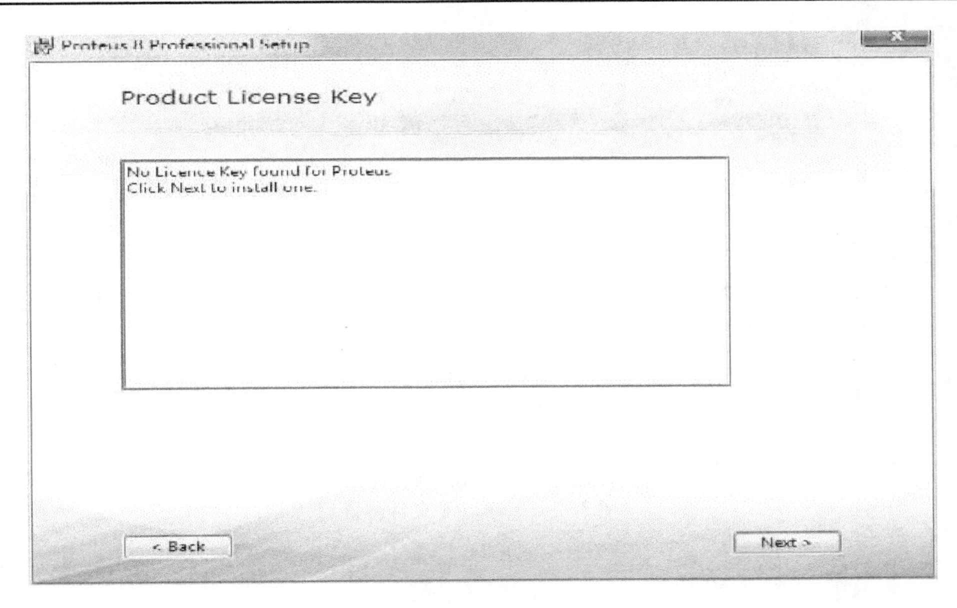

图 36－6　未找到许可证密钥文件界面

步骤 7:在图 36－6 所示界面中,点击“Next”,进入图 36－7 所示的查找许可证文件界面。

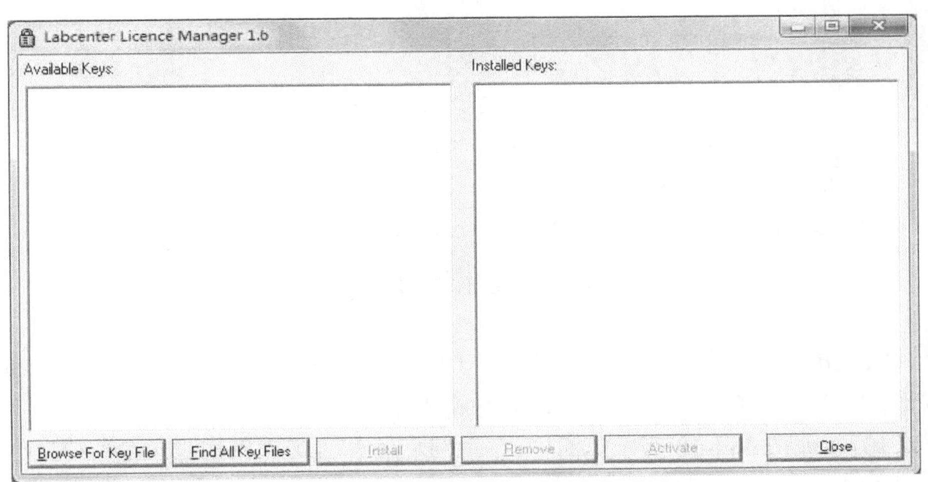

图 36－7　查找许可证文件界面

步骤 8:在图 36－7 所示界面中,点击“Browse For Key File(浏览密钥文件)”,从解压缩的安装包中找到 LICENCE. lxk 文件并选择此文件,如图 36－8 所示,点击打开,进入如图 36－9 所示的找到许可证文件界面;或者在图 36－7 所示界面中点击“Find All Key Files(查找所有文件)”,自动查找 LICENCE. lxk 文件,查找到后,选择此文件点击打开,进入如图 36－9 所示找到许可证文件界面。

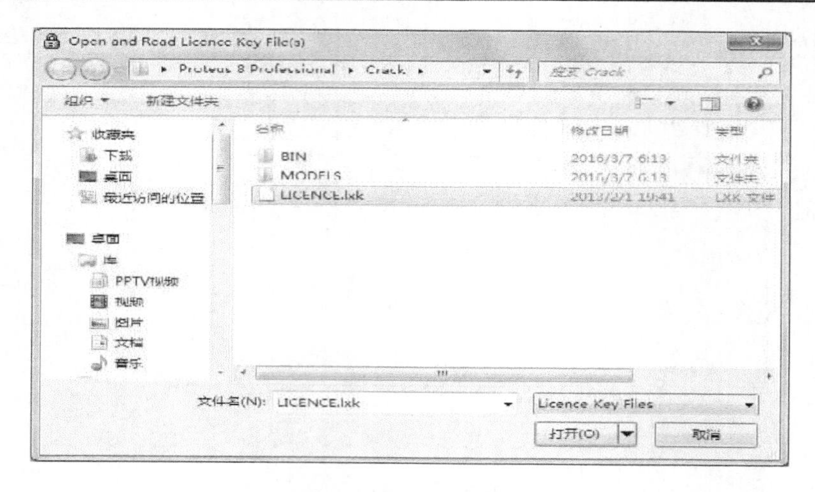

图 36－8　许可证文件界面

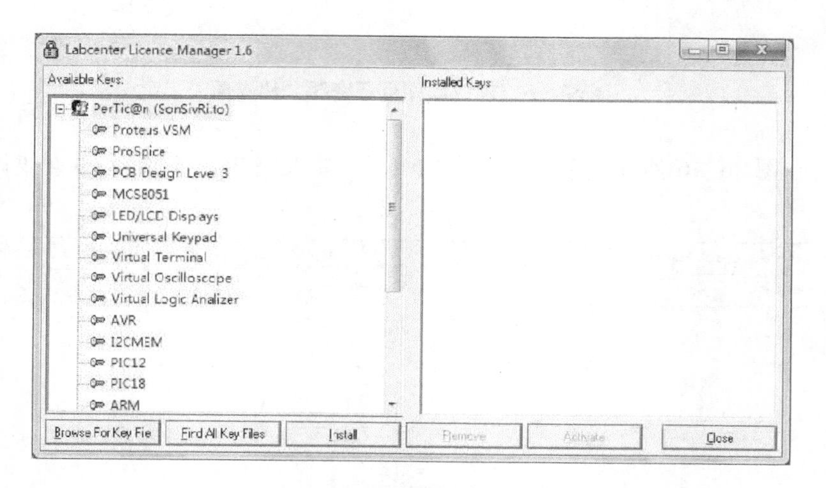

图 36－9　找到许可证文件界面

步骤 9：在图 36－9 所示界面中，选取“PerTic@n(SonSivRi.to)”后，点击“Install(安装)”按键，出现如图 36－10 所示许可证文件确认界面。

步骤 10：在如图 36－10 所示界面中，点击“是”按钮或者点击键盘上的“Y”键。进入如图 36－11 所示的许可证安装完成界面，点击“Close” 按钮，许可证文件安装完成。

步骤 11：许可证文件安装完成后出现图 36－12 所示界面，可导入 Merge styles from previous version(合并旧版样式)、Import templates from previous version(导入旧版缓存文件)、Import user libraries from previous version(导入旧版库)等旧版本 Proteus 的资源。为了充分利用资源，一般全部勾选，点击“Next”。

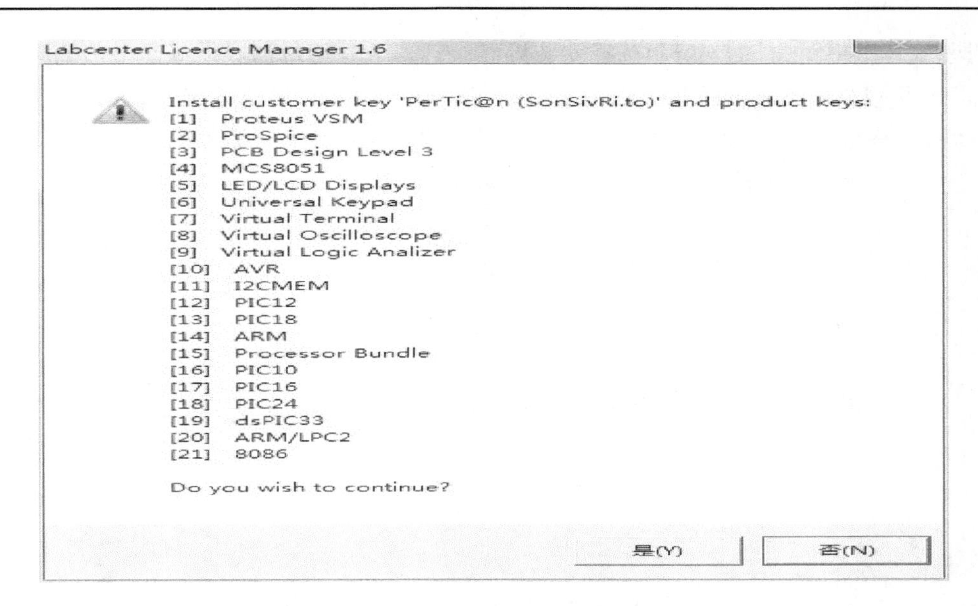

图 36－10　许可证文件确认界面

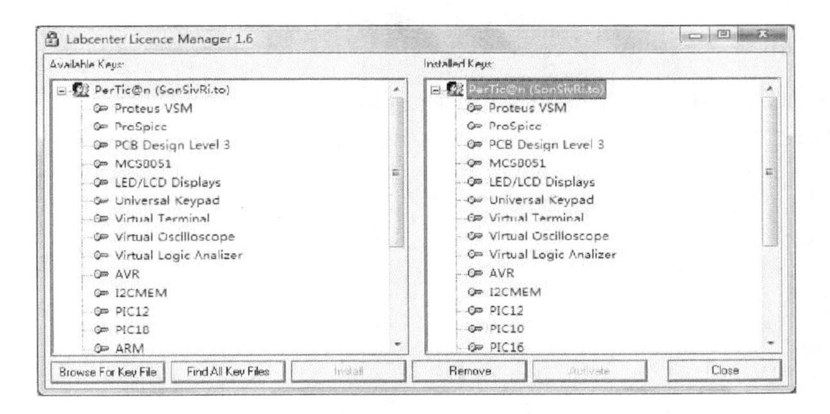

图 36－11　许可证安装完成界面

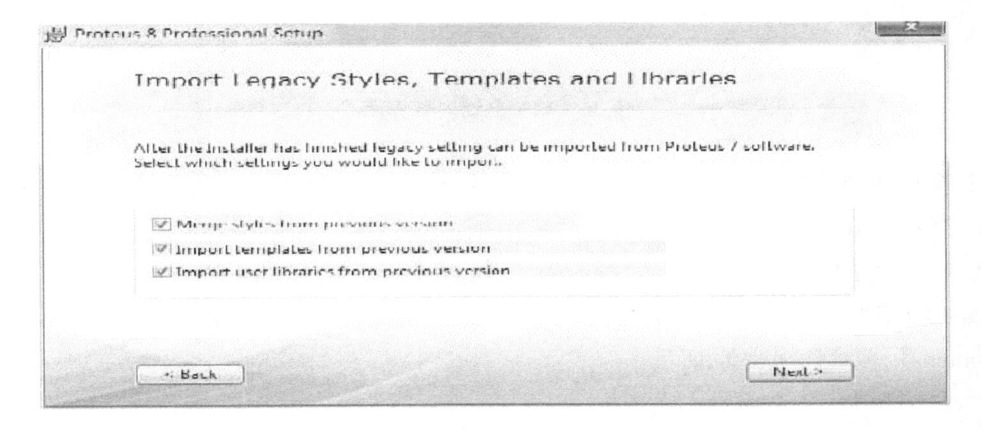

图 36－12　文件导入界面

步骤 12：出现图 36－13 所示选择安装界面。Typical（典型）已经能满足一般需要，若有特殊需要，可以选择 Custom（自定义）。这里点击 Typical 按钮，等待系统安装。

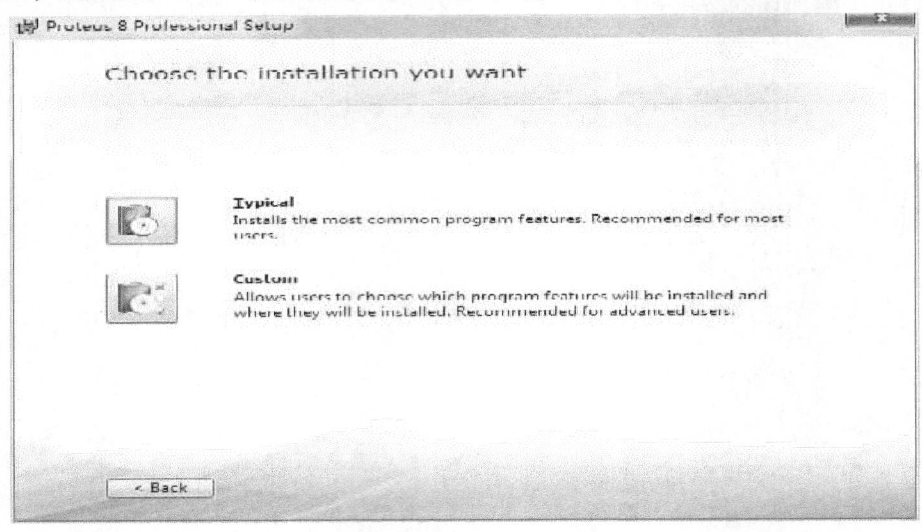

图 36－13　选择安装界面

步骤 13：系统自动安装界面，如图 36－14 所示。

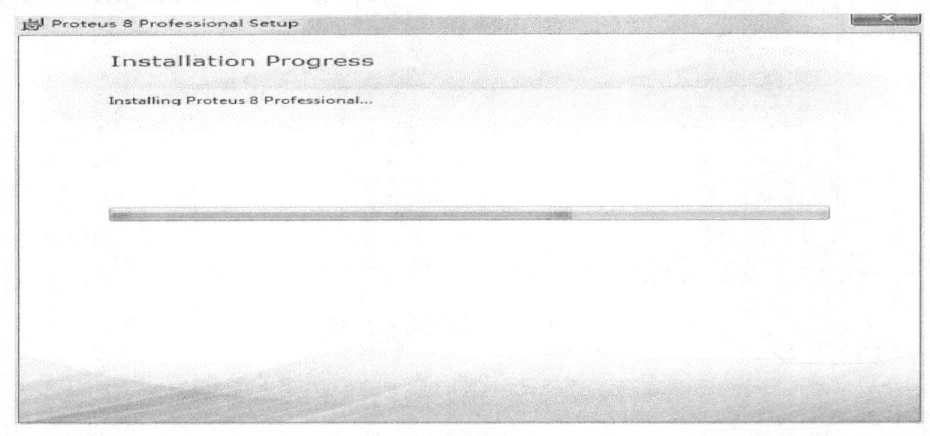

图 36－14　自动安装界面

步骤 14：安装完毕后，出现图 36－15 所示的 Proteus 8 软件安装完成界面，点击“Close”按钮。关闭 Proteus 安装界面。

步骤 15：如果需要汉化，找到 Proteus 8 的汉化安装包，把 Translations 文件夹复制到 Proteus 8 的安装目录下，“C：\Program Files\Labcenter Electronics\Proteus 8 Professional\Translations”，覆盖同名文件即可。

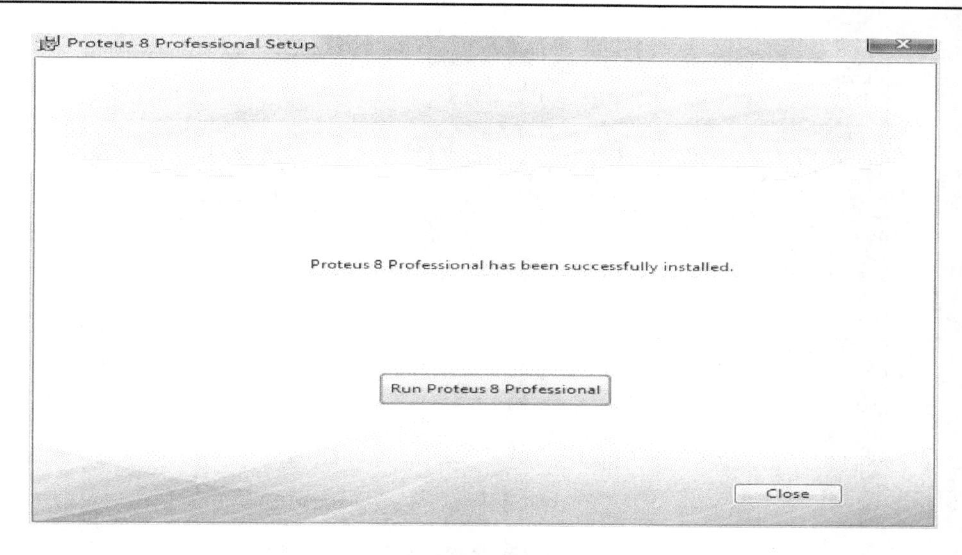

图 36 – 15　Proteus 8 安装完成界面

步骤 16:点击开始→所有程序→Proteus 8 Professional,打开软件文件,如图 36 – 16 所示。在使用的过程中建议创建桌面快捷方式,每次直接从桌面快速启动。Proteus 8 软件可以在此进行模拟电子电路、数字电子电路、单片机硬件电路的模拟仿真工作。

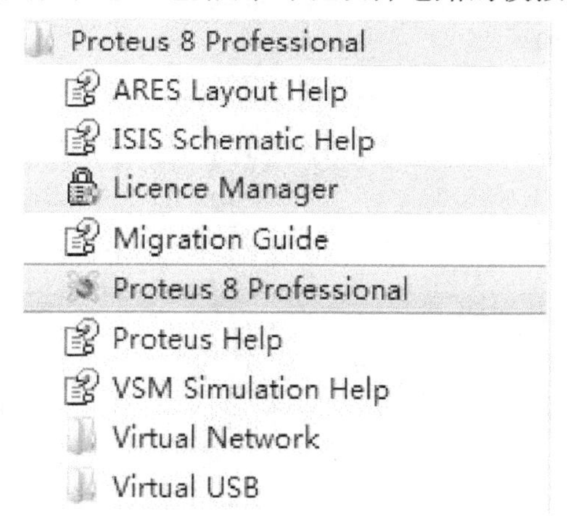

图 36 – 16　开始菜单中 Proteus 8 Professional 软件

注意:安装的文件路径必须是英文的,不可以出现中文,否则即便是安装完成了,也打不开软件,需要重新安装。

3. 新建 Proteus 工程文件

为了方便工程管理,Proteus 8 将所有文件都包含在一个工程下。

双击桌面上的 Proteus 8 Professional 图标或者单击屏幕左下方的【开始】→【所有程序】→【Proteus 8 Professional】,出现如图 36 – 17 所示界面。

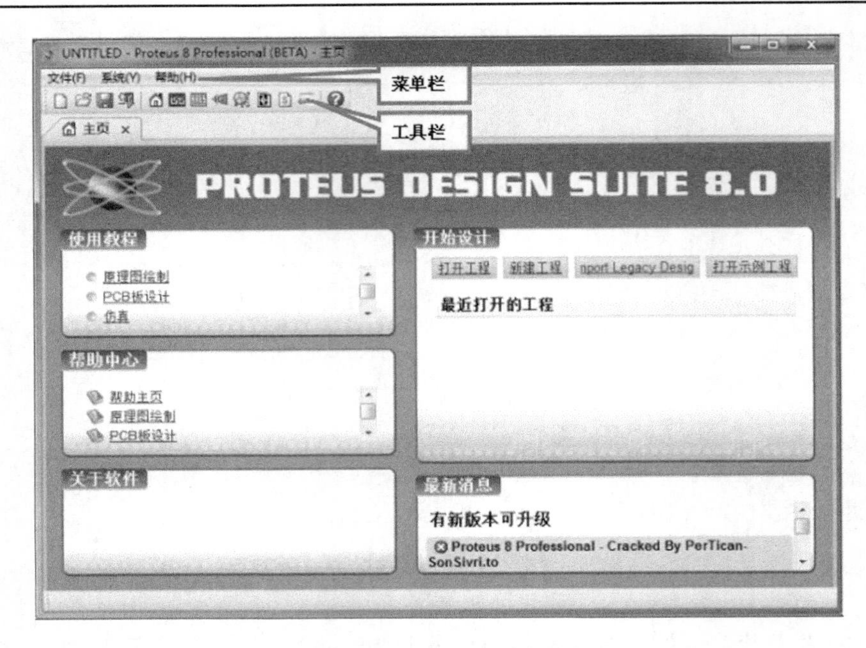

图 36 – 17　Proteus 8 主界面

Proteus 8 的主界面包含菜单栏、工具栏、主页选项卡、使用教程、帮助中心、开始设计、最新消息、关于软件说明等部分。

新建工程单击主页的【Start(开始设计)】中的 New Project(新建工程),如图 36 – 18 所示,或者单击菜单栏【File(文件)】→【New Project(新建工程)】,如图 36 – 19 所示。

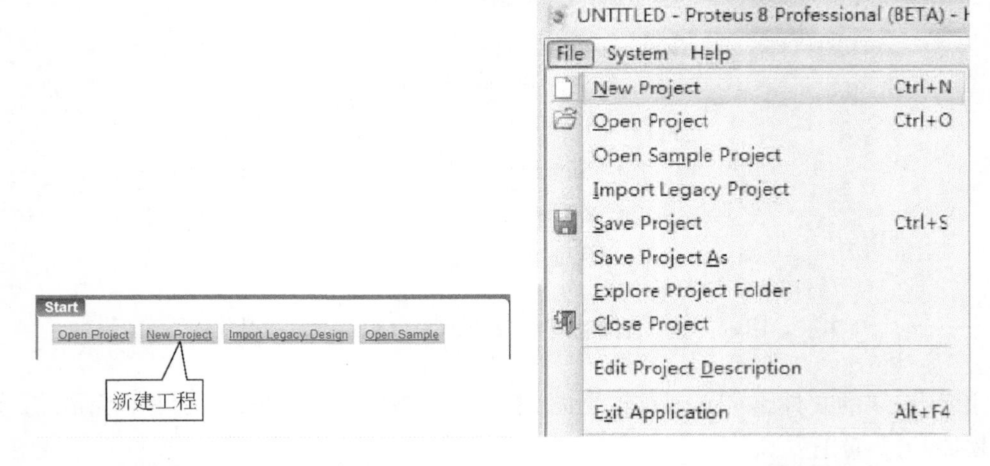

图 36 – 18　新建工程方法一　　　　**图 36 – 19　新建工程方法二**

然后出现图 36 – 20 所示的界面,在 Name(名称)处输入新建的工程文件名称,在 Path(路径)处输入新建的工程文件所要保存的路径。若选中"New Project(新工程)",则为新建普通工程,并单击"Next(下一步)"按钮,进入如图 36 – 22 所示界面;若选中"From

Development Board(从开发板)”,则为新建开发板工程,进入新建开发板工程向导界面,如图 36－21 所示,Proteus 8 会自动加载开发板原理图,并开启编译器输入程序编码。

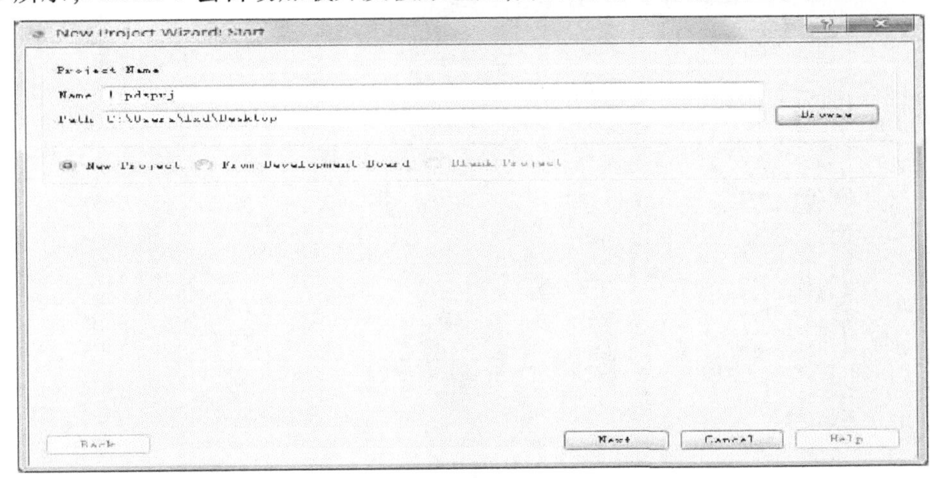

图 36－20　新建工程向导界面

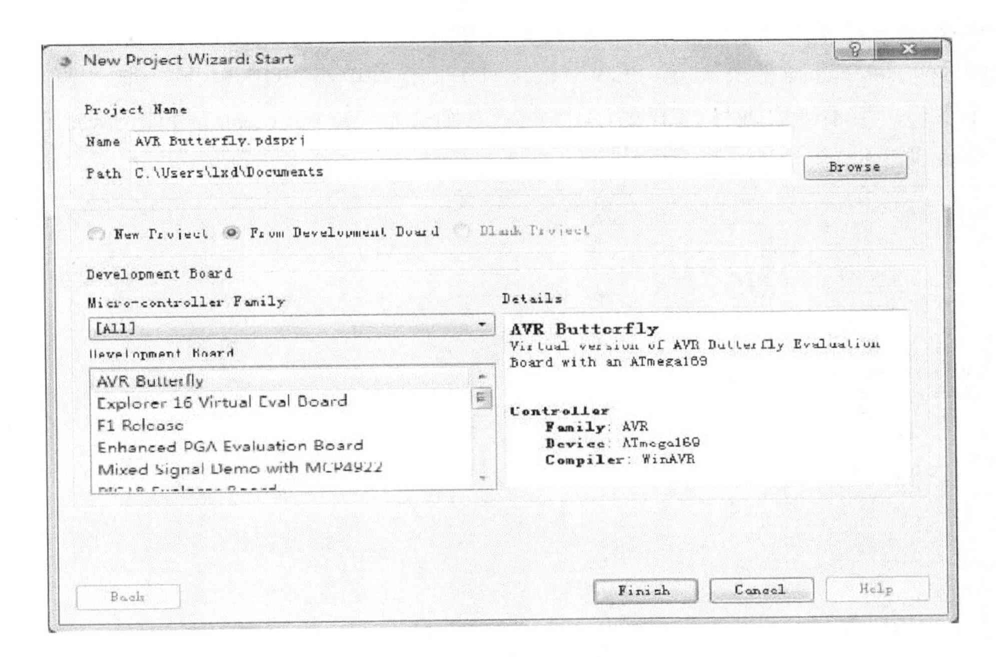

图 36－21　新建开发板工程向导界面

如图 36－22 界面所示,Proteus 8 自带了多种图纸模板,选中“Create a schematic from the selected template(从选中的模板中创建原理图)”之后可以选择图纸样式,一般选择“DEFAULT(默认)”形式,点击“Next(下一步)”按钮进入如图 36－23 所示界面。若不需要创建原理图,则选中“Do not create a schematic(不创建原理图)”。

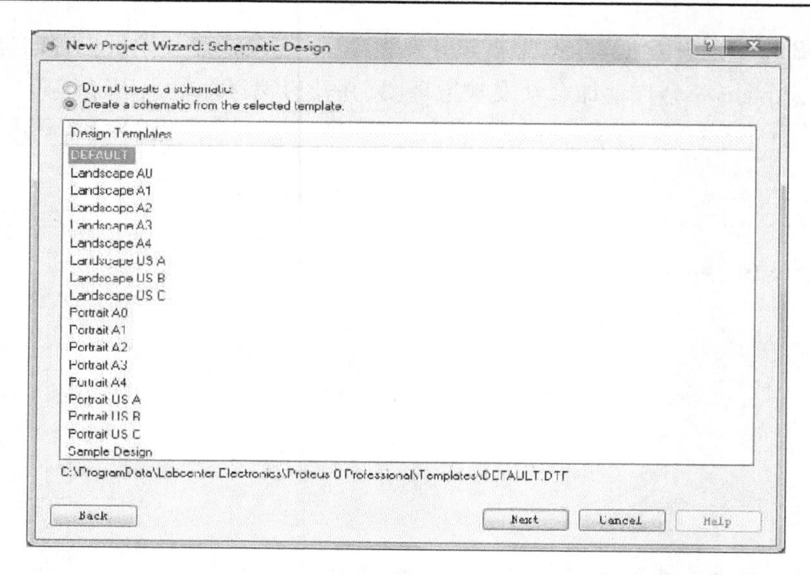

图 36 - 22　新建工程原理图创建向导界面

如图 36 - 23 所示界面中，若需要进行 PCB 的设计，则选中"Create a PCB layout from the selected template（选择模板，创建 PCB 布板设计）"，然后单击"NEXT（下一步）"按钮，进入下一个窗口。若不需要进行 PCB 的设计和制作，则选中"Do not create a PCB layout（不创建 PCB 布板设计）"如图 36 - 24 所示界面。

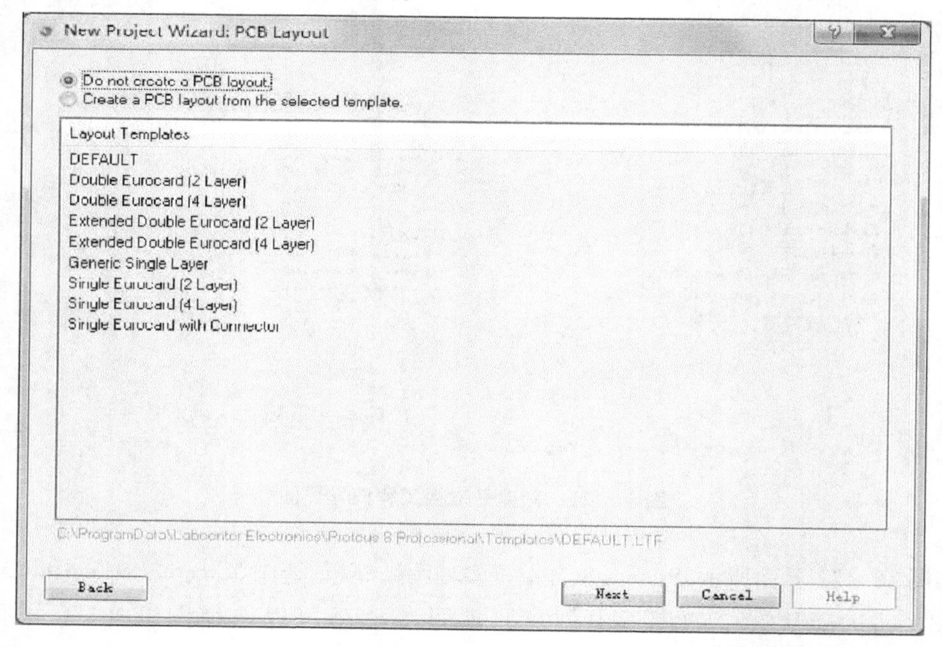

图 36 - 23　新建工程 PCB 创建向导界面

在图 36 - 24 新建工程固件创建向导界面中，如果开发的电子电路不含微处理器，则选中“No Firmware Project(没有固件项目)”点击“Next(下一步)”按钮,进入图 36 – 25 新建工程完成向导界面;如果开发的电子电路含微处理器,则选中“Creat Firmware Project(创建固件项目)”,并且可以选择项目所需要的微处理器 Family(系列)、Controller(控制器)和所需要的 Compiler(编译器),点击“Next(下一步)”按钮,进入下一个窗口。

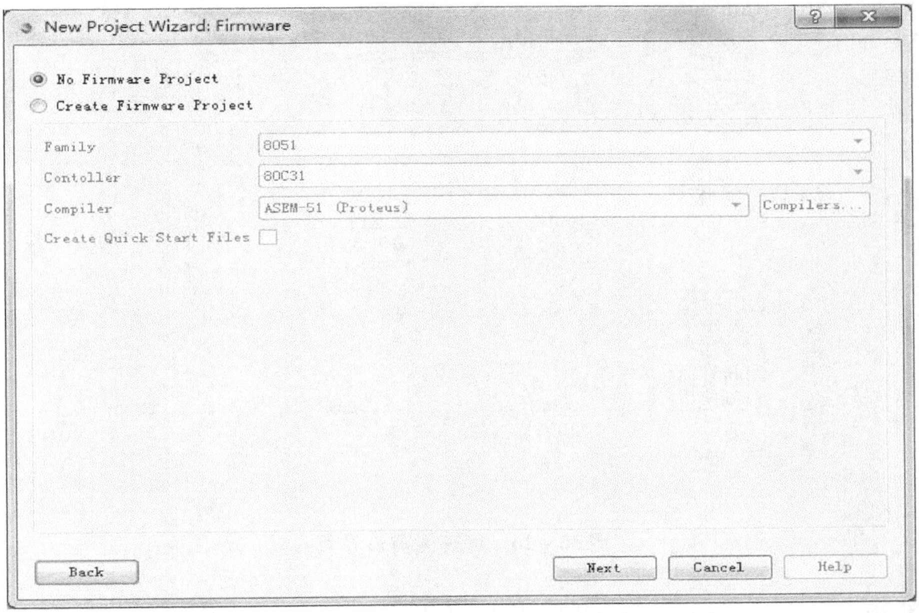

图 36 – 24　新建工程固件创建向导界面

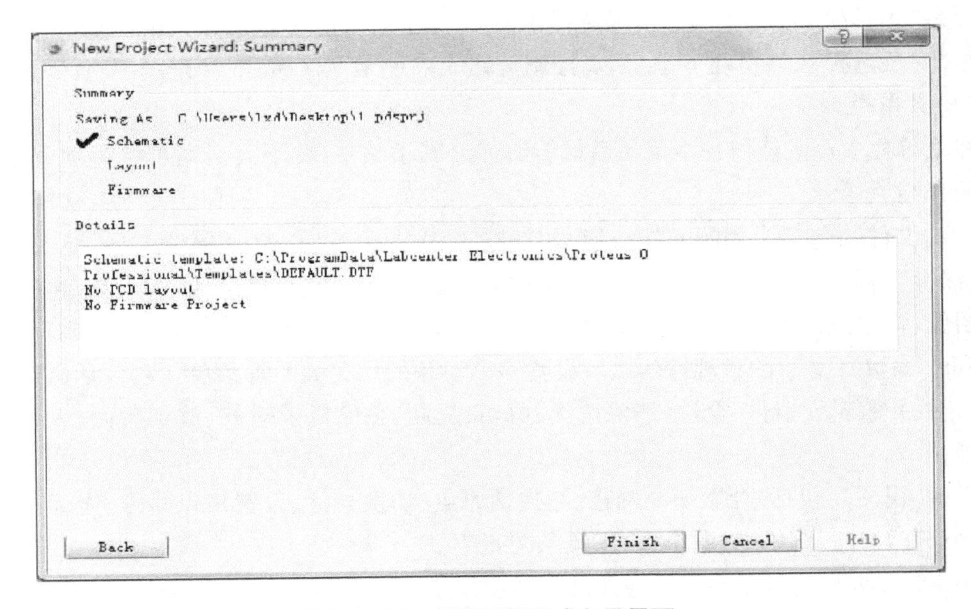

图 36 – 25　新建工程完成向导界面

在图 36－25 界面中点击 Finish 按钮，工程文件创建完毕，Proteus ISIS 原理图绘制软件自动打开，即可以绘制原理图。原理图窗口界面如图 36－26 所示。

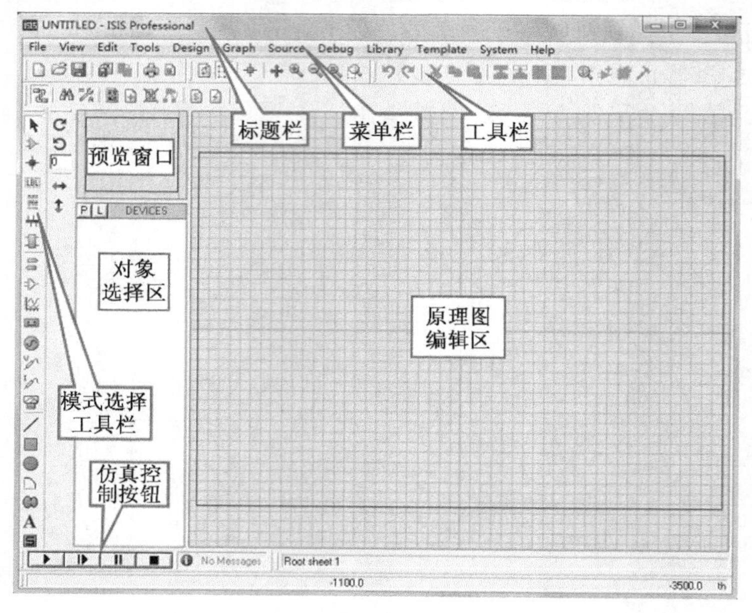

图 36－26　原理图窗口界面

如图 36－26 所示，Proteus ISIS 的工作界面是一种标准的 Windows 界面。最顶端是“标题栏”，下面是菜单栏“File Edit View Tool Design Graph Library Template System Help……”，再下面是“工具栏”，最左侧是“模式选择工具栏”，左上角的小方框是“预览窗口”，其下长方框是“对象选择区”，再往下是“仿真控制按钮”，右侧最大区域是“原理图编辑区”。

(1)菜单栏

在菜单栏中点击任何一个菜单后都能够弹出其子菜单项，下面对菜单栏各项分别进行简要的介绍。

File(文件)：包括常用的文件功能，如新建工程、打开工程、打开模板工程、导入旧版本工程、保存工程、工程另存为、打开工程文件夹、关闭工程、导入图片、导入区域、导出区域、输出图像、打印设计图、打印设置、打印机信息、标记输出区域、编辑工程描述、退出程序等。

Edit(编辑)：对象的常规操作以及设置多个对象的层叠关系等菜单。它包括撤销/恢复操作、查找并编辑元器件、全选、清除选择、剪切、复制、粘贴以及对齐、放到后面、放到前面、清理等。

View(视图)：包括重画、切换网格、切换伪原点、切换光标、设置格点间距、光标居中、放大、缩小、查看整张图纸、查看全图、工具条配置等。

Tools(工具)：工具菜单。它包括自动连线、搜索并标记、属性赋值工具、全局标注、ASCII 数据输入工具、电气规则检测、编译网络表、编译模型等。

Design(设计)：工程设计以及层次原理图中总图与子图以及各个子图之间互相跳转等

菜单。它具有编辑设计属性、编辑图纸属性、编辑设计备注、配置供电网、新建(顶层)图纸、移除/删除图纸、跳转到上一张顶层图纸或子图纸、跳转到下一张顶层图纸或子图纸、退出到父图纸、跳转到图纸等。

Graph(图表):图表形菜单。它具有编辑图表、添加曲线、仿真图表、查看仿真日志、输出图表数据、清除图表数据、检验图表、检验文件等功能。

Debug(调试):调试菜单。包括开始仿真、暂停仿真、停止仿真、单步执行仿真、不加断点仿真、运行仿真(时间断点)、单步、跳进函数、跳出函数、跳到光标处、连续单步、恢复弹出窗口、恢复可保存模型的数据、配置诊断信息、启动远程编译监视器、水平标题栏弹出窗、窗口垂直对齐等功能。

Library(库):库操作菜单。它具有从库选取零件、制作元器件、制作符号、封装工具、分解、编译到库、自动放置库文件、校验封装和库管理等功能。

Template(模板):模板菜单。包括进入母版、设置设计默认值、设置图形和曲线颜色、设置图形样式、设置文本样式、设置 2D 图形默认值、设置结点样式、应用默认模板、将设计保存为模板等。

System(系统):系统设置菜单。包括系统设置、文本观察器、设置显示选项、设置快捷键、设置属性定义、设置纸张大小、设置文本编辑器、设置动画选项、设置仿真选项、恢复出厂设置等。

Help(帮助):帮助菜单。包括概述、原理图捕获帮助、原理图捕获教程、仿真帮助、Proteus VSM/SDK 帮助等。

(2)主工具栏

主工具栏的图标及按钮功能见表 36 - 2。

表 36 - 2　主工具栏图标及按钮功能

按钮	图标名称	功能
	刷新	刷新编辑窗口
	切换栅格	开启/关闭网络显示
	切换原点	使用/禁止人工原点设定
	光标居中	光标居于编辑窗口中央
	放大	放大编辑窗口显示范围内的图像
	缩小	缩小编辑窗口显示范围内的图像
	缩放到全图	编辑窗口显示全部图像
	缩放到区域	按下该按钮出现区域廓选,选中后将显示区域内容
	撤销	撤销前一步操作
	重做	重做撤销的命令
	剪切	可以剪切对象

表 36-2(续)

按钮	图标名称	功能
	复制	可以复制对象
	粘贴	可以粘贴被剪切或者被复制的对象
	块复制	以区域形式复制对象区域
	块移动	以区域形式移动对象区域
	块旋转	以区域形式旋转对象区域
	块删除	以区域形式删除对象区域
	从库中选择元件	进入库中选择所需要的元件、终端、引脚、端口和图形符号
	创建元件	将选中的图形/引脚编译成器件并入库
	封装工具	启动可视化封装工具
	分解	将选择的对象拆解成原型

(3)模式选择工具栏

Selection Mode:选择模式。此模式下可以任意选择元器件并且编辑元器件的属性。

Component Mode:元件模式。点击该按钮,在对象选择区显示出已选择的元器件。

Junction Dot Mode:结点模式。在电路原理图中放置电路连接点。

Wire Label Mode:连接标号模式。点击该按钮,在原理图编辑区找到相应的引脚连线,添加标签,经常与总线配合使用。

Text Script Mode:文字脚本模式。选中后在原理图编辑区中添加一段文本。

Buses Mode:总线模式。选中后在原理图编辑区绘制电路总线。

Subcircuit Mode:子电路模式。此模式下可以绘制一个子电路模块。

Terminals Mode:终端模式。在对象选择区中列出各种终端。例如 DEFAULT 默认端口、INPUT 输入端口、OUTPUT 输出端口、BIDIR 双向端口、POWER 电源端口、GROUND 地端口、BUS 总线端口等。

Device Pins Mode:元器件引脚模式。在对象选择区中列出普通引脚、时钟引脚、反电压引脚和短接引脚等各种引脚。

Graph Mode:图表模式。在对象选择区中列出模拟图表、数字图表、混合图表、频率分析图表、传输图表、噪声图表、傅里叶图表、DC 图表、AV 图表和音频图表等各种仿真分析所需的图表。

Active Popup Mode:调试弹出模式。此按钮主要用于活动弹出窗口模式。

Generator Mode:激励源模式。在对象选择区中列出各种激励源,例如 DC 直流电压源、SINE 正弦波发生器、PULSE 脉冲发生器、EXP 指数脉冲发生器、SFFM 单频率调频波信号发生器、PWLIN 任意分段线性脉冲信号发生器、FILE 信号发生器、AUDIO 音频信号发生器、DSTATE 单稳态逻辑电平发生器、DEDGE 单边沿信号发生器、DPULSE 单周期数字脉冲发生器、DCLOCK 数字时钟信号发生器、DPATTERN 模式信号发生器等。

Probe Mode：探针模式。在原理图中添加电压探针或者电流探针，电路仿真时即可显示各探针处的电压值或者电流值。

Virtual Instruments Mode：虚拟仪器模式。在对象选择区中列出各种虚拟仪器，例如 OSCILLOSCOPE 虚拟示波器、LOGIC ANALYSER 逻辑分析仪、COUNTER TIMER 计数器定时器、VIRUAL TERMINAL 虚拟终端、SPI DEBUGGER SPI 调试器、I^2C DEBUGGER I^2C 调试器、SIGNAL GENERATOR 信号发生器、PATTERN GENERATOR 模式发生器、DC VOLTMETER 直流电压表、DC AMMETER 直流电流表、AC VOLTMETER 交流电压表、AC AMMETER 交流电流表等。

2D Graphics Line Mode：二维图形直线绘制模式。用于创建元器件或者用于图表画线。

2D Graphics Box Mode：二维图形方框绘制模式。用于创建元器件或者表示图表时绘制方框。

2D Graphics Circle Mode：二维图形圆形绘制模式。用于创建元器件或者表示图表时绘制圆形。

2D Graphics Arc Mode：二维图形圆弧绘制模式。用于创建元件或者表示图表时绘制弧形。

2D Graphics Closed Path Mode：二维图形闭合路径绘制模式。用于创建元器件或者表示图表时绘制任意形状图标。

2D Graphics Text Mode：二维图形文本模式。用于创建元器件或者表示图表时插入各种文字说明。

2D Graphics Symbols Mode：二维图形符号选取模式。用于创建元器件或者表示图表时选择各种符号元件。

2D Graphics Markers Mode：二维图形标记模式。

Rotate Clockwise：顺时针方向旋转按钮，以 90°偏置改变元器件的放置方向。

Rotate Anti-clockwise：逆时针方向旋转按钮，以 90°偏置改变元器件的放置方向。

X - mirror：水平镜像旋转按钮，以 Y 轴为对称轴，按 180°偏置旋转元器件。

Y - mirror：垂直镜像旋转按钮，以 X 轴为对称轴，按 180°偏置旋转元器件。

启动仿真、运行仿真。

单步启动仿真：以动态帧形式运行仿真。

暂停仿真或者在停止后归零。

■ 停止仿真。

4. Proteus 环境的编辑

(1)模板的选择

在 Proteus 原理图主界面中选择【模板】,如图 36－27 所示,可以进行设置设计默认值、设置图表和曲线颜色、设置图形样式、设置文本样式、设置 2D 图形默认值、设置结点样式、应用默认模板、将设计保存为模板等操作。

(2)选择图纸

在 Proteus 原理图主界面中选择【系统】,如图 36－28 所示,选择【设置纸张大小】出现图 36－29 所示对话框。在该对话框中用户可选择图纸大小 A4、A3、A2、A1、A0 或自定义各种规格图纸大小。

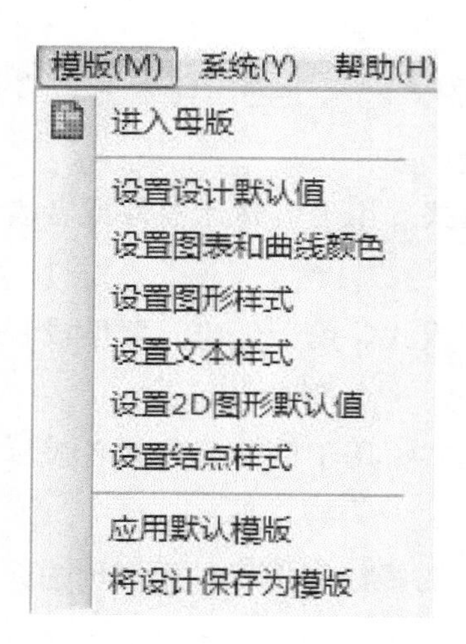

图 36－27　模板菜单栏子选项

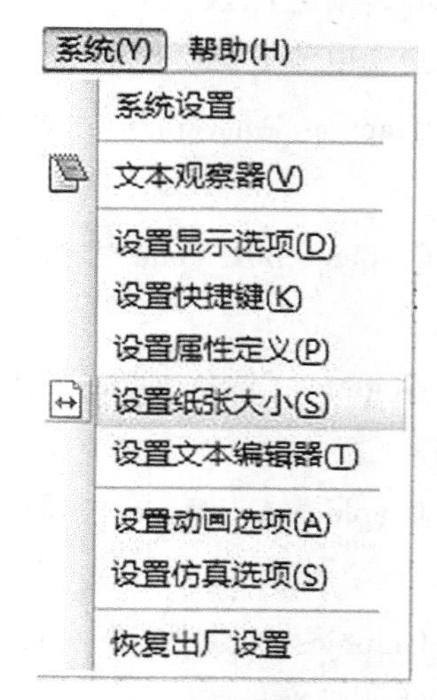

图 36－28　系统菜单栏子选项

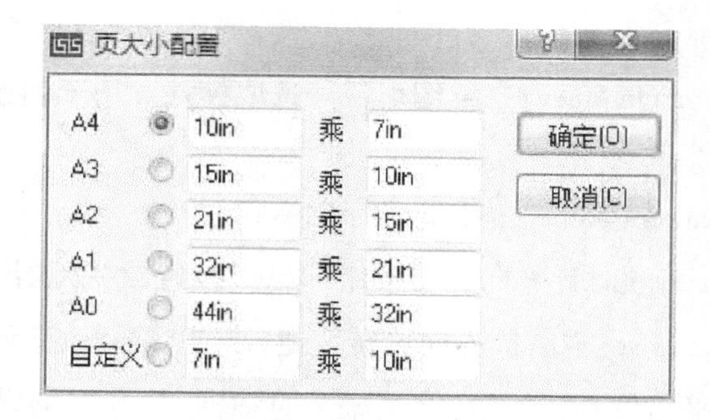

图 36－29　图纸大小选择设置

(3)设置文本编辑器

在 Proteus 原理图主界面中选择【系统】→【设置文本编辑器】菜单项,出现如图 36－30 所示对话框,可以设置文本的字体、字形、大小、效果和颜色等。

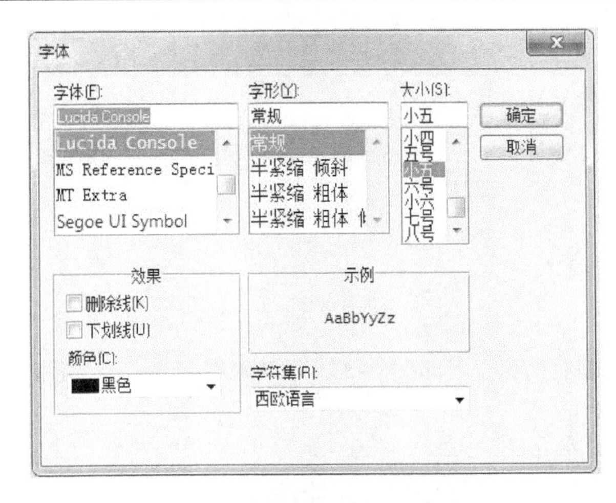

图 36－30 设置文本格式

(4)设置格点

使用【视图】菜单设置格点的显示或隐藏,如图 36－31 所示。在原理图主界面中选择【视图】→【切换网络】菜单项设置编辑窗口中的网格显示与否。网格的形式包括 3 种,如图 36－32 显示栅格状网格,图 36－33 显示点状网格,图 36－34 不显示网格。

选择【视图】菜单项,出现 Snap 10th、Snap 50th、Snap 0. 1in、Snap 0. 5in 项,用于设置网格之间的距离,可以根据需要进行选择。

图 36－31 查看菜单栏子选项

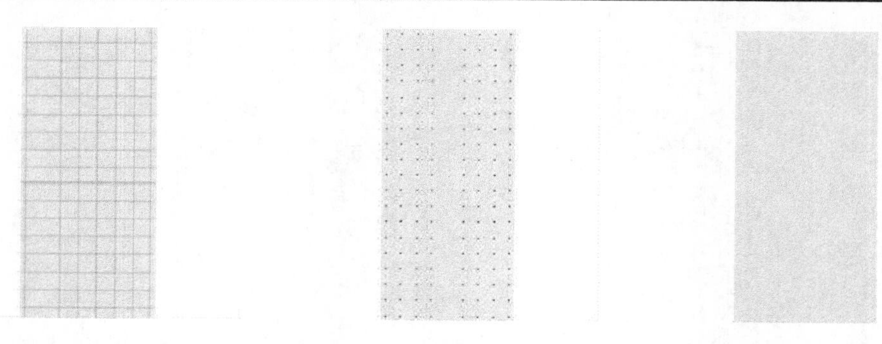

图 36－32　栅格状网格　　图 36－33　点状网格　　图 36－34　不显示网格

5．Proteus　原理图库介绍

Proteus ISIS 系统中有丰富的符号库和元器件库。元器件库的分类如表 36－3 所示，每个库里面又包含许多模型，总共约 8 000 个。单片机系统仿真中元器件的库信息如表 36－3 所示，元器件子类信息如表 36－4 所示，常用元器件所在库信息如表 36－5 所示。

表 36－3　元器件库的分类

元器件库名称	直译名称	元器件库名称	直译名称
Unspecified	未指定	PICAXE	PICAXE 单片机
Analog ICs	模拟集成器件	PLDs & FPGAs	可编程逻辑器件和现场可编程门阵列
Capacitors	电容	Resistors	电阻
CMOS 4000 series	CMOS 4000 系列	Simulator Primitives	仿真模型
Connectors	接插件	Speakers & Sounders	扬声器和声响
Data Converters	数字转换器	Switches & Relays	开关和继电器
Debugging Tools	调试工具	Switching Devices	开关器件
Diodes	二极管	Thermionic Valves	热离子真空管
ECL 10000 series	ECL 10000 系列	Transducers	传感器
Electromechanical	电动机系列	Transistors	晶体管
Inductors	电感	TTL 74 series	标准 TTL 系列
Laplace Primitives	拉普拉斯模型	TTL 74ALS series	先进的低功耗肖特基 TTL 系列
Mechanics	力学器件	TTL 74AS series	先进的肖特基 TTL 系列
Memory ICs	存储器芯片	TTL 74F series	快速 TTL 系列
Microprocessor ICs	微处理器芯片	TTL 74HC series	高速 CMOS 系列
Miscellaneous	其他器件	TTL 74HCT series	与 TTL 兼容的高速 CMOS 系列
Modelling Primitives	模型原型	TTL 74LS series	低功耗肖特基 TTL 系列
Operational Amplifiers	运算放大器	TTL 74S series	肖特基 TTL 系列
Optoelectronics	光电器件		

表 36－4 元器件子类信息

元器件库名称	直译名称	元器件库名称	直译名称
Unspecified			
DEVICE	谐振器件		
Analog ICs			
Amplifier	放大器	Comparators	比较器
Display Drivers	显示驱动器	Filters	滤波器
Miscellaneous	混杂器件	Multiplexers	多路复用器
Regulators	三端稳压器	Timers	555 定时器
Voltage References	参考电压		
Capacitors			
animated	可显示充放电电荷电容	Audio Grade Axial	音响专用电容
Axial Lead Polypropene	径向轴引线聚丙烯电容	Axial Lead Polystyrene	径向轴引线聚苯乙烯电容
Ceramic Disc	陶瓷圆片电容	Decoupling Disc	解耦圆片电容
Electrolytic Aluminum	电解铝电容	Generic	普通电容
High Temp Radial	高温径向电容	High Temp Axial Electrolytic	高温径向电解电容
Metallised Polyester Film	金属聚酯膜电容	Metallised polypropene	金属聚丙烯电容
Metallised Polypropene Film	金属聚丙烯膜电容	Mica RF Specific	特殊云母射频电容
Miniture Electrolytic	微型电解电容	Multilayer Ceramic	多层陶瓷电容
Multilayer Ceramic COG	多层陶瓷 COG 电容	Multilayer Ceramic NPO	多层陶瓷 NPO 电容
Multilayer Ceramic X5R	多层陶瓷 X5R 电容	Multilayer Ceramic X7R	多层陶瓷 X7R 电容
Multilayer Ceramic Y5V	多层陶瓷 Y5V 电容	Multilayer Ceramic Z5U	多层陶瓷 Z5U 电容
Multilayer Metallised Polyester Film	多层金属聚酯膜电容	Mylar Film	聚酯薄膜电容
Nickel Barrier	镍栅电容	Non Polarised	无极性电容
Poly Film Chip	聚乙烯膜芯片电容	Polyester Layer	聚酯层电容
Radial Electrolytic	径向电解电容	Resin Dipped	树脂蚀刻电容
Tantalum Bead	钽珠电容	Tantalum SMD	贴片钽电容
Thin film	薄膜电容	Variable	可变电容
VX Axial Electrolytic	VX 轴电解电容		
CMOS 4000 series			
Adders	加法器	Buffers&Drivers	缓冲和驱动器
Comparators	比较器	Counters	计数器
Decoders	译码器	Encoders	编码器
Flip－Flops&Latches	触发器和锁存器	Frequency Dividers&Timers	分频和定时器

表 36－4(续 1)

元器件库名称	直译名称	元器件库名称	直译名称
Gates&Inverters	门电路和反向器	Memory	存储器
Misc. Logic	混杂逻辑电路	Mutiplexers	数据选择器
Multivibrators	多谐振荡器	Phase－locked Loops(PLLs)	锁相环
Registers	寄存器	Signal Switcher	信号开关
Connectors			
Audio	音频接头	D－Type	D 型接头
DIL	双排插座	FFC/FPC Connectors	挠性扁平电缆/挠性印制电缆接头
Header Blocks	插头	IDC Headers	Insulation Displacement Connectors 绝缘层位移连接件接头
Miscellaneous	各种接头	PCB Transfer	PCB 传输接头
PCB Transition Connector	PCB 转换接头	Ribbon Cable	带状电缆
Ribbon Cable /Wire Trap Connector	带状电缆/线接头	SIL	单排插座
Terminal Blocks	接线端子台	USB for PCB Mounting	PCB 安装的 USB 接头
Data Converters			
A/D Converters	模数转换器	D/A Converters	数模转换器
Light Sensors	光传感器	Sample&Hold	采样保持器
Temperature Sensors	温度传感器		
Debugging Tools			
Break point Triggers	断点触发器	Logic Probes	逻辑输出探针
Logic Stimuli	逻辑状态输入		
Diodes			
Bridge Rectifiers	整流桥	Generic	普通二极管
Rectifiers	整流二极管	Schottky	肖特基二极管
Switching	开关二极管	Transient Suppressors	瞬态电压抑制二极管
Tunnel	隧道二极管	Varicap	变容二极管
Zener	稳压二极管		
ECL 10000 series			
Electromechanical			
Inductors			
Fixed Inductors	固定电感	Generic	普通电感

表 36－4(续 2)

元器件库名称	直译名称	元器件库名称	直译名称
Multilayer Chip Inductors	多层芯片电感	SMT Inductors	表面安装技术电感
Surface Mount Inductors	表面安装电感	Tight Tolerance RF Inductor	紧密度容限射频电感
Transformers	变压器		
Laplace Primitives			
1st Order	一阶模型	2nd Order	二阶模型
Controllers	控制器	Non－Linear	非线性模型
Operators	算子	Poles/Zeros	极点/零点
Symbols	符号		
Mechanics			
Memory ICs			
Dynamic RAM	动态数据存储器	EEPROM	电可擦除程序存储器
EPROM	可编程程序存储器	I^2C Memories	I^2C 总线存储器
Memory Cards	存储卡	SPI Memories	SPI 总线存储器
Static RAM	静态数据存储器	UNI/O Memories	非输入输出存储器
Microprocessor ICs			
68000 Family	68000 系列	8051 Family	8051 系列
ARM Family	ARM 系列	AVR Family	AVR 系列
Basic Stamp Modules	Parallax 公司微处理器	DSPIC33 Family	DSPIC33 系列
HC11 Family	HC11 系列	I86 Family	I86 系列
Peripherals	CPU 外设	PIC10 Family	PIC10 系列
PIC12 Family	PIC12 系列	PIC16 Family	PIC16 系列
PIC18 Family	PIC18 系列	PIC24 Family	PIC24 系列
Z80 Family	Z80 系列		
Miscellaneous			
Modelling Primitives			
Analog(SPICE)	模拟(仿真分析)	Digital(Buffers&Gates)	数字(缓冲器和门电路)
Digital(Combinational)	数字(组合电路)	Digital(Miscellaneous)	数字(混杂)
Digital(Sequential)	数字(时序电路)	Mixed Mode	混合模式
PLD Elements	可编程逻辑器件单元	Realtime(Actuators)	实时激励源
Realtime(Indictors)	实时指示器		
Operational Amplifiers			
Dual	双运放	Ideal	理想运放
Macromodel	大量使用的运放	Octal	八运放

表 36 -4(续 3)

元器件库名称	直译名称	元器件库名称	直译名称
Quad	四运放	Single	单运放
Triple	三运放		
Optoelectronics			
14 - Segment Displays	14 段显示	16 - Segment Displays	16 段显示
7 - Segment Displays	7 段显示	Alphanumeric LCDs	液晶数码显示
Bargraph Displays	条形显示	Dot Matrix Displays	点阵显示
Graphical LCDs	液晶图形显示	Lamps	灯
LCD Controllers	液晶控制器	LCD Panels Displays	液晶面板显示
LEDs	发光二极管	Optocouplers	光电耦合器
Serial LCDs	串行液晶显示		
PICAXE ICs			
PLDs & FPGAs			
Resistors			
0.6W Meltal Film	0.6 瓦金属膜电阻	10 Wat Wirewound	10 瓦线绕电阻
2 Watt Metal Film	2 瓦金属膜电阻	3Watt Wirewound	3 瓦线绕电阻
7 Watt Wirewound	7 瓦线绕电阻	Chip Resistors	晶片电阻
Chip Resistors 1/10W 0.1%	晶片电阻 1/10W 0.1%	Chip Resistors 1/10W 1%	晶片电阻 1/10W 1%
Chip Resistors 1/10W 5%	晶片电阻 1/10W 5%	Chip Resistors 1/16W 0.1%	晶片电阻 1/16W 0.1%
Chip Resistors 1/16W 1%	晶片电阻 1/16W 1%	Chip Resistors 1/16W 5%	晶片电阻 1/16W 5%
Chip Resistors 1/2W 5%	晶片电阻 1/2W 5%	Chip Resistors 1/4W 1%	晶片电阻 1/4W 1%
Chip Resistors 1/4W 10%	晶片电阻 1/4W 10%	Chip Resistors 1/4W 5%	晶片电阻 1/4W 5%
Chip Resistors 1/8W 0.05%	晶片电阻 1/8W 0.05%	Chip Resistors 1/8W 0.1%	晶片电阻 1/8W 0.1%
Chip Resistors 1/8W 0.25%	晶片电阻 1/8W 0.25%	Chip Resistors 1/8W 0.5%	晶片电阻 1/8W 0.5%
Chip Resistors 1/8W 1%	晶片电阻 1/8W 1%	Chip Resistors 1/8W 5%	晶片电阻 1/8W 5%
Chip Resistors 1W 5%	晶片电阻 1W 5%	Chip Resistors anti - surge 5%	晶片电阻防喘振控制 5%
Generic	普通电阻	High Voltage	高压电阻
NTC	负温度系数热敏电阻	Resistors Network	电阻网络
Resistors Packs	排阻	Variable	滑动变阻器
Varisitors	可变电阻		
Simulator Primitives			
Flip - Flops Gates Sources	触发器 门电路 电源		
Speakers & Sounders			
Switches & Relays			
Keypads	键盘	Relays(Generic)	普通继电器

表 36 - 4(续 4)

元器件库名称	直译名称	元器件库名称	直译名称
Ralays(Specific)	专用继电器	Switches	开关
Switching Devices			
DIACs	两端交流开关	Generic	普通开关
SCRs	可控硅	TRIACs	三端双向可控硅
Thermionic Valves			
Diodes	二极管	Pentodes	五级真空管
Tetrodes	四极管	Triodes	三极管
Transducers			
Humidity/Temperature	湿度/温度传感器	Light Dependent Resistor (LDR)	光敏电阻
Pressure	压力传感器	Temperature	温度传感器
Transistors			
Bipolar	双极型晶体管	Generic	普通晶体管
IGBT	绝缘栅双极晶体管	JFET	结型场效应管
MOSFET	金属氧化物场效应管	RF Power LDMOS	射频功率 LDMOS 管
RF Power VDMOS	射频功率 VDMOS 管	Unijunction	单结晶体管
TTL 74 Series			
Adders	加法器	Buffers&Drivers	缓冲和驱动器
Comparators	比较器	Counters	计数器
Decoders	译码器	Encoders	编码器
Flip - Flops&Latches	触发器和锁存器	Gates&Inverters	门电路和反向器
Misc. Logic	混杂逻辑电路	Multiplexers	数据选择器
Multivibrators	多谐振荡器	Registers	寄存器
TTL 74ALS Series			
Buffers&Drivers	缓冲和驱动器	Comparators	比较器
Counters	计数器	Decoders	译码器
Flip - Flops&Latches	触发器和锁存器	Gates&Inverters	门电路和反向器
Misc. Logic	混杂逻辑电路	Multiplexers	数据选择器
Registers	寄存器	Transceivers	收发器
TTL 74AS Series			
Buffers&Drivers	缓冲和驱动器	Counters	计数器
Decoders	译码器	Flip - Flops&Latches	触发器和锁存器
Gates&Inverters	门电路和反向器	Misc. Logic	混杂逻辑电路
Multiplexers	数据选择器	Registers	寄存器

表 36－4(续 5)

元器件库名称	直译名称	元器件库名称	直译名称
Transceivers	收发器		
TTL 74F Series			
Adders	加法器	Buffers&Drivers	缓冲和驱动器
Comparators	比较器	Counters	计数器
Decoders	译码器	Flip－Flops&Latches	触发器和锁存器
Gates&Inverters	门电路和反向器	Multiplexers	数据选择器
Registers	寄存器	Transceivers	收发器
TTL 74HC Series			
Adders	加法器	Buffers&Drivers	缓冲和驱动器
Comparators	比较器	Counters	计数器
Decoders	译码器	Encoders	编码器
Flip－Flops&Latches	触发器和锁存器	Gates&Inverters	门电路和反向器
Misc. Logic	混杂逻辑电路	Multiplexers	数据选择器
Multivibrators	多谐振荡器	Phase－Locked－Loops (PLLs)	锁相环
Registers	寄存器	Signal Switches	信号开关
Transceivers	收发器		
TTL 74HCT Series			
TL 74LS Series			
Adders	加法器	Buffers&Drivers	缓冲和驱动器
Comparators	比较器	Counters	计数器
Decoders	译码器	Encoders	编码器
Flip－Flops&Latches	触发器和锁存器	Frequency Dividers&Timers	分频和定时器
Gates&Inverters	门电路和反向器	Misc. Logic	混杂逻辑电路
Multiplexers	数据选择器	Multivibrators	多谐振荡器
Oscillators	振荡器	Registers	寄存器
Transceivers	收发器		
TTL 74S Series			
Adders	加法器	Buffers&Drivers	缓冲和驱动器
Comparators	比较器	Counters	计数器
Decoders	译码器	Flip－Flops&Latches	触发器和锁存器
Gates&Inverters	门电路和反向器	Misc. Logic	混杂逻辑电路
Multiplexers	数据选择器	Oscillators	振荡器
Registers	寄存器		

表 36 - 5　常用元器件所在库信息

常用元器件	关键字	所属库分类	子类	所属库
51 单片机	8051	Microprocessor ICs	8051 Family	MICRO
MAX232	232	Microprocessor ICs	peripherals	MAXIM
晶振	CYSTAL	Miscellaneous	—	DEVICE
电阻	RES	Resistors	各子类	RESISTORS 等
排阻	RES -	Resistors	Resistor Packs	DEVICE
可调电阻	POT	Resistors	Variable	ACTIVE
上拉电阻	PULLUP	Modeling Primitives	Digital(Miscellaneous)	DSIMMDLS
瓷片电容	CAP	Capacitors	Ceramic Disc	CAPAVITORS
电解电容	具体电容值	Capacitors	Miniature electrolytic Radial electrolytic 等	CAPAVITORS
按钮	BUTTON	Switches & Relays	Switches	ACTIVE
开关	SW -	Switches & Relays	Switches	ACTIVE
键盘	KEY	Switches & Relays	Keypads	ACTIVE
发光二极管	LED	Optoelectronics	LEDs	ACTIVE
数码管	7SEG -	Optoelectronics	7 - Segment - Displays	DISPLAY
字符液晶显示器	LCD	Optoelectronics	Alphanumeric LCDs	DISPLAY
点阵显示器	MATRIX -	Optoelectronics	Dot Matrix Displays	DISPLAY

5. 探针和图表

(1)探针

探针可以用来记录所连接电路网络的状态，既可以用于交互式仿真，也可以用于图表的仿真。单击工作界面左侧工具栏中的模式按钮可进入探针模式。Protues ISIS 提供了三种探针，分别是 Voltage(电压探针)、Current(电流探针)和 Tape(录音机探针)。

电压探针：电压探针既可以使用在模拟电路仿真中，也可以使用在数字电路仿真中。区别在于模拟电路中记录的是真实的电压值，而数字电路中记录的是逻辑电平及其强度。

电流探针：常用在模拟电路中，也可判断电流方向。

录音机探针：多用于声音波形的仿真。

(2)图表

图表分析既可以对仿真结果进行直观整体的分析，也可以在仿真过程中放大一些需要观察的部分进行细节分析，例如交流小信号分析、噪声分析及参数扫描等。

图表在仿真中占有极其重要的地位，不仅能够显示仿真数据结果，而且能够定义仿真类型。例如在数字逻辑电路中，通过放置一个或若干个图表观察到数字逻辑输出、电压、阻抗等数据，或者放置不同的图标显示电路在某些方面的特性。

在瞬态仿真中放置一个模拟图表，在数字仿真中放置数字分析图表，或者将这两种分析结果在混合图表中显示出来。各种图表的详细介绍如下。

ANALOGUE(模拟分析图表):在瞬态仿真中，绘制一条或多条电压或电流随时间变化的曲线。

DIGITAL(数字分析图表):在瞬态仿真中，绘制逻辑电平随时间变化的曲线，图表中的波形代表单一数据位或总线的二进制电平值。

MIXED(混合分析图表):同时将模拟信号和数字信号的波形显示在同一图表中。

FREQUENCY(频率分析图表):分析电路在不同的频率工作状态下的运行情况。分析电路在不同频谱工作状态下的运行情况，并且每次只可以分析一个频率。故频率特性分析相当于在输入端接一个可改变频率的测试信号，在输出端接交流电表测量不同频率所对应的输出，同时得到输出信号的相位变化情况。频率特性分析还可以用来分析不同频率下的输入/输出阻抗。另外，频率分析图表在非线性电路中使用时是没有实际意义的。因为频率特性分析的前提是假设电路是线性的，即在输入端加一组标准的正弦波，在输出端也相应地得到一组标准的正弦波。实际中完全线性的电路是不存在的，但是大多数情况下，认为线性的电路都是在此分析允许的范围内。而且，由于系统是在线性情况下引入负数算法(矩阵算法)进行的运算，其分析速度要比瞬态分析快得多。对于非线性电路，需要使用傅里叶分析方法。在进行频率分析时，图表的 X 轴表示频率，两个纵轴显示幅值和相位。

TRANSFER(转移特性分析图表):用于测量电路的转移特性。

NOISE(噪声分析图表):针对电阻或半导体元件在电路中产生的噪声对输出信号的影响数字化，以供设计师评估电路性能。需要注意的是，噪声分析是不考虑外部电磁的影响的，而且一个电路如果使用了录音机探针，则分析时只对当前部分进行处理。Protues ISIS 的噪声分析功能可显示随时间变化的输入和输出噪声电压，且同时可产生单个元件的噪声电压清单。

DISTORTION(失真分析图表):失真是由电路传输函数中的非线性部分产生的，仅由线性元件(如电阻、电感、线性可控源)组成的电路不会产生任何的失真。SPICE 失真分析(distortion analysis)可仿真二极管、双极性晶体管、场效应管、JFETs 和 MOSFETs 等。Protues ISIS 的失真分析用于确定由测试电路所引起的电平失真的程度，失真分析图表用于显示频率变化的二次和三次谐波失真电平。

FOURIER(傅里叶分析图表):用于分析一个时域信号的直流分量、基波分量和谐波分量。也就是把被测节点处的时域变化信号进行离散傅里叶变换，求出它的频域变化规律，将被测节点的频谱显示在分析图窗口中。进行傅里叶分析时，必须要首先选择被分析的节点，一般将电路中的交流激励源频率设为基频。若在电路中有几个交流电源，可将基频设在这些电源频率的最小公因数上。Protues ISIS 系统为模拟电路频域分析提供的傅里叶分析图表可以显示电路的频域分析。

AUDIO(音频分析图表):设计者可以从设计的电路中听到电路的输出，前提是要求系统具有声卡。音频分析图表与模拟分析图表在本质上是一样的，只是在仿真结束后会生成一个时域的 WAV 文件窗口，且可以通过声卡输出声音。

INTERACTIVE(交互分析图表)：交互式分析结合交互式仿真与图表仿真的特点。在仿真过程中，系统会建立起交互式模型，但是分析结果是用一个瞬态分析图表记录和显示的。交互分析用于观察电路仿真中的某一个单独操作对电路产生的影响。借助交互式仿真中的虚拟仪器可以实现观察电路中的某一个单独操作对电路所产生的影响，同时交互式分析图表能够用图表的方式将结果显示出来，以便进行更为详细的分析。

CONFORAMANCE(一致性分析图表)：常用于比较两组数字的仿真结果。一致性分析图表可以快速测试改进后的设计是否会带来不期望的副作用。一致性分析作为测试策略的一部分，通常应用于嵌入式系统的分析。

DC SWEEP(直流扫描分析图表)：直流扫描分析图表可以让用户观察电路元器件参数在定义范围内发生变化时对电路工作状态所造成的影响。例如观察电阻值、晶体管放大倍数、电路工作温度等参数变化对电路状态的影响，也可以通过扫描激励元件参数值实现直流传输特性的测量。Protues ISIS 系统为模拟电路分析提供了直流扫描图表，使用该图表可以显示随扫描变化的定态电压值或电流值。

AC SWEEP(交流扫描分析图表)：交流扫描分析可以建立一组曲线，用于反映元件在参数值发生线性变化时的频率特性，以此观察到相关元件参数值发生变化时对电路频率特性的影响。扫描分析时，系统内部完全按照普通的频率特性分析计算相关值，由于元件参数不固定增加了运算次数，因此，每次相应地计算一个元件参数值对应的结果。Protues ISIS 系统为模拟电路分析提供了交流扫描图表，使用该图表可以显示随扫描变化的每一个值所对应的频率曲线而组成的一组曲线，同时显示幅值与相位。

项目 37　叠加定理验证仿真

37.1　项目学习任务单

表 37－1　叠加定理验证仿真学习任务单

单元六	Proteus 8 软件仿真设计实训	总学时:60
项目 37	叠加定理验证仿真	学时:6
工作目标	能够熟练操作 Proteus 8 软件 能够熟练运用 Proteus 8 软件绘制出电路硬件仿真原理图	
项目描述	通过软件的仿真，验证叠加定理	

表 37－1(续)

<table>
<tr><th colspan="3">学习目标</th></tr>
<tr><th>知识</th><th>能力</th><th>素质</th></tr>
<tr><td>1. 电路原理基础知识;
2. Proteus8.0 软件基本操作</td><td>1. 设计电路的能力;
2. 分析电路的能力;
3. 仪器仪表的正确使用</td><td>1. 学习中态度积极,有团队精神;
2. 能够借助于网络、课外书籍扩展知识面,具有自主学习的能力;
3. 动手操作过程严谨、细致,符合操作规范</td></tr>
<tr><td colspan="3">教学资源:本项目可以在 Proteus 8 软件中进行仿真操作,也可以在面包板或者相关的实验平台上操作,实施步骤相同</td></tr>
<tr><td colspan="2">硬件条件:
计算机;
Proteus 8 软件</td><td>学生已有基础(课前准备):
微型计算机使用的基本能力</td></tr>
</table>

37.2 项目实施

第 1 步:创建一个新的设计文件。

首先进入 Proteus ISIS 编辑环境,选择【文件】→【新建工程】菜单项,选择 DEFAULT 模板,新建一个名为“XM1”的原理图,并将新建的设计保存在 F 盘根目录下。

第 2 步:设置工作环境。

选择【系统】→【设置纸张大小】菜单项,选择 A4 纸型,其他选项使用系统默认设置。

第 3 步:元器件的操作。

拾取元器件方法:叠加定理验证电路需要的元器件如表 37－2 所示。选择【元件模式】,点击【P】键,打开元器件拾取对话框,准备拾取元器件,如图 37－1 所示,采用直接查询关键字法,输入所需要的元器件名称的关键字(可参见表 37－2),如电阻为 RES,电容为 CAP 等,就会列出一系列相关的元器件,然后用鼠标选中所需要的元器件,右上角的预览窗口显示出该元器件的示意图,双击该元器件,拾取到对象选择区中,如图 37－1 所示。

放置元器件方法:将原理图所需要的元器件添加到对象选择区后,单击要放置的某元器件,将鼠标拖至原理图编辑区,选择合适的位置,点击鼠标左键,粉色条出现,同时移动鼠标,再微调位置释放左键,将元器件放置在预定位置。

移动元器件方法:在原理图编辑区中,若要移动元器件,应先左击对象,首先单击鼠标左键选中元器件,默认情况下为红色,再按住鼠标左键拖动,元器件就跟随指针移动,到达合适位置时,松开鼠标左键。

旋转元器件方向方法:放置元器件前,点击所选择的元器件,此时元器件名称变为蓝色区域,点击方向工具栏上相应的转向按钮(顺时针 90 度旋转;逆时针 90 度旋转;旋转 180 度;X 轴镜像;Y 轴镜像)旋转该元器件,再在原理图编辑区合适位置点击鼠标就放置了一个已经更改完方向的元器件。若在原理图编辑区中需要更改元器件方向,应点击选中该元器件,然后单击鼠标右键选择相应的操作方式。

删除元器件方法:在原理图编辑区中,首先将鼠标放置在要删除的元器件上方,双击鼠标右键,则该元器件就被删除了,或者单击鼠标左键选中该元器件,再按下键盘上的 Delete 键也可以删除该元器件。

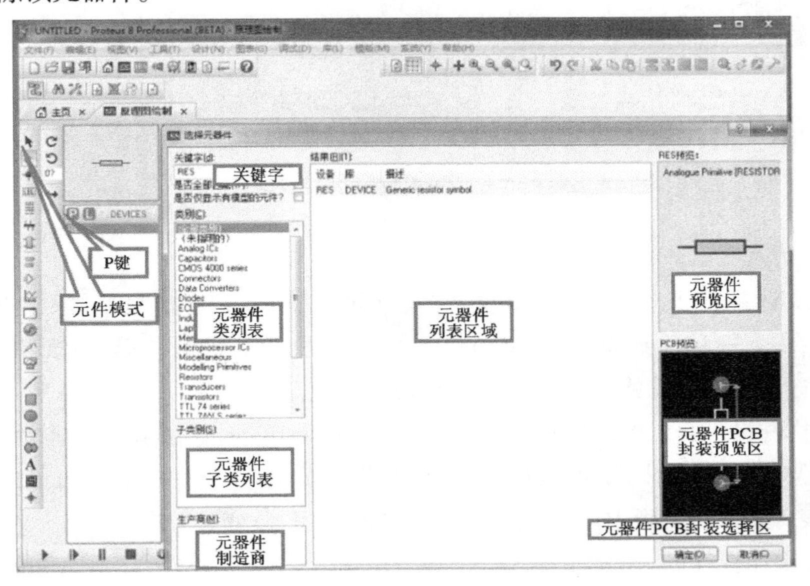

图 37-1　元器件拾取对话框

放置、移动、旋转、删除元器件等操作后,可将所需各个元器件放置在原理图编辑窗口中的合适位置。

把表 37-2 中所有元器件从对象选择区中放置到原理图编辑区中合适的位置。

表 37-2　叠加定理验证电路元器件清单

电路元件	元件名称	所在库	型号参数
电压源	VSOURCE	DEVICE	$U_1=10\ \text{V}, U_2=15\ \text{V}$
开关	SW-SPDT	ACTIVE	
电阻	RES	ASIMMDLS	$R_1=30\ \Omega, R_2=40\ \Omega, R_3=50\ \Omega$

导线的连接:将光标靠近一个对象的引脚末端,单击并拖动鼠标,手动设定走线路径,需要拐点时点击鼠标左键即可,直到寻找到另一个对象的引脚。

第 4 步:元器件属性修改。

在需要修改属性参数的元器件上右击鼠标,在弹出的菜单中选择编辑属性“Edit Properties”或者双击鼠标左键或者按快捷键 Ctrl + E,出现“Edit Component”对话框,在此对话框中可以对元器件属性进行设置,例如名称、数值大小等,如图 37 -2 所示。

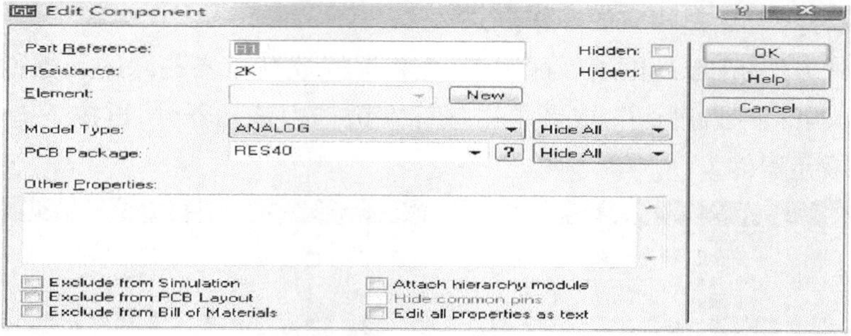

Edit Component
Part Reference: R1 Hidden:
Resistance: 2K Hidden:
Element: New
Model Type: ANALOG Hide All
PCB Package: RES40 ? Hide All
Other Properties:
Exclude from Simulation
Exclude from PCB Layout
Exclude from Bill of Materials
Attach hierarchy module
Hide common pins
Edit all properties as text
OK
Help
Cancel

图 37 -2　元器件属性设置界面

第 5 步:仿真工具。

单击模式选择工具栏中的终端模式(Terminals Mode)图标,在对象选择区中选中“GROUND”,将鼠标移动到原理图编辑区的合适位置,点击鼠标左键,出现粉色元器件模型,再次点击鼠标左键,就将“地”放置在原理图中。

单击模式选择工具栏中的虚拟仪器模式(Virtual Instruments Mode)图标,在对象选择区中单击“DC VOLTMETER”,出现蓝色条,在原理图编辑区的合适位置双击鼠标左键,就将“直流电压表”放置在原理图中,可以通过修改方向按钮,改变其方向。

第 6 步:添加探针。

单击模式选择工具栏中的探针模式(Probe Mode)图标,在对象选择区中单击“VOLTAGE”,使其出现蓝色条,在原理图编辑区的合适位置单击鼠标左键,出现粉色元器件模型,再次点击鼠标左键,就将“电压探针”放置在原理图中。

第 7 步:添加模拟分析图表。

图表分析可以对整个仿真结果进行直观有效的分析,它不仅是结果的显示媒介,而且定义了仿真类型,通过一个或者多个仿真图表可以清楚地观察到各种数据,例如模拟电压、模拟电流、数字逻辑信号等。

单击模式选择工具栏中的图表模式(Graph Mode)图标,在对象选择区中单击模拟分析图表“ANALOGUE”,将鼠标移动到原理图编辑区,在合适位置按下左键拖出一个方框,确定方框大小,松开左键模拟分析图表绘制完成。模拟分析图表的运行时间由 X 轴的范围确定。右击选中图表,在弹出的对话框中点击编辑图表(Edit Graph)按钮,弹出 Edit Transient Graph 对话框,设置开始时间(Start time)和停止时间(Stop time)。本项目中的开始时间为 0 s,结束时间为 0.03 s。

依次选中探针,出现粉色条,按住左键将其拖动到图表中,松开左键即把探针加入到模拟图表中。将鼠标放置在该模拟分析图表上,按下空格键,即可看到模拟分析图表的分析结果。

重新调整元器件在图形编辑区中的位置,并修改元器件参数,再用导线将电路连接好,结果存盘,如图 37 -3 所示。

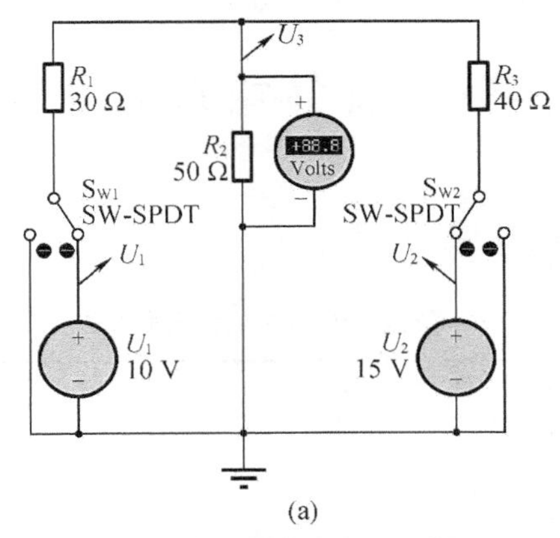

(a)

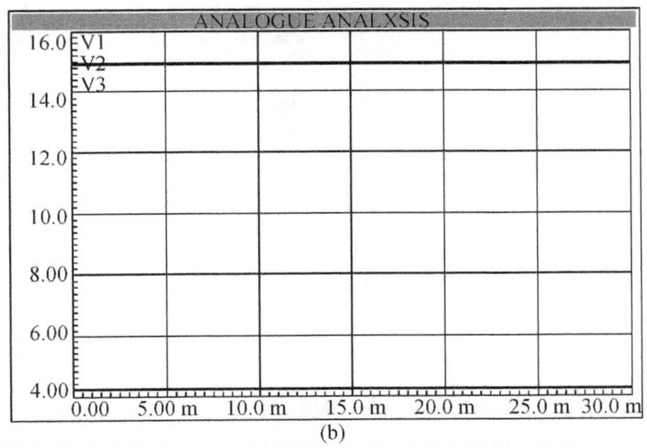

(b)

图 37－3 叠加定理验证电路图

第 8 步:仿真现象。

调换开关的位置,完成两个电压源同时工作的情况,或者其中只有一个电压源工作的情况,将电压表数据记录到表 37－3,观察是否符合叠加定理,电压表的示数是否和模拟分析图表中探针的值相同。成功后,再换组数据试一试。

表 37－3 叠加定理验证数据

U_1 电压源/V	U_2 电压源/V	电压表的值/V	是否符合叠加定理
10	0		
0	15		
10	15		

项目 38　NPN 型晶体管共射放大电路仿真

38.1　项目学习任务单

表 38 – 1　NPN 型晶体管共射放大电路仿真学习任务单

<table>
<tr><td>单元六</td><td colspan="2">Proteus 8 软件仿真设计实训</td><td>总学时:60</td></tr>
<tr><td>项目 38</td><td colspan="2">NPN 型晶体管共射放大电路仿真</td><td>学时:6</td></tr>
<tr><td>工作目标</td><td colspan="3">能够熟练操作 Proteus 8 软件
能够熟练运用 Proteus 8 软件绘制出模拟电路原理图</td></tr>
<tr><td>项目描述</td><td colspan="3">通过软件的仿真,熟练绘制模拟电路原理图</td></tr>
<tr><td colspan="4">学习目标</td></tr>
<tr><td colspan="2">知识</td><td>能力</td><td>素质</td></tr>
<tr><td colspan="2">1. 模拟电子技术基础知识;
2. Proteus 8.0 软件基本操作</td><td>1. 设计电路的能力;
2. 分析电路的能力;
3. 仪器仪表的正确使用</td><td>1. 学习中态度积极,有团队精神;
2. 能够借助于网络、课外书籍扩展知识面,具有自主学习的能力;
3. 动手操作过程严谨、细致,符合操作规范</td></tr>
<tr><td colspan="4">教学资源:本项目可以在 Proteus 8 软件中进行仿真操作,也可以在面包板或者相关的实验平台上操作,实施步骤相同</td></tr>
<tr><td colspan="2">硬件条件:
计算机;
Proteus 8 软件</td><td colspan="2">学生已有基础(课前准备):
微型计算机使用的基本能力</td></tr>
</table>

38.2　项目实施

第 1 步:创建一个新的设计文件。

首先进入 Proteus ISIS 编辑环境,选择【文件】→【新建工程】菜单项,选择 DEFAULT 模板,新建一个名为“XM2”的原理图,并将新建的设计保存在 F 盘根目录下。

第 2 步:设置工作环境。

选择【系统】→【设置图纸大小】菜单项,选择 A4 纸型,其他选项使用系统默认设置。

第 3 步:拾取元器件。

NPN 型三极管电路需要的元器件如表 38 – 2 所示。选择【元件模式】,点击【P】键,打开元器件拾取对话框,采用直接查询关键字法,双击选中的元器件,拾取到编辑区的元件列表中,然后将表 38 – 2 中所有元器件从对象选择器中放置到图形编辑区中。调整元器件在图形编辑区中的位置,并修改元器件参数,再将电路连接起来,如图 38 - 1 所示。

表 38 - 2　NPN 型三极管电路元器件清单

电路元件	元件名称	所在库	型号参数
电阻	RES	DEVICE	$R_1=80$ kΩ,$R_2=20$ kΩ,$R_3=2$ kΩ,$R_4=2$ kΩ,$R_5=20$ kΩ
三极管	NPN	BIPOLAR	
电池	BATTERY	ACTIVE	BAT1 = 30 V
电容	CAP	DEVICE	$C_1=10$ μF,$C_2=20$ μF

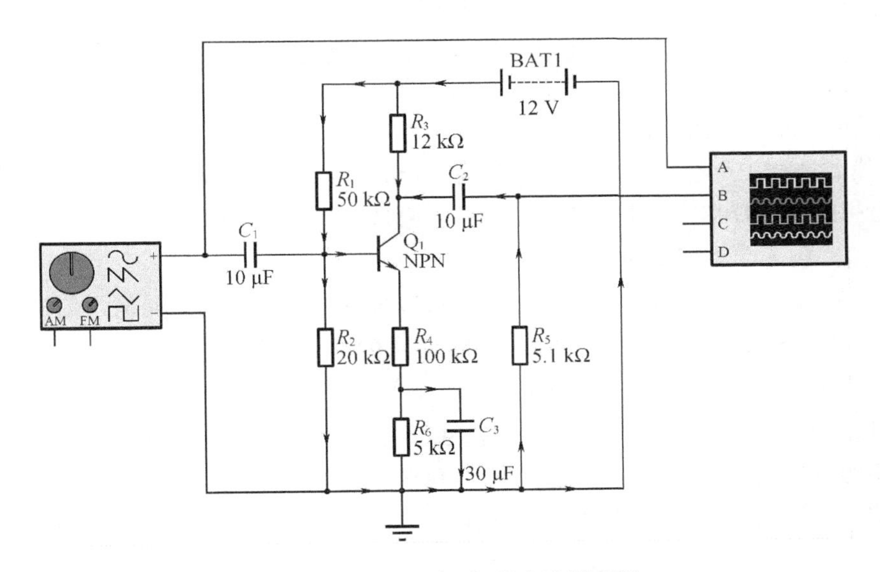

图 38 - 1　NPN 型三极管电路原理图

第 4 步:添加信号发生器。

单击模式选择工具栏中的虚拟仪器模式(Virtual Instruments Mode)图标,在对象选择区中单击“SIGNAL GENERATOR”,使其出现粉色条,在原理图编辑区的合适位置双击鼠标左键就将“信号发生器”放置在原理图中。

信号发生器具有输出非调制波和输出调制波两大功能。通常利用信号发生器能够输出非调制波功能来产生方波、锯齿波、三角波和正弦波。

在用作非调制波信号发生器时,信号发生器的下面两个接头 AM 和 FM 悬空不接,右侧的两个接头“ + ”端接到电路的信号输入端,“ - ”端接地。仿真运行后,出现如图 38 - 1 所示的界面。最右侧有两个方形按钮,上面方形按钮 Waveform 用来选择方波、锯齿波、三角波和正弦波其中任意一种波形,下面方形按钮 Polarity 用来切换信号电路是双极性 Bi 还是单极性 Uni 的任意一种极性电路,要与外电路相匹配。最左侧的两个圆形旋转钮用来选择信号频率,左边是微调,右边是粗调。中间两个圆形旋转钮用来选择信号的幅值,左边是微调,右边是粗调。

本项目中设置函数信号发生器的各个按钮功能如图 38 – 2 所示:输出频率为 1 kHz,幅度为 10 mV 的单极性(Bi)方波信号。

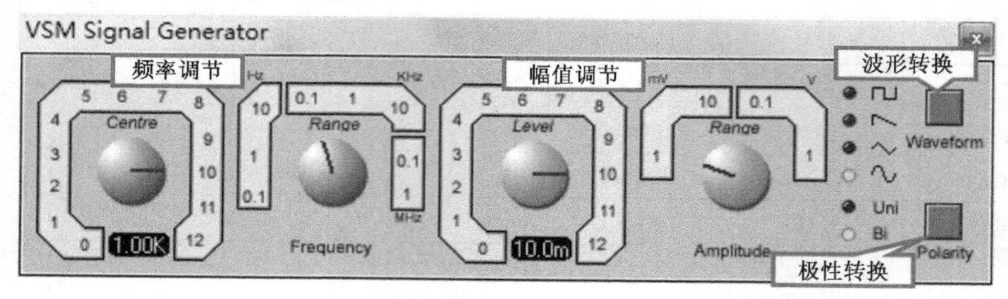

图 38 – 2　信号发生器面板

第 5 步:添加虚拟示波器

单击模式选择工具栏中的虚拟仪器模式(Virtual Instruments Mode)图标,在对象选择区中单击“OSCILLOSCOPE”,使其出现蓝色条,在原理图编辑区合适位置双击鼠标左键就将“虚拟示波器”放置在原理图中。

虚拟示波器有 A、B、C、D 四个接线端口,可以分别接入不同的四路输入信号,信号的另一端接地。虚拟示波器能够同时观察到四路信号的波形,即 A 通道(Channel A)、B 通道(Channel B)、C 通道(Channel C)、D 通道(Channel D)。

四个通道区:每个区的操作功能都一样,主要有两个旋钮,Position 用来调整波形的垂直位移;下面的旋钮用来调整波形 Y 轴增益,白色区域的刻度表示图形区每路信号对应的电压值;内旋钮是微调,外旋钮是粗调。在图形区读波形的电压时会把内旋钮顺时针调到最右端。

触发区:其中 Level 用来调节水平坐标,水平坐标只在调节时才显示。Auto 按钮一般为红色选中状态。Cursors 光标按钮选中后,可以在图标区标注横坐标和纵坐标,从而方便读取波形的电压和周期,如图 38 – 3 所示。

水平区:Position 用来调整波形的左右位移,下面的旋钮调整扫描频率。当读周期时,应把内环的微调旋钮顺时针转到底。

第 6 步:仿真现象。

单击运行按钮,出现示波器对话框,调节相应按钮,会出现如图 38 – 3 所示波形。在运行过程中,如果关闭信号发生器或者虚拟示波器,需要从主菜单调试(Debug)中选取恢复弹出窗口(Reset Debug Popup Windows)达到重现的目的。

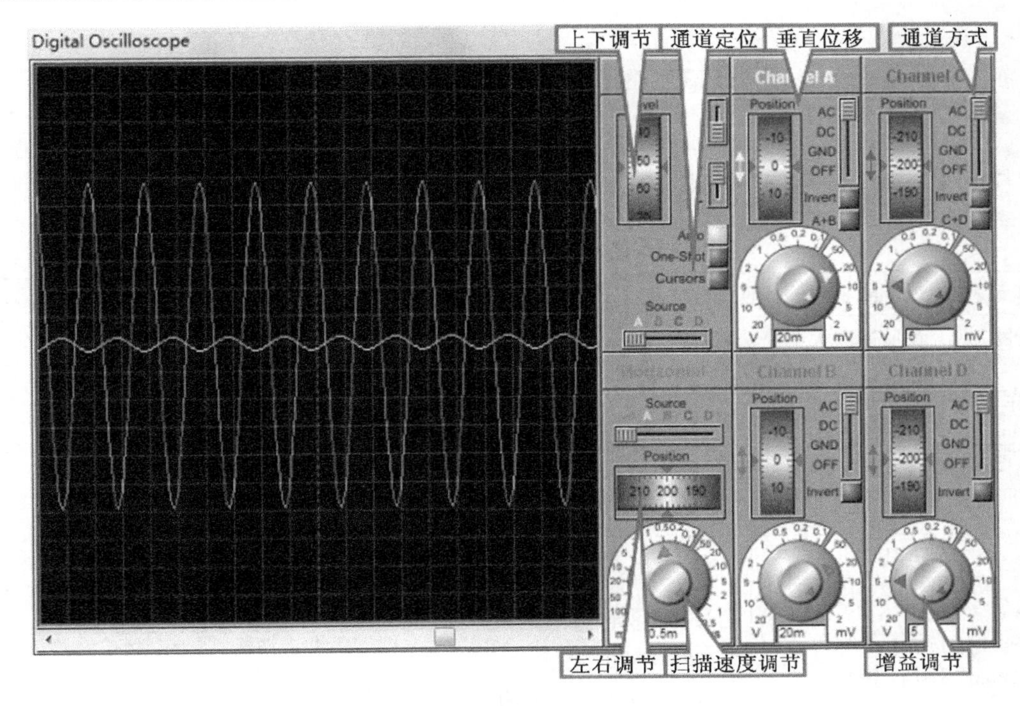

图 38－3　示波器波形显示

除了虚拟仪表，Proteus 还可以形象且直观地利用颜色和箭头显示当前电路中电压和电流的工作状态。在主菜单系统（System）中选取设置动画选项（Set Animation Options），会弹出如图 38－4 所示的对话框，选中“用颜色显示连线电压（Show Wire Voltage by Colour）和用箭头显示电流方向（Show Wire Current with Arrows）”两项，然后点击确定按钮。这样做的目的是：一方面能够利用不同的颜色显示出各个部分电压的高低，通常默认蓝色表示 －6 V，绿色表示 0 V，红色表示 ＋6 V，依照电压从小到大规律的变化连线颜色从蓝色到红色深浅变化；另一方面利用箭头可以显示出电流的具体流向，如果当线路中电流强度小于设置的默认值 1 μA 起始电流强度时，箭头不显示。

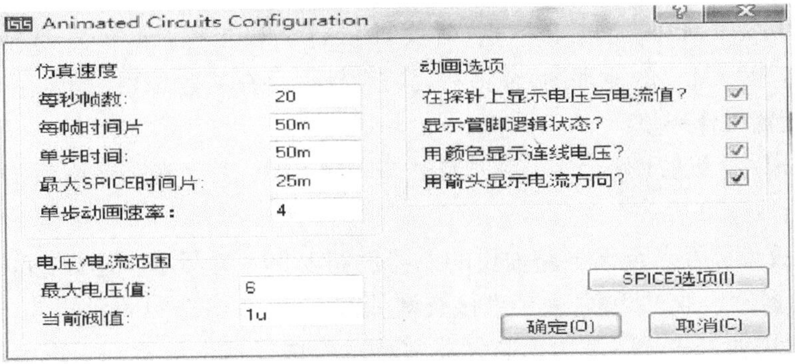

Animated Circuits Configuration

仿真速度
每秒帧数: 20
每帧时间片: 50m
单步时间: 50m
最大SPICE时间片: 25m
单步动画速率: 4

电压/电流范围
最大电压值: 6
当前阈值: 1u

动画选项
在探针上显示电压与电流值? ☑
显示管脚逻辑状态? ☑
用颜色显示连线电压? ☑
用箭头显示电流方向? ☑

SPICE选项(I)
确定(O)　取消(C)

图 38－4　电压电流流向设置

项目 39 负反馈放大电路仿真

39.1 项目学习任务单

表 39－1 负反馈放大电路仿真学习任务单

<table>
<tr><td>单元六</td><td colspan="2">Proteus 8 软件仿真设计实训</td><td>总学时:60</td></tr>
<tr><td>项目 39</td><td colspan="2">负反馈放大电路仿真</td><td>学时:6</td></tr>
<tr><td>工作目标</td><td colspan="3">能够熟练操作 Proteus 8 软件
能够熟练运用 Proteus 8 软件绘制出模拟电路原理图</td></tr>
<tr><td>项目描述</td><td colspan="3">通过软件的仿真,熟练绘制模拟电路原理图</td></tr>
<tr><td colspan="4">学习目标</td></tr>
<tr><td colspan="2">知识</td><td>能力</td><td>素质</td></tr>
<tr><td colspan="2">1. 模拟电子技术基础知识;
2. Proteus 8 软件基本操作</td><td>1. 设计电路的能力;
2. 分析电路的能力;
3. 仪器仪表的正确使用</td><td>1. 学习中态度积极,有团队精神;
2. 能够借助于网络、课外书籍扩展知识面,具有自主学习的能力;
3. 动手操作过程严谨、细致,符合操作规范</td></tr>
<tr><td colspan="4">教学资源:本项目可以在 Proteus 8 软件中进行仿真操作,也可以在面包板或者相关的实验平台上操作,实施步骤相同</td></tr>
<tr><td colspan="2">硬件条件:
计算机;
Proteus 8 软件</td><td colspan="2">学生已有基础(课前准备):
微型计算机使用的基本能力</td></tr>
</table>

39.2 项目实施

第 1 步:创建一个新的设计文件。

首先进入 Proteus ISIS 编辑环境,选择【文件】→【新建工程】菜单项,选择 DEFAULT 模板,新建一个名为“XM3”的原理图,并将新建的设计保存在 F 盘根目录下。

第 2 步:设置工作环境。

选择【系统】→【设置图纸大小】菜单项,选择 A4 纸型,其他选项使用系统默认设置。

第 3 步:拾取元器件。

单管共射放大器及负反馈电路需要的元器件如表 39－2 所示。选择【元件模式】,点击【P】键,打开元器件拾取对话框,采用直接查询关键字法,双击选中的元器件,拾取到编辑区的元件列表中,需要把表 39－2 中所有元器件从对象选择器中放置到图形编辑区中。调整元器件在图形编辑区中的位置,并修改元器件参数,再将电路连接起来,如图 39－1 所示。

表 39－2　负反馈放大电路仿真电路元器件清单

电路元件	元件名称	所在库	型号参数
电阻	RES	DEVICE	$R_1=R_7=R_8=R_{12}=10\ \text{k}\Omega$，$R_2=R_3=15\ \text{k}\Omega$，$R_4=R_6=R_{10}=1\ \text{k}\Omega$，$R_5=200\ \Omega$，$R_9=R_{11}=3\ \text{k}\Omega$
可变电阻	POT－HG	ACTIVE	$R_{V1}=100\ \text{k}\Omega$，$R_{V2}=100\ \text{k}\Omega$
电解电容	CAP－ELEC	DEVICE	$C_1=C_3=C_4=C_6=10\ \mu\text{F}$，$C_2=1\ \mu\text{F}$，$C_5=100\ \mu\text{F}$
三极管	2N5551	FAIRCHLD	
电池	BATTERY	ACTIVE	$\text{B}_1=12\ \text{V}$

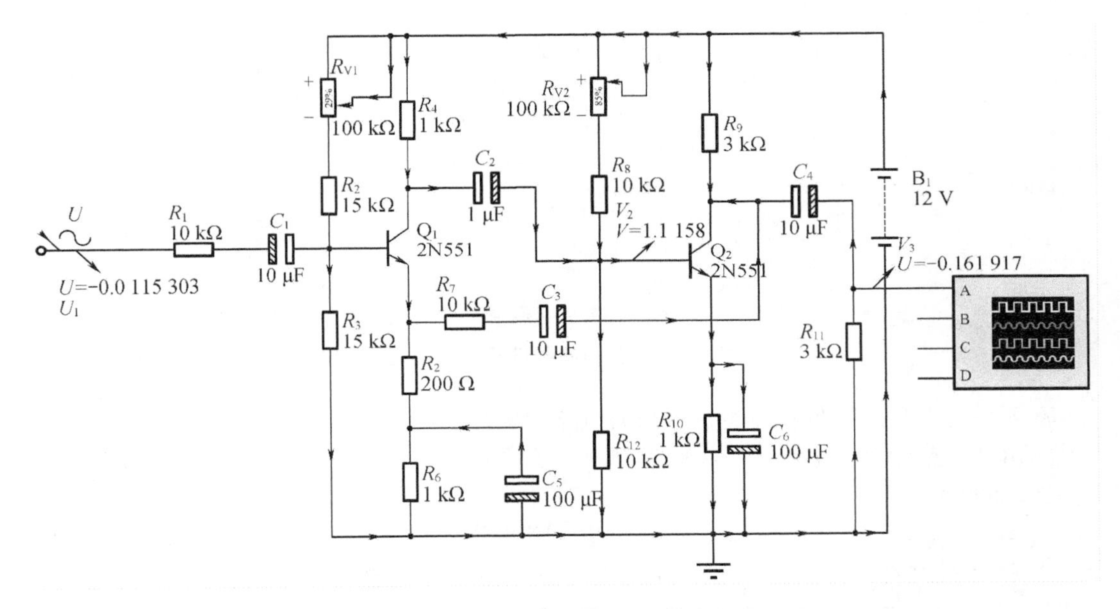

图 39－1　负反馈放大电路仿真电路图

第 4 步：仿真现象。

本项目中利用激励源正弦波信号发生器来产生固定频率的连续正弦波。单击模式选择工具栏中的激励源模式（Generator Mode）图标，在对象选择区中单击“SINE”，使其出现蓝色条，在原理图编辑区的合适位置双击鼠标左键就将“正弦波信号发生器 ”放置在原理图中，可以使用镜像、翻转等工具对其位置和方向进行调整。

双击原理图中的正弦波信号发生器，出现属性对话框（Sine Generator Properties）。Offset（Volts）是补偿电压，即正弦波的振荡中心电平；Amplitude（Volts）正弦波的三种幅值标记方式，其中 Amplitude 为振幅，即半波峰值电压，Peak 为波峰峰值电压，RMS 为有效值电压，以上三个电压值任选其一即可；Timing 正弦波频率的三种定义方式，其中 Frequency（Hz）为频率，单位是赫兹，Period（Secs）为周期，单位为秒，这两项任选其一，Cycles/Graph 为占空比，要单独设置；Delay 延时，是指正弦波的相位，Time Delay（Secs）是时间轴的延时，单位为秒，Phase（Degrees）为相位，单位为度，这两项任选其一就行。

在 Generator Name 中输入正弦波信号发生器的名称，本项目中的正弦波信号发生器的参数设置如图 39 －2 所示。

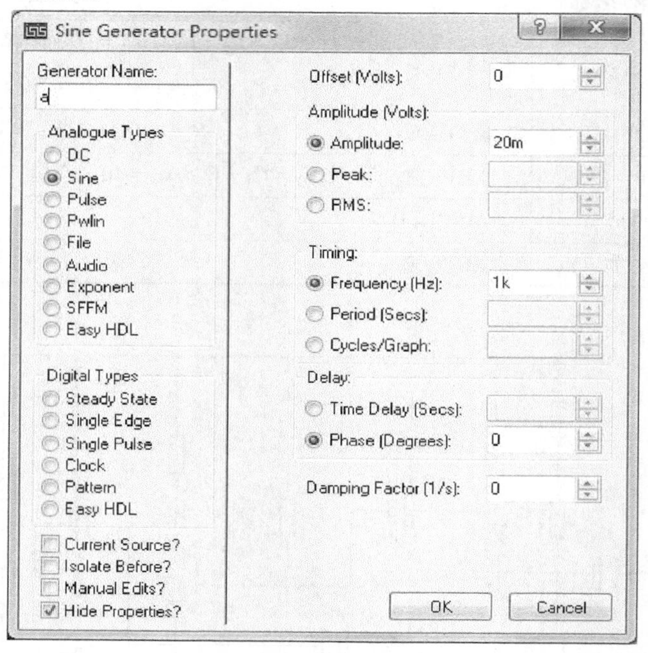

图 39 －2　激励源属性设置对话框

本项目要求利用颜色和箭头显示当前电路中电压和电流的工作状态，效果如负反馈放大电路仿真电路图 39 －1 所示。在原理图中添加了三个电压探针，用模拟分析图表进行效果仿真，如图 39 －3 所示。

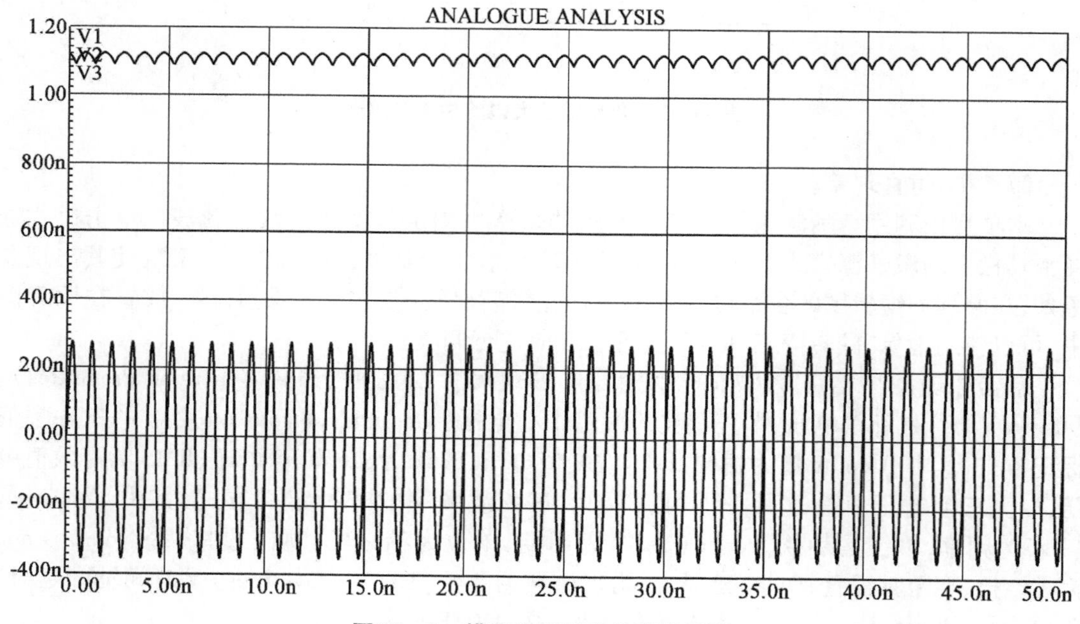

图 39 －3　模拟分析图表仿真效果图

单击 Proteus 软件中的启动仿真按钮，出现示波器对话框，调节相应按钮，正确设置正弦波信号激励源的值，观察示波器显示界面，出现如图 39－4 所示波形。

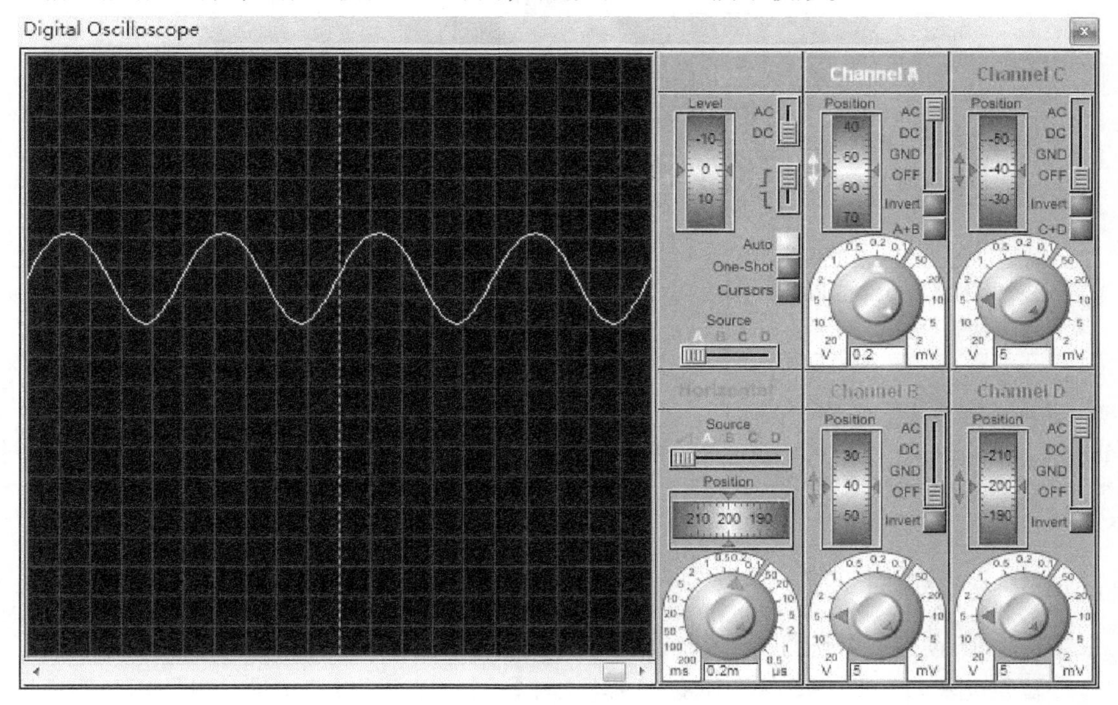

图 39－4　示波器仿真效果图

项目 40　六十进制计数器仿真

40.1　项目学习任务单

表 40－1　六十进制计数器仿真学习任务单

单元六	Proteus 8 软件仿真设计实训	总学时:60
项目 40	六十进制计数器仿真	学时:6
工作目标	能够熟练操作 Proteus 8 软件 能够熟练运用 Proteus 8 软件绘制数字电路原理图	
项目描述	通过软件的仿真，熟练绘制数字电路原理图	

表 40-1(续)

<table>
<tr><td colspan="3">学习目标</td></tr>
<tr><td>知识</td><td>能力</td><td>素质</td></tr>
<tr><td>1. 数字电子技术基础知识;
2. Proteus 8 软件基本操作</td><td>1. 设计电路的能力;
2. 分析电路的能力;
3. 仪器仪表的正确使用</td><td>1. 学习中态度积极,有团队精神;
2. 能够借助于网络、课外书籍扩展知识面,具有自主学习的能力;
3. 动手操作过程严谨、细致,符合操作规范</td></tr>
<tr><td colspan="3">教学资源:本项目可以在 Proteus 8 软件中进行仿真操作,也可以在面包板或者相关的实验平台上操作,实施步骤相同</td></tr>
<tr><td colspan="2">硬件条件:
计算机;
Proteus 8 软件</td><td>学生已有基础(课前准备):
微型计算机使用的基本能力</td></tr>
</table>

40.2 项目实施

第 1 步:创建一个新的设计文件。

首先进入 Proteus ISIS 编辑环境,选择【文件】→【新建工程】菜单项,选择 DEFAULT 模板,新建一个名为"XM4"的原理图,并将新建的设计保存在 F 盘根目录下。

第 2 步:设置工作环境。

选择【系统】→【设置图纸大小】菜单项,选择 A4 纸型,其他选项使用系统默认设置。

第 3 步:拾取元器件。

六十进制计数器采用并行进位法构成,需要的元器件如表 40-2 所示。选择【元件模式】,点击【P】键,打开元器件拾取对话框,采用直接查询关键字法,双击选中的元器件,拾取到编辑区的元件列表中,把六十进制计数器电路需要的所有元器件从对象选择器中放置到图形编辑区中。调整元器件在图形编辑区中的位置,并修改元器件参数,再将电路连接起来,如图 40-1 所示。

表 40-2 六十进制计数器元器件清单

电路元件	元件名称	所在库	型号参数
74LS00	74LS00	74LS	
74LS160	74LS160	74LS	
7SEG-BCD	7SEG-BCD	DISPLAY	

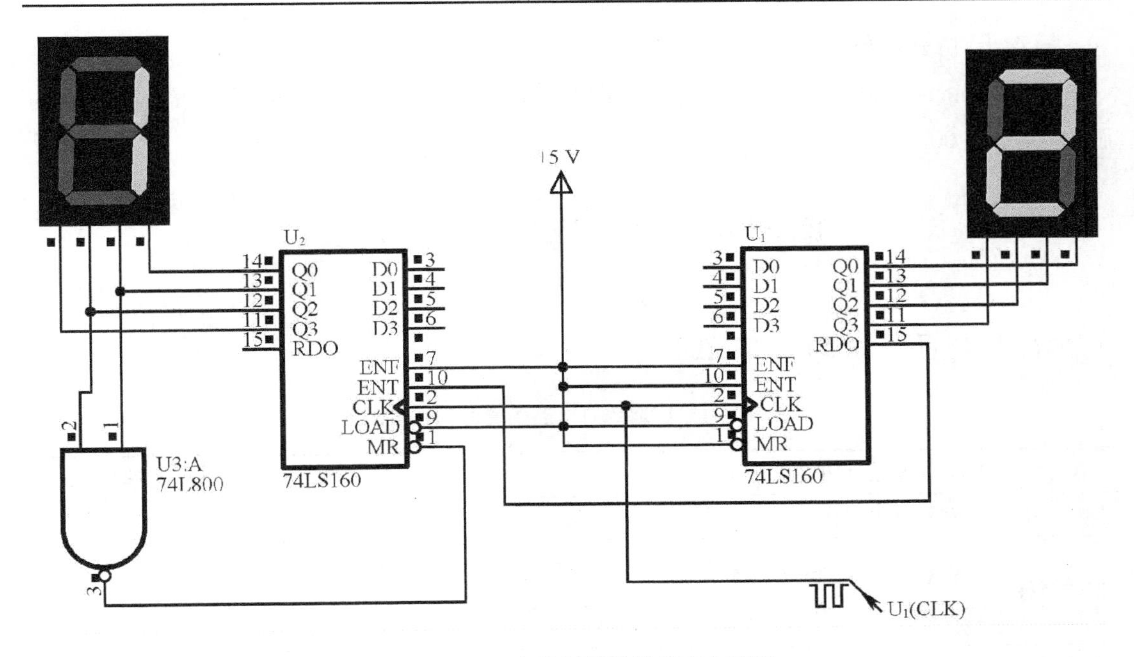

图 40－1　六十进制计数器仿真电路图

单击模式选择工具栏中的激励源模式(Generator Mode)图标,参数设置如图 40－2 所示。

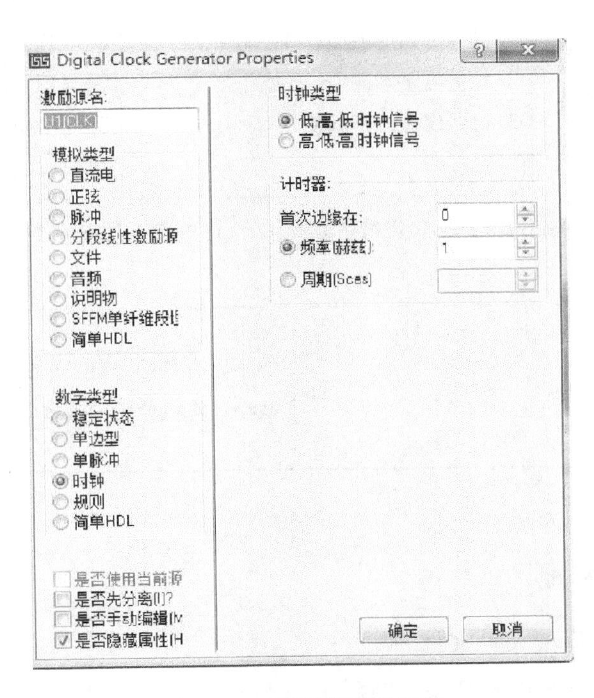

图 40－2　激励源参数设置

第 4 步:仿真现象。

单击 Proteus 软件中的启动仿真按钮,设置单周期数字脉冲发生器的值,观察数码管的显示状态,从 00 计数到 59。

项目 41　四路彩灯电路仿真

41.1　项目学习任务单

表 41－1　四路彩灯电路仿真学习任务单

<table>
<tr><td>单元六</td><td colspan="2">Proteus 8 软件仿真设计实训</td><td>总学时:60</td></tr>
<tr><td>项目 41</td><td colspan="2">四路彩灯电路仿真</td><td>学时:6</td></tr>
<tr><td>工作目标</td><td colspan="3">能够熟练操作 Proteus 8 软件
能够熟练运用 Proteus 8 软件绘制出数字电路原理图</td></tr>
<tr><td>项目描述</td><td colspan="3">通过软件的仿真,熟练绘制数字电路原理图</td></tr>
<tr><td colspan="4">学习目标</td></tr>
<tr><td colspan="2">知识</td><td>能力</td><td>素质</td></tr>
<tr><td colspan="2">1. 数字电子技术基础知识;
2. Proteus8.0 软件基本操作</td><td>1. 设计电路的能力;
2. 分析电路的能力;
3. 仪器仪表的正确使用</td><td>1. 学习中态度积极,有团队精神;
2. 能够借助于网络、课外书籍扩展知识面,具有自主学习的能力;
3. 动手操作过程严谨、细致,符合操作规范</td></tr>
<tr><td colspan="4">教学资源:本项目可以在 Proteus 8 软件中进行仿真操作,也可以在面包板或者相关的实验平台上操作,实施步骤相同</td></tr>
<tr><td colspan="2">硬件条件:
计算机;
Proteus 8 软件</td><td colspan="2">学生已有基础(课前准备):
微型计算机使用的基本能力</td></tr>
</table>

41.2　项目实施

第 1 步:创建一个新的设计文件。

首先进入 Proteus ISIS 编辑环境,选择【文件】→【新建工程】菜单项,选择 DEFAULT 模板,新建一个名为“XM5”的原理图,并将新建的设计保存在 F 盘根目录下。

第 2 步:设置工作环境。

选择【系统】→【设置图纸大小】菜单项,选择 A4 纸型,其他选项使用系统默认设置。

第 3 步:拾取元器件。

四路彩灯电路需要的元器件如表 41 –2 所示。选择【元件模式】,点击【P】键,打开元器件拾取对话框,采用直接查询关键字法,双击选中的元器件,拾取到编辑区的元件列表中,把四路彩灯电路需要的所有元器件从对象选择器中放置到图形编辑区中。调整元器件在图形编辑区中的位置,并修改元器件参数,再将电路连接起来,如图 41 –1 所示。

单击模式选择工具栏中的激励源模式(Generator Mode)图标,在对象选择区中单击"DPULSE",使其出现蓝色条,在原理图编辑区合适位置双击鼠标左键就将"单周期数字脉冲发生器"放置在原理图中。

表 41 –2　四路彩灯电路元器件清单

电路元件	元件名称	所在库	型号参数
74LS00	74LS00	74LS	
74LS04	74LS04	74LS	
74LS74	74LS74	74LS	
74LS194	74LS194	74LS	
LED	LED – YELLOW	ACTIVE	黄色

第 4 步:仿真现象。

单击 Proteus 软件中的启动仿真按钮,设置单周期数字脉冲发生器的值,观察 4 个彩灯的状态。

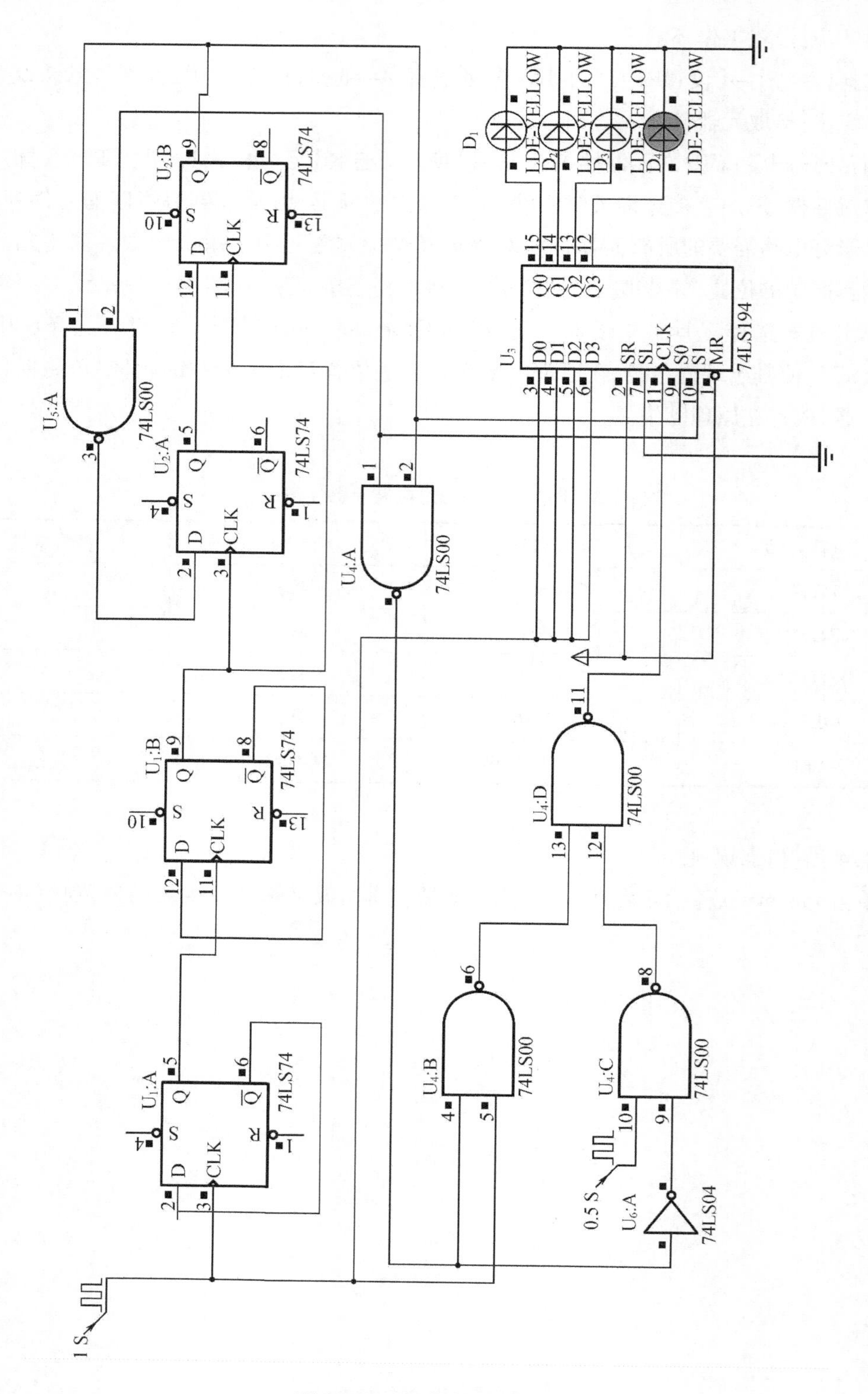

图 41－1 四路彩灯仿真图

项目 42　单片机数码管显示仿真

42.1　项目学习任务单

表 42－1　单片机数码管显示仿真学习任务单

<table>
<tr><td>单元六</td><td colspan="3">Proteus 8 软件仿真设计实训</td><td>总学时:60</td></tr>
<tr><td>项目 42</td><td colspan="3">单片机数码管显示仿真</td><td>学时:6</td></tr>
<tr><td>工作目标</td><td colspan="4">能够熟练操作 Proteus 8 软件
能够熟练运用 Proteus 8 软件绘制出单片机硬件电路原理图</td></tr>
<tr><td>项目描述</td><td colspan="4">通过软件的仿真,熟练绘制单片机硬件电路原理图</td></tr>
<tr><td colspan="5">学习目标</td></tr>
<tr><td colspan="2">知识</td><td colspan="2">能力</td><td>素质</td></tr>
<tr><td colspan="2">1. 单片机技术基础知识;
2. Proteus 8 软件基本操作</td><td colspan="2">1. 设计电路的能力;
2. 分析电路的能力;
3. 仪器仪表的正确使用</td><td>1. 学习中态度积极,有团队精神;
2. 能够借助于网络、课外书籍扩展知识面,具有自主学习的能力;
3. 动手操作过程严谨、细致,符合操作规范</td></tr>
<tr><td colspan="5">教学资源:本项目可以在 Proteus 8 软件中进行仿真操作,也可以在面包板或者相关的实验平台上操作,实施步骤相同</td></tr>
<tr><td colspan="3">硬件条件:
计算机;
Proteus 8 软件</td><td colspan="2">学生已有基础(课前准备):
微型计算机使用的基本能力</td></tr>
</table>

42.2　项目实施

第 1 步:创建一个新的设计文件。

首先进入 Proteus ISIS 编辑环境,选择【文件】→【新建工程】菜单项,选择 DEFAULT 模板,新建一个名为“XM6”的原理图,并将新建的设计保存在 F 盘根目录下。

第 2 步:设置工作环境。

选择【系统】→【设置图纸大小】菜单项,选择 A4 纸型,其他选项使用系统默认设置。

第 3 步:拾取元器件。

单片机数码管显示电路需要的元器件如表 42－2 所示。选择【元件模式】,点击【P】键,打开元器件拾取对话框,采用直接查询关键字法,双击选中的元器件,拾取到编辑区的元件列表中,需要把表 42－2 中所有元器件从对象选择器中放置到图形编辑区中。调整元器件在图形编辑区中的位置,并修改元器件参数,再将电路连接起来,如图 42 - 1 所示。

表 42 - 2　单片机数码管显示仿真电路元器件清单

电路元件	元件名称	所在库	型号参数
电阻	RES	DEVICE	$R_1 = 1\ 000\ \Omega$
电阻排	RX8	DEVICE	$R_{N1} = 100\ \Omega$
瓷片电容	CAP	DEVICE	$C_1 = C_2 = 30$ pF
电解电容	CAP - ELEC	DEVICE	$C_3 = 10\ \mu$F
单片机	AT89C52	MCS8051	
数码管	7SEG - MPX1 - CA	DISPLAY	共阳极
按键	BUTTON	ACTIVE	
晶振	CRYSTAL	DEVICE	

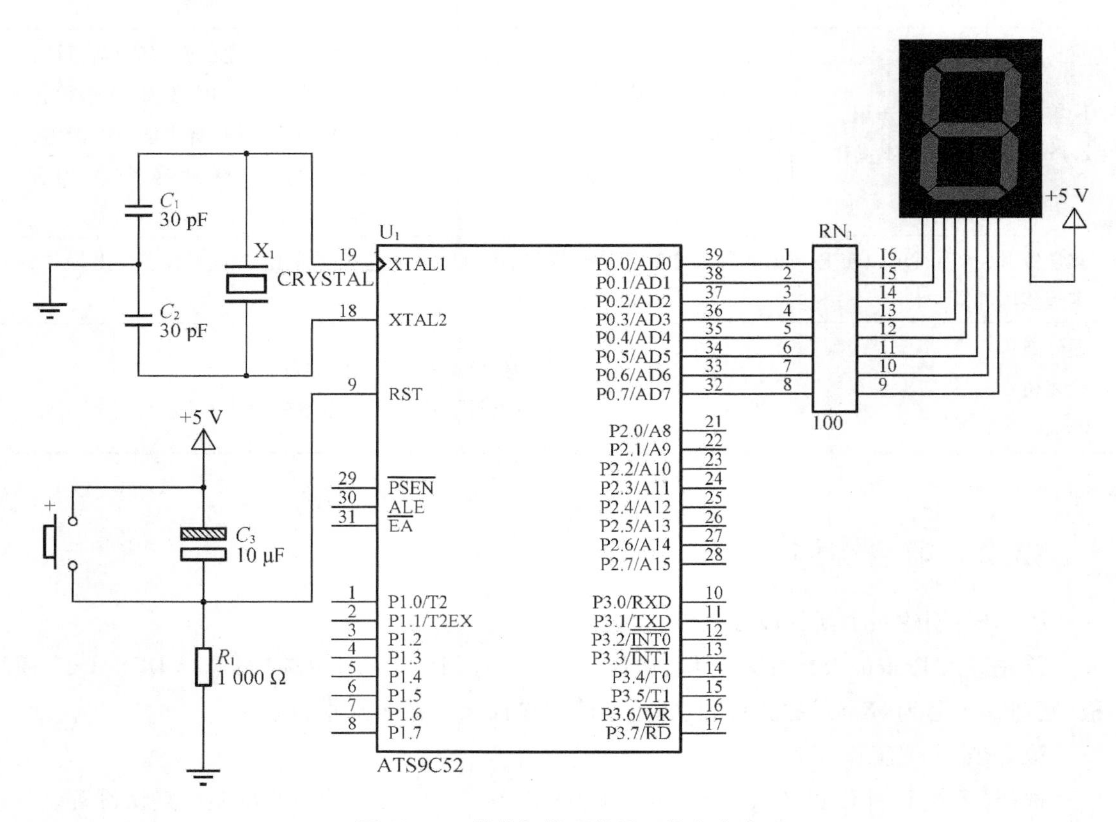

图 42 - 1　单片机数码管显示仿真电路

第 4 步：KEIL 软件的使用。

此时，Proteus 中只是绘制了单片机数码管显示仿真的硬件电路，软件程序还需要依靠 KEIL 软件。KEIL 软件是众多单片机应用开发软件中优秀的软件之一，它不仅支持多个公司的单片机芯片，而且集编辑、编译、仿真等于一体，同时还支持 PLM、汇编和 C 语言的程序设计。KEIL 软件的界面与微软公司的 VC ++ 界面相似，界面友好，易学易用，在调试程序、软件仿真方面也有很强大的功能。下面简单介绍 KEIL 的使用方法，KEIL 各种菜单命令操作说明详见表 42 -3。

建议在桌面建立一个文件夹，把以下建立的文件都保存到该文件夹中。

(1)建立一个新工程。单击工程(Project)，在弹出的下拉菜单中选中导入 μVision1 工程(New Project...)选项。然后选择需要保存的路径，输入工程文件的名字如 XM6，然后单击“保存”按钮。

此时会弹出一个对话框，要求从左侧资料库目录选项中选择需要的单片机型号，本项目中选择使用比较多的 Atmel 公司的 AT89C52 单片机芯片，右侧栏是对该单片机的基本说明，然后单击“确定”按钮。

(2)打开【文件(File)】，在下拉菜单中选择【新建文件(New)】。新建文件后在编程界面中将出现名为 Text1 的编辑窗口，KEIL 软件进入编程界面。此时在编程窗口里有光标闪烁，在光标处可以输入项目的软件程序，但建议先保存该空白文件。操作过程：单击【文件(File)】，在下拉菜单中单击【保存(Save As)】选项，系统打开“Save As”对话框，在“文件名”栏右侧的编辑框中，输入文件名为“XM6”，同时必须输入正确的扩展名(如果使用汇编语言编写程序，则扩展名必须为. asm；如果使用 C 语言编写程序，则扩展名必须为. c)，本项目用 C 语言编写程序，所以输入全称“XM6. c”，单击保存按钮。

(3)回到编辑界面后，单击目标 1(Target 1)前面的“ + ”号，在源代码组 1(Source Group 1)上单击鼠标右键，然后单击添加文件到组“源代码组 1”(Add Files to Group “Source Group 1”)，系统将打开添加文件对话框。找到 XM6. c 并选中，然后单击“Add”按钮，即可添加文件。此时，源代码组 1(Source Group1)文件夹中多一个子项目“XM6. c”，子项目的多少与所增加的源程序的长短有关。

(4)在编辑窗口中编写如下程序：

```
#include "reg52. h"
unsigned char code table [ ] = {0xc0,0xf9,0xa4,0xb0,0x99,0x92,0x82,0xf8,0x80,0x90,
0x88,0x83,0xc6,0xa1,0x86,0x8e,0x89,0x8c,0x3f};
                              //数码管依次显示 0123456789AbcdEFHP -.
unsigned char kkk;
void delay(void)         //延时程序
{
  unsigned  int i,j;
```

```
    for(i=260;i>0;i--)
      for(j=300;j>0;j--)  ;
        }
void main(void)        //主程序
{
    while(1)
    {
      for(kkk=0;kkk<19;kkk++)
        {
          P0=table[kkk];
          delay();
        }
    }
}
```

KEIL 软件会自动识别关键字，并以不同的颜色提示用户注意，有利于提高编程效率，减少错误。

(5)右键单击目标 1(Target 1)，在下拉菜单中选择为目标“目标 1”设置选项(Options for Target)，将会弹出为目标“目标 1”设置选项(Options for Target)对话框，在此对话框中选中输出(Output)选项卡中的产生 HEX 文件(Create HEX File)选项。

(6)点击【工程(Project)】在下拉菜单中选择编译，如果没有错误及警告，再次点击【工程(Project)】在下拉菜单中选择建立所有目标文件(Rebuild all Target Files)项。若程序编译成功，将生成“XM6. hex”文件。如果在此处检测出错误或者警告，请修改程序，直至 0 个错误，0 个警告为止。

第 5 步：仿真现象。

回到 Proteus ISIS 编辑窗口中，单击鼠标左键将 AT89C52 单片机选中，然后双击 AT89C52 单片机，弹出“Edit Component”对话框，在此对话框“Clock Frequency”栏中设置单片机晶振频率为 12 MHz；在“Program File”栏中找到并添加“XM6. hex”，然后点击确定。

单击 Proteus 软件中的启动仿真按钮，即可看到数码管依次显示 0，1，2，3，4，5，6，7，8，9，A，B，C，D，E，F，H，P，-.。

表 42-3　KEIL 各种菜单命令说明

	菜单	快捷键	说明
File 文件操作	New	Ctrl + N	创建一个新的源程序文件
	Open	Ctrl + O	打开一个已有的源程序文件
	Close		关闭当前源程序文件
	Save	Ctrl + S	保存当前源程序文件
	Save as...		保存并重新命名当前源程序文件
	Save All		保存所有打开的源程序文件
	Device Database		维护 μVision 器件数据库
	Print Setup...		打印机设置
	Print	Ctrl + P	打印当前源程序
	Print Preview		打印预览
	Exit		退出 μVision,并提示保存源程序文件
Edit 编辑操作	Undo	Ctrl + Z	撤销上次操作
	Redo	Ctrl + Y	重复上次撤销的操作
	Cut	Ctrl + X	将所选文本剪切到剪贴板
	Copy	Ctrl + C	将所选文本复制到剪贴板
	Paste	Ctrl + V	粘贴剪贴板上的文本
	Toggle Bookmark	Ctrl + F2	设置/取消当前行的标签
	Goto Next Bookmark	F2	移动光标到下一个标签
	Goto Previous Bookmark	Shift + F2	移动光标到上一个标签
	Clear All Bookmark		清除当前文件的所有标签
	Find...	Ctrl + F	在当前文件中查找文本
	Replace...	Ctrl + H	替换特定的文本
	Find in Files...		在几个文件中查找文本
View 视图操作	Status Bar		显示/隐藏状态栏
	File Toolbar		显示/隐藏文件工具栏
	Build Toolbar		显示/隐藏编译工具栏
	Debug Toolbar		显示/隐藏调试工具栏
	Project Window		显示/隐藏工程窗口
	Output Window		显示/隐藏输出窗口
	Source Browser		显示/隐藏资源浏览器窗口
	Disassembly Window		显示/隐藏反汇编窗口
	Watch&Call stack Window		显示/隐藏观察和访问堆栈窗口

表 42－3(续 1)

	菜单	快捷键	说明
View视图操作	Memory Window		显示/隐藏存储器窗口
	Code Coverage Window		显示/隐藏代码覆盖窗口
	Preformance Analyzer Window		显示/隐藏性能分析窗口
	Serial Window #1		显示/隐藏串行窗口 1
	Toolbox		显示/隐藏工具箱
	Periodic Window Update		在运行程序时，周期刷新调试窗口
	Workbook Mode		显示/隐藏工作簿窗口的标签
	Include Dependencies		显示/隐藏头文件
	Options...		设置颜色、字体、快捷键和编辑器选项
Project工程操作	New Project...		创建一个新工程
	Open Project		打开一个已有的工程
	Close Project		关闭当前工程
	Components, Environment, Boob...		定义工具系列、包含文件和库文件的路径
	Select Device for Target		从器件数据库中选择一个 CPU
	Remove Item		从工程中删除一个组或文件
	Options for Target/group/file	Alt + F7	设置对象、组或文件的工具选项
	Build target	F7	编译连接当前文件并生成应用
	Rebuild all target files		重新编译连接所有文件并生成应用
	Translate	Ctrl + F7	编译当前文件
	Stop build		停止当前的编译连接进程
Debug调试操作	Start/Stop Debug Session	Ctrl + F5	启动/停止调试模式
	Go	F5	执行程序，直到下一个有效的断点
	Step	F11	跟踪执行程序
	Step Over	F10	单步执行程序，跳过子程序
	Step Out of current Function	Ctrl + F11	执行到当前函数的结束
	Run to Cursor line	Ctrl + F10	执行到光标所在行
	Stop Running	Esc	停止程序运行
	Breakpoints...		打开断点对话框
	Insert/Remove Breakpoint		在当前行插入/清除断点
	Enable/Disable Breakpoint		使能/禁止当前行的断点
	Disable All Breakpoint		禁止程序中所有断点
	Kill All Breakpoint		清除程序中所有断点
	Show Next Statement		显示下一条执行的语句/指令

表 42 -3(续 2)

	菜单	快捷键	说明
Debug 调试操作	Enable/Disable Trace Recording		使能/禁止程序运行跟踪记录
	View Trace Records		显示以前执行的指令
	Memory Map...		打开存储器空间配置对话框
	Performance Analyzer...		打开性能分析器的设置对话框
	Inline Assembly...		对某一行重新汇编,可修改汇编代码
	Function Editor...		编辑调试函数和调试配置文件
Peripherals 外围器件操作	Reset CPU		复位
	Interrupt		中断
	I/O - Ports		I/O 口,Port0 ~ Port3
	Serial		串行口
	Timer		定时器,Timer0 ~ Timer2
Tools 运行环境配置操作	Customize Tools Menu...		添加用户程序到工具菜单中

项目 43　单片机控制步进电动机正反转电路仿真

43.1　项目学习任务单

表 43 -1　单片机控制步进电动机正反转电路仿真学习任务单

单元六	Proteus 8 软件仿真设计实训		总学时:60
项目 43	单片机控制步进电动机正反转电路仿真		学时:6
工作目标	能够熟练操作 Proteus 8 软件 能够熟练运用 Proteus 8 软件绘制出单片机硬件电路原理图		
项目描述	通过软件的仿真,熟练绘制单片机硬件电路原理图		
学习目标			
知识	能力	素质	
1. 单片机技术基础知识; 2. Proteus 8 软件基本操作	1. 设计电路的能力; 2. 分析电路的能力; 3. 仪器仪表的正确使用	1. 学习中态度积极,有团队精神; 2. 能够借助于网络、课外书籍扩展知识面,具有自主学习的能力; 3. 动手操作过程严谨、细致,符合操作规范	

表 43 -1(续)

<table>
<tr><td colspan="2">教学资源:本项目可以在 Proteus 8 软件中进行仿真操作,也可以在面包板或者相关的实验平台上操作,实施步骤相同</td></tr>
<tr><td>硬件条件:
计算机;
Proteus 8 软件</td><td>学生已有基础(课前准备):
微型计算机使用的基本能力</td></tr>
</table>

43.2 项目实施

第 1 步:创建一个新的设计文件。

首先进入 Proteus ISIS 编辑环境,选择【文件】→【新建工程】菜单项,选择 DEFAULT 模板,新建一个名为“XM7”的原理图,并将新建的设计保存在 F 盘根目录下。

第 2 步:设置工作环境。

选择【系统】→【设置图纸大小】菜单项,选择 A4 纸型,其他选项使用系统默认设置。

第 3 步:拾取元器件。

单片机控制步进电动机正反转电路需要的元器件如表 43 -2 所示。选择【元件模式】,点击【P】键,打开元器件拾取对话框,采用直接查询关键字法,双击选中的元器件,拾取到编辑区的元件列表中,需要把表 43 -2 中所有元器件从对象选择器中放置到图形编辑区中。调整元器件在图形编辑区中的位置,并修改元器件参数,再将电路连接起来,如图 43 -1 所示。

添加网络标号:单击模式选择工具栏中的连接标号模式(Wire Label Mode)图标,即 LBL,在原理图编辑区导线的合适位置单击鼠标左键,出现“编辑联系标号”对话框,输入标号名称,在原理图中相同的网络标号至少出现两次。

表 43 -2 步进电动机正反转元器件清单

电路元件	元件名称	所在库	型号参数
电阻	RES	DEVICE	$R_1 = 200\ \Omega$
瓷片电容	CAP	DEVICE	$C_1 = C_2 = 30$ pF
晶振	CRYSTAL	DEVICE	
按键	BUTTON	ACTIVE	
单片机	AT89C52	MCS8051	
步进电动机	MOTOR - STEPPER	MOTORS	
ULN2003A	ULN2003A	ANALOG	

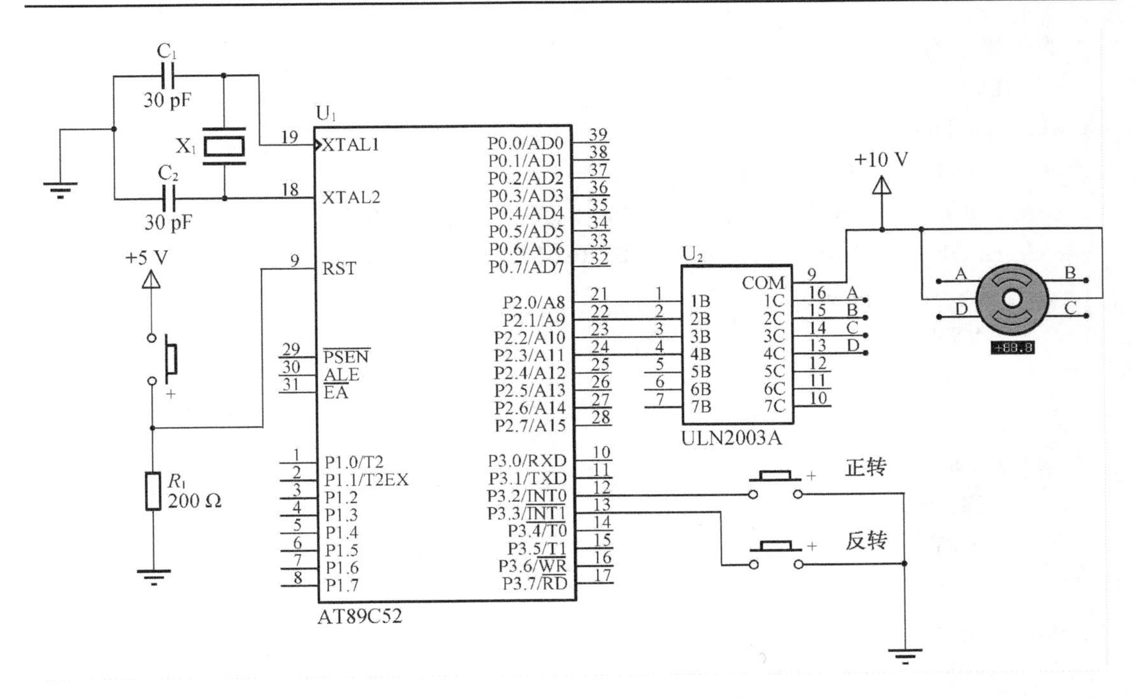

图 43－1 步进电动机正反转电路

第 4 步：KEIL 软件的使用。

建议在桌面建立一个文件夹，把以下建立的文件都保存到该文件夹中。

（1）建立一个新工程。单击工程（Project），在弹出的下拉菜单中选中导入 μVision1 工程（New Project...）选项。然后选择要保存的路径，输入工程文件的名字（如 XM7），然后单击“保存”按钮。

此时会弹出一个对话框，要求从左侧资料库目录选项中选择需要的单片机型号，本项目中选择使用比较多的 Atmel 公司的 AT89C52 单片机芯片，右侧栏是对该单片机的基本说明，然后单击“确定”按钮。

（2）打开【文件（File）】，在下拉菜单中选择【新建文件（New）】。新建文件后在编程界面中将出现名为 Text1 的编辑窗口，KEIL 软件进入编程界面。此时在编程窗口里有光标闪烁，在光标处可以输入项目的软件程序，但建议先保存该空白文件。操作过程：单击【文件（File）】，在下拉菜单中单击【保存（Save As）】选项，系统打开“Save As”对话框，在“文件名”栏右侧的编辑框中，输入文件名“XM7”，同时必须输入正确的扩展名（如果使用汇编语言编写程序，则扩展名必须为.asm；如果使用 C 语言编写程序，则扩展名必须为.c），本项目用 C 语言编写程序，所以输入全称“XM7.c”，单击保存按钮。

（3）回到编辑界面后，单击目标 1（Target 1）前面的“＋”号，在源代码组 1（Source Group 1）上单击鼠标右键，然后单击添加文件到组“源代码组 1”（Add Files to Group “Source Group 1”），系统将打开添加文件对话框。找到 XM7.c 并选中，然后单击“Add”按钮即可添加文件。此时，源代码组 1（Source Group1）文件夹中多一个子项目“XM7.c”，子项目的多少与所增加的源程序的多少有关。

(4)在编辑窗口中编写如下程序：

```
#include "reg52.h"
unsigned char XXX=0,YYY=0;
code table0[]={0x02,0x06,0x04,0x0C,0x08,0x09,0x01,0x03};
code table1[]={0x03,0x01,0x09,0x08,0x0C,0x04,0x06,0x02};
void  zzhuan() interrupt 0
{     YYY=0;
       XXX=1;
}
void fzhuan() interrupt 2
{     XXX=0;
       YYY=1;
  }
void delay()
{   unsigned char   m,n;
          for (m=0;m<200;m++)
for (n=0;n<100;n++);
  }
main()
{
    unsigned char i=0;
    EX0=1;
    IT0=1;
    EX1=1;
    IT1=1;
    EA=1;
    P2=0x00;
    while(1)
      {
        if(XXX==1)
          for(i=0;i<8;i++)
            {  P2=table0[i];
               delay();
            }
        if(YYY==1)
          for(i=0;i<8;i++)
```

```
                {   P2 = table1[i];
                    delay();
                }
        }
}
```

KEIL 软件会自动识别关键字,并以不同的颜色提示用户注意,有利于提高编程效率,减少错误。

(5)右键单击目标 1(Target 1),在下拉菜单中选择目标"目标 1"设置选项(Options for Target),将会弹出目标"目标 1"设置选项(Options for Target)对话框,在此对话框中选中输出(Output)选项卡中的产生 HEX 文件(Create HEX File)选项。

(6)点击【工程(Project)】在下拉菜单中选择编译,如果没有错误及警告,再次点击【工程(Project)】在下拉菜单中选择建立所有目标文件(Rebuild all Target Files)项。若程序编译成功,将生成"XM7. hex"文件。如果在此处检测出错误或者警告,请修改程序,直至 0 个错误,0 个警告为止。

第 5 步:仿真现象。

回到 Proteus ISIS 编辑窗口中,单击鼠标左键将 AT89C52 单片机选中,然后双击 AT89C52 单片机,弹出"Edit Component"对话框,在此对话框"Clock Frequency"栏中设置单片机晶振频率为 12 MHz;在"Program File"栏中找到并添加"XM7. hex",然后点击确定。

单击 Proteus 软件中的启动仿真按钮,即可通过中断方式控制步进电动机正反转。

项目 44　单片机键盘系统设计仿真

44.1　项目学习任务单

表 44-1　单片机键盘系统设计仿真学习任务单

<table>
<tr><td>单元六</td><td colspan="2">Proteus 8 软件仿真设计实训</td><td>总学时:60</td></tr>
<tr><td>项目 44</td><td colspan="2">单片机键盘系统设计仿真</td><td>学时:60</td></tr>
<tr><td>工作目标</td><td colspan="3">能够熟练操作 Proteus 8 软件
能够熟练运用 Proteus 8 软件绘制出单片机硬件电路原理图</td></tr>
<tr><td>项目描述</td><td colspan="3">通过软件的仿真,熟练绘制单片机硬件电路原理图</td></tr>
<tr><td colspan="4">学习目标</td></tr>
<tr><td>知识</td><td>能力</td><td colspan="2">素质</td></tr>
<tr><td>1. 单片机技术基础知识;
2. Proteus 8 软件基本操作</td><td>1. 设计电路的能力;
2. 分析电路的能力;
3. 仪器仪表的正确使用</td><td colspan="2">1. 学习中态度积极,有团队精神;
2. 能够借助于网络、课外书籍扩展知识面,具有自主学习的能力;
3. 动手操作过程严谨、细致,符合操作规范</td></tr>
</table>

表 44－1(续)

教学资源:本项目可以在 Proteus 8 软件中进行仿真操作,也可以在面包板或者相关的实验平台上操作,实施步骤相同	
硬件条件: 计算机; Proteus 8 软件	学生已有基础(课前准备): 微型计算机使用的基本能力

44.2 项目实施

第 1 步:创建一个新的设计文件。

首先进入 Proteus ISIS 编辑环境,选择【文件】→【新建工程】菜单项,选择 DEFAULT 模板,新建一个名为“XM8”的原理图,并将新建的设计保存在 F 盘根目录下。

第 2 步:设置工作环境。

选择【系统】→【设置图纸大小】菜单项,选择 A4 纸型,其他选项使用系统默认设置。

第 3 步:拾取元器件。

单片机键盘系统设计电路元器件清单如表 44－2 所示。选择【元件模式】,点击【P】键,打开元器件拾取对话框,采用直接查询关键字法,双击选中的元器件,拾取到编辑区的元件列表中,需要把表 44－2 中所有元器件从对象选择器中放置到图形编辑区中。调整元器件在图形编辑区中的位置,并修改元器件参数,再将电路连接起来,如图 44－1 所示。

添加网络标号:单击模式选择工具栏中的连接标号模式(Wire Label Mode)图标,即 LBL,在原理图编辑区导线的合适位置单击鼠标左键出现“编辑联系标号”对话框,输入标号名称,在原理图中相同的网络标号至少出现两次。

表 44－2 单片机键盘系统设计电路元器件清单

电路元件	元件名称	所在库	型号参数
电阻	RES	DEVICE	$R_1=100\ \Omega$,$R_2=100\ \Omega$,$R_3=100\ \Omega$,$R_4=100\ \Omega$,$R_5=100\ \Omega$,$R_6=100\ \Omega$,$R_7=100\ \Omega$,$R_8=100\ \Omega$
瓷片电容	CAP	DEVICE	$C_1=C_2=30$ pF
晶振	CRYSTAL	DEVICE	
按键	BUTTON	ACTIVE	
单片机	AT89C51	MCS8051	
数码管	7SEG－COM－AN－GRN	DISPLAY	共阳极

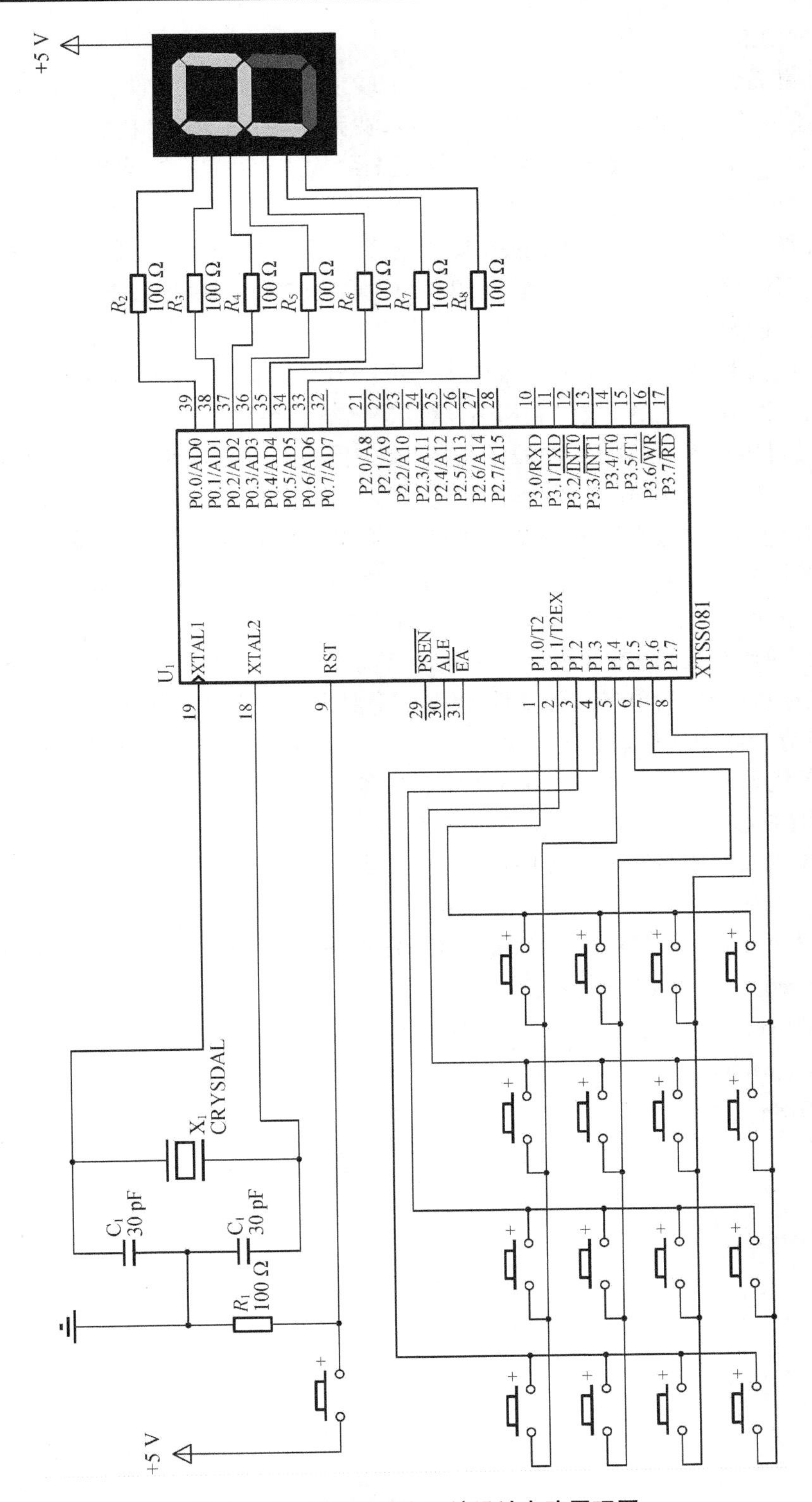

图 44－1 单片机键盘系统设计电路原理图

第4步:KEIL软件的使用。

建议在桌面建立一个文件夹,把以下建立的文件都保存到该文件夹中。

(1)建立一个新工程。单击工程(Project),在弹出的下拉菜单中选中导入μVision1工程(New Project...)选项。然后选择需保存的路径,输入工程文件的名字(如XM8),然后单击"保存"按钮。

此时会弹出一个对话框,要求从左侧资料库目录选项中选择需要的单片机型号,本项目中选择使用比较多的Atmel公司的AT89C51单片机芯片,右侧栏是对该单片机的基本说明,然后单击"确定"按钮。

(2)打开【文件(File)】,在下拉菜单中选择【新建文件(New)】。新建文件后在编程界面中将出现名为Text1的编辑窗口,KEIL软件进入编程界面。此时在编程窗口里有光标闪烁,在光标处可以输入项目的软件程序,但建议先保存该空白文件。操作过程:单击【文件(File)】,在下拉菜单中单击【保存(Save As)】选项,系统打开"Save As"对话框,在"文件名"栏右侧的编辑框中,输入文件名"XM8",同时必须输入正确的扩展名(如果使用汇编语言编写程序,则扩展名必须为.asm;如果使用C语言编写程序,则扩展名必须为.c),本项目用C语言编写程序,所以输入全称"XM8.c",单击保存按钮。

(3)回到编辑界面后,单击目标1(Target 1)前面的"+"号,在源代码组1(Source Group 1)上单击鼠标右键,然后单击添加文件到组"源代码组1"(Add Files to Group'Source Group 1'),系统将打开添加文件对话框。找到XM8.c并选中,然后单击"Add"按钮即可添加文件。此时,源代码组1(Source Group1)文件夹中多一个子项目"XM8.c",子项目的多少与所增加的源程序的多少有关。

(4)在编辑窗口中编写如下程序:

```
#include <reg51.h>
unsigned char code table[ ] = {0xc0,0xf9,0xa4,0xb0,0x99,0x92,0x82,0xf8,0x80,0x90,
0x88,0x83,0xc6,0xa1,0x86,0x8e};
void look(void);
void main(void)
{ P0 =0x8c;
while(1)
{
  P1 =0xef;
look();
P1 =0xdf;
look();
P1 =0xbf;
look();
P1 =0x7f;
look();
```

```
}
}
void look(void)
{
switch(P1)
{
   case 0xee:{P0 = table[0];} break;
case 0xed:{P0 = table[1];} break;
case 0xeb:{P0 = table[2];} break;
case 0xe7:{P0 = table[3];} break;
case 0xde:{P0 = table[4];} break;
case 0xdd:{P0 = table[5];} break;
case 0xdb:{P0 = table[6];} break;
case 0xd7:{P0 = table[7];} break;
case 0xbe:{P0 = table[8];} break;
case 0xbd:{P0 = table[9];} break;
case 0xbb:{P0 = table[10];} break;
case 0xb7:{P0 = table[11];} break;
case 0x7e:{P0 = table[12];} break;
case 0x7d:{P0 = table[13];} break;
case 0x7b:{P0 = table[14];} break;
case 0x77:{P0 = table[15];} break;
default:                        break;
}
}
```

KEIL 软件会自动识别关键字，并以不同的颜色提示用户注意，有利于提高编程效率，减少错误。

(5)右键单击目标 1(Target 1)，在下拉菜单中选择目标“目标 1”设置选项(Options for Target)，将会弹出目标“目标 1”设置选项(Options for Target)对话框，在此对话框中选中输出(Output)选项卡中的产生 HEX 文件(Create HEX File)选项。

(6)点击【工程(Project)】在下拉菜单中选择编译，如果没有错误及警告，再次点击【工程(Project)】在下拉菜单中选择建立所有目标文件(Rebuild all Target Files)项。若程序编译成功，将生成“XM8. hex”文件。如果在此处检测出错误或者警告，请修改程序，直至 0 个错误，0 个警告为止。

第 5 步：仿真现象。

回到 Proteus ISIS 编辑窗口中，单击鼠标左键将 AT89C51 单片机选中，然后双击 AT89C51 单片机，弹出“Edit Component”对话框，在此对话框的“Clock Frequency”栏中设置单片机晶振频率为 12 MHz;在“Program File”栏中找到并添加“XM8. hex”,然后点击确定。

单击 Proteus 软件中的启动仿真按钮,按下不同的键盘即显示相应是数字信息。

项目 45　单片机 8×8 点阵显示仿真

45.1　项目学习任务单

表 45－1　单片机 8×8 点阵显示器仿真学习任务单

<table>
<tr><td>单元六</td><td colspan="2">Proteus 8 软件仿真设计实训</td><td>总学时:60</td></tr>
<tr><td>项目 45</td><td colspan="2">单片机 8×8 点阵显示仿真</td><td>学时:60</td></tr>
<tr><td>工作目标</td><td colspan="3">能够熟练操作 Proteus 8 软件
能够熟练运用 Proteus 8 软件绘制出单片机硬件电路原理图</td></tr>
<tr><td>项目描述</td><td colspan="3">通过软件的仿真,熟练绘制单片机硬件电路原理图</td></tr>
<tr><td colspan="4">学习目标</td></tr>
<tr><td colspan="2">知识</td><td>能力</td><td>素质</td></tr>
<tr><td colspan="2">1. 单片机技术基础知识;
2. Proteus 8 软件基本操作</td><td>1. 设计电路的能力;
2. 分析电路的能力;
3. 仪器仪表的正确使用</td><td>1. 学习中态度积极,有团队精神;
2. 能够借助于网络、课外书籍扩展知识面,具有自主学习的能力;
3. 动手操作过程严谨、细致,符合操作规范</td></tr>
<tr><td colspan="4">教学资源:本项目可以在 Proteus 8 软件中进行仿真操作,也可以在面包板或者相关的实验平台上操作,实施步骤相同</td></tr>
<tr><td colspan="2">硬件条件:
计算机;
Proteus 8 软件</td><td colspan="2">学生已有基础(课前准备):
微型计算机使用的基本能力</td></tr>
</table>

45.2　项目实施

第 1 步:创建一个新的设计文件。

首先进入 Proteus ISIS 编辑环境,选择【文件】→【新建工程】菜单项,选择 DEFAULT 模板,新建一个名为“XM9”的原理图,并将新建的设计保存在 F 盘根目录下。

第 2 步:设置工作环境。

选择【系统】→【设置图纸大小】菜单项,选择 A4 纸型,其他选项使用系统默认设置。

第 3 步:拾取元器件。

8×8 点阵显示电路元器件清单如表 45－2 所示。选择【元件模式】,点击【P】键,打开元器件拾取对话框,采用直接查询关键字法,双击选中的元器件,拾取到编辑区的元件列表中,需要把表 45－2 中所有元器件从对象选择器中放置到图形编辑区中。调整元器件在图形编辑区中的位置,并修改元器件参数,再将电路连接起来,如图 45 - 1 所示。

表 45 - 2 8 × 8 点阵显示电路元器件清单

电路元件	元件名称	所在库	型号参数
电阻	RES	DEVICE	$R_1 = 1\ 000\ \Omega, R_2 = 100\ \Omega, R_3 = 100\ \Omega,$ $R_4 = 100\ \Omega, R_5 = 100\ \Omega, R_6 = 100\ \Omega,$ $R_7 = 100\ \Omega, R_8 = 100\ \Omega, R_9 = 100\ \Omega$
瓷片电容	CAP	DEVICE	$C_1 = C_2 = 22$ pF
晶振	CRYSTAL	DEVICE	
电解电容	CAP - ELEC	DEVICE	$C_3 = 10$ μF
单片机	AT89C51	MCS8051	
74LS245	74LS245	74LS	
8 × 8 点阵	MATRIX - 8 × 8 - ORANGE	DISPLAY	

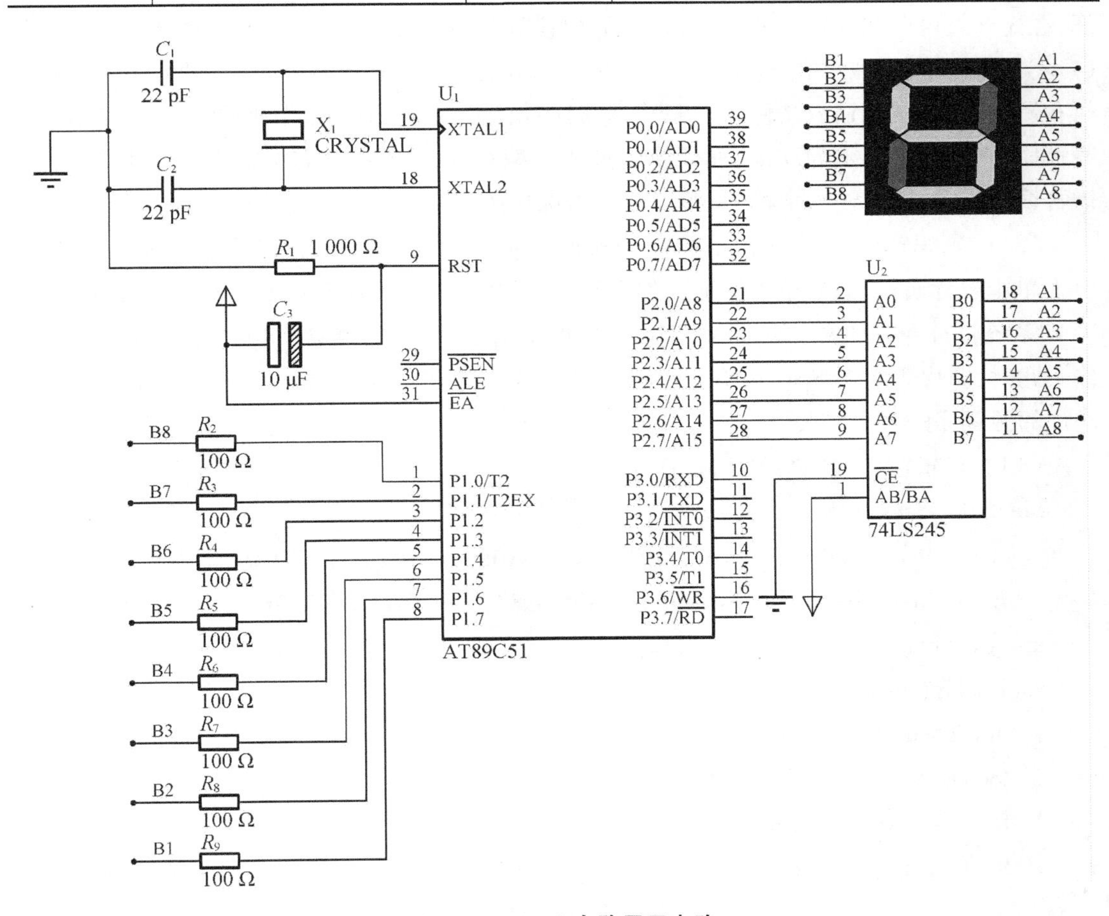

图 45 - 1 8 × 8 点阵显示电路

添加网络标号：单击模式选择工具栏中的连接标号模式（Wire Label Mode）图标，即LBL，在原理图编辑区导线的合适位置单击鼠标左键出现“编辑联系标号”对话框，输入标号名称，在原理图中相同的网络标号至少出现两次。

第4步：KEIL软件的使用。

建议在桌面建立一个文件夹，把以下建立的文件都保存到该文件夹中。

（1）建立一个新工程。单击工程（Project），在弹出的下拉菜单中选中导入μVision1工程（New Project...）选项。然后选择需要保存的路径，输入工程文件的名字（如XM9），然后单击“保存”按钮。

此时会弹出一个对话框，要求从左侧资料库目录选项中选择需要的单片机型号，本项目中选择使用比较多的Atmel公司的AT89C51单片机芯片，右侧栏是对该单片机的基本说明，然后单击“确定”按钮。

（2）打开【文件（File）】，在下拉菜单中选择【新建文件（New）】。新建文件后在编程界面中将出现名为Text1的编辑窗口，KEIL软件进入编程界面。此时在编程窗口里有光标闪烁，在光标处可以输入项目的软件程序，但建议先保存该空白文件。操作过程：单击【文件（File）】，在下拉菜单中单击【保存（Save As）】选项，系统打开“Save As”对话框，在“文件名”栏右侧的编辑框中，输入文件名“XM9”，同时必须输入正确的扩展名（如果使用汇编语言编写程序，则扩展名必须为.asm；如果使用C语言编写程序，则扩展名必须为.c），本项目用C语言编写程序，所以输入全称“XM9.c”，单击保存按钮。

（3）回到编辑界面后，单击目标1（Target 1）前面的“+”号，在源代码组1（Source Group 1）上单击鼠标右键，然后单击添加文件到组“源代码组1”（Add Files to Group‘Source Group 1’），系统将打开添加文件对话框。找到XM9.c并选中，然后单击“Add”按钮即可添加文件。此时，源代码组1（Source Group1）文件夹中多一个子项目“XM9.c”，子项目的多少与所增加的源程序的多少有关。

（4）在编辑窗口中编写如下程序：

```
#include <reg51.h>
unsigned char hang[8] = {0x01,0x02,0x04,0x08,0x10,0x20,0x40,0x80};
unsigned char  lie[8] = {0x81,0x9f,0x9f,0x83,0xf9,0xf9,0x99,0xc3};
unsigned char i;
void delay(unsigned char j)
{   unsigned char m,n;
    for (;j>=1;j--)
    for (m=30;m>0;m--)
    for (n=10;n>0;n--);
}
   void main ()
```

```
{      while (1)
  {
  for (i =0;i <8;i + + )
     {
       P1 =0xff;
       P2 = hang[i];
       P1 = lie[i];
       delay(3);
     }
  }
}
```

KEIL 软件会自动识别关键字,并以不同的颜色提示用户注意,有利于提高编程效率,减少错误。

(5)右键单击目标 1(Target 1),在下拉菜单中选择为目标“目标 1”设置选项(Options for Target),将会弹出目标“目标 1”设置选项(Options for Target)对话框,在此对话框中选中输出(Output)选项卡中的产生 HEX 文件(Create HEX File)选项。

(6)点击【工程(Project)】在下拉菜单中选择编译,如果没有错误及警告,再次点击【工程(Project)】在下拉菜单中选择建立所有目标文件(Rebuild all Target Files)项。若程序编译成功,将生成“XM9. hex”文件。如果在此处检测出错误或者警告,请修改程序,直至 0 个错误,0 个警告为止。

第 5 步:仿真现象。

回到 Proteus ISIS 编辑窗口中,单击鼠标左键将 AT89C51 单片机选中,然后双击 AT89C51 单片机,弹出“Edit Component”对话框,在此对话框“Clock Frequency”栏中设置单片机晶振频率为 12MHz;在“Program File”栏中找到并添加“XM9. hex”,然后点击确定。

单击 Proteus 软件中的启动仿真按钮,即显示相应是数字信息。

单元七　维修电工基础训练

项目 46　常见低压电器

46.1　项目学习任务单

表 46－1　常见低压电器学习任务单

<table>
<tr><td>单元七</td><td colspan="2">维修电工基础训练</td><td>总学时:16</td></tr>
<tr><td>项目 46</td><td colspan="2">常见低压电器</td><td>学时:2</td></tr>
<tr><td>工作目标</td><td colspan="3">掌握常用的低压电器的使用</td></tr>
<tr><td>项目描述</td><td colspan="3">通过安装简单的控制电路,学会常见低压电器的内部结构及工作原理;
控制要求:按下相关按钮,低压电器可以正常工作;
学习要求:在项目的进行过程中,熟悉常用低压电器的结构、工作原理以及选用,能够进行电气线路的安装与调试,并能够进行故障排除</td></tr>
<tr><td colspan="4">学习目标</td></tr>
<tr><td colspan="2">知识</td><td>能力</td><td>素质</td></tr>
<tr><td colspan="2">1. 了解常见低压电器工作原理;
2. 掌握低压电器的结构、原理及选用;
3. 掌握电气线路安装和调试的基本原则及方法</td><td>1. 熟练拆装各种低压电器;
2. 正确选用器件安装电气电路;
3. 按照工艺要求安装电路;
4. 能够调试电路</td><td>1. 学习活动中态度积极,有团队精神;
2. 分析电路原理时全面,具有自主学习能力;
3. 调试过程中严谨、细致、注意安全;
4. 现场操作行为规范,符合管理要求</td></tr>
<tr><td colspan="4">教学资源:本项目可以在电工实训实验室中进行,也可以利用多媒体在课堂上进行讲解</td></tr>
<tr><td colspan="2">硬件条件:
网孔板;
各种低压电器;
各种电工工具;
各种测试仪表;
任务单、工作记录单、考核表等</td><td colspan="2">学生已有基础(课前准备):
常用低压电器的知识;
三相异步电动机的工作原理;
学习小组</td></tr>
</table>

46.2　项目基础知识

电器是根据外界施加的信号和技术要求，能自动或手动地断开或接通电路，断续或连续地改变电路参数，以实现对电或非电对象的切换、控制、调节、检测和保护的电工器械，在电力输配电系统和电力拖动自动控制系统中应用极其广泛。例如日常生活中用水时，在输送自来水的管路上，要装上不同的阀门对水流进行控制和调节。在输送电能的输电线路和各种用电的场合，也要使用不同的电器来控制电路通、断，对电路的各种参数进行调节。我国低压电器现行标准是额定电压直流 1 500 V，交流 1 000 V 以下的电气线路中的电气设备。

根据常用低压电器在电气线路中的功能，可把低压电器分为低压保护电器和低压开关电器；根据常用低压电器在电气线路中的用途，可把低压电器分为主令电器、控制电器、执行电器、配电电器、保护电器；根据常用低压电器的动作原理和动作方式，可把低压电器分为自动切换电器和非自动切换电器等。

常用的低压电器主要有熔断器、开关、低压断路器等。

1. 低压电器安装的基本要求

（1）安装设备和器材应具备条件。

采用的设备和器材应具有合格证件和铭牌，应与被控制线路或设计相符。安装设备和器材的运输、保管应遵守国家现行有关标准。当产品要求特殊时，应遵守产品技术文件要求。安装设备和器材到达现场后应及时进行检查验收，主要包括：包装和密封是否良好；技术文件是否齐全，是否配备装箱清单；比对装箱清单，检查安装设备和器材的规格、型号是否符合设计要求；附件、备件如仪表、瓷件、灭弧罩和胶木电器是否出现伤痕或裂纹；外观是否完好，是否存在外壳、漆层、手柄，损伤或变形现象等。

（2）建筑工程应具备条件。

低压电器安装前，应对建筑工程充分了解，建筑工程应满足下列要求：建筑工程已施工完毕，无渗漏现象；妨碍电器安装的物品应拆除干净；墙上应标有抹面标高；环境湿度应在设计要求或产品技术文件规定的范围以内；建筑工程应满足设备安装强度；预留孔洞的位置和预埋件的尺寸应满足设计要求，且牢固、可靠。

2. 低压电器安装及测试的基本要求

（1）低压电器安装高度。

当存在设计规定时，低压电器的安装高度应与设计相符。

当没有设计规定时，安装高度应满足：操作手柄转轴中心与地面的距离以 1 200 ~ 1 500 mm 为宜；侧面操作的手柄与建筑物或设备的距离以不小于 200 mm 为宜；落地安装的低压电器，其底部以高出地面 50 ~ 100 mm 为宜。

（2）低压电器的固定。

根据结构的不同，固定低压电器时可采用支架、金属板；绝缘板固定在墙、柱或其他建筑构件上。金属板、绝缘板应平整;采用卡轨支撑安装的时候,卡轨要与低压电器匹配,并用固定夹或固定螺栓与壁板紧密固定,禁止使用不合格或变形卡轨;采用膨胀螺栓固定的时候,选择螺栓的规格要按照产品技术要求;其埋设深度与钻孔直径要与螺栓规格相符;要采用镀锌制品的紧固件,选配适当的螺栓规格,固定电器要牢固、平稳;对于那些有防震要求的电器要增加减震装置;紧固螺栓时要采取防松措施;在固定低压电器时,禁止使电器内部受额外压力。

(3)电器的外部接线。

按接线端头标志进行电器的外部接线;接线时要注意排列清晰、整齐、美观,导线绝缘要良好,没有损伤;在进线端接电源侧进线,也就是固定触头接线端;在出线端接负荷侧出线,即可动触头接线端;在外部接线时要保证不能使电器内部受到额外压力;电器与母线连接的时候,接触面要符合现行国家标准《电气装置安装工程母线装置施工及验收规范》的相关规定。不同相的母线最小电气间隙要符合表46-2的规定。

表46-2　不同相的母线最小电气间隙

额定电压/V	最小电气间隙/mm	额定电压/V	最小电气间隙/mm
$U \leqslant 500$	10	$500 < U \leqslant 1\ 200$	14

(4)集中或成排安装低压电器时要排列整齐;器件间的距离要符合设计要求,便于操作及维护。非防护型的低压电器在室外安装时,要有防雨、雪及风沙侵入的措施。电器的金属外壳、框架的接地或接零,要符合现行国家标准《电气装置安装工程接地装置施工及验收规范》的相关规定。进行低压电器实验时,应符合国家标准《电气装置安装工程电气设备交接试验标准》的相关规定。

3.低压电器安装交接验收规则

工程交接验收时,应从以下几个方面进行检查:电器的规格、型号是否符合设计要求;电器外观是否完好,有无绝缘器件裂纹;电器安装是否平正、牢固,安装方式是否符合产品技术文件要求;电器是否具有可靠的接零、接地;电器的连接线是否排列美观、整齐;绝缘电阻是否符合要求;活动部件动作是否可靠、灵活,连锁传动装置是否动作正确;标志是否字迹清晰、齐全完好。

通电测试时,注意观察:操作过程中低压电器是否动作灵活、可靠;电磁器件是否存在异常响声;接线端子的线圈的温度、触头压力、接触电阻是否超出规定值。

验收时,还应提供如:变更设计的证明文件,制造厂商提供的说明书、合格证及图纸,安装技术记录,调整试验记录,备品、备件清单等资料和文件。

46.3　项目实施

1. 熔断器

（1）作用

低压熔断器俗称保险丝，是当流经熔断器的电流超过其额定电流一定时间后，自身产生的热量使熔体熔化进而分断电路的电器。电路正常工作时，通过熔断器电流产生的热量不足以熔化熔体；电路发生严重过载或短路时，故障电流很大，电流产生的热量超过熔体的熔点，熔体熔化，电路自动切断，达到保护的目的。熔断器通常串联在低压配电系统和用电设备电路中，用于保护电路。熔断器具有体积小、结构简单、使用方便、分断能力强和限流性好等优点。

（2）组成部分

熔断器包括熔体和安装熔体的熔管、熔座三部分。常见熔断器及其电气符号如图46－1。

熔体由易熔金属材料铅、锌、锡、银、铜及铅锡合金等制成，通常制作成片状、丝状或栅状，它是熔断器的核心部分。当经过熔体的电流大于其整定值的时候，熔体会立即熔断，切断电源，从而达到保护的作用。

熔管由耐热绝缘材料陶瓷等制成，熔体熔断的时候有灭弧作用，是保护熔体的外壳。

熔座用来固定熔管和外接引线，是熔断器的底座。

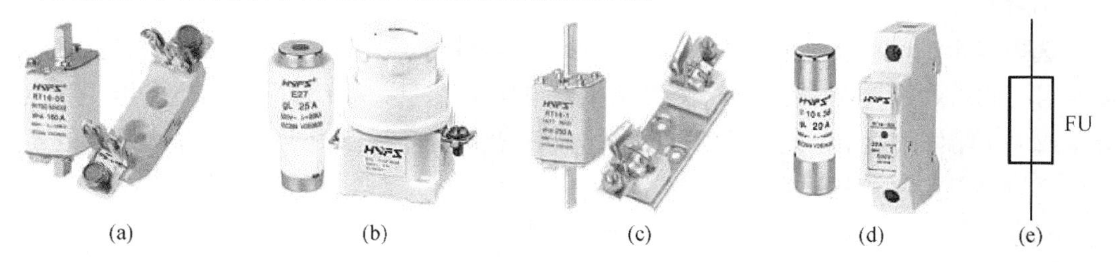

图46－1　常见熔断器及其电气符号

（3）型号及主要技术参数

①型号

按结构形式分类，熔断器可分为瓷插式、螺旋式、无填料封闭管式、有填料封闭管式等。

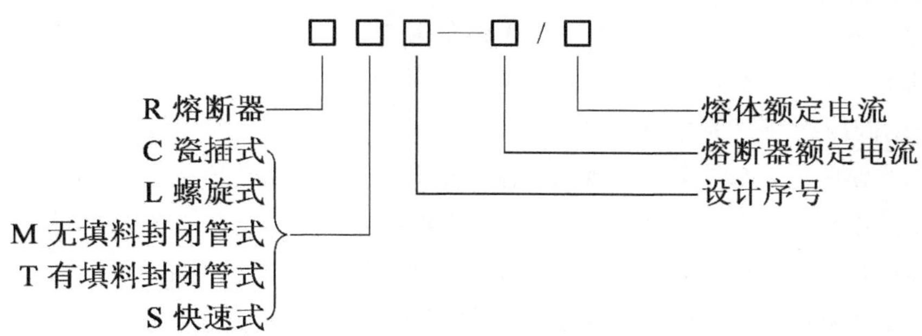

②主要技术参数

熔断器额定电压:熔断器在长期工作的过程中所能承受的电压。

熔断器额定电流:由熔断器各个部分长期工作的允许温升决定,是指能够保证熔断器长期正常工作的电流。

熔体额定电流:在既定的工作条件下,长时间通过熔体并且熔体不熔断的最大电流值。当通过熔体的电流超过其额定电流的1.3~2.1倍的时候,熔体就会熔断,而且超过得越多,熔断的速度就越快。

极限分断能力:规定的电压条件、使用和性能下,熔断器能够可靠分断的最大短路电流值。

时间电流特性:也称保护特性或安秒特性,指在规定的条件下,熔化时间与熔体熔化的电流的关系曲线。熔断器的熔断电流与熔断时间变化关系如表46-3所示。

表46-3 熔断器的熔断电流与熔断时间变化关系

熔断电流 I_s	$1.25I_N$	$1.6I_N$	$2.0I_N$	$2.5I_N$	$3.0I_N$	$4.0I_N$	$8.0I_N$	$10.0I_N$
熔断时间 t/s	∞	3600	40	8	4.5	2.5	1	0.4

(4)熔断器的选择

①熔断器的选择

选择熔断器时要根据使用环境、安装条件和负载性质等决定。如家庭使用时,选用螺旋式或半封闭插入式熔断器较为适合。熔断器额定电压要等于或大于线路的工作电压,额定电流等于或大于熔体的额定电流,熔断器的最大分断电流要大于被保护线路上的最大短路电流。

②熔体额定电流的选择

根据保护对象的不同,熔体额定电流的选择也不同。当被保护对象为电阻性负载时,一般选择额定电流为负载额定电流的1~1.1倍的熔体,以此来确定熔断器的额定电流;当被保护对象为输配电线路时,为防止越级熔断发生,供电干线和供电支线的熔断器应形成良好的配合关系,通常要求供电干线的熔断器熔体额定电流应比供电支线的熔断器熔体额定电流大2~3个级差;当被保护对象为单台交流电动机时,为避免电动机启动电流过大烧断熔断器熔体,线路上熔体额定电流应大于等于1.5~2.5倍电动机的额定电流。当被保护对象为多台交流电动机时,选择线路上总熔体的额定电流应至少为线路上最大功率电动机额定电流的1.5~2.5倍与其他电动机额定电流之和。

(5)使用低压熔断器的注意事项

①单相线路的中性线上应装熔断器;在线路分支处,应加装熔断器;在两相三线或三相四线制回路的中线上,不允许加装熔断器;采用接零保护的零线上严禁装熔断器。

②正确选择熔体,熔断器的额定电压应与线路的额定电压相同。更换新熔体时,一定要选择与原熔体规格、材料相同的熔体,以免影响其动作可靠性。

③熔断器应垂直安装;确保刀夹座与插刀接触紧密,避免接触电阻增大,使熔断器快速升温,发生误动作。

④要避免熔体受到机械损伤,特别是材质比较柔软的铅锡合金丝;安装处的环境也要符合相关规定。

⑤不要在带电情况下、特别是带负荷情况下拔出熔断器。

2. 开关

(1)开启式负荷刀开关

开启式负荷刀开关俗称胶木闸刀开关,它具有结构简单,价格低廉,安装、使用、维修方便的特点,广泛应用于交流 50 Hz、额定电压单相 220 V 或三相 380 V、额定电流 10 ~ 100 A 的照明电路、小容量动力电路(功率 5.5 kW 及以下)等不频繁启动和分断的电路中充当控制开关,起短路保护作用。需要注意的是,这种开关没有灭弧装置。

①结构

开启式负荷刀开关由上胶盖、下胶盖、动触头、静触头、瓷柄和熔丝接头组成。目前广泛使用的胶盖闸刀开关为 HK 系列,其结构如图 46 - 2 所示。

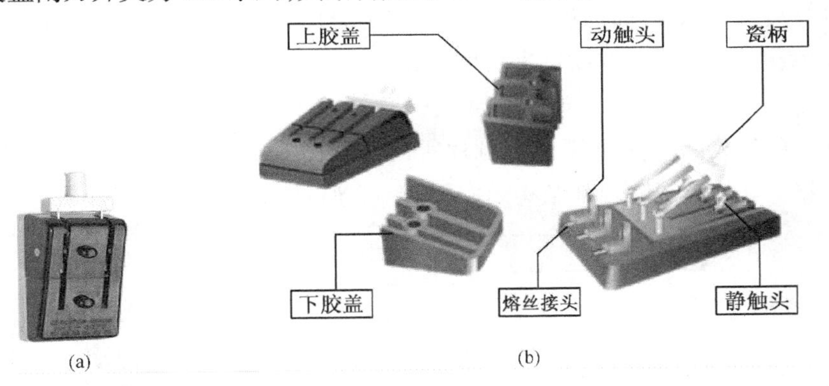

图 46 - 2　开启式负荷刀开关外形和结构图

(a)胶盖闸刀开关外形;(b)胶盖闸刀开关结构

②型号

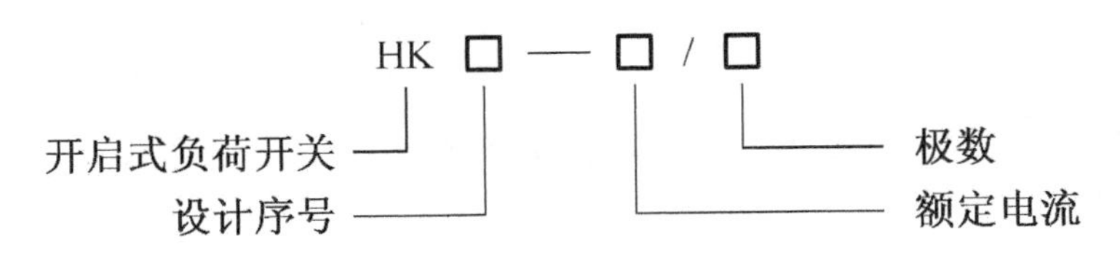

③开启式负荷开关的选择

根据控制对象不同,开启式负荷开关的选择也不同。当被控制对象为照明和电热负载时,以电压等级和级数作为选择依据,通常选用 220 V 或 250 V 二级开关;以额定电流作为选择依据,通常要求选择开关的额定电流要大于等于电路中所有负载额定电流之和。当被控制对象为电动机直接启动电路时,以电压等级和级数作为选择依据,通常选用 380 V 或

500 V 三级开关;以额定电流作为选择依据,通常要求选择开关的额定电流要大于等于电动机额定电流的 3 倍。

④安装与接线

胶盖闸刀开关进行安装时,瓷底应垂直于地面,不得倒装或平装,手柄推到上方为合闸。因为正确安装时,刀片与夹座间的电弧在电磁力和上升热气流的作用下会被拉长,冷却速度快,便于灭弧。倒装或平装不具此功能,触头容易被烧坏。再则,倒装或平装的胶盖闸刀开关在刀片的自重或振动情况下,易使开关误动作,人身和设备安全受到威胁。

接线时,闸刀上方的静触头接线桩必须接电源进线,闸刀下方的接线桩必须接连通负载的引线。螺丝务必要拧紧,确保导线与接线桩的良好连接。

(2)组合开关

组合开关是闸刀开关的一种,也是一种手动控制开关,通常又称转换开关。组合开关一般适用于直流 220 V 及以下和交流 380 V、50 Hz 电气控制电路中,也适用于控制小容量感应电动机的正、反转和星 - 三角降压启动,供不频繁接通与分断电路、换接电源和负载。组合开关具有结构简单、操作方便、灭弧性能好、体积小、寿命长的优点,因此被广泛应用。组合开关可分为单极、双极和多极三类。组合开关常用的技术指标有额定电压、额定电流、允许操作频率、极数、可控制电动机最大功率等。

①结构

组合开关的结构特点是闸刀被动触片所代替,由刀开关的上、下分合操作转换为手柄左右旋转操作。其外形图和内部结构图如图 46 - 3 所示。

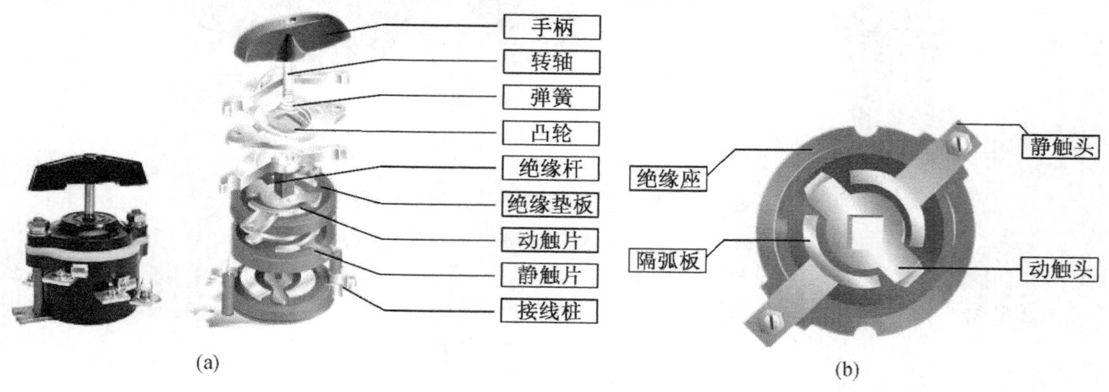

图 46 - 3　HZ10 - 10/3 组合开关结构

(a)外形;(b)结构

组合开关的动触头结构有 90°与 180°两种。动触头内部的两片铜片铆合具有良好灭弧性能的绝缘垫板共同套在绝缘杆上,两个静触头则固定在绝缘垫板边沿的两个凹槽内。

触点断开时,静触头的一端埋在绝缘垫板内;触点接通时,静触头一端被夹在动触头的两片铜片之中,另一端露出绝缘座外便于接线。绝缘杆轴转过 90°一次,动静触点便分开或接通一次。触点间因分断产生的电弧,被绝缘垫板熄灭。采用弹簧储能结构,可快速分开和接通开关,使开关分开和接通速度与手动操作无关。组合开关按不同形式配置动触头与静触头,绝缘座堆叠层数不同,可组合成几十种接线方式。

②型号

国产 HZ10 系列组合开关的型号及含义如下:

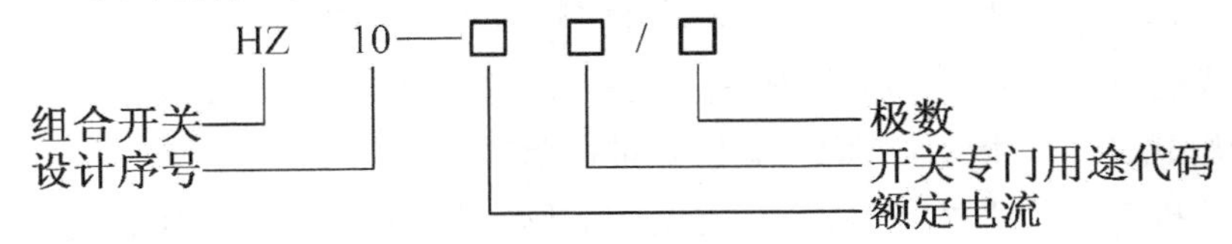

③安装与维护

在选择组合开关时,其额定电流要等于或大于被控制电路中各负载电流的总和,其工作电压要与电源电压相符。组合开关在控制箱外操作时,通常要求把组合开关主体安装在控制箱,而操作手柄要伸出控制箱(一般放置在前面或侧面)。手柄在水平旋转位置的开关应为断开状态。组合开关在控制箱内操作时,开关一般安装在控制箱内部的右上方,且要与其他电器隔离或绝缘。

需要特别注意的是:组合开关不具备通断故障电流的能力;检修或更换新开关时,必须停电操作以免发生触电危险。用作电动机正反转控制时,也必须在电动机完全停止转动后,才能反向接通电源。

(3)按钮

①按钮的作用及结构

按钮是一种短时通断小电流电路的手动电器,它是专门用于发送动作命令的电器,故称"主令电器",用于控制电动机和电气设备的运行或控制信号及电器连锁。按钮触点的通断状态可以改变电气控制系统的工作状态。按钮的种类很多,如常开按钮,常闭按钮,复合按钮。常开按钮在没有按下时,触点是断开的;按下时触点是闭合的,这种按钮通常用于启动按钮。常闭按钮在没有按下时,触点是闭合的;按下时触点是断开的,这种按钮通常用于停止按钮。复合按钮既可用于启动也可用于停止。其动作特点是:动断触点先断开,动合触点后闭合。

按钮一般由按钮帽、复位弹簧、桥式动触头、静触头,支柱连杆及外壳组成。如图 46－4 展示的是复合按钮的外形和基本结构。

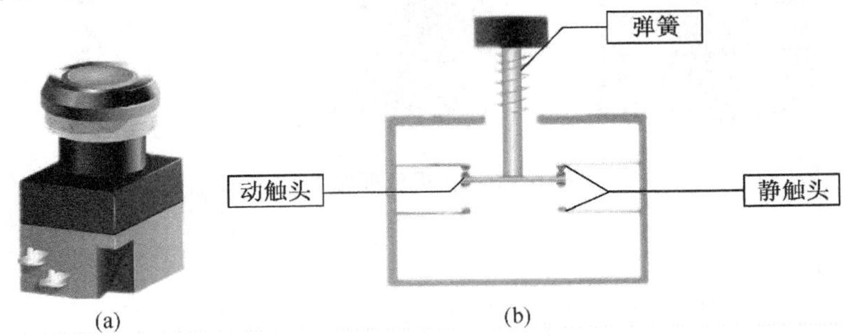

图 46－4　按钮的外形和基本结构

(a)按钮的外形;(b)基本结构

②型号

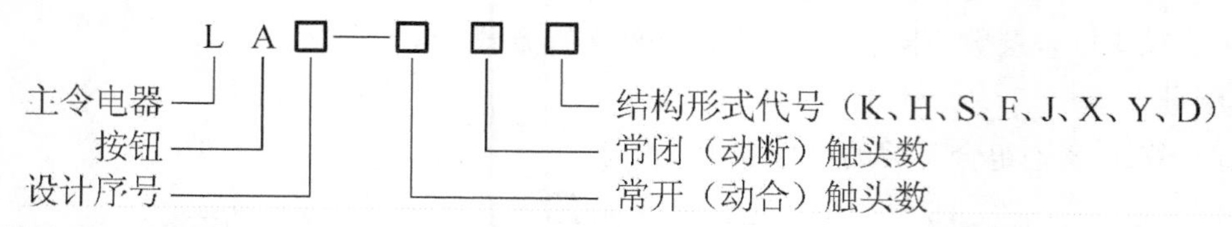

结构形式代号中的K—开启式，H—保护式，S—防水式，F—防腐式，J—紧急式，X—旋钮式，Y—钥匙式，D—带指示灯，DJ—紧急式带指示灯。

除常见的推动操作平按钮外，还有蘑菇形的紧急按钮、钥匙式按钮、保护式按钮、旋钮式按钮等。根据国家有关标准规定，绿色为启动按钮，红色为急停或停止按钮，黑色、白色或灰色为停止和启动交替动作的按钮，黑色为点动按钮，蓝色为复位按钮，黄色为用于对系统进行干预的按钮，几种不同颜色的按钮如图46－5所示。

图46－5　不同颜色的按钮

3. 低压断路器

低压断路器简称断路器，又叫作气开关或自动开关，低压断路器集多种保护功能和控制于一体，主要用于交、直流配电系统中，作为不频繁接通和分断电路的电源开关，电路发生过载、短路、电压过低等故障时，断路器能自动跳闸切断故障电路，起到保护重要电器的作用。常见低压断路器如图46－6所示。

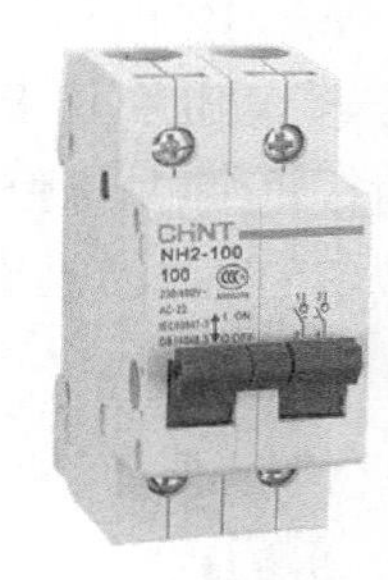

图46－6　常见低压断路器

(1)低压断路器的结构

按极数方式划分低压断路器可分为单极式、二极式、三极式、四极式；按结构形式划分低压断路器可分为万能式、塑壳式、灭磁式、限流式、直流快速式、漏电保护式；按安装方式划分低压断路器可分为抽屉式、固定式、插入式；按操作方式划分低压断路器可分为储能操作式、人力操作式、动力操作式；按断路器在电路中的用途划分低压断路器可分为电动机保护用断路器、配电用断路器、其他负载用断路器等。虽然低压断路器类型多，但其基本结构和动作原理基本相同。常见低压断路器的结构由接线柱、触头系统、操作机构、灭弧装置、热脱扣器、绝缘外壳、电磁脱扣器等几部分组成，如图 46－7 所示。

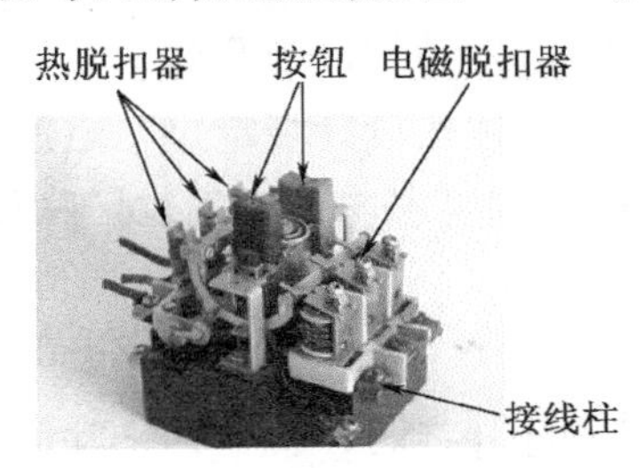

图 46－7　低压断路器的基本结构

触头是低压断路器的执行部件，用于控制电路的接通或断开。工程上要求触头应具有可靠接地，并且具备分断和接通控制电路的最大短路电流和最大工作电流、长期载流工作的能力。

操作机构是低压断路器的传递元器件，其组成部分包括传动机构和自由脱扣机构。传动机构的传动方式很多，如杠杆传动、手柄传动、电动机传动、电磁铁传动、气体或液压传动等。传动机构和触头系统之间的联系是由自由脱扣机构实现的。

灭弧系统的作用是熄灭在切断电路时产生的电弧。低压断路器不同，通常采用的灭弧方式也不同。一般断路器采取的灭弧结构是铁板制成的栅极片和窄片的组合，此种结构可有效地限制灭弧距离，灭弧能力强，大幅度提高开关的断流容量。

脱扣器是低压断路器的感应元件，它可根据电路中不正常情况、人员操作情况、继电保护系统发出的信号做出动作。脱扣器可分为过流扣器、失压扣器、分励脱扣器等。

(2)型号

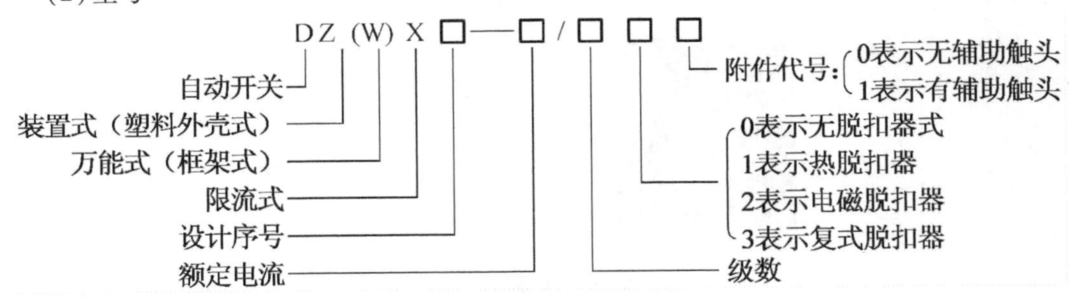

(3)低压断路器的选择

选择低压断路器的原则是：低压断路器的额定电压要大于设备、线路的正常工作电压，额定电流要大于设备、线路的正常工作电流。应用于照明电路中时，电磁脱扣器的瞬时脱扣整定电流一般要 6 倍于取负荷电流；应用于电动机保护电路中时，电磁脱扣器的瞬时脱扣器电流和整定电流一般要 1.7 倍于电动机启动电流；应用于分断电路中时，低压断路器的额定电流和热脱扣器的额定电流,要大于等于电路负载额定电流。

(4)低压断路器的安装与维护

低压断路器安装前需要检查衔铁面上的油污是否擦净;触头闭合和断开过程中有无卡阻现象;各触头接触平面是否平整;是否按照设计要求或产品技术文件的规定设置开合顺序、动静触头分闸距离等;操作手柄、传动杠杆的开合位置是否正确等。

低压断路器在接线时要注意:必须按设计规定进行电源进线端和负载出线端的导线连接;静触头端要求连接电源,动触头端要求连接负载;对于裸露在箱体外或易触及的导线端子,需要加设绝缘保护。

4. 漏电保护器

漏电保护器是漏电电流保护器的简称,它是一种特殊的低压断路器。主要用于在配电线路或电气设备的绝缘受损坏而发生漏电时,保护人身安全。

设备正常运行时,零线和相线上的电流相量和为零。当线路或电气设备绝缘损坏造成接地故障或人员触电时,就形成了电流回路。此时两条线路中的电流相量不再为零,电压信号在零序互感器二次侧被感应出。当漏电电流达到或超过预先设定的整定值时,漏电保护器可迅速动作,切断电源,使绝缘不良的线路、设备或触电者脱离电源,从而起到保护作用。

按脱扣器分类,漏电保护器可分为电磁式漏电保护器和电子式漏电保护器两种。电磁式漏电保护器不受电源电压影响,抗干扰能力强,但脱扣器加工精度高,结构复杂,制成大容量、高灵敏度的产品比较困难。电子式漏电保护器制作工艺比电磁式漏电保护器简单,且灵敏度高,容易制成大容量产品,但电子式漏电保护器需要加设辅助电源,抗干扰能力较差。

按所具备的保护功能和结构特征分类,漏电保护器可分为漏电开关、漏电继电器、漏电断路器、漏电保护插座。不同类型的漏电保护器在其性能上也存在明显的差异,所以在选用时要借助于产品说明书。图 46－8 列举了两种漏电断路器。

图 46－8　两种漏电断路器

决定漏电保护器能否正确动作的两个因素是动作时间和动作电流的整定。家用漏电保护器的漏电动作时间是 0.1 s,动作电流是 30 mA;额定电压在 220 V 及以上的重要电动工具,漏电保护器的漏电动作时间是 0.1 s,动作电流是 15 mA;为防止病人发生触电事故,医疗器械漏电保护器的漏电动作时间是 0.1 s,动作电流是 6 mA。

5. 交流接触器

接触器是一种用于频繁接通、断开交流、直流控制电路的自动切换电器。在这重点介绍交流接触器。交流接触器的外形如图 46 – 9 所示。

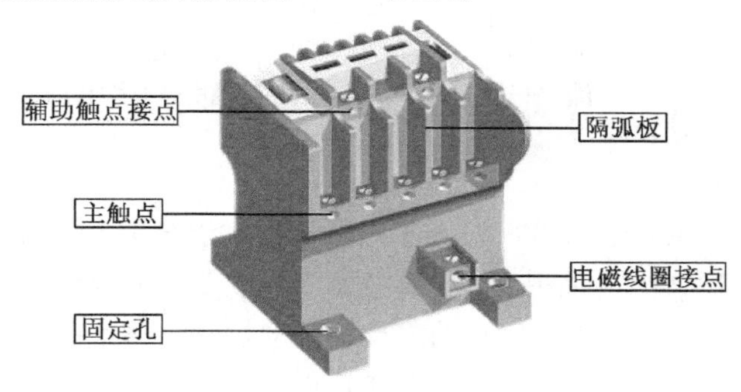

图 46 – 9　交流接触器的外形

(1)结构与动作原理

交流接触器的结构如图 46 – 10 所示,主要由触头系统、电磁系统、灭弧装置和其他辅助部件组成。接触器的触头系统是用来接通和断开电路的,触头由动触头和静触头两部分组成。电磁系统起到分、合电路的目的,其工作机理是电磁感应使电磁铁带动触头工作,通常当线圈电压达到额定电压的 85% 以上时,铁芯才能动作,过低的电源电压不能使铁芯吸合。灭弧装置与低压断路器结构相似,是交流接触器能够带负荷分、断电路的重要部件。触点弹簧的作用是当线圈断电时,使触头迅速断开。缓冲弹簧的作用是当衔铁被吸合时,减轻铁心与外壳间的冲击力。触头压力弹簧片的作用是增加动触头与静触头之间的压力,起减振作用。

这里需要注意两个概念,常开触点又叫动合触点,常闭触点又叫动断触点。

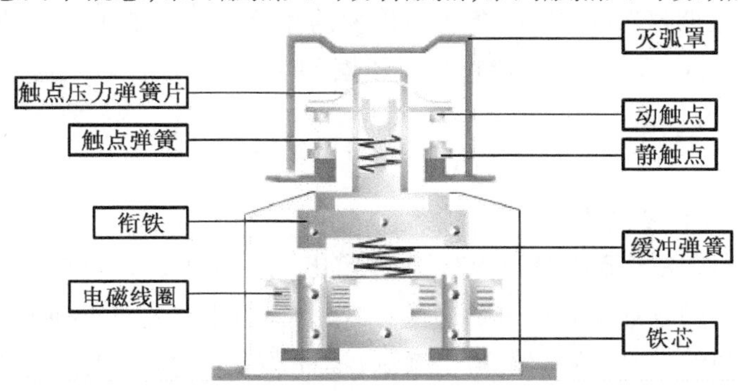

图 46 – 10　交流接触器的结构

交流接触器的工作原理为,线圈通电时,流过线圈的电流产生磁场,静铁芯的吸力不断增大,大到能够克服触点弹簧和动触头压力弹簧片的反作用力时,衔铁被吸合,传动杠杆使主触头与主电路接通,辅助常开触点闭合,辅助常闭触头断开;线圈断电后,电磁力消失,衔铁在触点弹簧的作用下被释放打开,交流接触器各触头恢复到原始状态。

(2)型号

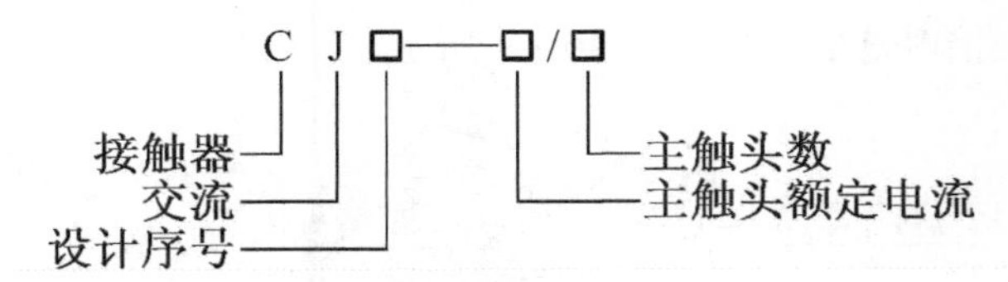

(3)交流接触器的选择

工程中交流接触器的选择应注意:其额定电压要大于等于负载的额定电压;应用于电力拖动中异步电动机的启动电路中时,还要考虑交流接触器的额定电流,其值要大于等于电动机的额定电流;如在电动机频繁启动或反接制动控制电路中应用,交流接触器的额定电流应降一级使用;如在通断电流较大及通断频率过高的控制电路中应用,交流接触器的额定电流应升一级使用。

选择交流接触器线圈的额定电压时也应分情况进行考虑。线路简单、使用电器较少的情况下,通常选择线圈的电压等级为 380 V 或 220 V;线路复杂、使用电器较多的情况,通常选择线圈的电压等级为 36 V、110 V 或 127 V。

(4)交流接触器的运行维护

运行过程中需要时刻注意的内容包括:最大负荷电流是否超过接触器的规定负荷值;接触器的电磁线圈温升是否超过规定值;电磁系统有无过大的噪声和过热现象以及接触器内有无放电声;触点系统和连接点有无过热现象;灭弧罩是否完整,出现损坏现象应及时更换或修理,修复后才可正常运行。

交流接触器的维护应从以下几个方面入手。检修触点系统,保证触点接触面光滑,保持触点为原有形状,调整接触面及接触压力,触点烧伤过度的必须立即更换;检查灭弧装置的完好性,及时清擦烟痕等杂质;检查联动机构的绝缘状况和机构附件的完好性,存在位移、松脱、变形情况的应及时更换;检查吸引线圈的工作电压值,其值应该在正常吸合的数值范围内。

6. 热继电器

(1)热继电器的结构、原理

热继电器广泛应用于低压交流 500 V、额定电流 150 A 及以下的配电线路中,用来反映、监视被控制设备的发热状态和过热情况,常作为交流电动机或其他设备的过负荷保护。热继电器由双金属片、弹簧、热元件、触头系统、推杆、人字形拨杆、整定值调节轮、复位按钮等组成,如图 46－11 所示。

热元件与负荷电路串联,负荷电流产生的热量可使双金属片受热弯曲,拉动导板动作,使故障电路被切断。继电器上有调节整定电流的装置,一般有热元件额定值的 60%、80%、100% 三个挡位可供调节,调节的实质为使热元件双金属片与动作定位螺丝间的距离发生改变,造成脱扣位置不同。图 46－12 为热元件工作原理示意图。

图 46－11 热继电器外形

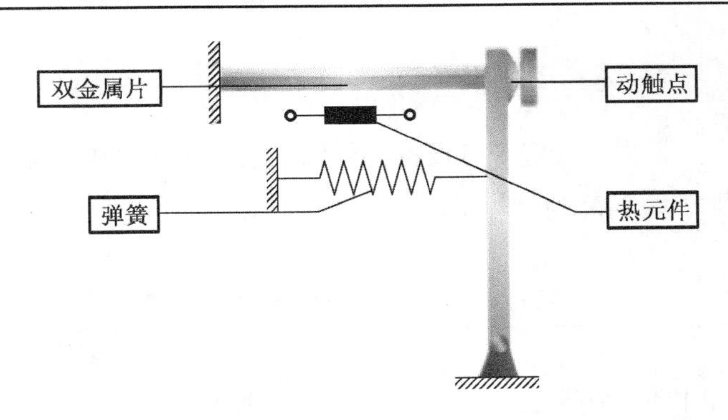

图 46－12 热元件工作原理示意图

（2）型号

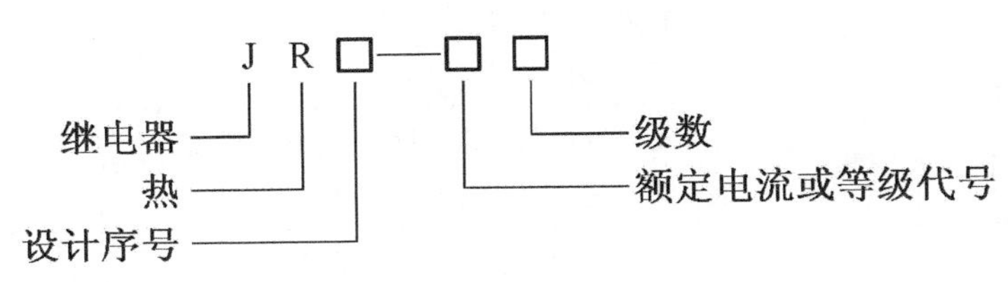

（3）热继电器的选用

热继电器的额定电流要大于电动机额定电流。电动机的启动时间一般在 5 s 以内，电流通常为电动机额定电流的 6 倍，这时热元件的整定电流要求与电动机的额定电流相等。电动机的启动时间超过 5 s 或启动负载为冲击负载时，热元件的整定电流要求为电动机的额定电流的 1.1～1.25 倍。使用过程中还需注意：热继电器要尽量远离发热元器件，如电阻、电阻片等，以免其他器件的热量影响热继电器正常工作。

（4）热继电器的安装与维护

热继电器的安装方向、使用环境和所用连接线都会影响热继电器的动作性能，安装时应引起注意。应按产品说明书的规定进行热继器安装方向的确定，确保热继电器在使用过程中的动作性能相一致。热继电器周围介质的温度应和电动机周围介质的温度相同，否则已调整好的配合情况会被破坏。热继电器的连接线除单纯导电功能外，还起到导热作用，如果连接线选取过细，发热元件沿连接线向外散热少，继电器的脱扣动作时间被缩短；反之，如果选取的连接线过粗，热继电器的脱扣动作时间被延长。所以连接导线截面应尽量采用说明书中规定的或相近的截面积，不可太细或太粗。

维护过程中，热继电器上的灰尘或积污要定期用布擦净。保持双金属片的原有光泽，锈迹要用布蘸汽油轻轻擦拭。用手拨动多次动作机构观察其动作可靠性，按下复位按钮热继电器应反应灵活，不可出现部件松动现象。在设备发生短路故障后，应检查热元件和双金属片有无明显变化，若因变形使动作不准，只能调整可调部件，不许弯曲双金属片。必须更换热继电器的热元件时，要换上的新元件应与原热元件产品型号、额定电流及制造厂商相同。

46.4 项目考评

根据实验室现有设备进行低压电器的拆卸和装配、检修、校验等实际操作,该项目的考核评分如表46－4所示。

表46－4 低压电器掌握程度考核评分表

<table>
<tr><td colspan="7">项目46 常用低压电器</td></tr>
<tr><td colspan="2">操作开始时间</td><td></td><td>结束时间</td><td></td><td>操作完成度</td><td></td></tr>
<tr><td colspan="2">操作内容</td><td>考核内容</td><td>考核比重</td><td>工作记录</td><td>每项得分</td></tr>
<tr><td>1</td><td>装配前检查</td><td>设备或器件装配连接前的检查步骤及方法的正确性</td><td>5</td><td></td><td></td></tr>
<tr><td>2</td><td>设备、器件的拆卸及安装</td><td>设备或器件拆卸、安装操作方法的正确性及熟练度</td><td>10</td><td></td><td></td></tr>
<tr><td>3</td><td>线路连接</td><td>设备或器件连接线路的正确性和布线的美观性及熟练度</td><td>20</td><td></td><td></td></tr>
<tr><td>4</td><td>故障排除</td><td>对常见故障的排查操作方法熟练度</td><td>30</td><td></td><td></td></tr>
<tr><td>5</td><td>通电校验</td><td>进行通电校验,检查实际操作效果</td><td>25</td><td></td><td></td></tr>
<tr><td>6</td><td>安全规范操作</td><td>符合实验室管理制度及操作规范</td><td>10</td><td></td><td></td></tr>
<tr><td colspan="2">总评成绩</td><td colspan="4"></td></tr>
</table>

项目47 电工识图及配电盘

47.1 项目学习任务单

表47－1 电工识图及配电盘学习任务单

单元七	维修电工基础训练	总学时:16
项目47	电工识图及配电盘	学时:2
工作目标	掌握电工识图的基本方法	
项目描述	通过简单实例,学会电工常用电路图的画法,能读懂电气原理图和安装接线图;学会组装、使用配电箱(盘),能够按照电路图正确安装配电箱(盘)等	

表 47－1(续)

学习目标		
知识	能力	素质
1. 了解电气原理图和安装接线图的画法; 2. 掌握电气原理图和安装接线图的读图方法,并能按照电路进行线路安装; 3. 掌握配电箱(盘)的安装过程,能够按照电路图正确安装低压电器	1. 熟练识读电气原理图和安装接线图; 2. 按照工艺要求安装电路; 3. 可以正确选用低压电器; 4. 能够正确找到配电箱(盘)的故障	1. 学习活动中态度积极,有团队精神; 2. 分析电路原理时全面,具有自主学习能力; 3. 调试过程中严谨、细致、注意安全; 4. 现场操作行为规范,符合 5S 管理要求
教学资源:本项目可以在电工实训实验室中进行,也可以在利用多媒体在课堂上进行讲解		
硬件条件: 配电盘; 各种低压电器; 各种电工工具; 各种测试仪表; 任务单、工作记录单、考核表等	学生已有基础(课前准备): 电工识图的基础知识; 配电箱(盘)的安装方法; 学习小组	

47.2　项目基础知识

1. 电路图的种类

常用的电路图有电气原理图和安装接线图两种。

(1)电气原理图

用于表明电气系统的组成、各元件间的连接方式、电气系统的工作原理及其作用的电路图称为电气原理图。电气原理图不涉及电气设备和电气元件的内部结构和安装情况,它由一次回路和二次回路两个部分组成。一次回路又称主回路,是直接连接电源为负荷提供电能的电路,通常包括发电机、变压器、断路器、隔离开关、接触器、熔断器、负荷、供电线路等,通常位于图纸的上方或靠左位置。二次回路又称辅助回路,一般由继电器、接触器辅助触点及线圈、控制开关、仪表、指示灯等组成,起到控制、保护、测量、监视、信号显示等功能,一般绘于图纸的下方或靠右位置。为便于分析研究,绘图过程中出现同一元件的不同部分在不同回路中出现时,通常用同一文字符号标注,只是在辅助电路中用不同数字加以区别。绘图时还应注意,需根据元件的动作顺序进行绘图,排列元件位置原则为:竖直方向从上到下,水平方向从左到右。

对于较复杂的辅助电路,还可采用展开接线图绘图,这种绘图方式具有形式清楚、简洁的特点。利用展开接线图进行绘图时,将每个元件的线圈、辅助触点及其他控制、信号、监测、保护等有关元件,按照它们所完成的动作回路绘制,同一动作回路画在一条线上,但同一元件的线圈和辅助触点按照其不同功能及不同动作顺序往往是分离的。绘图原则同电气原理图相似,也是从上到下或从左到右,为了对各元件的类型、性质和作用加以区别,每个元件上部应标有规定的文字符号及数字编号。

(2)安装接线图

安装接线图是根据电气元件或设备的安装情况和实际结构绘制的,它是电气安装所需的主要图纸。安装接线图只考虑元件的安装配线,而对电气系统的动作原理和电气元器件之间的控制关系表示不明显。为方便安装、施工、标明较复杂的电路,一般将安装接线图和电气原理图在一张图纸上绘制出来,并加注标题栏及技术说明,最终构成一张完整的施工图。

2. 电路常用电气符号

想要看懂电路图首先应了解电路图中所用的电气符号,明确其符号所代表的意义。

3. 电工识图步骤

图纸说明一般由图纸目录、器材明细、技术说明、施工说明书等构成,通过图纸说明可以了解工程的整体情况、设计思路、设计内容和施工要求。

(1)识读电气原理图

根据所学电工理论知识,在图纸上首先正确区分出一次回路和二次回路、交流回路和直流回路。然后先看一次回路,例如图 47-1(a),看一次回路时一般按照用电设备、控制元件、电源的顺序进行观看;再看辅助回路,例如图 47-1(b),看二次回路时,一般按照从左至右或从上至下顺序进行观看,即先从一相电源出发,分别在各个二次回路中沿着假定电流方向巡行到另一相电源,依次分析各元件的工作情况及其与回路间的控制关系。

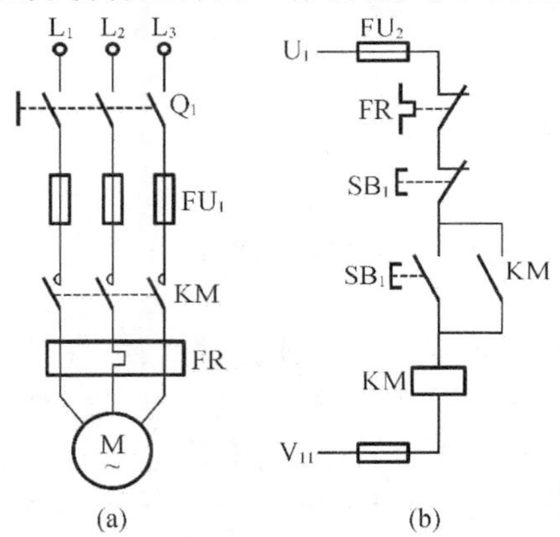

图 47-1　笼型电动机直接启动的控制电路原理图

(a)主回路;(b)辅助回路

(2)识读安装接线图

图 47-2 为鼠笼式电动机直接启动的控制电路安装接线图(又称安装图)。识图时,仍然应先看一次回路,后看二次回路。分析一次回路时,假定电流流向为顺次流经电源、控制元件、线路、用电设备。看二次回路时,先从一相电源出发,根据假定电流方向经控制元件巡线到达另一相电源。

(3)识读展开接线图

电气原理图中的控制电路部分常用展开接线图(又称展开图)来表达。展开接线图能清晰地展示出不同类回路的连接次序及电气元件的动作顺序，其实质也是一种原理图。识读时必须参照整个电路原理图对展开接线图自上而下、从左向右巡行分析。但需注意，同一个元件的不同部分不一定在同一位置，其他回路中可能包含该元件的有些触头。如图 47－3 所示，笼型电动机星－三角启动控制电路展开图中名称为 KM_1 的器件有四处，它们属于同一个电气元件的辅助触点和线圈，看图时应小心谨慎，以免遗漏。

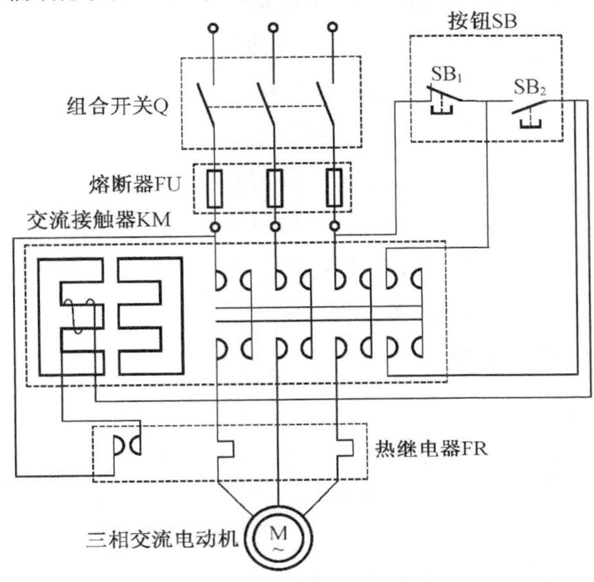

图 47－2　鼠笼式电动机直接启动控制电路安装图

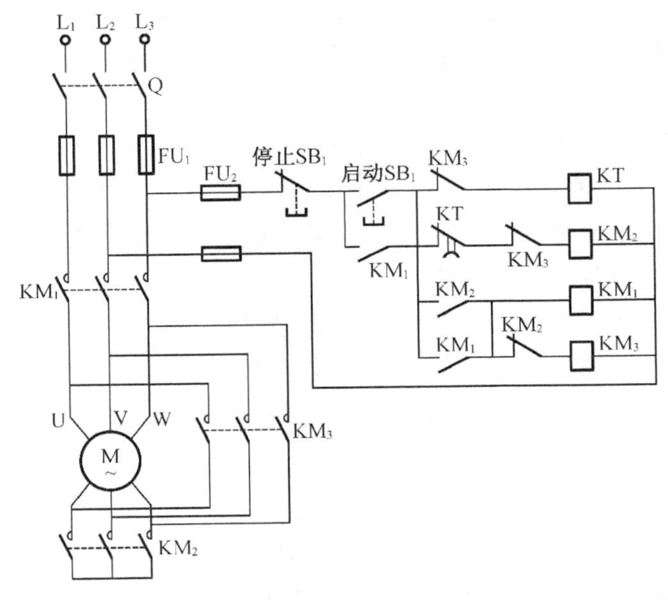

图 47－3　笼型电动机星－三角启动控制电路展开图

47.3 项目实施

在许多地方的低压配电线路中安装配电盘(箱)。工厂、机关、学校等由公用配电变压器供电的单位,其总配电箱有动力、照明两路出线,这两路出线分别用电能表计费。虽然部分用户仅需要照明功能,但也要安装总进线配电盘。单位内部每一项建筑物都装有总配电盘(箱),各用电区装有分配电盘(箱),在电动机较多的厂房还应配置动力控制箱。除购买配电盘(箱)外,还有较大部分要自制和安装。一个配电盘要多大,应装哪些设备,应根据计量方式、电动机的容量大小及台数多少和其他照明方式等实际情况来确定。图 47 – 4 为某品牌低压配电盘(箱)外形。

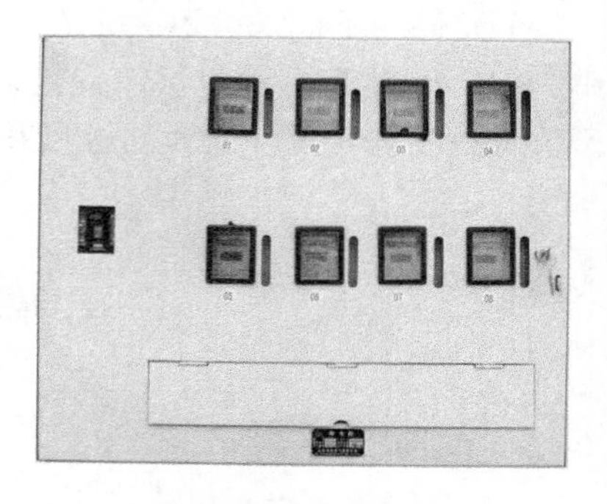

图 47 – 4 低压配电盘(箱)外形

1. 配电盘(箱)中的设备选择

(1)总开关

总开关即电源开关,由于其多数安装在电能表前面,所以也叫表前开关。电源开关串接熔断器作总电路过载和短路保护,可选用电压为 500V。电流为所带负荷的总额定电流的开关;控制多台电动机的动力箱的总开关可选用 HD 型连杆操纵式刀开关,这种开关含有速断刀片,从而加速动静触头分离。额定断流容量大,能很好地起到断路器和隔离开关的双重作用。同时,它由连杆操纵分合闸,这种刀熔开关组安装面积小,动作准确。小容量配电盘总开关可用铁壳开关或瓷底胶盖刀开关,部分甚至只用熔断器作总开关。瓷底胶盖刀开关,应在电源侧串联熔断器作总电路过载、短路保护,另外将下胶木盖作熔丝位置用裸铜线直连。

(2)分路刀开关

分路刀开关又称表后开关,装在电能表的后面。总配电盘上一般只装两个分路刀开关,即动力和照明,动力控制柜(盘)中一台电动机装一个分路刀开关,电动机启动方式确定其规格。例如采用瓷底胶盖刀开关时,也应在其负载侧串接熔断器作分路的过载、短路保护,同时,将下胶盖内熔件位置用裸铜线直连。

落地式动力箱出线一般不再安装刀开关,它是保护容量较大、台数较多的电动机负载的成套产品,只需串接 RM 型无填料管式熔断器。其熔管在空载时的插拔多是借助动力箱中专用配件(绝缘夹钳)来操作的。这种熔断器线路过电压值小,具有快速灭弧和限流作用,能有效保护电动机。

(3)交流电压表

主要作用是观测电源电压,盘表一般为电磁式电压表,多选用 4 英寸或 6 英寸的盘表。测量三相电压时,电压表量程为 0 ~ 250 V;当电动机电压为 380 V 时,电压表量程为 0 ~ 450 V 或 0 ~ 500 V;如果用一只电压表同时测三相间电压,则需要加装电压转换开关。

(4)交流电流表

交流电流表多选择与电压表同样外形尺寸的电磁式电流表,主要作用是观测电动机电流,其一般选择电动机额定电流的1.5~2.5倍。选大了误差较大,选小了容易在电动机启动电流冲击下损伤仪表。电流表分为两种,即直通式和比数式,选用比数式电流表时要和电流互感器配合。如果用一只电流表测三相电流时,也要加装电流转换开关。

(5)电流互感器

选择电流互感器时,一般要求一次额定电流大于负荷电流。

(6)电能表

电能表根据不同的标准,可以分为不同的种类。根据所测功率性质,电能表可分为有功电能表和无功电能表;根据所测负荷种类不同,电能表分为单相电能表、三相三线制电能表和三相四线制电能表。通常情况下只安装有功电能表,在特殊需要时加装无功电能表。同样,电能表也分为比数式和直通式两种,比数式电能表选用时要和电流互感器配合。

(7)指示灯

指示灯用于指示一相电源。

2. 设备布置及配线

(1)盘面设备布置原则

盘面布置及制作应遵循整齐、美观、安全及检修方便的原则。盘面上的设备布置应以方便观察仪表和操作为原则。电压表、电流表分别位于动力盘上方的左右侧;在安装的时候,可先按最小间距将要安装的全部电气设备摆布合适,然后在盘上划出设备轮廓、安装孔以及进出线需钻孔处位置,最后固定好设备进行接线;一般总刀开关装在盘面左侧或上方;出线的刀开关装在盘面右侧或下方,盘面上设备排列最小间距见表47-2。

表47-2　盘面上设备排列最小间距

单位:mm

设备名称	上下间距	左右间距	设备名称	上下间距	左右间距
仪表与仪表		60	互感器与仪表	80	50
仪表与线孔	80		插熔丝与其他设备		30
开关与仪表		60	指示灯、熔丝盒、闭火之间以及其他设备之间	30	30
开关与开关		50			
开关与线孔	30		设备与箱壁	50	50
线孔与线孔	40		线孔与箱壁	50	50

(2)配线

在配线时应注意以下要求:配线的铝线不得低于2.5 mm^2,铜线不得低于1.5 mm^2;必须采用绝缘导线。电流互感器二次侧配线最小截面为铜线2.5 mm^2;导线连接时不得有错接、漏接和接触不良等现象。导线和接线端子接触必须良好，最好用线端头连接，连接要牢固；位于配电盘后面的配线要固定在盘板上，绑扎成束、整齐排列，盘后引出及引入导线要留有适当余度，方便检修；盘后配线的导线均要按相位套以黄（U 相）、绿（V 相）、红（W 相）塑料软管，中性线用黑色的。导线也可不套软管，但要用相应颜色区别相位。导线如果存在交叉，要套软管加强绝缘。这样方便维护管理，同时加强了绝缘强度。刀开关、熔断器等配电盘上的设备，采用上接电源，下接负荷。例如设备横向安装时，插入式熔断器要面对配电盘左侧接电源，右侧接负载。盘上如果装有电源指示灯，电源要从进线总开关前端接引；工作中性线穿过木盘面可不套塑料软管，导线穿过盘面木板时，则要套塑料软管，铁盘要安装橡胶护；配电盘所有电器下方全部安装“标签”，上面注明相序、路别、额定电流以及所控制路别名称，同时，要在盘门的内侧粘贴单线线路图。

3. 配电盘（箱）的安装和检查

（1）低压配电盘（箱）的安装

低压配电盘（箱）通常有两种，即墙挂式和落地式。

①墙挂式动力配电箱的安装。墙挂式配电箱可以通过埋设固定螺栓直接安装在墙上。固定螺栓的规格由配电箱的型号及质量决定。其长度应为埋设深度（100 ~ 150 mm）加箱壁厚度及螺帽、垫圈的厚度再加上 3 ~ 5 mm 丝扣的长度。在埋设螺栓之前，要先量配电箱的孔眼尺寸，盘中心至地面为 1.5 ~ 1.8 m 之间，在墙上划好孔眼位置，然后打洞埋设螺栓。现在多数采用的是电锤打洞，埋膨胀螺栓。螺栓间的距离应与配电箱上孔眼距离相符合。一般配电箱有四个固定螺栓，在埋设时应使其连线水平和垂直，并用铅锤和水平尺测量校正。所用螺栓尾部应成燕尾状，待填充混凝土牢固后，即可安装配电箱，将水平尺放置在箱顶上，测量箱体是否水平，可通过调整配电箱孔眼的位置达到要求，然后在箱顶上放一木棒，沿箱面挂上一铅锤，测量箱体上、下端与吊线距离，如果距离相等，说明配电箱安装得垂直。如果配电箱安装在支架上，应先将支架加工好，然后将支架装在墙上，配电箱装在支架上，方法同前。

②落地式动力配电柜的安装。落地式配电柜的安装有直接埋设和预留槽钢埋设两种方法。预留槽钢或预埋地脚螺栓的位置时，应与动力柜底安装孔尺寸相吻合，待混凝土有一定强度后，将动力柜安装在底座上，在安装的过程中，配电柜同样也要用水平尺测量调节水平，铅锤测量垂直度。

③低压配电盘的安装。用户所需电能，主要通过线路输送和分配，之后再由进户线引至室内。每一用户都有一个用电总枢纽，它是进户线进入室内的第一个装置，掌握全户的电路，也叫电源进线配电盘。

如图 47 -5 所示，它由进线总开关、总电能表及总熔断器三部分组成。依据用户用电量大小来决定进线总开关的型号和规格，用电量较大时采用铁壳开关，用电量较小的选用瓷底胶盖刀开关。根据全户用电的电流最大值选定总熔断器额定电流。电源进线配电盘安装在进户线入口附近，距地面高度为 1.4 ~ 1.8 m。例如为供电企业的计量电能表进户线入室处要装一总熔丝箱，电能表要装在表箱内，从总熔丝箱至电能表表箱应用铁管或铁皮软管穿线安装，熔丝箱和表箱均应封供电企业专用铅印，以保证计量正确。

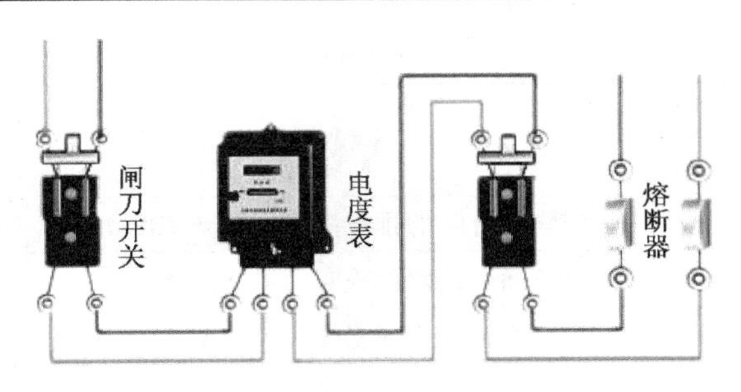

图 47－5　电源进线配电盘

用电量较大的用户，支路较多，当配线超过 30 m 时应在进线总配电盘后设置分电板，分电板一般装瓷底胶盖开关，闸刀开关下胶盖内熔件位置用裸铜线直连，下串分路熔断器。分电板可分明装、暗装两种，安装高度和总开关板相同。

现在公寓房一般都独立安装总表，容量也增加到 4 kW，多数在每个楼门处集中安装各户总表，表箱加封印，电能表出线经管内穿线引到各户分配电箱，同时做好漏电保护，分配电箱上装有漏电保护器和各户的总熔断器。

(2)配电盘(箱)的检查

导线敷设、线头连接完工后，要全面检查配电盘(箱)上器件安装的位置和线路的连接，并用万用表和绝缘电阻表检查直流电阻和绝缘电阻，查看是否存在错接、漏接线或其他故障的现象。

47.4　项目考评

根据实验室现有设备进行低压电器的拆卸和装配、检修、校验等实际操作，该项目的考核评分如表 47－3 所示。

表 47－3　电工识图及配电盘掌握程度考核评分表

<table>
<tr><td colspan="6">项目 47　电工识图及配电盘</td></tr>
<tr><td>操作开始时间</td><td></td><td>结束时间</td><td></td><td>操作完成度</td><td></td></tr>
<tr><td colspan="2">操作内容</td><td>考核内容</td><td>考核比重</td><td>工作记录</td><td>每项得分</td></tr>
<tr><td>1</td><td>装配前检查</td><td>设备或器件装配连接前的检查步骤及方法的正确性</td><td>5</td><td></td><td></td></tr>
<tr><td>2</td><td>设备、器件的拆卸及安装</td><td>设备或器件拆卸、安装操作方法的正确性及熟练度</td><td>10</td><td></td><td></td></tr>
<tr><td>3</td><td>线路连接</td><td>设备或器件连接线路的正确性和布线的美观性及熟练度</td><td>20</td><td></td><td></td></tr>
</table>

表 47－3(续)

	操作内容	考核内容	考核比重	工作记录	每项得分
4	故障排除	对常见故障的排查操作方法熟练度	30		
5	通电校验	进行通电校验检查实际操作效果	25		
6	安全规范操作	符合实验室管理制度及操作规范	10		
总评成绩					

项目 48　室内照明设备的安装与维修

48.1　项目学习任务单

表 48－1　室内照明设备的安装与维修学习任务单

单元七	维修电工基础训练		总学时:16
项目 48	室内照明设备的安装与维修		学时:2
工作目标	掌握室内照明设备的安装与维修的基本方法		
项目描述	通过安装电气照明电路、室内开关,学会常用照明的分类,照明工具的工作原理及内部结构,室内开关的安装方法等		
学习目标			
知识	能力	素质	
1. 了解室内照明电路的工作原理; 2. 掌握照明电路的构成、照明开关、插座的结构; 3. 掌握照明开关、插座的选择方法和安装方法,照明电路的故障解决方法	1. 熟练拆装照明电路、开关和插座; 2. 可以正确选用开关和插座规格; 3. 按照工艺要求安装电路; 4. 能够正确找到照明电路的故障	1. 学习活动中态度积极,有团队精神 2. 分析电路原理时全面,具有自主学习能力; 3. 调试过程中严谨、细致、注意安全; 4. 现场操作行为规范,符合管理要求	
教学资源:本项目可以在电工实训实验室中进行,也可以在利用多媒体在课堂上进行讲解			
硬件条件: 配电盘; 各种低压电器; 各种电工工具; 各种测试仪表; 任务单、工作记录单、考核表等	学生已有基础(课前准备): 电工识图的基础知识; 配电箱(盘)的安装方法; 学习小组		

48.2　项目基础知识

电气照明是指利用一定的设备和装置将电能转换成光能，为人们的生产、工作和生活提供的光源。

1. 电气照明分类

按用途不同电气照明可分为事故照明、工作照明和生活照明三种方式。

事故照明指正常的生活照明或工作照明出现故障时能自动接通电源，代替原有照明的照明。它是一种保护性照明，要求具有很高可靠性，在运行时绝不允许出现故障。事故照明一般设置在可能因停电而造成事故且损失较大的场所。如矿井、地下室、学校、手术室、医院急救室、公众密集场所等。

工作照明指人们从事工作学习、生产劳动等所需要的照明。在光源和被照物距离较近、局部照明等情况下，通常采用光通量不太大的光源；在公共场所，则一般要求安装的光源具有较大的光通量。

生活照明指人们日常生活所需要的照明，为一般照明。生活照明对照度要求不高，可选用光通量较小的光源。能比较均匀地照亮周围环境即可。

2. 串联与并联照明电路的特点

安装照明电路时，常用到串、并联电路。

(1)串联电路

用电设备与开关、电源连接成一串就形成了串联电路。串联电路的特点：采用串联电路各用电设备流过的电流相等；电路中各用电设备的电压相加等于电源两端的总电压；电路的等效电阻等于各用电设备电阻之和；电源输出的功率等于各电阻消耗功率的总和；电压和功率与用电设备的阻值成正比。

电灯功率不相等，额定电压相等时，点灯的电阻不同。功率大的电阻小，功率小的电阻大，灯的分压不同，自然亮度也不同，因此照明电路通常不采用串联电路。

(2)并联电路

并联电路的安装，用电设备的一端连接在电源火线 L 上，另一端接在零线 N 上。并联电路的特点为：电路两端电压相等，等于电源电压；电路总电流等于各支路电流之和；总电导的等于各支路电导之和；电源输入的总功率，等于各用电设备功率之和。

通常照明系统都采用并联电路，因为并联电路可以使每一用电设备从电源上取得稳定的电压。任意用电设备的工作情况改变时，不会对其他负载的工作造成影响。需要注意的是：各个用电设备消耗的总功率不要超过电源的额定功率，否则会烧坏电源。

3. 日光灯的结构和发光原理

日光灯又称荧光灯，是目前应用最广的气体放电光源。

节能灯是紧凑型日光灯的一种，它自带镇流功能，可发出冷色和暖色两种光。其被广泛应用是因为与白炽灯相比，节能灯可以节约 70% ~80% 电能。节能灯发光稳定大约需要

5 分钟的时间,期间耗电量大。因此频繁开关节能灯,节能灯极容易损坏,所以通常工作在不频繁开关的场合。

(1)日光灯的结构

日光灯由灯管、镇流器和启辉器三个主要部件组成,其结构如图 48 -1 所示。

①灯管由灯头、灯丝和玻璃管组成。

②镇流器作用:在启动时限制预热电流,并在启辉器配合下产生瞬时 600 V 以上高电压,促使灯管放电;在工作时限制流过灯管的电流,起镇流作用。

③启辉器作用:自动控制阴极预热的时间,使电路接通和自动断开。

(2)发光原理

日光灯接线原理如图 48 -2 所示。

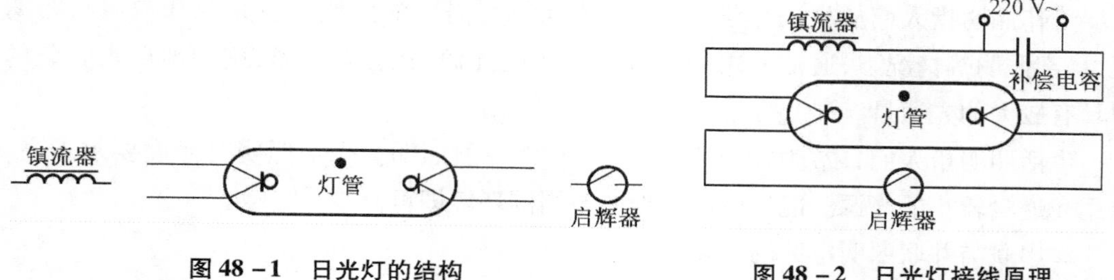

图 48 -1　日光灯的结构　　图 48 -2　日光灯接线原理

接通电源后,电压全部施加在启辉器的双金属片和静触头上,发生辉光放电。放电产生的热量传递到双金属片上,可使双金属片的温度增加至 800 ~1 000 ℃,双金属片受热膨胀与静触点接触形成闭合回路,灯丝被预热可达900 ℃,使电子激发,灯丝附近的氩气游离,汞气化。辉光放电停止后,双金属片冷却恢复原状,离开静触头。双金属片与静触头断开瞬间,镇流器两端会产生相当大的感应电动势,此电动势加在日光灯两端,使大量电子从灯的一侧流到另一侧。电子穿过管内的气体产生紫外线,紫外线照射到管内荧光粉,发出可见光。

4. 照明装置的安装要求

(1)安装要牢固

各种灯具、插座、开关及所有附件必须安装牢固、可靠,符合标准。灯具的电源引线绝缘要好,盒内导线应足以承受灯具质量。灯具质量较大时,必须采用金属链或其他方法加固。

(2)安全距离要足够

普通室内照明装置到地面的距离一般不得低于 2 m。环境温度经常在 40 ℃以上、相对湿度在 85% 以上、有导电尘埃、危险、潮湿及室外的场所,离地距离不得少于 2.5 m,农村场院不低于 5 m,普通街道不低于 6 m;插座、开关的离地距离不得低于 1.3 m,住宅的安全插座安装高度可为 0.3 m;单相两孔插座采用平列、“左零右火”的原则安装,单相三孔插座采用“左零右火上接地”的原则安装。

48.3　项目实施

照明电路的控制开关作用是接通和断开照明电路。常用的开关有拉线开关、扳把开关、平开关等。在一些公共场所，为了方便使用、节约电能，还设置了延时开关，这种开关可以在人离开后一段时间内自动断电，使灯熄灭。

1. 开关的类型

按内部结构的不同，开关可分为单极开关、双极开关、三极开关、单控开关、双控开关、多控开关以及旋转开关等。按安装形式不同，开关可分为明装式和暗装式。明装式开关有拉线和扳把开关两类，通常安装在人手不易接触的位置，比较安全。暗装式开关通常嵌装在墙壁上，采用暗线连接方式，安全又美观，安装前必须把接线盒、电线预埋在墙内，并把导线穿入电线孔。通常采用明装式的为拉线开关、扳把开关；采用暗装式的为平开关。下面介绍几种常见的照明电路控制开关。

(1)拉线开关。拉动绝缘绳可使开关通断的开关，此种开关的安装位置离地面高度通常不小于1.8 m，底座为圆木，相对比较很安全，如图48－3所示。

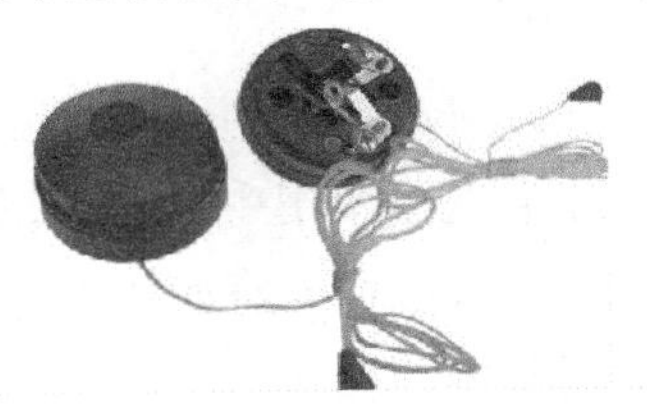

图48－3　拉线开关

(2)平开关、扳把开关。此种开关的离地高度一般要小于1.3 m。暗装式平开关通常用分线盒作为底座，明装式平开关通常选用方木或圆木作为底座。如图48－4列举了某品牌的暗装式平开关。

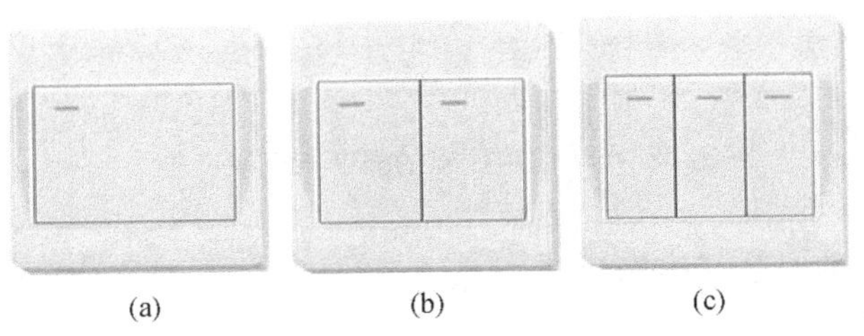

(a)　(b)　(c)

图48－4　暗装式平开关

(a)单开关；(b)双开关；(c)三开关

(3)调光、调速开关。此种开关的工作原理实质是控制通过用电负载的电流，通过的电流发生变化，亮度、速度随之发生改变，开关外形如图48－5所示。需要注意的是，安装时要分清相线的出线端与进线端。

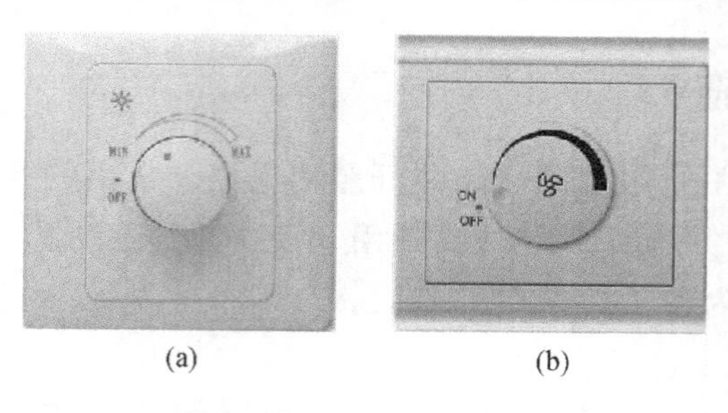

(a) (b)

图 48 - 5 调光、调速开关

(a)调光开关;(b)调速开关

2. 开关的选择

开关在选择过程中,除考虑外观外,还应注意电流和电压。照明电路的供电电源一般为 220 V,选择开关的电压为 250 V。负载的电流决定了开关额定电流的选择。普通照明情况下,开关的额定电流一般为 2.5 ~10 A;负载功率较大情况下,要先计算出负载电流,再按负载电流的 2 倍选择开关的额定电流;负载电流很大的情况下,如果找不到相应的开关,一般用开启式负荷开关或低压断路器代替。

3. 电源插座

插座也有明装和暗装之分,在住宅电器使用中,以暗装插座居多。部分常用暗装、明装插座的外形与安装孔位如图 48 -6 所示,这种插座使用安全、寿命长、接线简单,目前被广泛应用。住宅照明、家用电器一般采用单相两孔式、单相三孔式插座,单相三孔式插座设有接地线,用于接地保护。单相插座的电压规格为 250V。目前广为采用的是扁孔插座,如图 48 -6 所示。插座型号与电压、额定电流、所控电器的防触电类别等因素有关。

图 48 - 6 常用插座的外形与安装孔位

4. 室内照明设备的安装与维修

(1)日光灯照明的基本电路

日光灯的传统接线方法为单镇流器接线方法,有时为了提高灯管的启动效果也会采用双镇流线圈的镇流器接线,目前广为采用的是电子镇流器接线方法,该方法具有线路简单、节能的特点。

(2)普通开关的安装

安装明装式开关,要先在安装处预埋膨胀螺栓或木榫固定木台,然后在木台上安装开关。安装明装式开关,要安装如图 48 -7 所示的专用安装盒,同样要先进行预埋,再用水泥砂浆填充、抹平，接线盒口要与墙面粉刷层平齐，穿线完毕后才可安装开关。注意：面板或盖板要尽可能端正，紧贴墙面。

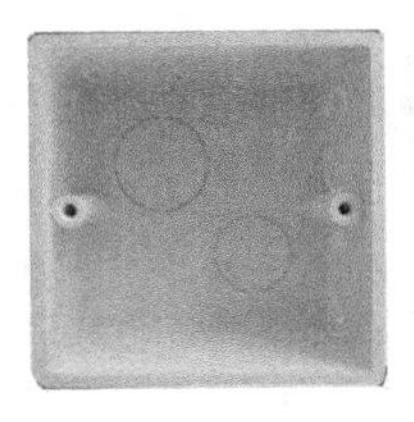

图 48－7　开关专用安装盒

①开关安装的基本要求

安装场所的环境不同，选择的开关类型也不同，如多粉尘的场合多采用密闭开关，潮湿环境中多采用瓷质防水开关。选用开关应结合室内配线方式。开关的额定电压要与供电电压相符，开关的额定电流应大于所控电器的额定电流。开关在操作过程中应保持灵活轻巧，触点应接触可靠，触点接通和断开应有明显标志。单极开关应串接在相线上，而不应串接在中性线上，这样当开关处于断开位置状态下时，电气设备不带电，保证了检修或清洁人员的人身安全。开关位置要与灯的位置对应，开关应成排安装，开、闭方向相同且高度一致。暗装开关的盖板应与墙面平齐、端正、严密；明装开关要安装在厚度大于 15mm 的木台上。

②扳把式开关安装

安装时应注意将扳把上的白点朝下面安装，开关的扳把必须放正且不卡在盖板上，再盖好开关盖板，用螺栓将盖板固定牢固，盖板应紧贴建筑物表面，如图 48－8 所示。

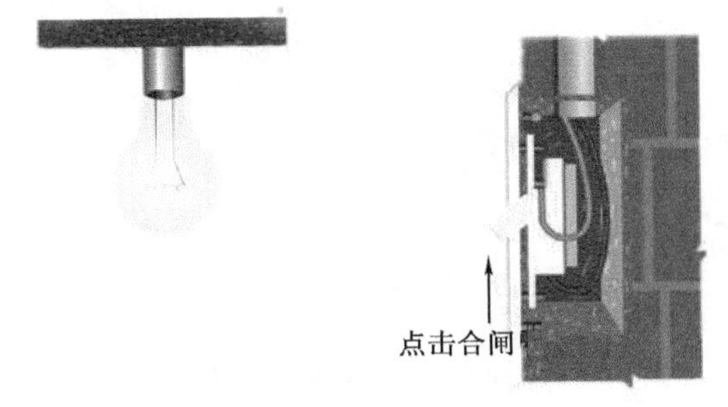

图 48－8　扳把式开关安装图

③跷板式开关安装

安装时应注意将跷板下部按下时，开关处在合闸的位置，跷板上部按下时，开关应处在断开位置，跷板式开关安装后如图 48－9 所示。

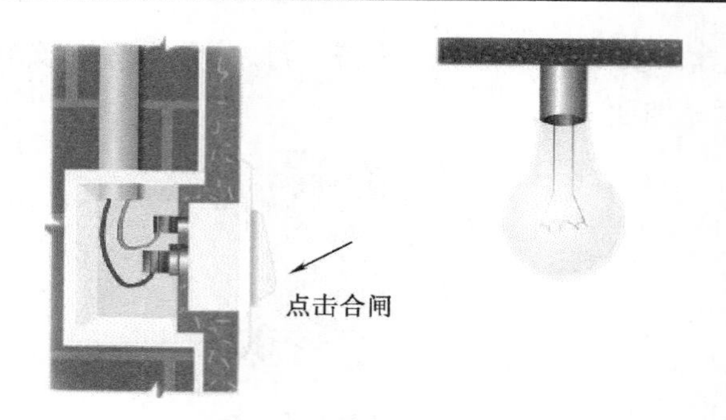

图 48－9　跷板式开关安装图

(3)插座的安装

插座的安装也分明装和暗装。明装时要先固定木台,然后将要安装的插座用木螺钉拧在木台上;暗装时,要预先埋好接线盒,然后把插座固定在接线盒上。无论是木台固定还是接线盒固定都要使用膨胀螺栓。

为了美观、安全目前广为采用的安装方式是暗装。以三孔插座的暗装为例,下面介绍一下其安装过程。首先按照暗盒的大小在已经埋入墙中的导线端口处凿槽。然后把套管中的导线穿入暗盒,并把暗盒和导线套管同时放入凿槽中。保证暗盒安放平整不要偏斜,并用水泥砂浆固定。接着把导线端部剥去绝缘层 15mm 左右按图所示方式把各相线接入插座接线桩中,用螺钉拧紧。最后压入装饰钮,如图 48－10 所示。

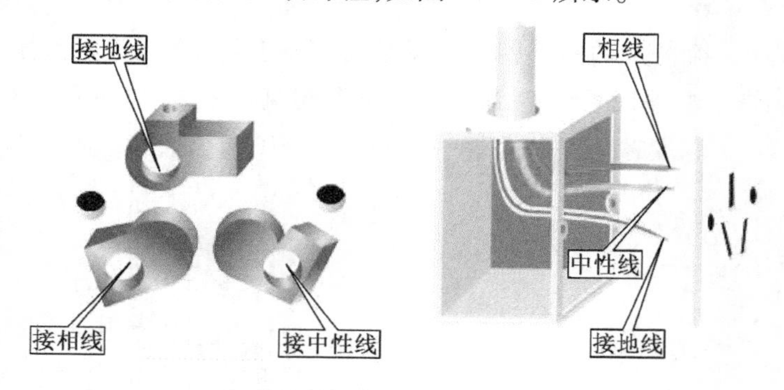

图 48－10　插座的安装

单相两孔插座安装时插座应保持水平并列,严禁垂直安装面。采取“左零右相”的原则安装,即中性线接左侧孔眼接线柱,相线接右侧孔眼接线柱;单相三孔插座中性线与相线的接法与单相两孔插座的接法相同,唯一不同的是,插座顶部多了一个接地线或接保护中性线孔。在 TT 系统中上方孔眼接地线,在 TN—C 系统中上方孔眼接保护中性线;三相四孔插座的接地孔应置于插座表面的顶部。不许倒装或横装。面对插座,在 TT 系统、IT 系统中上方孔眼应接接地线;在 TN—C 系统中上方孔眼应接保护中性线;其他相线则是由孔眼分别接 L_1、L_2、L_3 三相。

家用插座在安装时要兼顾用电方便性和用电安全性。电压不同或交、直流插座,应使用不同颜色或外形区分开,避免搞错、混淆;电压等级不同的插座不应该出现在同一个墙面上。

较高电压等级的插座的安装位置,离地面高度应至少大于1.8 m。为了美观性,同一场所插座的安装高度应尽可能相同。插头插入插座要插到底,不可暴露插头的导电部分,也不要把电源引线的线头直接塞进插座的插孔内,以免发生触电或短路事故。经常检查插头和插座,出现插头和插座接线松动或损坏时要及时更换。

48.4　项目考评

根据实验室现有设备进行低压电器的拆卸和装配、检修、校验等实际操作,该项目的考核评分如表48－2所示。

表48－2　室内照明设备的安装与维修掌握程度考核评分表

项目48　室内照明设备的安装与维修					
操作开始时间		结束时间		操作完成度	
操作内容		考核内容	考核比重	工作记录	每项得分
1	装配前检查	设备或器件装配连接前的检查步骤及方法的正确性	5		
2	设备、器件的拆卸及安装	设备或器件拆卸、安装操作方法的正确性及熟练度	10		
3	线路连接	设备或器件连接线路的正确性和布线的美观性及熟练度	20		
4	故障排除	对常见故障的排查操作方法熟练度	30		
5	通电校验	进行通电校验检查实际操作效果	25		
6	安全规范操作	符合实验室管理制度及操作规范	10		
总评成绩					

项目49　三相异步电动机全压启动控制线路的安装与调试

49.1　项目学习任务单

表49－1　三相异步电动机全压启动控制线路的安装与调试学习任务单

单元七	维修电工基础训练	总学时:16
项目49	三相异步电动机全压启动控制线路的安装与调试	学时:2
工作目标	用低压电器实现三相异步电动机全压启动	
项目描述	通过安装三相异步电动机的全压启动控制电路,学会三相异步电动机的全压启动控制电路的结构及工作原理 控制要求:按下相关按钮,控制电路可以使三相异步电动机正常工作 学习要求:在项目的进行过程中,熟悉常用低压电器的结构、工作原理以及选用,能够进行电气线路的安装与调试,并能够进行故障排除	

学习目标		
知识	能力	素质
1. 掌握电气原理图的识读方法; 2. 了解电动机控制线路安装和调试的步骤、方法; 3. 掌握三相异步电动机的点动、自锁控制线路	1. 熟练拆装各种低压电器; 2. 正确选用器件安装电气电路; 3. 能根据三相异步电动机启动控制电路图进行安装接线与调试	1. 学习活动中态度积极,有团队精神; 2. 分析电路原理时全面,具有自主学习能力; 3. 调试过程中严谨、细致、注意安全; 4. 培养学生安全操作、规范操作、文明生产的行为
教学资源:本项目可以在电工实训实验室中进行,也可以利用多媒体在课堂上进行讲解		

硬件条件:	学生已有基础(课前准备):
网孔板; 验电笔、万用表等常用电工工具; 低压电器元件; 三相异步电动机; 工作任务书、考核表、多媒体设备等。	常用低压电器的知识; 三相异步电动机的工作原理; 课代表及学习小组

49.2　项目基础知识

三相异步电动机具有结构简单、工作可靠、维护方便、价格低廉等优点,因此目前绝大多数生产机械拖动均采用三相异步电动机。

三相异步电动机可以通过低压电器构成的电路完成启动、调速、制动等工作过程。工程中电动机按照预先设计的拖动轨迹来使生产机械运行，以完成各种生产要求，同时还能对电能的产生、分配起控制和保护作用。

所谓电动机的启动是指电动机接通电源后由静止状态逐渐加速到稳定运行状态的过程。如果以额定电压直接加到电动机定子绕组上的方式使电动机启动，通常称为全压启动或直接启动。全压启动方法具有电路简单、可靠性高、经济性好的特点。但是全压启动启动电流相对较大，一般为电动机额定电流的4～7倍，过大的启动电流会显著降低电网电压，影响在同一电网中工作的其他设备，使其不能稳定运行，甚至使其他电动机无法启动或停转。因此，分析电动机能否实现直接启动应从多方面入手，如电动机容量、供电变压器容量、启动次数和机械设备是否允等。必要时还可根据下面的经验公式来确定：

$$\frac{I_{st}}{I_N} \leqslant \frac{3}{4} + \frac{S}{4P_N}$$

式中　I_{st}——电动机启动电流，A；

I_N——电动机额定电流，A：

S——电源容量，kVA；

P_N——电动机额定功率，kW。

1. 安装接线图

笼型电动机直接启动的安装接线图如图49－1所示。

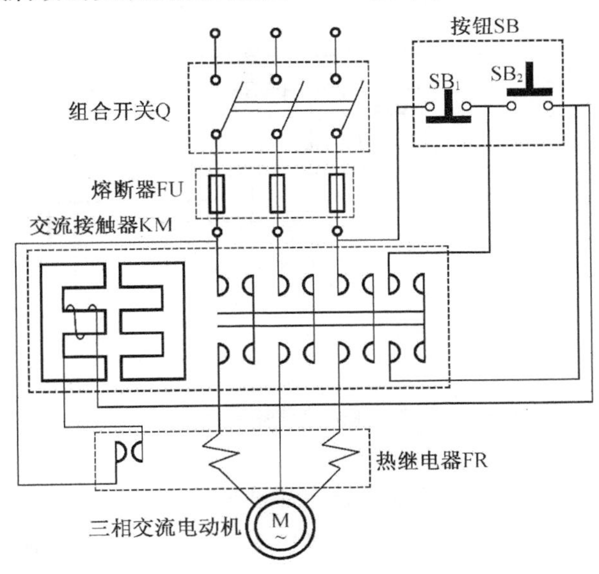

图49－1　笼型电动机直接启动的安装接线图

图49－1中包括的电器有：组合开关Q、熔断器FU、交流接触器KM、三相交流电动机M、按钮SB、热继电器K等。线路图可分为主回路和控制回路两部分。采用上述控制电路还可以实现短路保护、过载保护和零压保护。

熔断器FU起短路保护作用，发生短路事故时熔丝立即熔断，电动机切断电源停止工作。

热继电器 K 起过载保护作用。过载时热继电器热元件发热，将动断触头动作，接触器线圈断电，主触头断开，电动机停转。为保险起见，电动机通常安装两个发热元件，串接在任意两相线中。

零压保护是指当电源短时停电，电动机自动切除的保护。其实质是接触器线圈中的电流被切断，主触头因动铁芯释放而断开。当电源电压恢复到正常供电时，电动机因自锁触头断开，必须重按启动按钮，电动机才能启动。

2. 带过载保护的单向连续运转控制电路

带过载保护的单向连续运转控制电路由停止开关 SB_1，启动开关 SB_2、熔断器、热继电器、接触器等组成，连接时，接触器的主触头与被控制电动机相串联。

松开按钮后，电动机也能够继续运转的控制方式称为连续运转控制。带过载保护的单向连续运转控制电路是改进连续运转控制获得的，控制电路图如 49－2 所示。

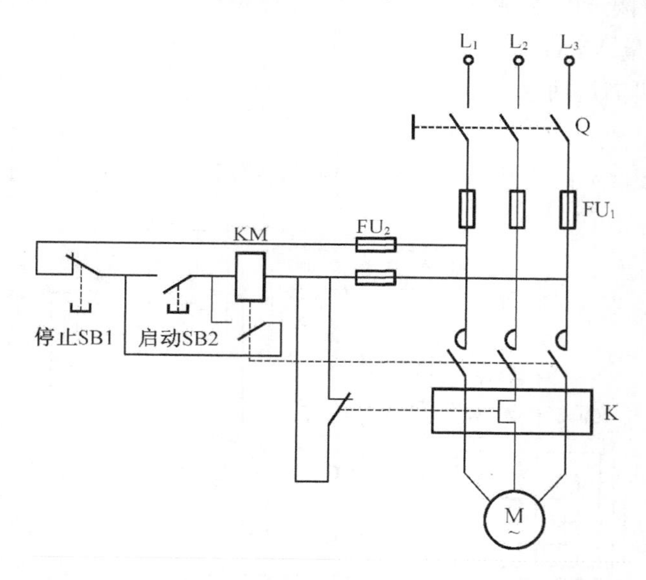

图 49－2　带过载保护的单向连续运转控制电路

启动过程：按下启动按钮 SB_2，控制回路电磁线圈中有电流流过，电磁力克服弹簧的阻力，使衔铁触头 SM 与主电路接通，电动机直接启动，线圈 KM 得电，辅助常开触点 SM 同时闭合，形成自锁，电动机正常运转。电动机启动过程时间短，虽然通过热继电器的启动电流很大，但产生的热量不足以使双金属片变形，其动断触点 K 不会断开。

停止过程：按下停止按钮 SB_1，控制回路失电断开，衔铁恢复到断电位置，主触头和辅助触头断开，电动机失电停止运行。

过负荷保护：当通过电流超过负荷电流和过负荷时间预设值时，热继电器动作，串联在控制回路中的动断触点断开，主回路随之断开，电动机停转，起到了过负荷保护作用。

欠电压保护：当控制电源电压不足额定电压的75%时，电磁力不足以克服弹簧的阻力，衔铁被释放，线路断开，电动机停转。

3. 既能点动又能连续运转控制线路

（1）识读电路图

图49－3为点动又能连续运转控制线路。按下 SB_3 为点动启动控制，按下 SB_2 为连续启动控制。

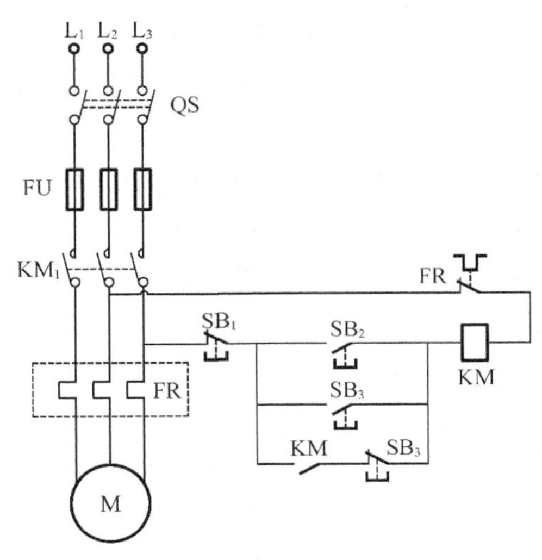

图49－3　点动又能连续运转控制线路

（2）电路工作原理

点动控制原理：按下 SB_3 的常开启动按钮，其串联在自锁环节中的 SB_3 常闭即刻断开，致使自锁环节不能起作用，从而实现了点动控制。

（3）电路的优缺点

以上两种控制电路都具有线路简单，检修方便的特点。但可靠性还不够，可利用中间继电器KA的常开触点来接通KM线圈。

4. 安装与调试三相异步电动机全压启动控制电路

（1）首先要配齐所用电器元件，并对其进行质量检验。所用电器元件要确定完好无损，各项技术指标符合规定要求，否则要立刻更换。

（2）将所有的电器元件安装在控制板上，同时贴上醒目的文字符号。根据各自的作用，各种电动机及电器元件都有相应的装配位置。

①安装在生产机械部位的原件包括拖动电动机、各种执行元件（电磁铁、电磁离合器、电磁吸盘等）以及各种检测元件（限位开关、各种传感器、速度继电器等）。

②电气箱内一般安装各种控制电器（各种接触器、继电器、电阻、断路器、控制变压器等）、保护电器（熔断器、热继电器等）。

③控制台面板上安放各种控制按钮、控制开关、各种指示灯、指示仪表、需经常调节的

电位器等。

(3)按接线图布线、套编码套管

①板前明线布线安装工艺

按照主电路或控制电路分类集中并行导线，单层密排，紧贴安装面布线，布线通道应尽可能少。安装导线尽可能靠近元器件走线。同一平面的导线不能交叉，要遵循高低一致或前后一致的原则。当出现非交叉不可的现象时，该根导线应在接线端子引出时就水平架空跨越，走线必须合理。“空中走线”也适合相邻电器元件之间。布线应遵循分布均匀、横平竖直的原则，变换走向时应垂直。布线顺序一般为先控制电路，后主电路，以接触器为中心，由低至高，由里向外，同时不得妨碍后续布线。布线时严禁破坏导线绝缘和线芯。每根剥去绝缘层导线的两端都要套上编码套管。所有从一个接线端子(或接线桩)到另一个接线端子(或接线桩)的导线必须连续，中间无接头。在连接导线与接线端子或接线桩时，不得反圈、压绝缘层及不露铜过长。一个电器元件的接线端子上的连接导线不得多于两根，每节接线端子板上的连接导线一般只允许连接一根。同一回路、同一元件的不同接点的导线之间距离要保持一致。

②板前线槽配线的具体工艺

在控制板上安装走线槽及电器元件时，首先要根据电器元件位置图画线后再进行安装，并做到安装均称、合理、牢固、排列整齐、方便走线及更换元件。在紧固各元件时，紧固程度要适当，做到受力均匀，防止损坏元件。严禁损伤线芯和导线绝缘。各电器元件接线端子引出导线的走向要遵循以下原则：任何导线都不允许从水平方向进入走线槽内。以元件的水平中心线为界线，在线以上接线端子引出的导线，必须进入元件上面的走线槽；在线以下接线端子引出的导线，必须进入元件下面的走线槽。各电器元件接线端子上引出或引入的导线，必须经过走线槽进行连接，只有在间距很小和元件机械强度很差的情况下才允许直接架空敷设。进入走线槽内的导线要完全置于走线槽内，装线不超过其容量的70%，尽可能避免交叉，以便能盖上线槽盖和以后的装配及维修。各电器元件与走线槽之间的外露导线，走线尽可能做到横平竖直、合理，变换走向要垂直。在同一个元件上位置一致的端子和同型号电器元件中位置一致的端子上引出或引入的导线，要做到高低一致或前后一致，不得交叉，应敷设在同一平面上。

(4)安装电动机。在安装的过程中要做到牢固平稳，从而防止在换向时产生滚动而引起事故。

(5)可靠连接电动机和按钮金属外壳的保护接地线。

(6)接电源、电动机等控制板外部的导线。导线要采用绝缘性能良好的橡皮线进行通电校验或敷设在导线通道内。

(7)自检。控制电路板安装完成后，必须按要求进行检查，确保无误后才允许通电试车。

①主电路接线检查。从电源端开始按照电路图或接线图，逐段核对接线，查找是否存

在漏接、错接之处，检查导线压接是否牢固，接点是否符合要求，以免带负载运行时产生闪弧现象。

②控制电路接线检查。用万用表电阻挡检查控制电路接线情况。

a. 检查控制电路通断。断开主电路，将表笔分别搭在 U_1、V_1 线端上，读数应为“∞”。按下按钮 SB_1，万用表读数应为接触器线圈的电阻值，松开 SB_1，万用表读数为“∞”。

b. 自锁控制电路的控制电路检查。松开 SB_1，按下 KM 触点架，使其常开辅助触点闭合，万用表读数应为接触器线圈的电阻值。

c. 停车控制检查。按下启动按钮 SB_1 或 KM 触点架，测得接触器线圈的电阻值，同时按下停止按钮 SB_2，万用表读数由线圈的电阻值变为“∞”。

(8)校验合格后，通电试车。通电时，必须经指导教师同意后，由指导教师接通电源，并在现场进行监护。出现故障后，学生应独立进行检修。若需带电检查时，也必须有教师在现场监护。接通三相电源 L_1、L_2、L_3，合上电源开关 Q，用电笔检查熔断器出线端，若氖管亮则说明电源接通。分别按下 SB_1、SB_2，观察是否符合线路功能要求，观察电气元器件动作是否灵活，有无卡阻及噪声过大现象，观察电动机运行是否正常。若有异常，立即停车检查。

(9)通电试车完毕，停转、切断电源。先拆除三相电源线，再拆除电动机负载线。

49.3　项目实施

1. 电气元件识别与检查

按表 49－2 配齐所用电气元件，并进行校验。

表 49－2　电气元件清单

代号	名称	型号	规格	数量
M	三相异步电动机	Y－112M－4	4 kW、380 V、△接法、8.8 A、1440 r/min	1
QS	组合开关	HZl0－25/3	三极、25 A	1
FU1	熔断器	RLl－60/25	500 V，60 A，配熔体 25 A	3
FU2	熔断器	RLl－15/2	500 V，15 A，配熔体 2 A	2
KM	交流接触器	CJl0－20	20 A，线圈电压 380 V	2
FR	热继电器	JRl6－20/3	三极，20 A，整定电流 8.8 A	1
SB	按钮	LA4－3H	保护式，500 V，5 A，按钮数 3	1
XT	端子板	JX2－1015	10 A，15 节	1

2. 电器元件安装

对照电气元件表，根据配盘布置原则绘制出配盘器件位置图，并按照配盘位置图正确安装电器元件，如图 49－4 所示。连线时，请按照电气接线的原则进行安装。

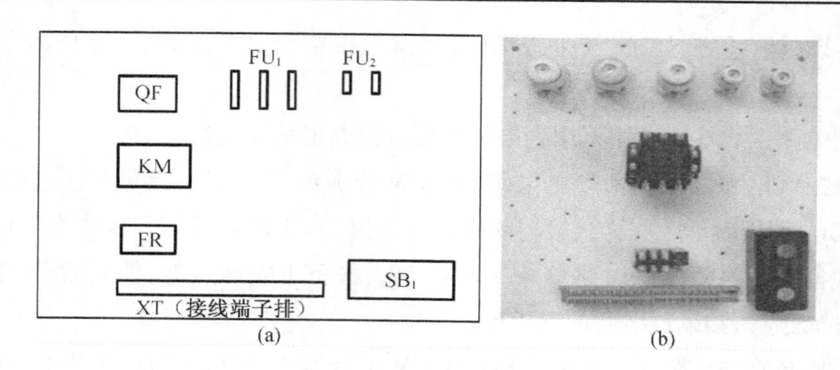

图 49－4　配盘位置图和实物安装图

(a)配盘位置图;(b)实物安装图

3. 线路检查

完成线路连接后,要逐线逐号对电路进行核对,并用万用表做以下检测。

(1)断开控制端熔断器,检查主电路

以电动机 Y 接法为例,测试方法为:将万用表拨到欧姆挡,使主触头 KM 闭合,在 QF 下端将黑表笔和红表笔分别接至 L_1-L_2、L_2-L_3、L_3-L_1 端,测量 L_1-L_2、L_2-L_3、L_3-L_1 之间的电阻值,此时万用表的读数应为电动机两绕组的串联电阻值 $2R$;使主触头 KM 断开,此时电路由通到断,测量值变为无穷大。测量主回路电路连接图如图 49－5 所示。

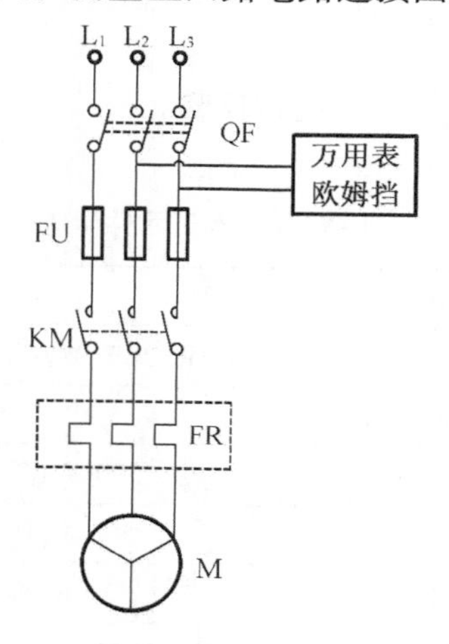

图 49－5　测量主回路电路连接图

(2)控制电路检查

拆下电动机接线,接通控制电路熔断器,将万用表拨至欧姆挡,表笔接 QS 下端处检测。按前面所述方法检查控制电路。控制电路没有通电以前,万用表的读数为无穷大。当按下 SB_2 时,开关 SB_1、SB_2、热继电器 FR 和线圈 KM 组成闭合回路,同时自锁,这时万用表的读数应为 KM 线圈的电阻值。当按下 SB_1 时,控制电路失去电能,读数变为无穷大。测量控制回路电路连接图如图 49 –6 所示。

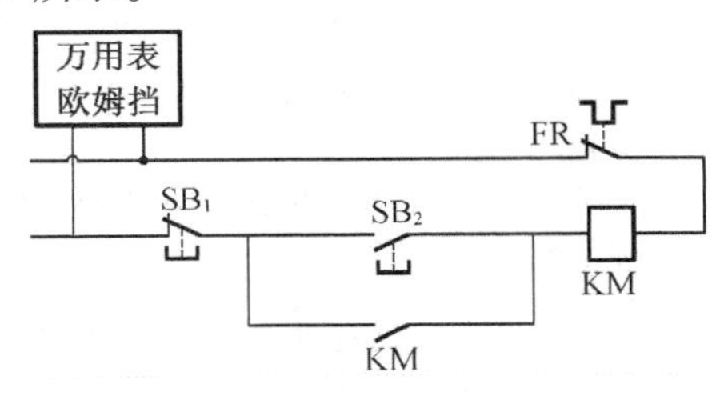

图 49 –6　测量控制回路电路连接图

4. 通电试车

表 49 –3　试车操作过程

项目	操作步骤	观察现象
空载试车（不接电动机）	先合上电源开关，按下启动按钮，观察电机是否启动。再按下停止按钮观察电机是否停车	(1)接触器动作情况是否正常，是否符合电路功能要求 (2)电气元件动作是否灵活，有无卡阻或噪声过大等现象 (3)有无异味 (4)检查负载接线端子三相电源是否正常
负载试车（连接电动机）	合上电源开关	
	按下启动按钮	接触器动作情况是否正常，电动机是否正常启动
	按下停止按钮	接触器动作情况是否正常，电动机是否停止
	电流测量	电动机平稳运行时，用钳形电流表测量三相电流是否平衡
	断开电源	先拆除三相电源线，再拆除电动机线，完成通电试车

49.4　项目考评

1. 项目测评

根据实验室现有设备进行低压电器的拆卸和装配、检修、校验等实际操作，该项目的考核评分如表 49 –4 所示。

表 49 –4　三相异步电动机全压启动控制线路的安装与调试掌握程度考核评分表

项目 49　三相异步电动机全压启动控制线路的安装与调试					
操作开始时间		结束时间		操作完成度	
操作内容		考核内容	考核比重	工作记录	每项得分
1	装配前检查	设备或器件装配连接前的检查步骤及方法的正确性	5		

表 49－4(续)

操作内容		考核内容	考核比重	工作记录	每项得分
2	设备、器件的拆卸及安装	设备或器件拆卸、安装操作方法的正确性及熟练度	10		
3	线路连接	设备或器件连接线路的正确性和布线的美观性及熟练度	20		
4	故障排除	对常见故障的排查操作方法熟练度	30		
5	通电校验	进行通电校验检查实际操作效果	25		
6	安全规范操作	符合实验室管理制度及操作规范	10		
总评成绩					

2. 巩固与提高

故障检修：在图 49－7 中，按下 SB_2 时，KM 线圈得电；但松开按钮，接触器 KM 释放。

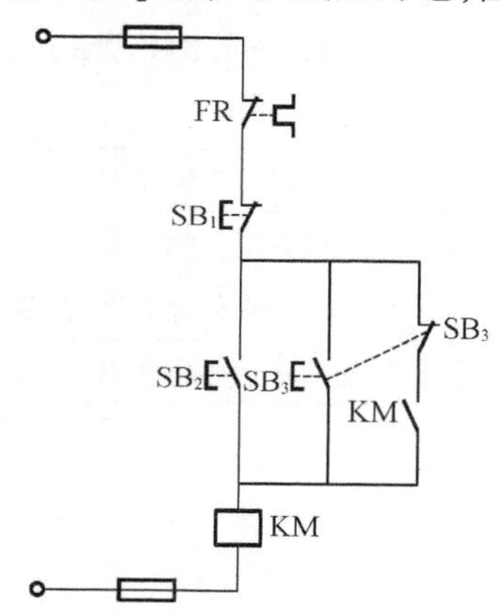

图 49－7　故障检修电路

项目 50　正反转控制线路的安装与调试

50.1　项目学习任务单

表 50－1　正反转控制线路的安装与调试学习任务单

单元七	维修电工基础训练	总学时：16
项目 50	正反转控制线路的安装与调试	学时：2
工作目标	用低压电器实现正反转控制线路的安装与调试	

表 50－1(续)

<table>
<tr><td>项目描述</td><td colspan="2">通过安装三相异步电动机的正反转控制线路,学会正反转控制线路的结构及工作原理
控制要求:按下相关按钮,控制电路可以使三相异步电动机的正反转
学习要求:在项目的进行过程中,熟悉常用低压电器的结构、工作原理以及选用,能够进行电气线路的安装与调试,并能够进行故障排除</td></tr>
<tr><td colspan="3">学习目标</td></tr>
<tr><td>知识</td><td>能力</td><td>素质</td></tr>
<tr><td>1. 进一步掌握电机电气控制线路的读图方法;
2. 掌握三相异步电动机接触器连锁、双重连锁正反转控制电路的工作原理;
3. 掌握三相异步电动机工作台往返控制电路的工作原理</td><td>1. 熟练拆装各种低压电器;
2. 正确选用器件安装电气电路;
3. 掌握双重连锁正反转控制电路和工作台往返控制电路的安装接线步骤、工艺要求和检修方法</td><td>1. 学习活动中态度积极,有团队精神;
2. 分析电路原理时全面,具有自主学习能力;
3. 调试过程中严谨、细致、注意安全;
4. 现场操作行为规范,符合管理要求</td></tr>
<tr><td colspan="3">教学资源:本项目可以在电工实训实验室中进行,也可以利用多媒体在课堂上进行讲解</td></tr>
<tr><td colspan="2">硬件条件:
网孔板;
验电笔、万用表等常用电工工具;
低压电器元件;
三相异步电动机;
工作任务书、考核表、多媒体设备等</td><td>学生已有基础(课前准备):
常用低压电器的知识;
三相异步电动机的工作原理;
学习小组</td></tr>
</table>

50.2　项目基础知识

1. 接触器控制的电动机可逆运行控制电路

接触器控制的电动机可逆运行控制电路如图 50－1 所示,当正反向启动按钮同时按下时,接触器 KM_1、KM_2 将同时得电,造成主回路相间短路。因此,该电路由于可靠性很差,实际中一般不采用。

2. 接触器连锁的正反转控制线路

(1)识读电路图

此电路必须先按下停止按钮 SB_1,然后才能进行反向的操作。因此,此电路只能构成正—停—反的操作顺序。将 KM_1、KM_2 正反转接触器的动断辅助触点互相串联在对方线圈电路中,形成相互制约的关系,使 KM_1、KM_2 的线圈不能同时得电。这种相互制约的关系称为互锁控制。这种由接触器(或继电器)动断辅助触点构成的互锁称为电气互锁。接触器连锁的正反转控制线路如图 50－2 所示。

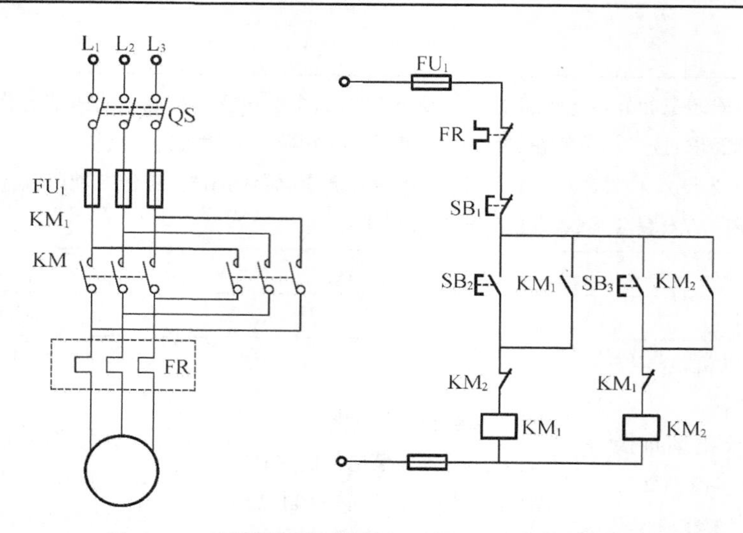

图 50－1　接触器控制的电动机可逆运行控制电路

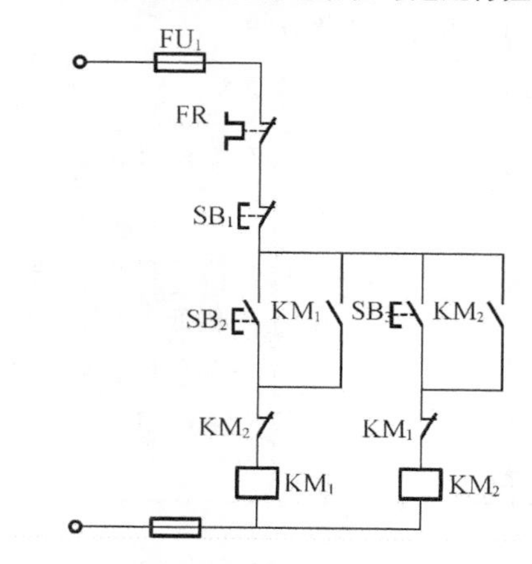

图 50－2　接触器连锁的正反转控制线路

(2)电路工作原理

①正转控制

按下 SB_2→KM_1 线圈得电→
- →KM_1 自锁触点闭合→
- →KM_1 主触点闭合→
- →KM_1 连锁触点分断

（自锁触点闭合、主触点闭合）→电动机启动正转

②反转控制

先按下 SB_1→KM_1 线圈失电→
- →KM_1 自锁触点分断→
- →KM_1 主触点分断→
- →KM_1 连锁触点恢复闭合

（自锁触点分断、主触点分断）→电动机失电停转

再按下 SB_3→KM_2 线圈得电→
- →KM_2 自锁触点闭合→
- →KM_2 主触点闭合→
- →KM_2 连锁触点分断

（自锁触点闭合、主触点闭合）→电动机启动反转

③停止控制

按下 SB_1→控制电路失电→KM_1（或 KM_2）主触头分断→电动机失电停止。

3. 按钮、接触器双重连锁的正反转控制线路

（1）识读电路图

将正转启动按钮和反转启动按钮的动断辅助触点串联在对方电路中，构成相互制约的关系，这种方式称为机械互锁。可实现正—停—反的控制，也可实现正—反—停的控制。但是这种直接正反转控制电路仅适用于小容量电动机且正反向转换不频繁、拖动的机械装置惯量较小的场合。按钮、接触器双重连锁的正反转控制线路如图 50－3。

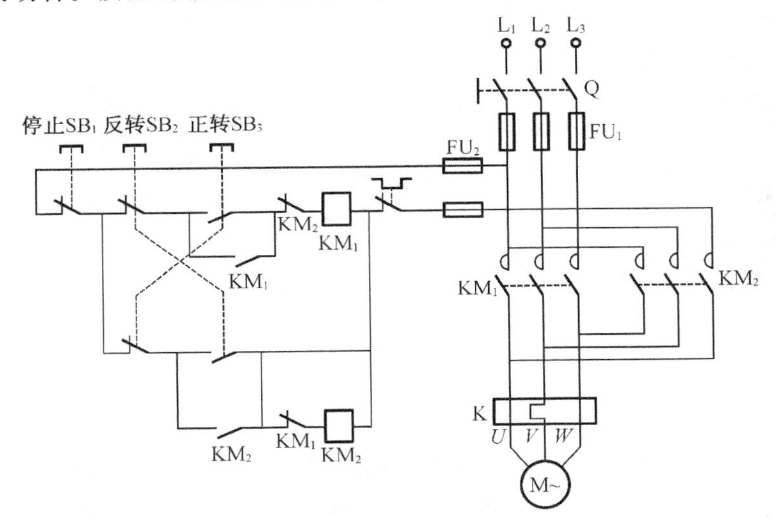

图 50－3　按钮、接触器双重连锁的正反转控制线路

（2）电路工作原理

正转启动过程：按下正转启动按钮 SB_3，正转接触器 KM_1 的线圈有电流流过，衔铁吸合，主触头 KM_1 接通，电动机正向启动，辅助常开触点闭合，形成自锁。在按下正转启动按钮 SB_3 时，SB_3 的常闭触点断开，将 KM_2 线圈回路切断，起到互相的连锁作用。

停止过程：按下停止按钮 SB_1，控制回路失电断开，KM_1 主触头断开，电动机停转。

反转启动过程：按下反转启动按钮 SB_2，反转接触器 KM_2 的线圈有电流流过，衔铁吸合，主触头 KM_2 接通，电动机反转启动，辅助常开触点闭合，形成自锁。在按下反转启动按钮 SB_2 时，SB_2 的常闭触点断开，将 KM_1 线圈回路切断，起到连锁的作用。

4. 工作台自动往返控制线路

自动往返控制实质是利用生产机械的行程终端加位置开关实现的正、反转控制。

需要向两个相反方向运动的场合很多，如机床工作台的进退、升降，刀库的正向回转与反向回转，主轴的正反转等，这些场合都需要实现对电机的正反转控制。对于交流电动机，主要通过改变三相定子绕组上任意两相之间的电源相序的方法改变电动机转向。

常用正反转电路有正—停—反控制、正—反—停控制、正—反自动循环控制等。

50.3 项目实施

1. 电器元件识别与检查

实验前应按照表 50－2 配齐所用电气元件，并进行校验。

表 50－2 电器元件清单

代号	名称	型号	规格	数量
M	三相异步电动机	Y—112M—4	4 kW，380 V，△接法，8.8 A，1 440 r/min	1
QS	组合开关	HZl0—25/3	三极，25 A	1
FU1	熔断器	RLl—60/25	500 V，60 A，配熔体 25 A	3
FU2	熔断器	RLl—15/2	500 V，15 A，配熔体 2 A	2
KM	交流接触器	CJl0—20	20 A，线圈电压 380 V	2
FR	热继电器	JRl6—20/3	三极，20 A，整定电流 8.8 A	1
SB	按钮	LA4—3H	保护式，500 V，5 A，按钮数 3	1
XT	端子板	JX2—1015	10 A，15 节	1

2. 电器元件安装

对照电气元件表，根据配盘布置原则绘制出配盘器件位置图，并按照配盘位置图正确安装电器元件，如图 50－4 所示。连线时，请按照电气接线的原则进行安装。

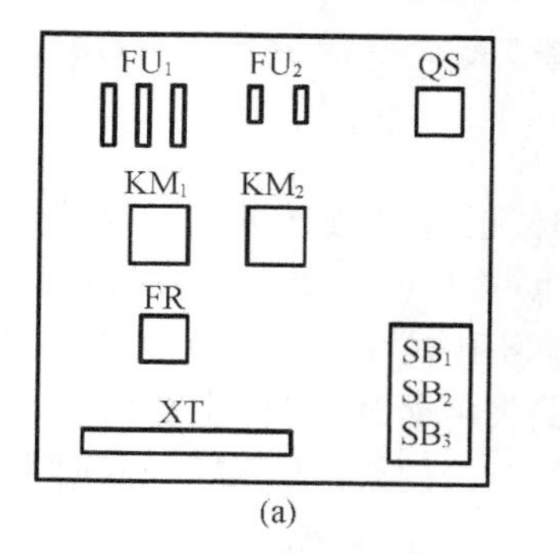

(a)

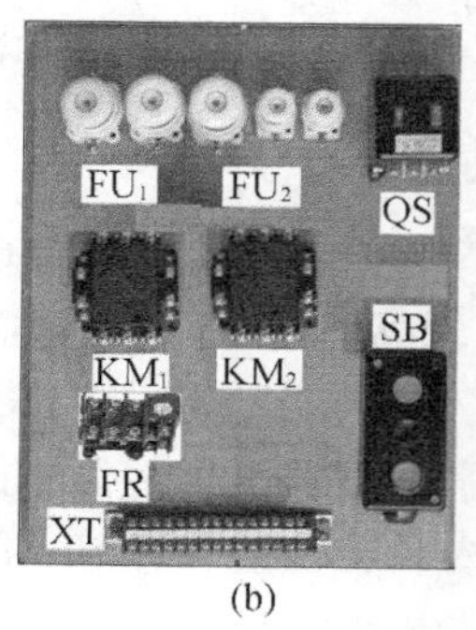

(b)

图 50－4 配盘位置图和实物安装图

(a)配盘位置图；(b)实物安装图

3. 线路检查

(1)主回路的检查方法

以电动机 Y 接法为例，无论电动机正转还是反转，即无论主触头 KM_1 闭合，还是主触头 KM_2 闭合，此时主回路都形成了闭合回路。用万用表欧姆挡测量 QF 下端的 L_1-L_2、L_2-L_3、L_3-L_1 的电阻。万用表的读数应为电动机两绕组的串联电阻值 $2R$。测量时的电路连接图如图 50－5 所示。

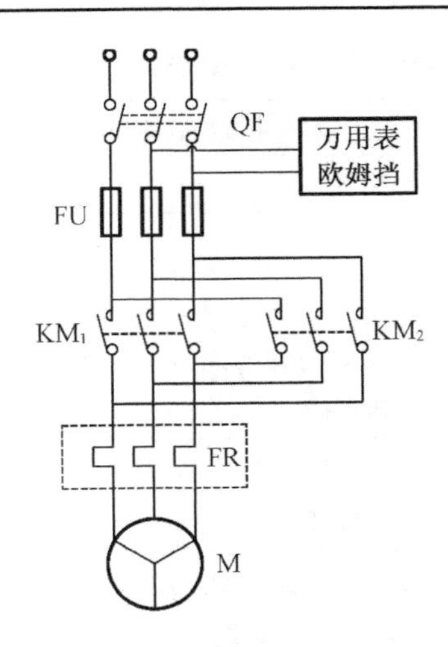

图 50－5　主回路检测电路连接图

(2)控制回路检测方法

测量控制回路电路连接图如图 50－6 所示,方法同测量主回路的方法类似。控制电路没有通电以前,万用表的读数为无穷大。当按下 SB_2 或 SB_3 时,控制回路形成电气自锁,处于持续导通状态,这时万用表的读数应为 KM 线圈的电阻值。当按下 SB_1 时,控制电路失去电能,读数又变为无穷大。

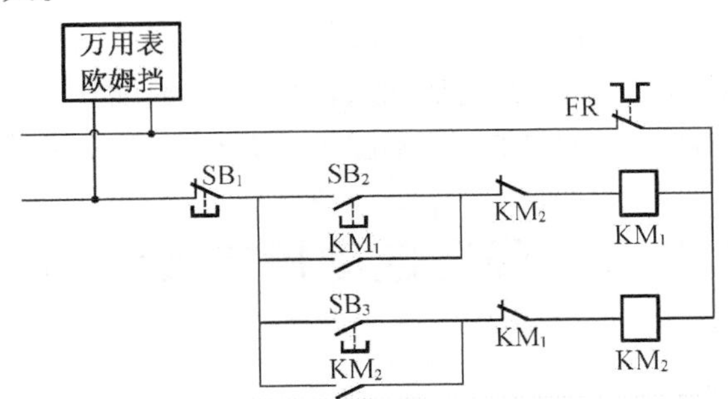

图 50－6　控制回路检测电路连接图

4. 通电试车

经必要的检查无短路故障后可通电试车,如有故障或不正常状态,需及时检查并排除。

50.4　项目考评

1. 项目测评

根据实验室现有设备进行低压电器的拆卸和装配、检修、校验等实际操作,该项目的考核评分如表 50－3 所示。

表 50－3　正反转控制线路的安装与调试掌握程度考核评分表

项目 50　正反转控制线路的安装与调试					
操作开始时间		结束时间		操作完成度	
操作内容		考核内容	考核比重	工作记录	每项得分
1	装配前检查	设备或器件装配连接前的检查步骤及方法的正确性	5		
2	设备、器件的拆卸及安装	设备或器件拆卸、安装操作方法的正确性及熟练度	10		
3	线路连接	设备或器件连接线路的正确性和布线的美观性及熟练度	20		
4	故障排除	对常见故障的排查操作方法熟练度	30		
5	通电校验	进行通电校验检查实际操作效果	25		
6	安全规范操作	符合实验室管理制度及操作规范	10		
总评成绩					

2. 巩固与提高

(1)电动机只能正转,不能反转,是什么原因?

(2)电动机只能正转不能连续运转,出现点动,是什么原因?

(3)电动机启动时出现很大的呜呜声,不能正常启动,是什么原因?

项目 51　“Y－△”降压启动控制线路的安装与调试

51.1　项目学习任务单

表 51－1　“Y－△”降压启动控制线路的安装与调试学习任务单

单元七	维修电工基础训练	总学时:16
项目 51	“Y－△”降压启动控制线路的安装与调试	学时:2
工作目标	用低压电器实现“Y－△”降压启动控制线路的安装与调试	
项目描述	通过安装三相异步电动机的“Y－△”降压启动控制线路,学会“Y－△”降压启动控制线路结构及工作原理 控制要求:按下相关按钮,控制电路可以使三相异步电动机先减压启动,到达延时时间后全压运行 学习要求:在项目的进行过程中,熟悉常用低压电器的结构、工作原理以及选用,能够进行电气线路的安装与调试,并能够进行故障排除	

表 51－1(续)

学习目标		
知识	能力	素质
1. 掌握三相异步电动机各种减压启动原理及优缺点； 2. 掌握笼型异步电动机的“Y－△”降压启动控制线路的组成并能画出其控制线路图； 3. 掌握时间继电器的作用与使用方法	1. 熟练拆装各种低压电器； 2. 正确选用器件安装电气电路； 3. 掌握笼型异步电动机的“Y－△”降压启动控制线路的安装接线步骤、工艺要求和检修方法	1. 学习活动中态度积极，有团队精神； 2. 分析电路原理时全面，具有自主学习能力； 3. 调试过程中严谨、细致、注意安全； 4. 现场操作行为规范，符合管理要求
教学资源：本项目可以在电工实训实验室中进行，也可以利用多媒体在课堂上进行讲解。		
硬件条件： 网孔板； 验电笔、万用表等常用电工工具； 低压电器元件； 三相异步电动机； 工作任务书、考核表、多媒体设备等	学生已有基础(课前准备)： “Y－△”降压启动控制线路的工作原理； 识读“Y－△”降压启动控制线路电气原理图； 按照“Y－△”降压启动控制线路图接线； 学习小组	

51.2　项目基础知识

三相异步电动机直接启动控制电路简单，适用于电动机容量相对较小的情况。电动机容量较大时，如果仍旧采用直接启动，会产生一个很大的启动电流，这时必须采用降压启动。究其降压启动方法的实质，就是在电源电压不变的情况下，启动时降低施加在定子绕组上的电压，以减小启动电流；待电动机启动后，再将电压恢复到额定值，使电动机在额定电压下运行的方法。

常用的三相鼠笼式异步电动机降压启动方法有：“Y－△”降压启动、定子绕组串接电阻(或电抗器)降压启动、自耦变压器降压启动、延边三角形等。

1. 按钮转换的“Y－△”启动控制

(1)识读电路图

KM_1 和 KM_3 构成星形启动，KM_1 和 KM_2 构成三角形全压运行。SB_1 为总停止按钮，SB_2 是星形启动按钮，SB_3 是三角形启动按钮。

此电路采用按钮手动控制星形－三角形的切换，同样存在操作不方便，切换时间不易掌握的缺点可采用时间继电器控制的自动“Y－△”降压启动控制。

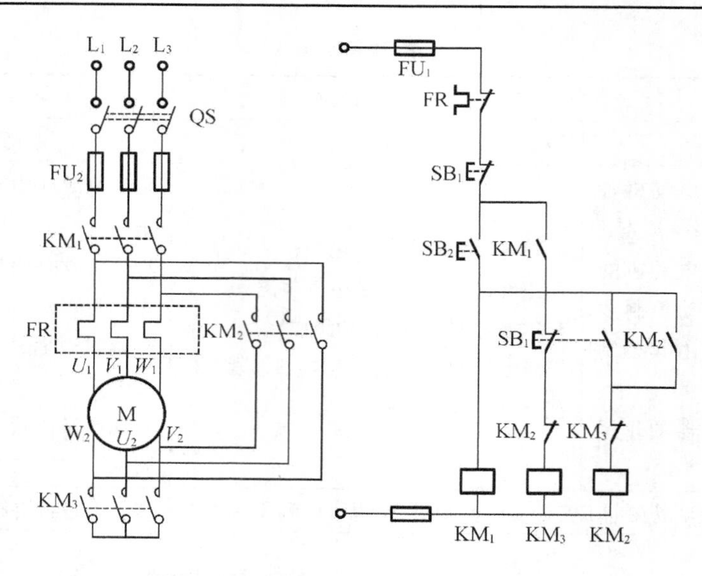

图 51－1　“Y－△”降压启动控制电路

(2)电路工作原理

按下启动按钮 SB_2,KM_1、KM_3 线圈同时得电自锁,电机做 Y 形启动。待电动机转速接近额定转速时,按下启动按钮 SB_3,KM_3 线圈失电 Y 形停止,同时接通 KM_2 线圈自锁,电动机转换成三角形全压运行。按下 SB_1 停止。

2. 时间继电器转换的“Y－△”启动控制

(1)识读电路图

时间继电器转换的“Y－△”启动控制电路图如图 51－2 所示。

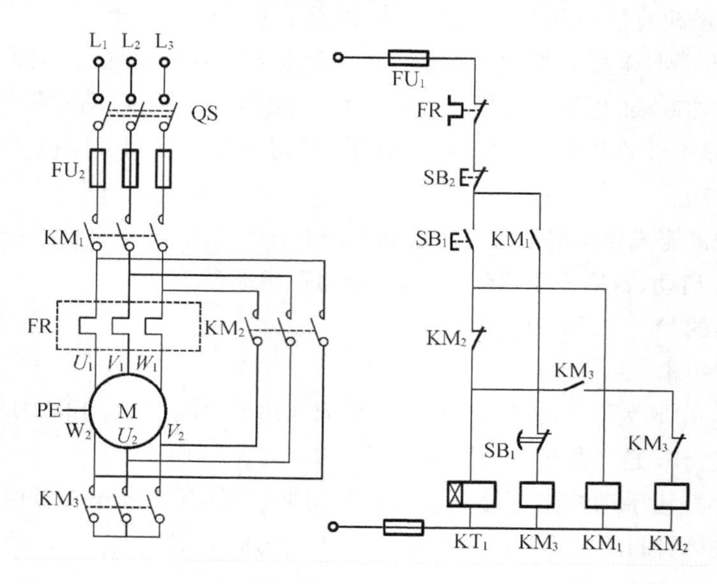

图 51－2　时间继电器转换的“Y－△”启动控制电路图

(2)电路工作原理

按下 SB_1,KM_3 线圈得电,KM_3 常开触头闭合,KM_1 线圈得电,KM_1 自锁触头闭合自锁,KM_1 主触头闭合,KM_3 主触头也闭合,电动机 M 接成 Y 形降压启动,KM_3 连锁触头分断对 KM_2 连锁;KT 线圈得电,当 M 转速上升到一定值时,KT 延时结束,KT 常闭触头分断,KM_3 线圈失电,KM_3 常开触头分断,KM_3 主触头分断,解除 Y 形连接,KM_3 连锁触头闭合,KM_2 线圈得电,KM_2 连锁触头分断,对 KM_3 连锁,KT 线圈失电,KT 常闭触头瞬时闭合,KM_2 主触头闭合,电动机 M 接成△全压运行。

"Y－△"降压启动的电路简单、成本低。启动时启动电流降低为直接启动电流的三分之一,启动转矩也降为直接启动转矩的三分之一,这种方法仅仅适合于电动机轻载或空载启动的场合。

3. 知识拓展——软启动器及其应用

(1)软启动器的工作原理

使用软启动器启动电动机时,晶闸管的输出电压逐渐增加,电动机逐渐加速,直到晶闸管全导通,电动机工作在额定电压的机械特性上,实现平滑启动,降低启动电流,避免启动过流跳闸。待电机达到额定转速时,启动过程结束,软启动器自动用旁路接触器取代已完成任务的晶闸管,为电动机正常运转提供额定电压,以降低晶闸管的热损耗,延长软启动器的使用寿命,提高其工作效率,又使电网避免了谐波污染。

(2)软启动器的选用

①选型号:目前市场上常见的软启动器有旁路型、无旁路型、节能型等。根据负载性质选择不同型号的软启动器。

旁路型:在电动机达到额定转数时,用旁路接触器取代已完成任务的软启动器,降低晶闸管的热损耗,提高其工作效率。也可以用一台软启动器去启动多台电动机。

无旁路型:晶闸管处于全导通状态,电动机工作于全压方式,忽略电压谐波分量,经常用于短时重复工作的电动机。

节能型:当电动机负荷较轻时,软启动器自动降低施加于电动机定子上的电压,减少电动机电流励磁分量,提高电动机功率因数。

②选规格:根据电动机的标准功率,电流负载性质选择启动器,一般软启动器容量稍大于电动机工作电流,还应考虑保护功能是否完备,例如缺相保护、短路保护、过载保护、逆序保护、过压保护、欠压保护等。

(3)软启动器的应用(见图 51－3)

①启动过程:首先选择一台电动机在软启动器拖动下按所选定的启动方式逐渐提升输出电压,达到工频电压后,旁路接触器接通。然后,软启动器从该回路中切除,去启动下一台电机。

②停止过程:先启动软启动器与旁路接触器并联运行,然后切除旁路,最后软启动器按所选定的停车方式逐渐降低输出电压直到停止。

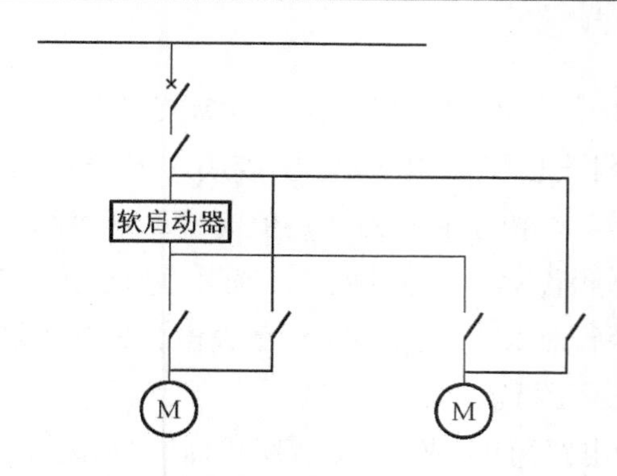

图 51－3　软启动器的一拖二控制简图

51.3　项目实施

1. 电器元件识别与检查

按表 51－2 配齐所用电气元件，并进行校验。

表 51－2　电器元件清单

代号	名称	型号	规格	数量
M	三相异步电动机	Y—112M—4	4 kW、380 V、△接法、8.8 A、1440 r/min	1
QS	组合开关	HZl0—25/3	三极，25 A	1
FU1	熔断器	RLl—60/25	500 V，60 A，配熔体 25 A	3
FU2	熔断器	RLl—15/2	500 V，15 A，配熔体 2 A	2
KM	交流接触器	CJl0—20	20 A，线圈电压 380 V	3
FR	热继电器	JRl6—20/3	三极，20 A，整定电流 8.8 A	1
KT	时间继电器	JS7－2A	线圈电压 380 V	1
SB	按钮	LA4—3H	保护式，500 V，5 A，按钮数 3	1
XT	端子板	JX2—1015	10 A，20 节	1

2. 电器元件安装

对照电气元件表，根据配盘布置原则绘制出配盘器件位置图，并按照配盘位置图正确安装电器元件，如图 51－4 所示。连线时，请按照电气接线的原则进行安装。

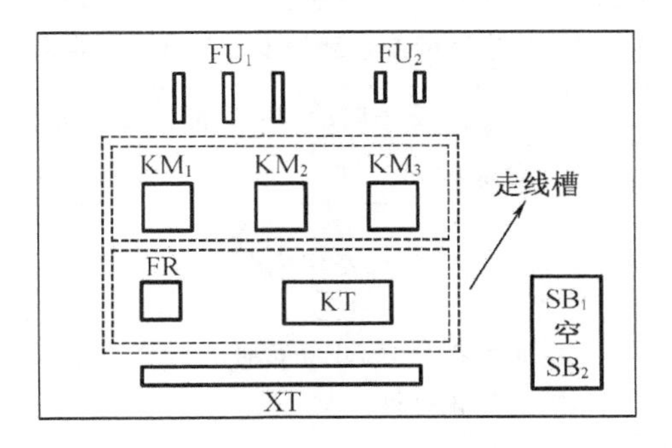

图 51－4　配盘位置图

3. 通电试车与检修

通电试车与检修操作表如表 51－3 所示。

表 51－3　通电试车与检修操作表

项目	操作步骤	观察现象
空载试车（不接电动机）	先合上电源开关，再按下 SB_2 和 SB_1 看 Y－△降压启动、停止控制是否正常	(1) 接触器动作情况是否正常，是否符合电路功能要求 (2) 电气元件动作是否灵活，有无卡阻或噪声过大等现象 (3) 延时的时间是否准确 (4) 检查负载接线端子三相电源是否正常
负载试车（连接电动机）	合上电源开关	
	按启动按钮	仔细观察 Y－△降压启动是否正常，时间继电器是否起作用
	按停止按钮	接触器动作情况是否正常，电动机是否停止
	断开电源	先拆除三相电源线，再拆除电动机线，完成通电试车

51.4　项目考评

1. 项目测评

根据实验室现有设备进行低压电器的拆卸和装配、检修、校验等实际操作，该项目的考核评分如表 51－4 所示。

表 51－4 “Y－△”降压启动控制线路的安装与调试掌握程度考核评分表

项目51 “Y－△”降压启动控制线路的安装与调试					
操作开始时间		结束时间		操作完成度	
操作内容		考核内容	考核比重	工作记录	每项得分
1	装配前检查	设备或器件装配连接前的检查步骤及方法的正确性	5		
2	设备、器件的拆卸及安装	设备或器件拆卸、安装操作方法的正确性及熟练度	10		
3	线路连接	设备或器件连接线路的正确性和布线的美观性及熟练度	20		
4	故障排除	对常见故障的排查操作方法熟练度	30		
5	通电校验	进行通电校验检查实际操作效果	25		
6	安全规范操作	符合实验室管理制度及操作规范	10		
总评成绩					

2. 巩固与提高

根据图 51－5 进行故障检修，具体如下。

（1）故障 1：按下启动 SB_1，启动过程全部正常，但是启动完成后发现时间继电器并没有失电释放。

（2）故障 2：试车按下 SB_1 启动按钮，没有任何动作。

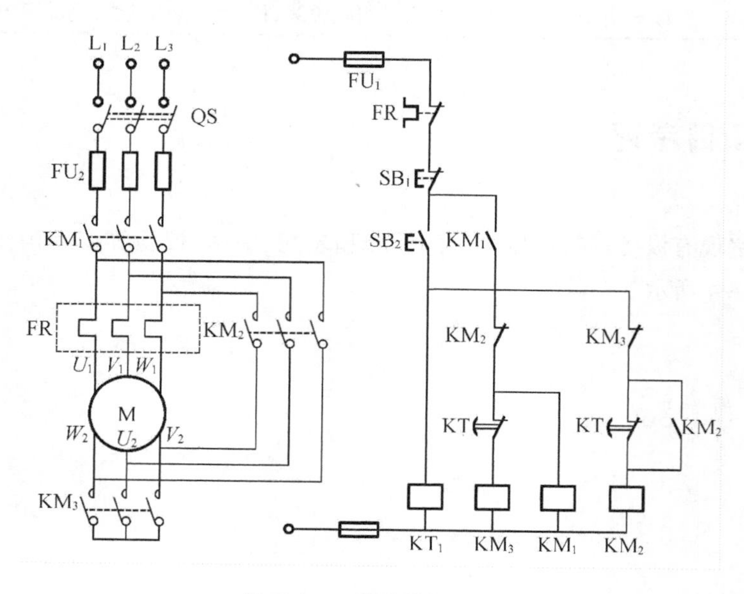

图 51－5 故障检修电路

项目 52　制动控制线路的安装与调试

52.1　项目学习任务单

表 52－1　制动控制线路的安装与调试学习任务单

<table>
<tr><td>单元七</td><td colspan="2">维修电工基础训练</td><td>总学时:16</td></tr>
<tr><td>项目 52</td><td colspan="2">制动控制线路的安装与调试</td><td>学时:2</td></tr>
<tr><td>工作目标</td><td colspan="3">掌握常用的低压电器的使用</td></tr>
<tr><td>项目描述</td><td colspan="3">通过安装简单的制动控制电路,学会常见制动电路的结构及工作原理
控制要求:按下相关按钮,电动机可以实现制动操作
学习要求:在项目的进行过程中,熟悉常用制动电路的结构、工作原理以及元器件选用,能够进行电气线路的安装与调试,并能够进行故障排除</td></tr>
<tr><td colspan="4">学习目标</td></tr>
<tr><td colspan="1">知识</td><td>能力</td><td colspan="2">素质</td></tr>
<tr><td>1. 能够分析三相异步电动机的各种制动控制电路的原理;
2. 掌握电动机各种制动方法的工作原理及特点;
3. 掌握电机反接制动和能耗制动控制电路的安装接线步骤、工艺要求和检修方法</td><td>1. 熟练拆装各种低压电器;
2. 正确选用器件安装电气电路;
3. 能根据三相异步电动机制动控制电路图进行安装接线与调试</td><td colspan="2">1. 学习活动中态度积极,有团队精神;
2. 分析电路原理时全面,具有自主学习能力;
3. 调试过程中严谨、细致、注意安全;
4. 现场操作行为规范,符合管理要求</td></tr>
<tr><td colspan="4">教学资源:本项目可以在电工实训实验室中进行,也可以利用多媒体在课堂上进行讲解</td></tr>
<tr><td colspan="2">硬件条件:
网孔板;
各种低压电器;
各种电工工具;
各种测试仪表;
任务单、工作记录单、考核表等</td><td colspan="2">学生已有基础(课前准备):
三相异步电动机制动控制线路的工作原理;
识读三相异步电动机制动控制线路电气原理图;
按照三相异步电动机制动控制线路图接线;
课代表及学习小组</td></tr>
</table>

52.2　项目基础知识

电动机停止供电后,由于惯性作用,电动机不会立刻停下来。这种现象在一些特定场合出现是不合时宜的,如铣床工作结束要立即停止,起重机吊钩要定位准确等。为使电动机断电后立刻停止,这个时候就要采取相应措施,即制动。制动方法可分为机械制动和电气制动。机械制动借助于电磁铁使机械抱闸;电气制动则是通过产生与原旋转方向相反的制动力矩来制动的方法。下面介绍反接制动和能耗制动的典型电路连接方法。

1. 反接制动控制

反接制动是利用改变电动机电源的相序,使定子绕组产生相反方向的旋转磁场,因而产生制动转矩的一种制动方法。

特点:制动速度快,制动效果好,但冲击较大。适用于电动机需要快速停车的场合。

(1)识读电路图

反接制动的控制电路图如图 52-1 所示。

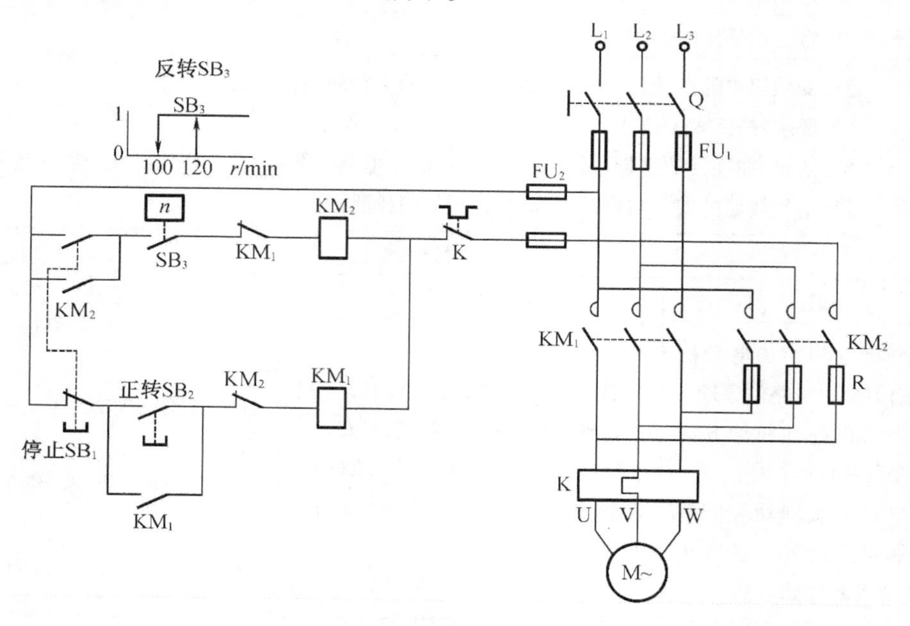

图 52-1 反接制动控制电路图

(2)电路工作原理

单向启动过程:

↑→KM_1 自锁触头闭合自锁→→电动机 M 启动运转→

按下 SB_2→KM_1 线圈得电→→KM_1 主触头闭合→→→→↑

↓→KM_1连锁触头分断对 KM_2 连锁

→→至电动机转速上升到一定值(120r/min 左右)时→KS 常开触头闭合

反接制动:

→KM_1 自锁触头分断,解除自锁

按下复合按钮 SB_1→ →SB_2 常闭触头先分断→→KM_1 主触头分断,M 暂时失电

→KM_1 连锁触头闭合→→→→

→SB_2 常开触头闭合后→→→→→→→→→→→→→↑

→KM_2 连锁触头分断对 KM_1 连锁

→→KM_2 线圈得电→→KM_2 自锁触头闭合自锁

→KM_2 主触头闭合→电动机 M 串联 T 反接制动→→

→→至电动机转速下降到一定值(100 r/min 左右)时→KS 常开触头分断→

→KM_2 连锁触头闭合,解除连锁

→→KM_2 线圈失电→→KM_2 自锁触头分断,解除自锁

→KM_2 主触头分断→电动机 M 脱离电源停转,制动结束

2. 能耗制动控制

能耗制动是指电动机停止供给交流电后,立即在定子绕组的任意两相中加入一直流电源,在电动机转子上产生一个制动转矩,使电动机快速停车的制动方法。能耗制动采用直流电源,故也称为直流制动。按控制方式有时间原则与速度原则。

(1)时间原则的能耗制动控制线路

时间原则的能耗制动控制电路图如图 52 - 2 所示。

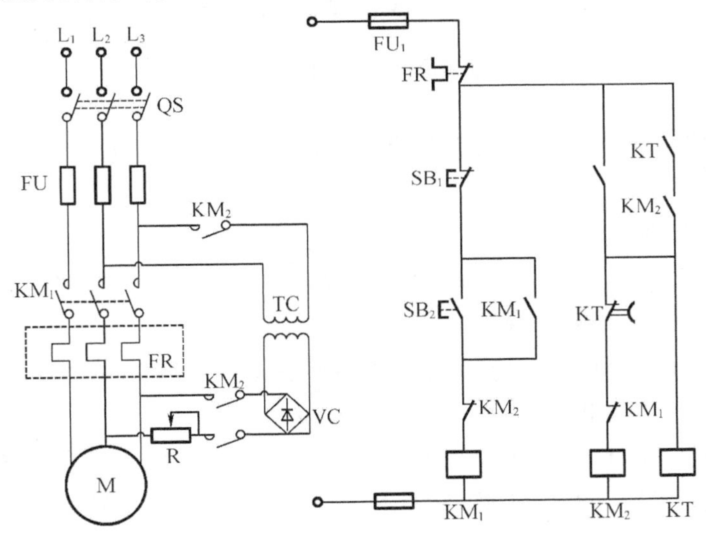

图 52 - 2　时间原则的能耗制动控制电路图

按下 SB_2,KM_1 线圈通电并自锁,其主触点闭合,电动机正向运转。若要电动机停止运行,则按下按钮 SB_1,其常闭触点先断开,KM_1 线圈断电,KM_1 主触点断开,电动机断开三相交流电源,将 SB_1 按到底,其常开触点闭合,能耗制动接触器 KM_2 和时间继电器 KT 线圈同时通电,并由时间继电器的瞬动触点 KT 和能耗制动接触器 KM_2 的常开触点 KM_2 串联自锁。KM_2 线圈通电,其主触点闭合,将直流电源接入电动机的二相定子绕组中,进行能耗制动,电动机的转速迅速降低。KT 线圈通电,开始延时,当延时时间到,其延时断开的常闭触点断开,KM_2 线圈断电,其主触点断开,将电动机的直流电源断开,KM_2 自锁回路断开,KT 线圈断电,制动过程结束。

(2)速度原则控制的能耗制动控制线路

速度原则控制的能耗制动控制电路图如图 52－3 所示。

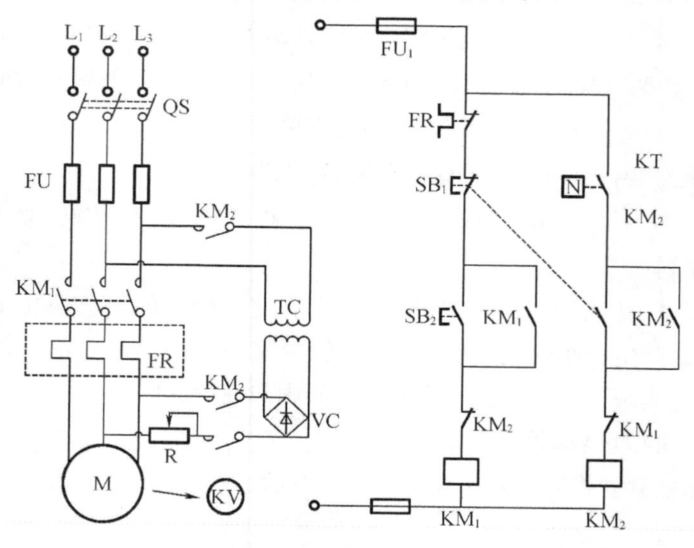

图 52－3　速度原则控制的能耗制动控制电路图

①假设速度继电器的动作值调整为 120 r/min,释放值为 100 r/min。合上开关 QS,按下启动按钮 SB_2。

②KM_1 通电自锁,电动机启动。

③当转速上升至 120 r/min,KV 动合触点闭合,为 KM_2 通电作准备。电动机正常运行时,KV 动合触点一直保持闭合状态。

④停车时,按下停车按钮 SB_1→SB_1 动断触点首先断开,使 KM_1 断电接触自锁,主回路中,电动机脱离三相交流电源。

⑤SB_1 动合触点后闭合,使 KM_2 线圈通电自锁。KM_2 主触点闭合,交流电源经整流后经限流电阻向电动机提供直流电源,在电动机转子上产生一制动转矩,使电动机转速迅速下降。

52.3　项目实施

下面以无变压器单管能耗制动控制为例,完成其控制环节接线板。通过整个安装、调试过程理解无变压器单管能耗制动控制线路的原理、特点。根据任务要求,学生小组讨论学习,完成任务分配工作。教师注重观察学生对无变压器单管能耗制动控制环节原理的理解程度、合理布线能力、各类工具的规范操作能力,并按照课程考核标准给出项目成绩。控制线路的安装与调试步骤如下。

1. 电器元件识别与检查

按表 52－2 所示的电器元件清单配齐所用电气元件,并进行校验。

表 52 – 2　电器元件清单

代号	名称	型号	规格	数量	检测结果
FU1	主电路熔断器	RL1 – 60 – 25	60 A,配 25 A 熔体	3	
FU2	控制电路熔断器	RL1 – 15 – 4	15 A,配 4 A 熔体	2	
KM	交流接触器	CJ10 – 20	20 A,线圈电压 380 V	2	测量线圈电阻值
FR	热继电器	JR16 – 20/3	三极,20 A,整定电流 8.8 A	1	
SB1、SB2	按钮	LA4 – 2H	保护式,500 V,5 A,按钮数 2	1	
XT	接线端子排	JD0 – 1020	380 V,10A,20 节	1	
V	整流二极管	2CZ30	30 A,600 V	1	
R	制动电阻		0.5 Ω,50 W(外接)	1	
M	三相异步电动机	Y – 112M – 4	4 kW,380 V,△接法,8.8 A,1440 r/min	1	测量电动机绕组电阻

2. 线路检查

接线完成后要逐线逐号地核对,然后用万用表作以下各项检测。

(1) 断开熔断器,检查主电路

首先检查启动电路,检查启动电路的万用表应拨到 $R\times1$ 挡。然后检查制动线路,制动电路的万用表应拨到 $R\times10$ kΩ 挡。测量方法与项目 39 类似。

(2) 检查控制电路

拆下电动机接线,接通熔断器,便可检测控制电路,控制电路的万用表应选用 R ×1 挡,表笔接触位置为 QS 下端。检查顺序仍为先启动控制线路、再制动控制线路、最后的 KT 延时控制的顺序检查。

注:检查 KT 时,应多重复几次。

3. 电路调试与检修

(1) 空操作试验

合上 QS,按下 SB_2,KM_1 应得电并保持吸合;轻按 SB_1 则 KM_1 释放。按 SB_2 使 KM_1 动作并保持吸合,将 SB_1 按到底,则 KM_1 释放而 KM_2 和 KT 同时得电动作,KT 延时触点约 2 s 左右动作,KM_2 和 KT 同时释放。启动电动机后,轻按 SB_1,观察 KM_1 释放后电动机能否惯性运转。再启动电动机后,将 SB_1 按到底使电动机进入制动过程,待电动机停转立即松开 SB_1。记下电动机制动所需要的时间。此时应注意,要进行制动时,要将 SB_1 按到底才能实现。

然后根据制动过程的时间来调整时间继电器的整定时间。切断电源后,调整 KT 的延时为刚才记录的时间,接好 KT 线圈连接线,检查无误后接通电源。启动电动机,待达到额定转速后进行制动,电动机停转时,KT 和 KM_2 应刚好断电释放,反复试验调整以达到上述要求。

(2) 带负荷试车

断开 QS,接好电动机接线,先将 KT 线圈一端引线断开,合上 QS,检查制动作用。

52.4 项目考评

根据实验室现有设备进行低压电器的拆卸和装配、检修、校验等实际操作,该项目的考核评分如表 52 -3 所示。

表 52 -3 制动控制线路的安装与调试掌握程度考核评分表

<table>
<tr><td colspan="7">项目 52 制动控制线路的安装与调试</td></tr>
<tr><td colspan="2">操作开始时间</td><td>结束时间</td><td colspan="2">操作完成度</td><td colspan="2"></td></tr>
<tr><td colspan="2">操作内容</td><td>考核内容</td><td>考核比重</td><td>工作记录</td><td>每项得分</td></tr>
<tr><td>1</td><td>装配前检查</td><td>设备或器件装配连接前的检查步骤及方法的正确性</td><td>5</td><td></td><td></td></tr>
<tr><td>2</td><td>设备、器件的拆卸及安装</td><td>设备或器件拆卸、安装操作方法的正确性及熟练度</td><td>10</td><td></td><td></td></tr>
<tr><td>3</td><td>线路连接</td><td>设备或器件连接线路的正确性和布线的美观性及熟练度</td><td>20</td><td></td><td></td></tr>
<tr><td>4</td><td>故障排除</td><td>对常见故障的排查操作方法熟练度</td><td>30</td><td></td><td></td></tr>
<tr><td>5</td><td>通电校验</td><td>进行通电校验检查实际操作效果</td><td>25</td><td></td><td></td></tr>
<tr><td>6</td><td>安全规范操作</td><td>符合实验室管理制度及操作规范</td><td>10</td><td></td><td></td></tr>
<tr><td colspan="2">总评成绩</td><td colspan="4"></td></tr>
</table>

项目 53 双速电动机控制线路的安装与调试

53.1 项目学习任务单

表 53 -1 双速电动机控制线路的安装与调试学习任务单

<table>
<tr><td>单元七</td><td>维修电工基础训练</td><td>总学时:16</td></tr>
<tr><td>项目 53</td><td>双速电动机控制线路的安装与调试</td><td>学时:2</td></tr>
<tr><td>工作目标</td><td colspan="2">用低压电器实现双速电动机控制线路的安装与调试</td></tr>
<tr><td>项目描述</td><td colspan="2">通过安装双速电动机控制线路,学会双速电动机控制线路的结构及工作原理
控制要求:按下相关按钮,控制电路可以完成双速电动机的控制
学习要求:在项目的进行过程中,熟悉常用低压电器的结构、工作原理以及选用,能够进行电气线路的安装与调试,并能够进行故障排除</td></tr>
</table>

表 53－1

学习目标		
知识	能力	素质
1. 了解三相异步电机调速的方法及原理； 2. 掌握双速电动机定子绕组的△和 YY 接线方法； 3. 掌握按钮和时间继电器转换的双速电动机控制电路的工作原理	1）熟练拆装各种低压电器； 2. 正确选用器件安装电气电路； 3. 掌握双速电动机控制电路的装调与检修技能	1. 学习活动中态度积极，有团队精神； 2. 分析电路原理时全面，具有自主学习能力； 3. 调试过程中严谨、细致、注意安全； 4. 现场操作行为规范，符合管理要求
教学资源：本项目可以在电工实训实验室中进行，也可以利用多媒体在课堂上进行讲解		
硬件条件： 网孔板； 验电笔、万用表等常用电工工具； 低压电器元件； 三相异步电动机； 工作任务书、考核表、多媒体设备等	学生已有基础（课前准备）： 常用低压电器的知识； 三相异步电动机的工作原理； 学习小组	

53.2　项目基础知识

从三相异步电动机的工作原理可知，电动机的转速为

$$n = n_1(1-s) = \frac{60f_1}{p}(1-s)$$

改变异步电动机的调速有以下三条途径：变极调速、变频调速和变差调速。

改变定子绕组的磁极对数（变极）是常用的一种调速方法，采用三相双速异步电动机就是变极调速的一种形式。定子绕组接成△形时，电动机磁极对数为 4 极，同步转速为 1 500 r/min；定子绕组接成 YY 形时，电动机磁极对数为 2 极，同步转速为 3 000 r/min。

53.3　项目实施

下面以无双速电动机控制为例，完成其控制环节接线板。通过整个安装、调试过程理解双速电动机控制线路的原理、特点。根据任务要求，学生小组讨论学习，完成任务分配工作。教师注重观察学生对双速电动机控制环节原理的理解程度、合理布线能力、各类工具的规范操作能力。控制线路的安装与调试步骤如下：

1. 双速异步电动机定子绕组的连接

双速异步电动机定子绕组的连接方式如图 53－1 所示。

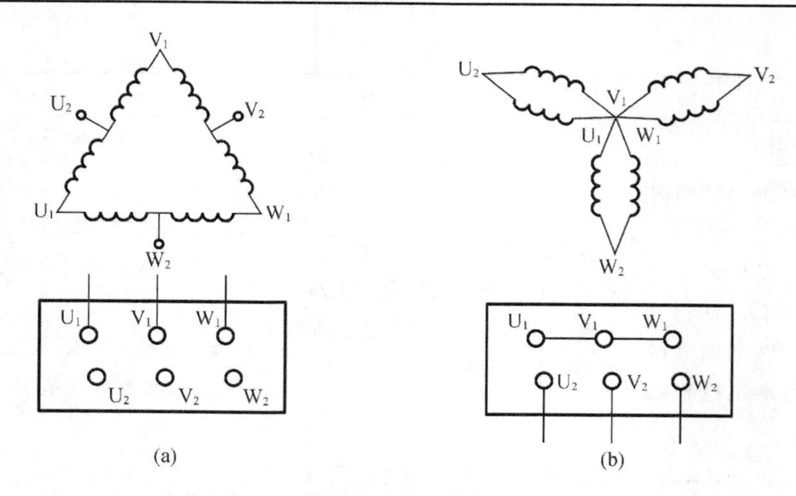

图 53－1　双速异步电动机定子绕组的连接方式

(a)△连接；(b)Y 连接

2. 按钮转换的双速电动机控制线路分析

(1)识读电路图

图 53－2 为按钮转换的双速电动机控制电路图。图中 KM_1 为△接低速运转接触器，KM_2、KM_3 为 YY 接高速运转接触器，SB_1 为△接低速启动运行按钮，SB_2 为 YY 接高速启动运行按钮。

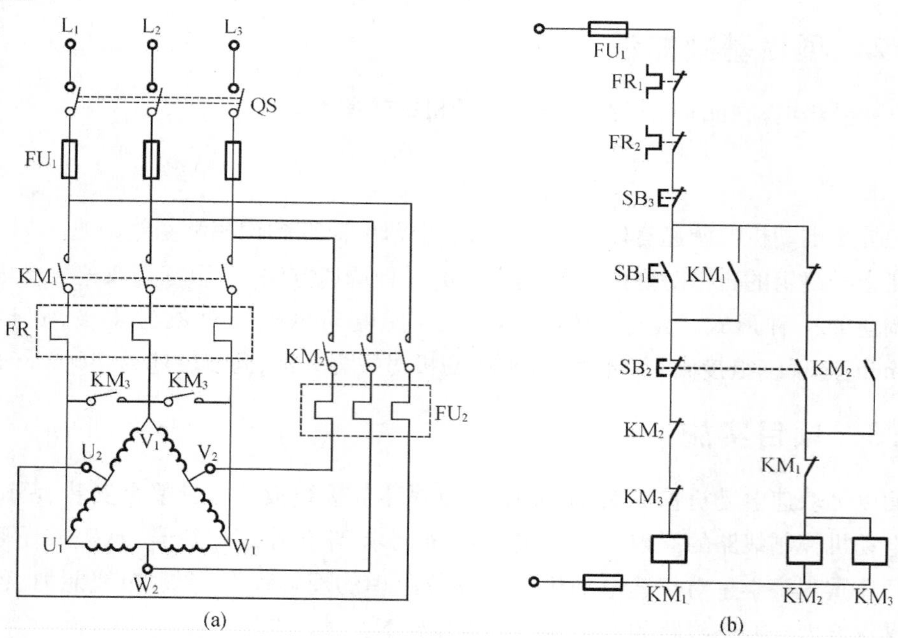

图 53－2　按钮转换的双速电动机控制电路图

(a)强电；(b)控制

(2)电路工作原理

先合上电源开关 QS

①电机 Δ 形低速启动运转：

按下 SB_1→
- →SB_1 常闭触头先分断对 KM_2、KM_3 连锁
- →SB_1 常开触头闭合→KM_1 线圈得电→
  - →KM_1 自锁触头闭合自锁
  - →主触头闭合→电机 Δ 形低速运转
  - →KM_1 连锁触头分断对 KM_2、KM_3 连锁

②电动机 YY 形高速运转：

按下 SB_2→
- →SB_2 常闭触头先分断→KM_1 线圈失电→
  - →KM_1 自锁触头分断
  - →KM_1 主触头分断
  - →KM_1 连锁触头闭合——↓
- →SB_2 常开触头后闭合——↓

→→KM_2、KM_3 线圈同时得电→
- →KM_2、KM_3 自锁触头闭合自锁
- →KM_2、KM_3 主触头闭合→电机 YY 形高速运转
- →KM_2、KM_3 连锁触头分断对 KM_1 连锁

③停转时，按下 SB_3 即可实现。

3.时间原则的双速电动机控制线路分析

(1)识读电路图

时间原则的双速电动机控制电路图如图 53－3 所示。

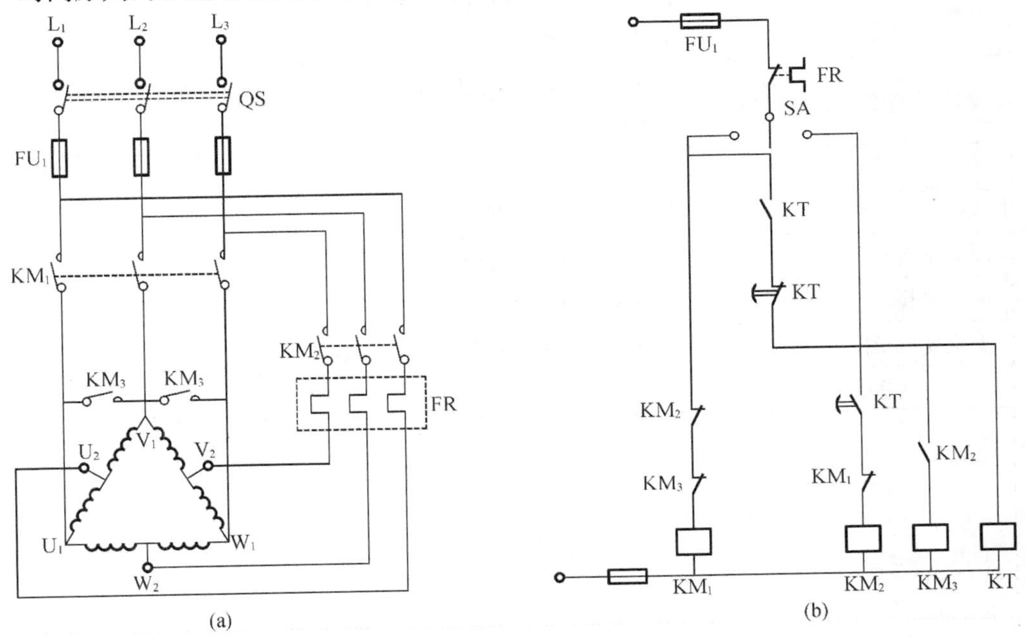

图 53－3　时间原则的双速电动机控制电路图

(a)强电；(b)控制

(2)电路工作原理

SA 是具有三个挡位的转换开关。当扳到中间位置时,为“停止”位,电动机不工作;当扳到“低速”挡位时,接触器 KM_1 线圈得电动作,其主触点闭合,电动机定子绕组的三个出线端 U_1、V_1、W_1 与电源相接,定子绕组接成三角形,低速运转;当扳到“高速”挡位时,时间继电器 KT 线圈首先得电动作,其瞬动常开触点闭合,接触器 KM_1 线圈得电动作,电动机定子绕组接成三角形低速启动。经过延时,KT 延时断开的常闭触点断开,KM_1 线圈断电释放,KT 延时闭合的常开触点闭合,接触器 KM_2 线圈得电动作。紧接着,KM_3 线圈也得电动作,电动机定子绕组被 KM_2、KM_3 的主触点换接成双星形,以高速运行。

53.4 项目考评

根据实验室现有设备进行低压电器的拆卸和装配、检修、校验等实际操作,该项目的考核评分如表 53-2 所示。

表 53-2 双速电动机控制线路的安装与调试掌握程度考核评分表

项目 53 双速电动机控制线路的安装与调试					
操作开始时间		结束时间		操作完成度	
操作内容		考核内容	考核比重	工作记录	每项得分
1	装配前检查	设备或器件装配连接前的检查步骤及方法的正确性	5		
2	设备、器件的拆卸及安装	设备或器件拆卸、安装操作方法的正确性及熟练度	10		
3	线路连接	设备或器件连接线路的正确性和布线的美观性及熟练度	20		
4	故障排除	对常见故障的排查操作方法熟练度	30		
5	通电校验	进行通电校验检查实际操作效果	25		
6	安全规范操作	符合实验室管理制度及操作规范	10		
总评成绩					

参 考 文 献

[1] 邱关源,罗先觉. 电路[M],5 版. 北京:高等教育出版社,2011.

[2] 刘耀年,蔡国伟. 电路实验与仿真[M]. 北京:中国电力出版社,2006.

[3] 黄继昌. 常用电子元器件实用手册[K]. 北京:人民邮电出版社,2009.

[4] 张文涛. PROTEUS 仿真软件应用[M]. 武汉:华中科技大学出版社,2010.

[5] 朱清慧,张凤蕊,翟天嵩,等. Proteus 教程电子线路设计、制版与仿真[M],3 版. 北京:清华大学出版社,2016.

[6] 候玉宝,陈忠平,李成群. 基于 Proteus 的 51 系列单片机设计与仿真[M]. 北京:电子工业出版社,2009.

[7] 许维蓥,郑荣焕. Proteus 电子电路设计及仿真[M]. 北京:电子工业出版社,2014.

[8] 束慧,陈卫兵,姜源,等. 单片机应用与实践教程[M]. 北京:人民邮电出版社,2014.

[9] 陈永强,魏金成. 模拟电子技术[M]. 北京:人民邮电出版社,2013.

[10] 童诗白,华成英. 模拟电子技术基础[M]. 北京:高等教育出版社,2006.

[11] 刘耀年,蔡国伟. 电路实验与仿真[M]. 北京:中国电力出版社,2006.

[12] 宋美清. 电工技能训练[M],3 版. 北京:中国电力出版社,2015.

[13] 安兵菊. 电子技术实验与课程设计[M]. 北京:中国电力出版社,2015.

[14] 刘敏,钟苏丽. 可编程控制器技术项目化教程[M],2 版. 北京:机械工业出版社,2011.